DIE
SPRACHE DER SKALDEN.

DIE

SPRACHE DER SKALDEN

AUF GRUND DER

BINNEN- UND ENDREIME

VERBUNDEN

MIT EINEM RIMARIUM

VON

BERNHARD KAHLE.

STRASSBURG.
VERLAG VON KARL J. TRÜBNER.
1892.

Verzeichniss der Abkürzungen.

Aarb. = Aarbøger for nordisk oldkyndighed og historie.
A(nz). f. d. A. = Anzeiger für deutsches Altertum und deutsche Litteratur.
Ark. = Arkiv for nordisk Filologi.
Beitr. = Beiträge zur Geschichte der deutschen Sprache und Litteratur.
Bp. = Biskupa sögur. Kopenh. 1858. 1878.
Fgrsk. = Fagrskinna, edidd. Munch & Unger. Christ. 1847.
F. Jónss. stud. = Finnur Jónsson, kritiske studier over en del af de ældste norske og islandske skjaldekvad. (Akad. avh.) Kopenh. 1884.
Flb. = Flateyjarbók, edidd. Vigfusson & Unger. Christ. 1860—68.
Fms. = Fornmanna sögur. Kopenh. 1825—37.
Forns. = Fornsögur, edidd. Vigfusson & Möbius. Lpzg. 1860.
(Cod.) Fris. = Codex Frisianus, ed. Unger. Christ. 1871.
Ger. = Kvæþabrot Braga ens gamla, ed. Gering. Halle a. S. 1886.
Gisl. Njál. = Njála, ed. Gislason. Kopenh. 1875 ff.
Gisl. om helr. = Gislason, om helrim i förste og tredje linie af regelmæssigt 'drottkvætt' og 'hrynhenda'. Jndbydelsesskrift til Kjøbenhavns universitets aarsfest til erindring om kirkens reformation. Kopenh. 1877.
Heil. = Heilagra manna sögur, ed. Unger. Christ. 1877.
Hkr. = Heimskringla eller Norges kongesagaer, ed. Unger. Christ. 1868.
Kgs. = Konunga sögur, ed. Unger. Christ. 1873.
Kph. = Heimskringla, edidd. Schöning, Sk. & B. Thorlacius, Werlauff. Kopenh. 1777—1826.
Mork. = Morkinskinna, ed. Unger. Christ. 1867.
NGL = Norges gamle love indtil 1387, edidd. Keyser & Munch. Christ. 1846. ff.
OHS = Saga Olafs konungs en helga. Udförligere saga . . ., edidd. Munch & Unger. Christ. 1853.

Ohs. = Olafs saga hins helga. En kort saga . . ., edidd. Keyser & Unger. Christ. 1849.
Pering. = Heimskringla, ed. Peringskjöld. Stockh. 1697.
Plac. = Brot af Placidusdrápa, ed. Egilsson (Prgr. schol. Bessastad). Videyar Klaüstri. 1833.
Post. = Postola sögur, ed. Unger. Christ. 1874.
SnE. = Edda Snorra Sturlusonar. Sumptibus legati Arna Magnæani. Hafniæ 1848 ff.
TfPh = Tidskrift for Philologie og Pædagogik.
Thork. = Thorkelsson. Bemærkningar til vers i Heimskringla.
Wis. = Carmina norrœna I, ed. Wisén. Lund 1886.
Wis. II = Carmina norrœna II, Glossarium, ed. Wisén. Lund 1889.
ZfdA = Zeitschrift für deutsches Altertum.

Bei den aus den *Carmina norrœna* genommenen Texten sind im Allgemeinen die von *Wisén* für die Handschriften und Ausgaben gebrauchten Abkürzungen zur Verwendung gekommen.

Verzeichniss der Skalden.

($^1/_2$ = erste Hälfte; $^2/_2$ = zweite Hälfte; $^1/_4$ = erstes Viertel; $^3/_4$ = drittes Viertel. Die Zahl bezeichnet das Jahrhundert.)

Arnórr jarlaskald ca. 1011 — nach 1073.
Bersi skald Torfuson $^1/_2$ 11.
Bjarni gullbrárskald $^1/_4$ 11.
Bjarni Kalfsson $^2/_2$ 12.
Bjarni Kolbeinsson 1188—1222 (Bischof der Orkneys).
Bjǫrn h. krepphendi $^3/_4$ 11.
Blakkr $^3/_4$ 12.
Brage h. gamle ca. 800.
Bǫlverkr ca. 1150.
Egill Skallagrímsson ca. 904—990.
Eilífr Guþrúnarson $^2/_2$ 10.
Einarr jarl (Torf-Einarr) $^2/_2$ 9 (Jarl der Orkneys).
Einarr skálaglam $^2/_2$ 10.
Einarr Skúlason ca. 1150.
Eldjarn $^3/_4$ 11.
Eyjólfr dáþaskald ca. 1000.
Eysteinn Ásgrímsson † 1361.
Eyvindr skaldaspillir ca. 920—ca. 995.
Gizurr gullbrá † 1030.
Gizurr Þorvaldsson 1209—1268.
Glúmr Geirason † ca. 970.
Grani ca. 1050.
Gunnlaugr Ormstunga ca. 983—1008.
Guthormr sindri † nach 955.
Guþmundr Oddson $^1/_2$ 13.
Hallarsteinn 12.
Halldórr skvaldri $^1/_2$ 12.
Halldór úkristni $^1/_2$ 11.
Hallfreþr vandræþaskald ca. 968 — ca. 1014.
Hallr Snorrason $^2/_2$ 12.
Hallvarþr Háreksblesi $^1/_2$ 11.
Haraldr konungr harþráþi 1015—1066.
Haraldr konungr hárfagri 850—933.
Hárekr ór Þjóttu $^1/_2$ 11.
Haukr Valdísarson $^1/_2$ 13.
Hildr Hrólfsdóttir ca. 900.
Hofgarþarefr 11.
Jatgeirr $^1/_2$ 13.
Jllugi Bryndølaskald ca. 1050.
Jórunn skaldmær 10.
Jǫkull Barþarson $^1/_4$ 11.
Kolli skald $^1/_2$ 12.
Kormakr Ǫgmundarson ca. 937—ca. 967.
Magnús konungr berfóttr 1073—1103.
Markús Skeggjason $^2/_2$ 11.—1107.
Nefari $^3/_4$ 12.
Oddr Kikinaskald 11.
Óláfr konungr helgi 995—1030.
Óláfr Þórþarson hvítaskald ca. 1212—1259.

Óttarr svarti $^1/_2$ 11.
Sighvatr skald Þórþarson $^1/_2$ 12.
Sigurþr konungr Jórsalafari 1103—1130.
Skúli Þorsteinsson 11.
Snorri Sturluson 1178—1241.
Steigarþórir $^2/_2$ 11.
Steinn Herdísarson ca. 1050.
Sturla Þórþarsson 1214—1284.
Stúfr skald blindi $^2/_2$ 11.
Tindr Hallkelsson ca. 1000.
Trǫllkona ca. 1050.
Ulfr stallari ca. 998—1066.
Ulfr Uggason $^2/_2$ 10.
Valgarþr af Velli ca. 1050.
Þjóþólfr h. hvinverski $^2/_2$ 9.—$^1/_2$ 10.
Þjóþólfr skald Arnason 11.
Þorbjǫrn hornklofi $^2/_2$ 10.
Þorbjǫrn Skakkaskald $^2/_2$ 12.
Þorfinnr munnr † 1030.
Þorkell Gíslason 12. ?.
Þorkell hamarskald $^2/_2$ 11.
Þorkell Skallason $^2/_2$ 11.
Þorleifr Rauþfeldarson $^2/_2$ 10.
Þorleikr fagri 11.
Þormóþr Kolbrúnarskald † 1030.
Þórarinn loftunga 11.
Þórarinn Skeggjason 11.
Þórarinn stuttfeldr $^1/_2$ 12
Þórþr Kolbeinsson $^1/_2$ 11.
Þórþr Sjáreksson $^1/_4$ 11.

I. Kapitel.

Die Reimtechnik der Skalden.

Wenn ich es versuche, eine Darstellung des lautlichen Standes der Sprache der Skalden aus ihren Reimen zu geben, so dürfte es angebracht sein, bevor ich mich meiner eigentlichen Aufgabe unterziehe, die Reimtechnik der Skalden zu schildern. Das von mir benutzte Material umfasst ca. 7613 Verse, von denen 3840 *aþalhendingar,* 3504 *skothendingar* und 269 *rúnhendingar* sind. Es sind die Verse der *Heimskringla* und der *konunga sǫgur,* die ich nach den *Unger*schen Ausgaben citire, sowie die von *Wisén* in seinen *carmina norrœna* gesammelten. Von diesen habe ich die *Skiþarimur* ausgeschlossen sowie das vom *Háttatal* angeführte Stück, dagegen die dem *Brage Boddason* ausser der *Ragnarsdrápa* noch zugeschriebenen Verse hinzugefügt, die ich nach *Gering* citire. Dass die dem *Brage* zugeschriebenen Verse ihm tatsächlich angehören, oder doch zum Wenigsten zu den ältesten uns erhaltenen Skaldenversen zu rechnen sind, unterliegt wol heute keinem Zweifel mehr[1]). Nach einer genauen Untersuchung der Verse *Brages* kommt *Gering* a. a. O. 11 zu folgendem Ergebniss: In der Vermessung seiner *dróttkvætt*strophen folgt *Brage* schon durchaus den strengen Regeln der späteren Kunst; in der Stellung des *hǫfuþstafr* erlaubt er sich eine kleine Licenz — es können nämlich unbetonte einsilbige Wörter wie Conjunctionen und Præpositionen dem-

---

1) Vgl. *Sn. E.* III, S. 307 f., *G. Þorláksson Udsigt over de norsk-islandske skjalde,* S. 9 ff., *Gering Kvæþabrot Brage ens gamla* 1 f., *Mogk* Beitr. XII, S. 383—391 f., *F. Jónsson Ark.* VI, 141 ff.

selben vorausgehen, vgl. S. 9. —; in den geraden Zeilen verwendet er fast durchweg Silbenreim, lässt aber an allen Stellen neben der *aþalhending skothending* zu; in den ungeraden Zeilen kommt neben der *skothending* selten *aþalhending*, häufig *háttlausa* vor, die *skothending* ist in Bezug auf die auslautenden Consonanten weniger streng als die *aþalhending;* in den *Skothent*zeilen darf die *viþrhending* auch auf der dritten Silbe stehen. Vergleicht man mit diesem Bilde der Verstechnik *Brages* die *dróttkvætt*strophen der späteren Skalden, bei welchen das Gesetz herrscht, dass den geraden Zeilen ohne Ausnahme *aþalhending* eignet, den ungeraden aber im Allgemeinen *skothending* zukommt und nur vereinzelt hier *aþalhending* steht, so wird man zugeben müssen, dass zwar in jener frühen Zeit, im Beginn des 9. Jahrhunderts, die Dichtkunst *Brages* noch nicht die Formvollendung der jüngeren erreicht hat, dass aber doch in ihr schon all die Keime der späteren Entwicklung liegen. Dass es unwahrscheinlich ist, dass die Technik der späteren Skalden, gewissermassen aus dem Nichts geschaffen, von Beginn ihres Auftretens in ihrer Vollendung erschienen, hat schon *K. Gislason*, der beste Kenner der Skaldenpoesie, in *Njál.* II, 20 ausgesprochen, wenn er sagt: „Zum Mindesten ist das für mich klar, dass (wenn man von der Alliteration absieht) die Periode der reimlosen Dichtung von einer andern abgelöst wurde, in welcher man hier und da den Reim als hinzukommenden Schmuck anwandte und so die dritte Periode vorbereitete mit ihrer regelmässigen Verwendung des Reims, neben welcher natürlich die Dichtkunst in freierer Form auch hier und da hervortreten konnte“. Ähnlich äussert sich *Edzardi* Beitr. V, 575. „Doch können wir eine stufenweise fortschreitende Vervollkommung in der Reimtechnik beim *dróttkv.* verfolgen.“ „Überhaupt tritt eine grundsätzliche Unterscheidung zwischen *skothending* und *aþalhending* erst mit der Zeit hervor und wird erst allmählich durchgeführt; offenbar war sie zunächst nicht beabsichtigt: man reimte so gut es gieng, genau oder ungenau, und erst die späteren Skalden liessen sich diese Gelegenheit, ihr metrisches System noch künstlicher zu gestalten, nicht entgehen". Die Bemerkung *Edzardis,* dass eine grundsätzliche Scheidung zwischen *aþalhending* und *skothending* erst später eintritt, darf wol als Annahme für eine vorhistorische Zeit gelten, aus dem uns vorliegenden Material kann man diesen Schluss nicht ziehen. Schon bei *Brage* steht die *aþalhending,* wofern sie überhaupt zur Verwendung kommt, fasst ausschliesslich in den geraden Versen, während sie an ungerader Stelle nur zweimal, 4^{3} und 11^{7} [1]), vorkommt. Nach *Gering* begegnet *aþalhending* im Ganzen 35 mal[2]), ich zähle 36, da ich mit *Wisén* in 10^{8} *hringu* : *fingu* lese, wie die Codd. haben. *F. Jónsson* in *krit. stud.* 16, der *fengi* liest und dem sich *Gering* anschliesst, hält es nicht für wahrscheinlich, dass in so früher Zeit die Form mit *i* vorgekommen sei und beruft sich dabei auf *Gisl. om helr.* S. 12 f. Allerdings fallen die dort angeführten Beispiele in eine späte Zeit: *hróþr finginn géþingi Kolb. Tumason* († 1208) in *Sturl.* I, 175; *herfingnum lét stinga Þjóþ. Árn. Sn. E.* I, 514; *naþrbings tǫpuþ finginn Bjǫrn h. krepph. Hkr.* 647,2*a*; *hringþollr skaþa fingit Plac.* 15; *dáþfinginn hǫfþingja Sturla Þórþars. Fms.* IX, 39, (*Kgs.* 320,14*a*). Der Vers des *Bjarni gullbr. Hkr.* 447,2*a Erlingr var þar finginn* beweist nichts für ein früheres Vorkommen der Form (Anf. 11. Jahrh.), da hier sehr wol auch gelesen werden kann *Erlengr* : *fenginn* wie bei *Sighv. sk. Hkr.* 445,4*a Erlengr sá es vel lengi*[3]). Man wird die *i*-Formen von *ganga* zur Vergleichung heranziehen können. Hier treffen wir sichere Beispiele aus früherer Zeit: *hringskyrtur fram gingu Hallfr. v.* (ca. 968—ca. 1014) *hringbálkar fram gingu Eil. Guþr.* (ein Norweger des 10. Jahrh.) *Wis.* 32; 13,4; *fylking Haralds gingu Þjóþ. sk.* († ca. 1066) *Hkr.* 606,21*a*; *heiþingja liþ gingi Ein. Skúl.* (*Geisli* gedichtet 1152) *Wis.* 60; 55,4; *erfingja fram gingu*

---

[1]) Ich citire hier nach *Gering.*

[2]) Nach Berichtigung des Fehlers, der dadurch entstanden, dass *G.* 4^{8} *laufe* : *hǫfþe* zu den *aþalh.* gerechnet hatte, da er ursprünglich *haufþe* las.

[3]) Ohne Zweifel mit *i* heisst es bei *Þorbj. skakkarsk. Hkr.* 795,6*a Erlingr at ríkingum* (12. Jahrh.).

Haukr Vald. (13. Jahrh.) *Wis.* 80; 13,8 und *hrings ófáir gingu Wis.* 80; 14,6. Ich meine nun, aus dem Vorkommen einer Form wie *gingu* ums Jahr 1000 wird man auch auf Gleichzeitigkeit eines *fingu* schliessen können, und wenn uns handschriftlich die Form *fingu* fürs Jahr 800 überliefert ist an einer geraden Stelle im Vers im Reim auf *hringu,* so meine ich ferner, dass man wol berechtigt ist diese Lesart für die ursprüngliche zu halten; denn sogut wie die Form vom Jahre 1000—1300 im Gebrauch war, konnte sie dieses auch schon von 800 an sein. Statt des Verses 2^2 *gjǫld baugnafaþs vildi,* in welchem *Gering gilde* für *gjǫld* setzen will, rechne ich sodann mit *Wis.* 117,11^8 zu den *aþalhendingar*: *ráþálfs af mar bráþum,* während *Ger. raþurálfs* im Anschluss an *F. Jónsson* a. a. O. 18 liest. Auch bei den *skothendingar* ist meine Zählung etwas anders. Zunächst kommt wie erwähnt 2^2 hinzu. Alsdann rechne ich hierher: *meyjar hjóls enn mære* 2^3, wo *Ger. meyjar hjóls ef merkþak* liest und somit den Vers zu den reimlosen rechnet. Dass langer Vocal zu langem Vocal in der *skothending* reimt, begegnet bei *Brage* noch 22^3 *hinn's mjótygel máva.* Weitere Beispiele vgl. man später. Auch 5^5 rechnet *Ger.* zu den *háttlausar,* während doch nichts im Wege steht, hier eine regelrechte *skothending r* : *r* zu sehen: *urþu snemst ok Sǫrle.* Schliesslich glaube ich, dass man auch in 15^1 *þat esomk sýnt at snimma* unbedenklich den Reim *m* : *mm* annehmen darf, denn es ist keineswegs ohne Beispiel, dass der Reim auf schwachtonigen Endungen und suffigirten Elementen ruhen kann, wie z. B. *frákat flótta rákut Eldjárn Hkr.* 652,12*a*. Ich zähle also, statt *Gerings* 58,62 *skothendingar,* während für die *háttlausar* nur 31 bleiben, von denen nur 2 (3^6, 9^6) an geraden Stellen stehen.

Das Resultat, das wir für die Technik *Brages* erhalten, ist also: in den geraden Zeilen steht fast ausnahmslos Binnenreim, *aþalhending* wird fast nur in ihnen angewendet. Die Fülle der Verse ohne *hending* mag zum Teil auf schlechter Überlieferung beruhen, ganz werden sich dieselben aber auch bei dieser Annahme nicht aus der Welt schaffen lassen.

Edzardi hat nun in Beitr. V, 577 f. eine Tabelle aufgestellt, in welcher er neben einer Übersicht über die Verwendung der *skoth.* und *aþalhending* auch das allmähliche Verschwinden der reimlosen Verse zu zeigen sucht. Hierbei hat er aber gar nicht darauf Rücksicht genommen, dass ein grosser Teil der als reimlos angeführten Verse auf schlechter Überlieferung beruhen muss. Es soll keineswegs geleugnet werden, dass auch bei späteren als *Brage* hier und da ein reimloser Vers vorkommen könne, besonders auch in den *lausavísur*, aber schon *Þjóþ. hv.* wendet doch, wie *Wisén* I, S. 182 f. und *F. Jónss.* a. a. O. 29 ff. zeigen, die Hauptgesetze des strengen *dróttkvætt* genau ebenso wie die späteren Skalden an und nur wenige Verse der *Haustlǫng*, nach *Wis.* 3^{4}, 11^{3}, 13^{5}, 13^{7} (20^{7}), 18^{7} widerstehen einer Besserung, die den Reim ergeben würde, vgl. auch *F. Jónss.* a. a. O. S. 59.

Man wird also fast ausnahmslos im *dróttkvætt* Verse ohne Binnenreim oder gerade Zeilen mit *skothending* als verderbte ansehen müssen und *Gísl.* hat, besonders in seiner Abhandlung *om helrim* und in *Njál.* II den Weg gezeigt, wie durch Einsetzen alter Lautformen gar oft das Ursprüngliche zu Tage tritt.

Im Eingang ist auf die Äusserung *Edzardis* hingewiesen, dass der Bau des *dróttkvætt* immer strenger wurde, und dass wiederum die geraden Zeilen, die *aþalhendingar*, strenger gebaut sind als die ungeraden. Diese Beobachtung wird sich im Folgenden in den meisten Beziehungen bestätigen. *Edzardi* selbst hat schon gezeigt, dass bei Jüngeren das Vorkommen der *aþalhending* in den ungeraden Zeilen seltener ist als bei Aelteren. Ich komme, zum Teil auf Grund anderen Apparates, zu demselben Ergebniss. Um die Entwicklung einer Erscheinung durch die Jahrhunderte hindurch zu verfolgen, habe ich eine Auswahl getroffen, indem ich die Zahlen für ihr Auftreten zunächst bei 10 Skalden von *Brage* bis zur Wende des Jahrtausends gebe, die ich dann wieder als erste Gruppe mit insgesammt 1312 Versen zusammenfasse. Sodann führe ich aus den folgenden Jahrhunderten einzelne Dichter an, deren Versanzahl genügen wird, um über das Vorkommen einer

Erscheinung Aufschluss zu geben; aus dem 11. Jahrhundert, *Sighvatr skald Þórþarson* mit 992 und *Þjóþolfr skald Árnórsson* mit 456, aus dem 12. *Einarr Skúlason* mit 532, aus dem 13. *Óláfr hvítaskald* mit 374 und aus dem 14. *Eysteinn Ásgrímsson* mit 768 Versen. Bei der nun folgenden Übersicht über das Vorkommen der *aþalhending* in ungeraden Versen lasse ich die Verse *Brages* fort, weil, wie wir sahen, bei ihm die Anwendung der *hendingar* noch nicht in so feste Regeln gekleidet ist, wie bei den späteren Skalden. In ( ) setze ich die Anzahl der an ungerader Stelle vorkommenden Verse und berechne die Anzahl der hier stehenden *aþalhendingar* nach Procenten.

I. *Aþalhendingar* an ungeraden Stellen:

	Þjóþ. hv.	9 (65)	= 13,85
	Þorbj. hornkl.	0 (32)	= 0,00
	Eyv. skaldasp.	2 (50)	= 4,00
	Guth. sindri	2 (29)	= 6,90
	Glúmr Geir.	3 (34)	= 8,82
	Ein. Skál.	6 (90)	= 9,37
	Ulfr Ugg.	4 (26)	= 15,38
	Eil. Guþr.	9 (79)	= 11,39
	Hallfr. v.	25 (149)	= 16,78
1)		60 (560)	= 10,71
2)	Sighv. sk.	43 (497)	= 8,65
3)	Þjóþ. sk.	6 (228)	= 2,63
4)	Ein. Skúl.	9 (311)	= 2,89
5)	Sturla Þórþ.	10 (187)	= 5,37
6)	Eyst. Ásgr.	3 (384)	= 0,78

a) *Skot-*

	f	*g*	*k*	*l*	*m*
Brage 14	f : fr f : fs f : fþ fr : fþ	g : gr g : gþ g : gs	ks : kn	ls : ld lf : ld	m : ms
Þjóþ. hv. 13		g : gn g : gþ gr : gn		l : lr l : ld	m : ms

Man ersieht aus dieser Tabelle, dass der Gebrauch der *aþalhending* an ungerader Stelle im Allgemeinen seltener wird. In der ersten Gruppe darf man natürlich kein zu grosses Gewicht auf die Zahlen bei den einzelnen Dichtern legen, sondern wird sich hier wie in späteren Fällen an das Gesammtresultat halten müssen. Auffallend selten brauchten *Þjóþ. sk.* und *Ein. Skúl. aþalhending* für *skothending.* Ein kleines Plus ergibt sich bei *Sturla Þórþ.* gegenüber *Ein. Skúl.*, doch darf man auch hier das Resultat nicht zu hoch anschlagen, da bei der geringeren Anzahl von Versen dieses Dichters die Ergebnisse bei ihm ohnehin nicht allzu sicher sind.

Wir wenden uns nun zu einigen Erscheinungen des Reimes selbst. Für beide Arten, den Vollreim wie den Halbreim gilt im Allgemeinen die Regel, dass entweder Consonant mit Consonant oder Consonantengruppe zu Consonantengruppe reimt. Seltener sind die Fälle, in denen ein Consonant mit dem ersten einer Gruppe reimt oder diejenigen, in welchen von zwei Consonantengruppen je die ersten miteinander gebunden sind oder der Reim einer Geminate zum einfachen Consonanten. Auch der Reim zweier Consonanten mit zweien einer Gruppe von drei oder mehr Consonanten begegnet. Über das Vorkommen aller dieser Erscheinungen mögen die folgenden Tabellen Aufschluss geben.

II. Es reimt Consonant mit erstem Consonanten einer Gruppe oder die ersten Consonanten einer Gruppe:

hending.

n	*p*	*r*	*s*	*t*	*þ*
n : ndr		rg : rþ		t : tn	
		r : rþ		t : tr t : tl t : tn t : tk	2 þ : þr

	f	*g*	*k*	*l*	*m*
Þorbj. hornkl. 10	f : fr		k : ks		mr : mn mþr : ml
Eyv. skaldasp. 6			kr : kn kr : kl		
Guth. s. 2	fs : fþ				
Glúmr Geir. 3				lf : lm	
Ein. Skál. 12	f : fr fs : fþ	g : gr gþ : gs	k : ks		mr : mn
Ulfr Ugg. 5	-v- : fr	g : gr			mn : mr
Eil. Guþr. 7					2 m : mn
Hallfr. vandr. 24	f : fþ fs : fþ fk : fr	2 g : gs g : gr g : gþ	2 k : kn	l : ld l : ls	m : ms mr : mn
1) 94					
2) Sighv. sk. 59	3 f : fr f : fs fl : fr	5 g : gr g : gn	3 k : kr 2 k : kn	l : lt l : lr	4 m : mn m : ms
3) Þjóþ. sk. 25	f : fr	g : gr gt : gr		2 l : lr	m : mr m : ml mr : ml
4) Ein. Skúl. 57	3 f : fr f : fþ fs : fr fl : fr	2 g : gr g : gþ gl : gþ ghv : gþ g : gt	2 k : kl k : kn	l : ls	2 mr : mn mm : mn

n	*p*	*r*	*s*	*t*	*þ*
		rþ : rsk	s : sm		3 þ : þr þ : þs
				4 t : tr	
				t : tr	
				t : tr	þ : þr
n : nd		r : rs r : rþ rg : rf		t : tr t : ts	
n : ns					þ : þr
				ts : tr	2 þ : þr 2 þ : þn
n : ns		r : rs		t : tr t : tn tr : tn	6 þ : þr
n : nr 4 n : ns n : nd		r : rk r : rl r : rs r : rg	s : st	t : tk 4 t : tr t : tl	þ : þk 7 þ : þs 11 þ : þr
n : ns				2 t : ts 5 t : tr t : tn tst : tl (tz)	5 þ : þr þ : þr þr : þl
4 n : ns 2nr : nþ n : nd		5 r : rs	s : sl 3 s : sn sk : sl	st : tr 2 t : tk	13 þ : þr þ : þs

	f	*g*	*k*	*l*	*m*
5) Sturla Þórþ. 14		g : gs	k : kr		m : mn m : ms
6) Eyst. Ásgr. 19		2 g : gþ	k : kr		2 m : mr

b) *Aþal-*

	f	*g*	*k*	*l*	*m*
Brage 6		g : gþ gr : gn	kr : kþ		m : mþ
Þjóþ. hv. 10		g : gs	k : ks	l : ltr	
Þorbj. hornkl. 1		g : gr			
Eyv. sk. 6		g : gr	k : ks		m : ms
Guth. s. 6	f : fs		k : ks		
Glúmr Geir. 2					
Ein. Skál. 9	f : fs		2 k : kr		m : ms
Ulfr Ugg. 4					
Eil. Guþr. 7		g : gr			m : ms
Hallfr. vandr. 24	fs : fþ	g : gr g : gs	k : kr 2 k : ks k : kl kn : kr		m : mr mr : mn

n	*p*	*r*	*s*	*t*	*þ*
		2 r : rs rþ : rgr	s : sl	2 t : tr	4 þ : þr
				2 t : tr	8 þ : þr 2 þ : þs þ : þg þ : þn

hending.

n	*p*	*r*	*s*	*t*	*þ*
					þ : þr þ : þl
n : ns nr : nþ	p : pr	r : rs		t : tr	4 þ : þr þ : þn þs : þr
	p : pn	r : rþ			þ : þr
n : ns					3 þ : þr
		r : rs			þ : þr
		2 r : rs			2 þ : þr þ : þs
					2 þ : þr þ : þs þs : þr
				2 t : ts t : tr	2 þ : þr
	p : pn	2 r : rs r : rþ rs : rþ		t : ts	6 þ : þr 2 þ : þs

	f	*g*	*k*	*l*	*m*
1) 80					
2) Sighv. sk. 58	2 f : fþ f : fs f : fsk	g : gþ g : gn g : gl	2 k : kr k : kl		m : mr 4 m : ms m : mn mr : ml m : msk
3) Þjóþ. sk. 18		g : gr gn : gm		l : ls	
4) Ein. Skúl. 50	2 f : fr f : fþ	g : gþ g : gs gs : gþ	2 k : kr k : kn k : kl 2 k : ks ks : kl	2 l : ls	5 m : ms m : mr m : mn mr : mn
5) Sturla Þórþ. 21	3 f : fr f : fs	g : gr j : gs j : gr		2 l : ls	ms : mn
6) Eyst. Ásgr. 40	f : fþ	g : gr	2 k : kr		m : mn

Von Reimen der erwähnten Art kommen also aufs Hundert:

III.	a) *Skothending*	b) *Aþalhending*	c) *Skoth. + Aþalh.*
Brage	21,05 (62)	16,67 (36)	20,41 (98)
Þjóþ. hv.	23,21 (56)	15,00 (88)	18,75 (144)
Þorbj.hornkl.	31,25 (32)	3,23 (31)	19,05 (63)
Eyv. skald.	12,50 (48)	11,53 (52)	12,00 (100)
Guth. s.	7,41 (27)	20,70 (29)	14,28 (56)
Glúmr Geir.	9,68 (31)	5,40 (37)	7,35 (68)
Ein. Skál.	13,33 (90)	9,18 (98)	11,17 (188)
Ulfr Ugg.	22,72 (22)	13,79 (29)	17,64 (51)
Eil. Guþr.	10,00 (70)	7,95 (88)	8,86 (158)
Hallfr. v.	13,35 (124)	15,43 (162)	17,13 (286)
1)	16,87 (562)	12,46 (650)	14,36 (1212)
2) Sighv. sk.	12,99 (454)	10,78 (538)	11,29 (992)
3) Þjóþ. sk.	11,26 (222)	7,69 (234)	9,43 (456)
4) Ein. Skúl.	19,07 (302)	15,63 (320)	17,20 (622)
5) Sturla Þórþ.	7,91 (177)	10,66 (197)	9,36 (374)
6) Eyst. Ásgr.	4,99 (381)	5,43 (387)	5,21 (768)

n	*p*	*r*	*s*	*t*	*þ*
3 n : ns n : nr		3 r : rs	s : sn	2 t : tn 2 t : tr	15 þ : þr 6 þ : þs 2 þ : þn 4 þs : þl
n : nr n : ns	p : pn	r : rs		t : tr	8 þ : þr 2 þ : þs
2 n : ns		r : rs		t : tn 2 t : tr t : tl t : tk	14 þ : þr 5 þ : þs
n : nr				t : tr 2 t : tr tr : tl	5 þ : þr þ : þs
		r : rg		4 t : tr	11 þ : þr

Vorstehende Tabelle[1]) zeigt, wie das Reimen eines Consonanten mit dem ersten einer Gruppe immer seltener wird. Eine Ausnahme macht nur *Ein. Skúl.*, der, wie noch öfters zu bemerken sein wird, auch sonst manche Eigentümlichkeit aufweist. Auch bei diesen Reimen tritt hervor, dass die *aþalhending* strenger gebaut ist als die *skothending*, nur *Guth. s.* und *Sturla Þórþ.*, von denen der Erste mit seinen 56 Versen kaum in Betracht kommt, haben das umgekehrte Verhältniss; ausserdem ist noch *Eyst. Ásgr.* zu erwähnen, was bei der sonstigen strengen Art dieses Dichters allerdings auffallend ist; jedoch ist der Unterschied nur ein geringer.

In die Tabelle habe ich auch die Fälle aufgenommen, in welchen von zwei Gruppen die ersten Consonanten mit einander reimen. Ich führe dieselben noch besonders hier

[1]) Nicht aufgenommen habe ich die Reime von *ld* : *lþ*, *md* : *mþ*, *nd* : *nþ*. Über sie werde ich später handeln.

auf und berechne ihr Vorkommen im Verhältniss zur Gesammtzahl der Verse:

IV. Es reimen von 2 Consonantengruppen nur die ersten Consonanten:

	a) *Skothending*	b) *Aþalhending*	c) *Skoth.* + *Aþalh.*
1)	23 = 4,10	10 = 1,53	33 = 2,71
2)	1 = 0,22	6 = 0,74	7 = 0,71
3)	4 = 1,80	1 = 0,43	5 = 1,10
4)	10 = 3,31	3 = 0,94	13 = 2,03
5)	1 = 0,56	2 = 1,02	3 = 0,86
6)	0 = 0,00	0 = 0,00	0 = 0,00

Auch hier ist die wachsende Strenge in der Reimbildung zu sehen, wofern man die erste Gruppe mit *Eyst. Ásgr.* vergleicht, welcher diese Art des Reimes ganz verpönt; auch hier ist mit einer Ausnahme, welche wieder *Sturla Þórþ.* bildet, die *aþalhend.* strenger gebaut als die *skothending,* auch hier fällt wiederum *Ein. Skúl* mit seiner unverhältnissmässig grossen Anzahl dieser Reime auf.

Es dürfte nun nicht ohne Interesse sein, zu sehen, welcher Art die Consonantenverbindungen sind, welche mit einfachen Consonanten reimen. Zunächst gebe ich ein Bild von der lautlichen Art der Verbindungen, wobei ich wiederum die Gesammtzahl dieser Reime — nach Abzug der Fälle, in welchen von zwei Gruppen je die ersten Consonanten miteinander reimen — in Klammern setze und alsdann das procentualische Verhältniss jeder einzelnen Art zu ihr gebe.

V. A. Es reimen *muta* : *muta* + *liquida.*[1])

	a) *Skothending*	b) *Aþalhending*	c) *Skoth.* + *Aþalh.*
1)	42 (73) = 57,53	38 (70) = 54,29	80 (143) = 55,94
2)	30 (58) = 51,72	27 (52) = 51,92	57 (110) = 51,82
3)	12 (21) = 57,14	11 (17) = 64,71	23 (38) = 60,53
4)	30 (47) = 66,67	24 (47) = 51,06	54 (94) = 57,45
5)	8 (13) = 61,54	13 (19) = 68,45	21 (32) = 65,63
6)	12 (19) = 63,16	18 (21) = 85,71	30 (40) = 75,00

[1]) Die Ausdrücke *muta* u. *liquida* brauche ich hier der Kürze halber. Unter *muta* verstehe ich: *f, g, k, p, s, t, þ,* unter *liquida m, n, r, l.*

B. Es reimen *muta* : *muta* + *muta*

	a) *Skothending*	b) *Aþalhending*	c) *Scoth.* + *Apalh.*
1)	14 (73) = 19,18	17 (70) = 24,29	31 (143) = 21,67
2)	11 (58) = 20,34	11 (52) = 21,15	22 (110) = 20,00
3)	4 (21) = 19,05	2 (17) = 11,76	6 (38) = 15,79
4)	6 (47) = 13,89	11 (47) = 23,40	17 (94) = 18,09
5)	1 (13) = 7,69	3 (19) = 15,79	4 (32) = 12,50
6)	5 (19) = 26,32	1 (21) = 4,76	6 (40) = 15,00

C. Es reimen *liquida* : *liquida* + *muta*

1)	14 (73) = 19,18	14 (70) = 20,00	28 (143) = 19,86
2)	10 (58) = 17,27	11 (52) = 21,15	21 (110) = 19,09
3)	1 (21) = 4,76	3 (17) = 17,65	4 (38) = 10,53
4)	11 (47) = 23,40	10 (47) = 21,28	21 (94) = 22,34
5)	3 (13) = 23,08	2 (19) = 10,53	5 (32) = 15,63
6)	0 (19) = 0,00	1 (21) = 4,76	1 (40) = 2,50

D. Es reimen *liquida* : *liquida* + *liquida*

1)	3 (73) = 4,11	1 (70) = 1,43	4 (143) = 2,80
2)	7 (58) = 12,07	3 (52) = 5,77	10 (110) = 9,09
3)	4 (21) = 19,05	1 (17) = 5,88	5 (38) = 13,16
4)	0 (47) = 0,00	2 (47) = 4,26	2 (94) = 2,26
5)	1 (13) = 7,69	1 (19) = 5,26	2 (32) = 6,25
6)	2 (19) = 10,53	1 (21) = 4,76	3 (40) = 7,50

Die Reihenfolge der Verbindungen entspricht der Häufigkeit ihres Vorkommens. Am beliebtesten ist die Verbindung von *muta* + *liquida*, *Eyst. Ásgr.* bedient sich ihrer unter 40 Fällen 30 mal, am wenigsten beliebt die von *liquida* + *liquida*.

Gering a. a. O. S. 10 führt als ferneres Characteristicum dafür, dass schon bei *Brage* die *aþalhending* strenger gebaut ist als die *skothending*, an, dass die zweiten nicht mitreimenden Consonanten sich in der *aþalhending* auf die Fälle beschränken, in denen sie suffixal sind oder der Endung angehören, während in der *skothending* auch stammhafte Consonanten vom Reime ausgeschlossen werden. Ich will dahin gestellt sein lassen, ob nicht das absolute Fehlen des zweiten Falles in der *aþalhending* nur durch Zufall bewirkt ist, jedenfalls schliessen auch die folgenden Skalden die *aþalhending* in weiterem Umfang von der Teilnahme an dieser Erscheinung aus; doch wird bei der Kleinheit des Materials kaum ein sicherer Schluss gestattet sein. Ich vermag diese Art des Reims in folgenden Fällen zu belegen:

VI.

Brage. a) *skoth. ség* : *fǫgrom* 7[1], *Eynefes* : *ǫndre* 16[3];
b) *aþalh.* — vgl. *Ger.* a. a. O. S. 11.

Þjóþ. hv. a) *eþr* : *Óþins Wis.* 11; 19,5; *áþr* : *hneigihliþum Wis.* 11; 20,1;
b) *sliþrliga* : *síþan Wis* 9; 6,1.

Þorbj. hornkl. a) *áþr* : *eljunfróþum Wis.* 15; 5,8;
b) *hnigu* : *sigri Wis.* 15; 5,8.

Eyv. sk. a) *nú tregr* : *gætigauta Hkr.* 102,27 *b*; *beit* : *bitri Hkr.* 106,15 *a*; *akrmurur* : *jǫkla Hkr.* 123,26 *b*;
b) *brums* : *sumri.*

Guth. s. a) —
b) —

Glúmr Geir. a) —
b) —

Ein Skúl. a) *þat* : *snytri Wis.* 27; 5,7; *folkverjandi* : *fyrþa Wis.* 28; 13,3; *sporgéli* : *svarfa Wis.* 28; 14,3;
b) —

Ulfr Ugg. a) —
b) —

Eil. Guþr. a) *þrjóts* : *eitri Wis.* 31; 5,7; *áþr* : *hæþi Wis.* 31; 11,5;
b) *hauþrs* : *nauþar Wis.* 31; 8,6; *jótrs* : *þrjótr Wis.* 32; 17,6.

Hallfr. v. a) *ítra* : *láta Wis.* 33; 6,3; *áþr* : *næþi Wis.* 36; 15,5; *áþr* : *góþu Wis.* 37; 28,5;
b) —

---

1) a) 16 b) 5

2) *Sighv. sk.* a) *áþr* : *góþa Hkr.* 274,16 *a*; *lét* : *ítri Hkr.* 310,11 *a*; *áþr* : *meiþar Hkr.* 499,12 *a*; *en því* : *frænda Hkr.* 310,15 *b*; *suþr* : *sæskiþum Hkr.* 440,30 *b*; *snarir* : *sverþum Hkr.* 443,3 *b*; *drjúg* : *døgri Hkr.* 491,30 *b*; *góþi* : *hróþri Hkr.* 508,31 *b*; *drjúg* : *digri Wis.* 43; 16,3;
b) *otrheims* : *flota Hkr.* 440,29 *a*; *áþr* : *ráþa Hkr.* 445,4 *b*; *áþr* : *ráþit Hkr.* 327,13 *b*; *áþr* : *ráþa Hkr.* 527,25 *b*;
a) 8 b) 4

3) *Þjóþ. sk.* a) *suþr* : *súþir Hkr.* 529,11 *b*;
b) —
a) 2 b) 0

4) *Ein. Skúl.* a) *ljós* : *geisli Wis.* 65; 1,5; *ágætan* : *ítrum Wis.* 54; 1,7; *nú skulum* : *geisla Wis.* 54; 7,1; *áþr* : *víþu Wis.* 56; 25,5; *áþr* : *hlýþu Wis.* 56; 26,3; *áþr* : *heiþi Wis.* 57; 28,5; *áþr* : *téþu Wis.* 57; 31,3; *dag* : *sigri Wis.* 57; 31,5; *hétu* : *ítran Wis.* 60; 54,1; *lúti* : *ítrum Wis.* 61; 66,5;

b) *hróþr* : *róþu*;

a) 10 b) 1

5) *Sturla Þórþ.* a) —

b) —

6) *Eyst. Ásgr.* a) *áþr* : *síþan Wis.* 88; 6,5; *áþr* : *prýþi Wis.* 88; 10,3; *áþr* : *hæþir Wis.* 96; 67,7; *eigi* : *regla Wis.* 100; 97,7;

b) *hlátr* : *gráta Wis.* 92; 42,2; *hauþr* : *dauþa Wis.* 95; 59,8; *dægranna* : *hægar Wis.* 96; 67,6; *slitinn* : *bitrum Wis.* 98; 82,8;

a) 4 b) 4

Einige Fälle, in welchen wurzelhaftes *r* mit suffixalem zusammenstossend vereinfacht wurde, habe ich nicht eingereiht. Es sind: *ítr* : *róta Eyv. sk. Hkr.* 123,27*b*; *ítr* : *skreytir Þjóþ. sk. Hkr.* 560,33*b*; *ítr* : *heitir Ein. Skúl. Wis.* 54; 7,3.

In Tabelle II habe ich nicht alle Fälle mitgerechnet, in denen der zweite Consonant einer Gruppe nicht mitreimt. Unberücksichtigt sind nämlich diejenigen geblieben, in denen die Gruppe in einer Compositionsfuge steht. Hier gilt ganz allgemein die Regel, dass der das zweite Wort beginnende Consonant nicht mitreimt. Es begegnen nur wenige Beispiele, dass die durch Composition entstandene Gruppe zum Reim benutzt worden ist. Ich führe im Folgenden die paar Fälle an, die ich in dem gesammten von mir benutzten Material gefunden habe.

Skothending.

ofrausn : *jǫfri Sighv. sk. Wis.* 42; 11,3; *torrek* : *verra Sighv. sk. Hkr.* 521,5*b*; *afreks* : *jǫfri Þórþr. Sjár. Hkr.* 107,5*b*.

ofreiþi : *jǫfra Anon. Hkr.* 603,1*a*; *hvergi* : *borgar Mark. Skeggj. Wis.* 53; 32,1; *stórráþr* : *knǫrru Hall. St. Herd. Wis.* 47; 12,5; *herruþr* : *harra Hallst. Herd. Wis.* 48; 14,7; *byrrǫmm* : *bera Þór. loft. Hkr.* 441,7*a*; *iflaust* : *efla Ein. Skúl. Wis.* 55; 4,7; *helvíti* : *bǫlvi Eyst. Ásgr. Wis.* 89; 20,7; *hvergi* : *saurgan* a. a. O. 90; 21,3; *borgarmúrr* : *hvergi* a. a. O. 91; 30,3; *byrgþr* : *hvergi* a. a. O. 99; 92,7.

Aþalhending.

hamljót: *gamlar Þjóþ. hv. Wis.* 10; 10,8; *farlands*: *jarla Þórþr Kolb. Hkr.* 217,31*a*; *snarlyndr*: *jarli Ein. Skúl Hkr.* 662,27*b*; *hvatlyndum*: *Þorkatli Hallarst. Herd. Wis.* 49; 29,6; *ǫrlyndr*: *Sǫrla Haukr Vald. Wis.* 79; 3,8; *ǫrleiks*: *jǫrlum Þjóþ. sk. Hkr* 592,22*a*; *hjǫrlautar*: *Sǫrla Ein. Skúl. Wis.* 29; 22,4; *hjǫrveþrs*: *fjǫrvi Ein. Skál. Wis.* 27; 6,4.

Auch hier stehen wieder 13 *skothendingar* nur 8 *aþalhendingar* gegenüber. In einer grossen Anzahl ist das eine Compositionsglied eine Partikel wie *of-*, *af-*, *-gi*, *tor-*, *ǫr-*, so dass hier die Composition als solche wol nicht allzu stark empfunden worden ist.

Ich komme nun zum letzten der im Eingang genannten Fälle, zu dem Reim einer Geminata zu einfachen Consonanten[1]).

VII.

a) *Skothending.*

	g : *gg*	*k* : *kk*	*l* : *ll*	*m*:*mm*	*n* : *nn*	*r* : *rr*	*s* : *ss*	*t* : *tt*
Brage		2	1	1		1		
Þjóþ. hv.	1	3						
Þorbj. hornkl.	2			1				
Eyv. sk.								1
Guth. s.		1						
Ein. Skál.							1	
Ulfr Ugg.							1	
Eil. Guþr.		1					1	1
Hallfr. v.				1	1	3		2
1)	27 (562) = 4,81 %							
2) Sighv. sk.	1 38 (454) = 8,37 %	9			8	7	1	12

1) Vgl. *Hoffory,* Anz. f. d. Altert. VII, 199.

	g : gg	k : kk	l : ll	m:mm	n : nn	r : rr	s : ss	t : tt
3) Þjóþ. sk.	7 (222) = 3,15 %	4			1	1		1
4) Ein. Skál.	5 (302) = 1,64 %			p:pp 1		1	1	2
5) Sturla Þórþ.	1 3 (177) = 1,69 %	1						1
6) Eyst. Ásgr.	7 (381) = 1,84 %	1			2	2		2

b) *Aþalhending.*

	g : gg	k : kk	l : ll	m:mm	n : nn	r : rr	s : ss	t : tt
Brage								
Þjóþ. hv.								
Þorbj. hornkl.		1						
Eyv. sk.								1
Guth. s.								
Glúmr Geir.		1						
Ein. Skál.								1
Ulfr Ugg.				1	1			
Eil. Guþr.								1
Hallfr. v.	1					4		
1)	12 (652) = 18,4 %							
2) Sighv. sk.	24 (454) = 8,37 %	4		1	9	5	1	4
3) Þjóþ. sk.	5 (234) = 2,13 %	2		1	1			1
4) Ein. Skúl.	1 4 (320) = 1,25 %	1		1	1			

	g : gg	k : kk	l : ll	m:mm	n : nn	r : rr	s : ss	t : tt
5) Sturla Þórþ.	2 4 (197) = 2,03 %				1			1
6) Eyst. Ásgr.	5 (387) = 1,29 %					3	1	1

Skothending und *aþalhending* zusammengenommen ergeben:

1) 39 (1212) = 3,22 % 2) 62 (992) = 6,20 3) 12 (456) = 2,63
4) 9 (622) = 1,44 5) 7 (374) = 1,87 6) 12 (768) = 1,56

Auffallend ist die plötzliche Zunahme dieser Reime im 11. Jahrhundert, besonders bei *Sighv. sk.*, sonst tritt auch hier wieder, mit Ausnahme von *Sturla Þorþ.*, die strengere Form der *aþalhending* in Erscheinung.

In einigen Fällen wird der Binnenreim dadurch gebildet, dass der Endvocal eines Wortes mit dem Anfangsconsonanten des Folgenden zusammentritt, eine Erscheinung, die wiederum in der *skothending* häufiger ist, als in der *aþalhending*. Ich finde folgende Beispiele.

VIII.

a) *Skothending.*

nú tregr : *gætigauta Glúmr Geir. Hkr.* 120,27 *b*; *svá þat* : *síþan Þjóþ. hv. Wis.* 10; 12,1; *svá þykt* : *síþan Þjóþ. sk. Hkr.* 538,5 *b*; *sé þú* : *reiþir Steinn Herd. Hkr.* 635,17 *a*; *nú ræþr* : *þeiri Ótt. sv. Hkr.* 284,26 *b*[1]); *þó réþ* : *hváru Ein. Skúl. Wis.* 57; 32,5; *hví sannr* : *dúsa Eldjárn Hkr.* 652,1 *a*; *svá fór* : *Eva Eyst. Ásgr. Wis.* 87; 1,7[2]); *þó var* : *reifa* a. a. O. 91; 35,1; *þú fyrdæmdir* : *Evam* a. a. O. 96; 66,1; *því var* : *heyvi* a. a. O. 91; 35,3; *sé þér* : *prýþi* a. a. O. 90; 26,5 u. ö.; *er því't* : *varþa* a. a. O. 100; 96,7; *þá rauþ* : *dreyra Haukr Vald. Wis.* 80; 13,5; *sá réþ* : *hlýra* a. a. O. 80; 17,5; *þá vas* : *tívum Þjóþ. hv. Wis.* 9; 3,1; vgl. *Wis.* II, 343.

---

1) Der Vers lautet *nú ræþr þú fyr þeiri*; dass *fyr* den Reim trägt, ist kaum anzunehmen.

2) Über den Reim *f* : *v* S. 68 f.

b) *Aþalhending.*

svá frák : háva *Hallfr. v. Wis.* 34; 3,1.

þá vá : hávan *Haukr Vald. Wis.* 81; 23,7.

æ minnilig : eptirdæmi *Eyst. Ásgr. Wis.* 94; 52,1.

sá vas : háva *Ein. Skúl. Wis.* 59; 44,5.

Sämmtliche *aþalhendingar* stehen, was vielleicht nicht zufällig ist, an ungerader Stelle. Sind sie wirklich hier einzureihen, so ist also bei den drei ersten das *v* der *viþrhending* zur ersten Silbe zu rechnen, was im Allgemeinen sonst bei ihm ebenso wie beim *j* nicht der Fall ist. Man kann aber auch ganz gut annehmen, dass hier nur *á* : *á* reimt, eine Art des Reims, die, wie wir sogleich sehen werden, des Öfteren vorkommt.

Ähnlich, wie die eben erwähnten, sind auch die Fälle, in welchen der Schlussconsonant eines Wortes mit dem Anfangsconsonanten des Folgenden zu einer reimenden Gruppe verbunden wird. Allerdings ist man nicht gezwungen diesen Reim gelten zu lassen, da, wie wir oben sahen, häufig nur der erste Consonant einer Gruppe reimt.

Von dieser Art habe ich folgende Beispiele gefunden:

IX.

a) *Skothending.*

af þvít : lofþa *Sighv. sk. Wis.* 42; 5,3; *af þvi : hǫfþu* *Þjóþ. sk. Hkr.* 529,13*a*; *en þvi : frænda* *Sighv. sk. Hkr.* 510,15*b*; *en þvi : reyndisk* *Þjóþ. sk. Hkr.* 605,12*b*; *þar réþ : sverja* *Þjóþ. sk. Hkr.* 532,2*a*; *ok þeim : vakþi* *Ein. Skál. Wis.* 59; 41,5; *og þar : teygþi* *Eyst. Ásgr. Wis.* 89; 18,3[1]); *og þvílikt : segþi* a. a. O. 59; 41,5[1]).

b) *Aþalhending.*

gram þanns : framþi *Hallfr. v. Wis.* 35; 3,3; *landher þar : verþa* *Hallfr. v. Wis.* 37; 23,4[2]).

Aþalhendingar dieser Art scheinen also streng verpönt zu sein und nur *Hallfr. v.* erlaubt sich eine solche ein-, resp.,

---

[1]) Vgl. *Wis.* II, 219 *„propter concentum syllabarum"*. Wir sehen also, dass die moderne Form *og*, welche nach *Cl.-Vigf.* 465 erst in Handschriften des 15. Jahrhunderts erscheint, schon im 14. Jahrhundert vorkommt.

[2]) *land herþar Fms.* III, 8; *landherþer Forns.* 37, *Thorkelss.* 27.

wenn die Lesart *Wisén's* richtig ist, zweimal. Häufig ist auch das Reimen zweier Consonanten mit den beiden ersten einer Gruppe von dreien, zuweilen auch vieren in *skothending* wie in *aþalhending*. Auch hier sind die nicht mitreimenden Consonanten fast ausschliesslich derselben Art wie in Tabelle II. Die vorkommenden Consonantenverbindungen sind folgende:

X.

a) In *skothending* und *aþalhending*.

dd : ddr, gg : ggr, gg : ggs, ld : ldr, ld : lds, lg : lgþ, ll : llr, ll : lls, lm : lms, lm : lmr, nd : ndr, nd : nds, ng : ngn, ng : ngl, ng : ngr, ng : ngs, nn : nnr, nn : nns, pt : ptr, rf : rfþ, rg : rgr, rk : rkr, rm : rms, rþ : rþr, rþ : rþs, st : str, tr : trs, tt : ttr, tt : tts, tt : ttn, tt : ttl, kk : kkr.

b) In *skothending*.

gl : gls, gn : gnk, kk : kks, lf : lfs, lk : lks, lts : ltr, ngs : ngr, ngr : ngl, pp : ppn, pt : ps, rg : rgþr, rm : rmþ, sts : str, st : sts, st : stl.

c) In *aþalhending*.

dd : dds, fl : fls, fn : fns, gl : gls, gn : gns, gg : gl, gg : ggn, gþ : gþs, ldr : lds, lf : lfr, lþ : lþr, lg : lgs, lg : lgþ, mm : mmr, nn : nnk, rf : rfr, rf : rfs, rg : rgs, rl : rls, rm : rmr, rt : rtr, rk : rks, st : stn.

Man sieht, es kommen fast alle nur möglichen Reime vor. Eine Regel aufstellen zu wollen, welche die bevorzugteste Art der Verbindung ist, wäre hier zwecklos, auch scheint man die Verwendung dieses Reims nicht als etwas ungewöhnliches empfunden zu haben, ja das Verhältniss der *aþalhending* zur *skothending* ist hier gerade umgekehrt als wir es erwarten sollten und eine merkliche Abnahme dieser Reime überhaupt ist auch nicht zu spüren, wie die folgenden Zahlen lehren werden.

	Skothending	*Aþalhending*	*Skoth. + Aþalh.*
1)	43 = 7,65 %	84 = 12,92 %	127 = 10,48 %
2)	59 = 13,00 „	58 = 10,78 „	117 = 13,27 „
3)	14 = 6,31 „	27 = 11,54 „	41 = 8,90 „
4)	31 = 10,40 „	50 = 31,25 „	81 = 13,02 „
5)	8 = 4,52 „	26 = 14,72 „	34 = 9,09 „
6)	19 = 4,99 „	30 = 7,75 „	59 = 8,63 „

Vorhin schon wurde gelegentlich eine Art des Binnenreims erwähnt, welche nur durch Vocale gebildet wird. Selbstverständlich müssen dies lange Vocale sein und diese Art des Reims kommt hauptsächlich in der *aþalhending* vor, begegnet jedoch auch in der *skothending* und zwar schon bei *Brage*.

XI.

a) *Skothending.*

flé|ja : frý|ju Sighv. sk. Hkr. 437,30*a*[1]); *þás í | Qngulsey|jar Ein. Skál. Wis.* 57; 31,7; *mió|tygel : má|va Brage Ger.* 26; 22,3; *mey|jar : mæ|ve Brage Wis.* 2; 2,3; *flo| : tí|va Þjóþ hv. Wis.* 19; 8,1[2]); *lei|þiþir : læ|va Þjóþ. hv. Wis.* 10; 11,3; *há| : hlæ|ja Sighv. sk. Hkr.* 521,33*a*; *nú| : kný|ja Þjóþ. sk. Hkr.* 542,15*a*; *hvé| : Heiþabé|jar Þorl. f. Hkr.* 572,28*a*; *þá| : bø|jar Þorl. f. Hkr.* 572,28*b*; *há| : hlý|ja Þjóþ. sk. Hkr.* 592,27*b*; *Hlésey|jar : há|van Þjóþ. sk. Hkr.* 592,31*a*; *svá| : æ|vi Þjóþ. sk. Hkr.* 621,17*b*; *svá : æ|vi Þjóþ. sk. Hkr.* 621,17*b*; *Jó|an : frý|ja Anon. Hkr.* 640,1*b*; *því| : ný|ju Þorbj. Skakk. Hkr.* 704,13*a*.

b) *Aþalhending.*

má : svá Ótt. sv. Wis. 141; 6,2; *á : há Sighv. sk. Wis.* 40; 3,7; *grá : hjálmunlá Sighv. sk. Wis.* 40; 4,6; *blá : rá Sighv. sk. Wis.* 41; 7,2; *frá ek hvar fleina sjá|var Eyj. Daþ. Hkr.* 200,1*a*[3]).

mjó : sjó Ótt. sv. Wis. 44; 4,4; *sló : þó Sighv. sk. Wis.* 40; 1,2; *gný|s : ský|jum Hallfr. v. Wis.* 33; 1,6; *gný|s : frý|ju Sighv. sk. Hkr. skýlauss : hlýja Sighv. sk. Hkr.* 491,33*a*; *bǫþský : hnýjà Þjóþ. sk. Hkr.* 538,17*b*; *bý : skýja Anon. Hkr.* 640,4*b*; *svanglýjaþi : frýja Ein. Skál. Wis.* 26; 2,4; *fáglýjaþa : þýja*

---

1) *fleira D. F. Ol. S. memb., Flb* II, 304, *flera OHS* 178; *flyia : fryo Pering.* I, 709.

2) Vgl. *Wis.* 183.

3) Ich bin zweifelhaft, ob der Vers hierherzusetzen ist. Zunächst ist der Vocal von *sjávar* nicht gesichert; da der Vers an ungerader Stelle steht, könnte auch die Lesart der *Kph. Hkr.* I, 297 mit *sævar* das Richtige treffen. Zweitens könnte man auch vielleicht, worauf Prof. *Hoffory* mich aufmerksam macht, unter Streichung des *ek frá hvar : sjávar* lesen und auf einen Reim *á (h) v : áv* schliessen. Alsdann wäre der Vers oben unter VIII einzureihen; vgl. über ähnliche Verse *Sievers*, Beitr. V, 512.

Eyv. sk. Hkr. 111,22*b*; *lǿbrautar*:*fléja Þorbj. hornkl. Wis.* 14; 8,8[1]).

mæ:*sævar Eyv. sk. Hkr.* 123,32*b*[2]); *hræ*:*ævi Sighv. sk. Wis.* 41; 1,4; *fræ*:*ævi Eyv. sk. Hkr.* 111,24*a*; *glæheims*:*mævar Þórþr. Kolb. Hkr.* 157,13*a*; *læ*:*ævi Þórþr. Kolb. Hkr.* 170,28*a*; *slær*:*hrævi Þórþr. Sjár. Hkr.* 422,28*b*; *Þórþr Sjár. Hkr.* 422,28*b*[3]); *læbaugs*: *hlæja Hár. Hkr.* 428,29*a*.

Auffallend sind hier die Reime *gnýs*:*skýjum*, *gnýs*: *frýja*, *slær*:*hrævi*, bei welchen die eine Silbe nicht mit dem langen Vocal endet. Die letzte *skothending* mit langem Vocal ist die des *Ein. Skúl.* aus der Mitte des 12. Jahrh., die letzte *aþalhending* die des *Anon.* um die Wende des 11. Jahrhunderts.

Zum Schluss dieses Kapitels will ich noch auf die Frage eingehen, reimen dic Skalden tönenden mit tonlosem Consonanten? *Hoffory* hat in *Bezzenb.* Beitr. IX, I ff. das Wesen der Spiranten *f*, *g*, *þ* klargelegt, in Z. f. d. A. XXII, 375 ff. auch tonloses *l* und *n* neben tönendem nachgewiesen, vgl. dazu *Mogk* Anz. f. d. A. X, 64. Diese Unterschiede sind nun den Skalden entweder nicht zum Bewusstsein gekommen oder sie waren so gering, dass sie als unwesentlich für die Reimtechnik erachtet wurden[4]). Für *f* lautet die *Hoffory*'sche Regel a. a. O. 14: „das altnordische *f* bezeichnete überall eine labiolabiale Spirans. Es war tonlos im Anlaut und Inlaut vor tonlosen Consonanten, aber sonst immer tönend“. Ich führe die folgenden Beispiele mit der *Hoffory*'schen Bezeichnung für

---

[1]) So lese ich im Anschluss an *Gisl. Njál.* II, 387, vgl. auch *F. Jónns.* S. 78 f., *læbrautar*:*fléja Hkr.* 64,24*b* (*láþbrautar*:*fléja Fms.* I, 194; *lǫ́brautar*:*flǫia* Cod. *Fris.* 50,26*b*; *lý brautar*:*flýja Wis.* 124).

[2]) Doch kann der Reim vielleicht auch *mæ‿viþ*:*sævar* sein, wäre dann aber die einzige *aþalh.* dieser Art an gerader Stelle.

[3]) So alle Lesarten, nur *Flb.* II, 281 *slægr; slæfr*:*hræfi Kph.* II, 273.

[4]) Vgl. *Hoffory, nord. Tidskr. f. Fil. ny række* III, 294: „wir haben nicht den mindesten Beweis dafür, dass die Isländer der Vorzeit überhaupt den Unterschied der Laute *þ* und *ð* hören konnten“.

die Spiranten auf: φ zunächst also ist tonlose rein labiale Spirans, β der entsprechende tönende Laut.

XII.

Es reimen φ : β:

a) *Skothending*

haβrita : *hǫφ* | *su Halld. ókr. Hkr.* 215,5*b*; *hliφþut* : *svæβi Arn. jarl. Hkr.* 621,29*a*; *þjóφs* : *leyβa Brage Wis.* 2; 1,4; *lauβi* : *hǫφþi Brage Wis.* 2; 48; *hefk* : *jǫβri Hallfr. v. Wis.* 37; 27,1; *Óláφs* : *jǫβri Ein. Skúl. Wis.* 62; 70,1; *Hoφs* : *høβa Sighv. Hkr.* 308,5*a*; *liφspelli* : *lauβa Bjǫrn krepph. Hkr.* 648,10*a*; *hlíφskjǫldr* : *haβa Sighv. sk. Wis.* 41; 8,7; *sundrkliuβr* : *hǫφþa Brage Ger.* 24; 19,4.

b) *Aþalhending*

haβa : *kraφþir Sighv. sk. Wis.* 42; 6,6; *láþstaβr* : *haφþi Þórþr. Kolb. Hkr.* 170,26*b*; *óstaβrfǫþur* : *haφþi Ein. Skál. Wis.* 27; 6,2; *geβit* : *heφþi Eyst. Ásgr. Wis.* 90; 22,8; *heφk.* : *steβjum Hallarst. Wis.* 49; 24,4; *fǫþurleiφþ* : *greiβum Sighv. sk. Wis.* 43; 14,8; *þreiφsk* : *Óleiβi Sighv. sk. Hkr.* 480,21*a*; *kliβ* : *liφþi Sighv. sk. Hkr.* 521,36*a*; *driβu* : *liφþi Valg. Hkr.* 580,13*a*; *stafnkliφs* : *driβu Þór. loft. Hkr.* 441,2*a*; *oddaríφs* : *driβu Ein. Skál. Wis.* 26; 2,2; *víφs* : *dríβu Guth. s. Hkr.* 102,4*b*; *ýφs* : *tíβar Sighv. sk. Hkr.* 508,30*a*; *þjoφs* : *hóβi Sighv. sk. Wis.* 43; 12,3; *óφs* : *gróβu Sturla Kgs.* 482,16*a*; *jǫβurs* : *hǫφþi Ein. Skúl. Wis.* 56; 23,4; *gǫβug* : *hǫφþi Ein. Skúl. Wis.* 58; 37,1.

Für das *g* stellt *Hoffory* a. a. O. 21 f. folgende Regel auf: „das spirantische *g* war tonlos vor tonlosen Consonanten (χ), sonst tönend (γ)“.

XIII.

Es reimt γ : χ:

a) *Skothending.*

váχs : *æge Brage Ger.* 26; 22,2; *loχs* : *lǫγþu Ein. Skál. Wis.* 20; 20,1[1]); *róχs* : *lægir Hallfr. v. Wis.* 34; 7,1; *bauχs* : *væγjask Hallfr. v. Wis.* 35; 10,3; *Siχhvatr* : *seγþi Ein. Skúl. Wis.* 55; 12,1; *bauχs* : *láγu Þjóþ. sk. Hkr.* 538,7*a*; *fræχt* : *faγran Þjóþ sk.* 538,28*a*; *váχs* : *frægi Arn. jarl. Hkr.* 541,12*a*; *leyχhvati* : *lauγask. Ein.*

---

[1]) Hier findet sich in Cod. *Fris.* 112,20*a* die Lesart *loks*, für deren *k* ein χ Vorbedingung ist, vgl. *Hoffory* a. a. O. 78 ff., der Formen wie *sakt, lakt, fylksnom, Noreks, lóksk* belegt, in denen allen *k* für *g* steht.

Skúl. Hkr. 667,8*b*; *gnóχt*:*gýγjar Ein. Skúl. Hkr.* 766,14*a*; *fræχs*:*láγu Sturla Kgs.* 441,18*a*; *harþleyχs*:*fráγum Hallst. Wis.* 49; 29,5.

b) *Aþalhending.*

orþhaχs:*saγþar Ein. Skúl. Wis.* 62; 70,2; *hauχs*:*bauγi Þjóþ. hv. Wis.* 10; 14,4; *veχs*:*seγja Ein. Skúl. Wis.* 61; 64,2; *valteiχs*:*eiγi Har. harþr. Hkr.* 620,12*a*; *báleyχs*:*teyγja Hallfr. v. Wis.* 33; 4,2; *(leyχs*:*Suþreyjar Sturla Kgs.* 469,8*a*[1]*)*; *Siχtún*:*hniγþu Valgarþr Hkr.* 559,10*b*; *stíχs*:*víγi Haukr Vald. Wis.* 79; 8,6; *víχs*:*stíγum Þorl. f. Hkr.* 572,2*a*; *víχs*:*stíγa Halld. skv. Hkr.* 707,16*a*; *róχsegl*:*bóγa Ein. Skál. Wis.* 26; 1,6.

Die Regel für *þ* lautet a. a. O. 33., „die interdentale Spirans *þ* war tonlos (ϑ) im Anlaut . . . ., ebenso im Inlaut in tonlosen Consonantenverbindungen, sonst aber stets tönend (δ)“.

XIV.

Es reimt ϑ:δ:

a) *Skothending.*

seiϑs:*láδi Þorbj. hornkl. Wis.* 15; 8,7; *biδk*:*snúδar Sighv. sk. Wis.* 43; 15,1; *auϑskýfanda*:*óδar Ein. Skúl. Wis.* 58; 40,7; *skíϑs*:*báδum Eyv. sk. Hkr.* 106,17*a*; *auϑs*:*kvæδi Þórþr. Kolb. Hkr.* 170,32*a*; *gjóϑs*:*hríδir Sighv. sk. Hkr.* 252,21*a*; *blóϑs*:*slæδusk Sighv. sk. Hkr.* 253,27*b*; *góϑs*:*gjóδi Sighv. sk. Hkr.* 253,27*b*; *góϑs*:*róδa Sighv. sk. Hkr.* 274,16*b*; *Eiϑs*:*óδumk Sighv. sk. Hkr.* 307,27*a*; *blóϑstara*:*bræδir Stúfr. sk. Hkr.* 630,22*b*; *guϑs*:*síδan Eyst. Ásgr. Wis.* 88; 8,3; *leiϑkunnandi*:*æδar Eyst. Ásgr. Wis.* 88; 11,7; *hljóϑs*:*prýδi Bjarni Kolb. Wis.* 68; 1,4; *hjálmáskíϑs*:*víδum Bjarni Kolb. Wis.* 70; 20,6; *haukjóϑs*:*víδa Hallarst. Wis.* 47; 8,1; *hjǫrflóϑs*:*hnykkimeiδum Wis* 49; 24,1; *gnýbjóϑs*:*geysitíδar* 24,7; *skýbóδs*:*skelfihríδar* 29,3; *hringskóϑs*:*herþimeiδar Wis.* 50; 32,1.

b) *Aþalhending.*

leikblaϑs:*fjaδrar Þjóþ. hv. Wis.* 10; 12,6; *vaϑs*:*naδri Ulfr. Ugg. Wis.* 29; 4,6; *Auϑs*:*trauδan Hallfr. v. Wis.* 33; 6,4; *auϑsætt*:*rauδa Sighv. sk. Hkr.* 253,16*a*; *randláϑs*:*kváδu Hallfr. v. Wis.* 36; 17,6; *sóbnbráϑs*:*dáδir Ein. Skúl. Wis.* 55; 12,2; *ormláϑs*:*báδa Sighv. sk. Hkr.* 343,2*b*; *snarráϑs*:*báδa Þjóþ. sk. Hkr.* 620,17*b*; *ǫgnarbráϑs*:*láδi Sturla Kgs.* 433,4*a*; *heiϑsær*:*reiδi Jǫk. Hkr.* 455,4*b*; *breiϑskyggs*:*leiδi Blakkr Kgs.* 120,32*a*;

---

[1]) Über den Reim *g*:*j* siehe S. 69 f.

itrgeðs : *kveðja Ein. Skúl. Wis.* 54; 10,4; *niðs* : *þriðja Sighv. sk. Wis.* 38; 3,4; *liðs* : *miðli Sighv. sk. Wis.* 39; 4,6; *biðk* : *þriðja Eyv. sk. Hkr.* 112,4*a*; *liðs* : *þriðja Tindr Hallk. Hkr.* 160,22*b*; *friðkaup* : *miðjo Sighv. sk. Hkr.* 378,4*a*; *liðs* : *miðli Sighv. sk. Hkr.* 510,23*a*; *niðs* : *miðli Sighv. sk. Hkr.* 522,12*b*; *liðs* : *miðli Þjóþ. sk. Hkr.* 542,32*a*; *liðs* : *miðju Þjóþ. sk. Hkr.* 593,32*b*; *liðs* : *miðli Steinn Herd. Hkr.* 595,8*a*; *fólkskiðs* : *síðan Ein. Skál. Wis.* 27; 6,6; *fjǫlblíðs* : *síðan Sighv. sk. Wis.* 42; 4,6; *lǫgskíðs* : *síðan Ein. Skál. Wis.* 56; 20,6; *fríðs* : *síðan Sighv. sk. Hkr.* 308,26*a*; *víðs* : *síðan Bjǫrn krepph. Hkr.* 638,13*b*; *blíðs* : *fríðum Ól. hvít. Kgs.* 349,10*b*; *goðs* : *boðnum Halld. skv. Hkr.* 663,21*b*; *kynfróðs* : *hlóðu Ulfr Ugg. Wis.* 30; 6,2; *góðs* : *þjóðar Hallfr. v. Wis.* 37; 25,6; *jóðs* : *góði Ein. Skál. Wis.* 57; 29,2; *þjóðskjǫldungr* : *góðra Ótt. sv. Hkr.* 334,22*a*; *fljóðs* : *rjóða Þjóþ. sk. Hkr.* 540,24*b*; *sárflóðs* : *blóði Ein. Skúl. Hkr.* 744,4*a*; *hljóðs* : *óði Hallarst. Wis.* 46; 1,2.

Die Grundsätze, welche für die Beurteilung der Reime im *dróttkvætt* massgebend sind, dürften somit gegeben sein. Zu erwähnen wäre vielleicht noch, dass *Sighv. sk.* in den im *toglag* gedichteten, von *Wisén* sogenannten, *Víkingarvísur*, in der *aþalhending* auch den Reim eines kurzen Vocals + Consonanten zu einem langen + Consonanten zu gestatten scheint, wie folgende Reime zeigen: *ársæll* : *fara Wis.* 40; 2,8; *Skáney* : *Dana* 5,6; *hér* : *ferr* 6,2; *fráneygr* : *Dana* 6,3; *fæstrán* : *Dana Wis.* 41; 8,6; *Rúmsreg* : *suman* 9,6; *Jórvík* : *skorit* 11,4, doch liegt in diesem Reim vielleicht auch eine Verkürzung des *ó* vor, auf Grund von Position und Zusammensetzung, wie *Gíslason Arb.* 1866, 279 meint. Hierher wäre alsdann vielleicht auch der Vers *Eysteins Ásgr.* zu stellen: *lágraustaþr* : *fagri Wis.* 94; 52,6, während bei demselben Dichter in *linhjartaþr* : *þinum Wis.* 95; 59,4 Verlängerung des *i* anzunehmen ist.

Von den Endreimen ist wenig zu sagen. Sie bieten überhaupt nur eine geringe Ausbeute. Erforderlich ist unbedingte Gleichheit der reimenden Vocale und Consonanten, der Reim ist entweder männlich oder weiblich.

II. Kapitel.

Der Vocalismus.

Der *u(v)*-Umlaut.

Die Wirkung des *u*-Umlauts erstreckt sich wie bekannt auf *a*, und zwar wird dieses, wie die allgemeine Regel lautet, durch ein *u* der folgenden Silbe zu *ǫ*. Da auch ein *v* dieselbe Wirkung ausübt, so werden beide Umlaute hier gemeinsam behandelt. Für die historische Zeit haben wir nun zu unterscheiden, ob das folgende *u(v)* noch erhalten ist oder nicht. Wir betrachten zunächst den *u*-Umlaut des *a*, und zwar führe ich, bevor ich zu einer Besprechung dieses Umlauts übergehe, zunächst diejenigen Verse der Skalden vor, in welchen der Reim im Gegensatz zu dem von der späteren Regel verlangten *ǫ* ein *a* fordert[1]).

A. *U(v)*-Umlaut des *a*.

I. *a*-Formen.

a) bei geschwundenem *u*.

1) Nom. Neutr. Plur. von *a*-Stämmen:
Þjóþ. hv. band : *randa Wis.* 11; 17,2; *Ein. Skál. austrland* : *banda Wis.* 26; 3,2; *land* : *banda Wis.* 27; 8,4; *ragn* : *magna Wis.* 29; 23,8[1]); *Óttarr sv. áttland* : *standa Hkr.* 235,19*b*; *Steinn Herd. all* : *falla Hkr.* 593,27*b*; *Þormóþr Kolbr. kald* : *valda Hkr.* 474,9*b*; *rann* : *manna Arn. jarl. Hkr.* 364,26*a*[2]).

[2) Acc. Sg. Masc. von *u*-Stämmen:
Þjóþ. sk. skjald : *sjaldan Hkr.* 542,18*a*; *Trollk. skjald* : *hjaldri Hkr.* 613,13*a*.]

---

[1]) *Unger* setzt hier fast immer *ǫ*.

[2]) Vgl. *Gísl. helr.* 9; *Thorkelss.* 52.

3) Nom. Sg. Fem. von *á*-Stämmen:

Eyj. Daþ. harþ : *Garþa Hkr.* 199,32*b*; *Þórþr Kolbr.* [*hall* : *fjalla Hkr.* 214,25*b* (!)]; *Ótt. sv. rand* : *Tuskalandi Hkr.* 229,2*b*; *Sighv. sk. hall* : *allan Hkr.* 521,34*a*; *hand* : *standa Hkr.* 510,23*b*; *Haraldr Sig. rand* : *standa*; *Þorl. f. rand* : *landi Hkr.* 572,7*a*; *Þorm. Kolbr. grann* : *manni Hkr.* 497,34*a*; *Ulfr stall. þarf* : *hvarfa Hkr.* 612,4*a*; *Þjóþ. sk. jarþ* : *varþa Hkr.* 539,16*b*.

4) Im Wortinnern ist *u* geschwunden:

Tindr Hallk. Sarla : *jarli Hkr.* 157,35*a*.

5) In der Compositionsfuge:

Sighv. sk. andprútt : *landi Hkr.* 510,16*a*; *Eil. Guþr. Njarþ-* : *gjarþar Wis.* 31; 7,4[1]).

b) bei erhaltenem *u*.

1) Dat. Sing. Masc. Adjectiv. von *a*-Stämmen:

Þorm. Kolbr. magni : *gagnum Hkr.* 498,10*b*; *Ótt. sv. hratt* : *brattum Hkr.* 234,18*b*; *Sighv. sk. dagr* : *fagrum Hkr.* 491,3*b*; *Þjóþ. sk. grand* : *vandum Hkr.* 621,20*b*; *Hárekr langum* : *ganga Hkr.* 427,28*a*; *Þjóþ. sk. sjáfang* : *strangum Hkr.* 592,17*a*[2]); *Anon. glaþr* : *aþrum Hkr.* 603,17*a*; *Ein. Skúl. alls* : *snjallum Wis.* 55; 16,8; *Mark. Skeggj. hálfa* : *sjálfum Wis.* 53; 30,3 (!).

2) Dat. Sg. Neutr. Adject. von *a*-Stämmen:

Þjóþ. hv. glamma : *óskammu Wis.* 9; 2,4; *svangr* : *langu Wis.* 9; 6,2; *Eil. Guþr. gammleiþ* : *skammu Wis.* 30; 2,2; *Þjóþ. sk. gramr* : *skammu Hkr.* 537,27*a*; *Magn. berf. dagr* : *fagru Hkr.* 654,28*a*.

3) Dat. Sg. Fem. von *á*-Stämmen:

Þjóþ. hv. herfangs : *stangu Wis.* 9; 8,6; *Eil. Guþr. angrþjóf* : *tangu Wis.* 32; 15,6; *Hallfr. v. barklaust* : *Danmarku Wis.* 34; 5,2; *Hallv. Hár. barkrjóþr* : *Danmarku Hkr.* 442,4*a*; *Þjóþ. sk. skark* : *Danmarku Hkr.* 542,10*b*; *geþvarþr* : *jarþu Þorbj. hornkl. Wis.* 15; 6,4[3]).

4) Gen. Sg. Fem. von *ón*-Stämmen:

Eil. Guþr. vargs : *himintargu Wis.* 30; 4,2; *vann* : *Nannu Wis.* 31; 5,2.

---

[1]) *Njarþgjarþar* ein Wort.

[2]) *sjáfǫng* : *strǫngum* Cod. *Fris.* 226,15*b*.

[3]) Vgl. *Wis.* 124, *Kringla-Jǫfraskinna* lesen *goþvarþr*, welches nach *Thorkels.* 42 f. *goþ* + *varþr*, Part. Præt. von *verja* ist, *F. Jóns. stud.* 76 will fälschlich, wie ich meine, *geþharþr* lesen.

5) Acc. Plur. Masc. von *u*-Stämmen:

Þjóþ. sk. hjaldr : skjaldu Hkr. 538,4*a*; *hjaldrs : skjaldu Hkr.* 542,26*b*.

6) Dative Pluralis:

Þorbj. hornkl. harþráþr : barþum Wis. 14; 1,2; *Eyv. sk. skjaldum : aldri Hkr.* 112,2*b*; *aldr : skaldum Hkr.* 111,29*a*; *Glúmr Geir. allvaldr : skaldum Hkr.* 89,29*a*; *Ein. Skál. folklandum : branda Wis.* 28; 13,6; *Anon. bandum : landi Hkr.* 151,21*b*; *Þórþr Kolb. hann : mannum Hkr.* 217,31*b*; *Sighv. sk. landfolk : handum Wis.* 42; 6,8; *Guþbrandr : landum Hkr.* 343,4*a*; *fjǫrbann : mannum Wis.* 39; 12,4; *þann : mannum Hkr.* 307,35*b*; *friþbann : mannum Hkr.* 307,35*b*; *hann : mannum Hkr.* 493,19*b*; *Þormóþr Kolbr. allvaldr : skaldum Hkr.* 478,2*a*; *Steinn Herd. þat : skatnum Hkr.* 629,13*a*; *annarr : mannum Hkr.* 635,16*a*; *Anon. hrafngrennir : stafnum Hkr.* 602,20*b*; *glaþr : aþrum Hkr.* 603,17*a*; *Mark. Skeggj. annarr : mannum Wis.* 51; 14,2[1]); *Valgarþr fjalmennr : hjalmum Hkr.* 560,9*a*[2]).

7) 1. Plur. Præs.:

Sighv. sk. Magnús : fagnum Hkr. 516,27*a*; *Þjóþ. sk. allitt : kallum Hkr.* 543,2*b*.

8) 3. Plur. Præt.:

Þjóþ. sk. harþéls : barþusk Hkr. 538,35*a*.

9) Composition und Wortbildung:

Ulfr Ugg. andóttr : banda Wis. 29; 3,2; *Ein. Skál. andur- (Jálks) : landi*; *Bersi andur : handa Hkr.* 254,15*b*; *Sighv. sk. andurt : landi Hkr.* 274,22*b*.

II. *ǫ*-Formen.

Ich scheide hier nicht die Fälle, in welchen das Umlautwirkende *u(v)* geschwunden ist, von denen mit erhaltenem, da natürlich in den Versen häufig Wörter der einen Art mit solchen der andern reimen[3]). Auch führe ich hier nur Verse an von denjenigen Dichtern, welche nicht umgelautete Formen darbieten.

(Norw.) *Þjóþ. hv. ǫndurgoþs : hǫndum Wis.* 9; 7,4; *okbjǫrn : Mǫrna Wis.* 9; 6,4.

(Norw.) *Þorbj. hornkl. rǫdd : kvǫddusk Wis.* 14; 4,8; *bryngǫgl : Skǫglar Wis.* 15; 5,4.

---

1) *Wis.* hat hier, in Widerspruch mit seinem sonstigen Verfahren, *mǫnnum*.

2) Vgl. *Gislason Aarb.* 1866, 252 f.

3) Vgl. *Nor. aisl. Gr.*² § 72, 2. (Die Correcturbogen wurden mir gütigst von Herrn Prof. *Braune* zur Verfügung gestellt.)

(Norw.) *Eyv. skaldasp. benvǫndr* : *hǫndum Hkr.* 106,18*a*; *fjǫrþ* : *hjǫrþu Hkr.* 123,32*a*; *landvǫrþr* : *Hǫrþu Hkr.* 111,6*a*.

Glúmr Geir. gunnhǫrga : *mǫrgum Hkr.* 89,31*a*; *hjǫrs* : *fjǫrvi Hkr.* 110,19*a*.

Ein. Skál. valfǫllum : *vǫllu Wis.* 29; 23,1; *hjǫrs* : *fjǫrvi Wis.* 26; 2,8; *sǫnn* : *mǫnnum Wis.* 27; 8,2; *fǫr* : *gǫrva Wis.* 28; 13,4; *hjǫrveþrs* : *fjǫrvi Wis.* 27; 6,4.

Ulfr Ugg. mǫgr : *fǫgru Wis.* 29; 2,6.

Eil. Guþr. —

[Anon. ǫld : *jǫldu Hkr.* 151,22*b (!)]*.

Hallfr. vandr. ǫnd : *lǫndum Wis.* 37; 28,8; *fjǫrrǫnn* : *mǫnnum Wis.* 36; 17,4; *hǫrgbrjótr* : *mǫrgum Wis.* 34; 3,2; *Hǫrþavinr* : *Gǫrþum Wis.* 33; 1,4 *(Ódr.)*; *hǫrþ* : *Gǫrþum Wis.* 34; 2,4 *(Ódr.)*; *gǫrla* : *Sǫrla Wis.* 33; 8,6; *hjǫrdjarfr* : *fjorvi Wis.* 34; 4,6.

Bersi Skaldtorf. —

Sighv. sk. laukjǫfn : *nǫfnum Wis.* 42; 5,8; *Ǫnundr* : *Dǫnum Wis.* 40; 3,6; *rǫnd* : *hǫndum Hkr.* 491,8*a*; *ǫndverþan* : *lǫndum Hkr* 520,29*b*; *hǫnd* : *lǫndum Hkr.* 522,18*a*; *ǫnnur* : *mǫnnum Wis* 42; 8,8; *Rǫgnvalds* : *gǫgnum Hkr.* 275,4*a*; *gǫrt* : *svǫrtum Hkr.* 252,28*b*; *bjǫrtum* : *svǫrtu Hkr.* 309,15*a*; *hǫll* : *ǫllu Hkr.* 310,4*b*; *[gjǫlnar* : *mǫlnu Hkr.* 414,10*a (!)]*; *flǫgþ* : *sǫgþu Hkr.* 308,6*b*; *strǫng* : *gǫngu Wis.* 38; 3,2; *mǫrg* : *neflbjǫrgum Wis.* 40; 4,4; *vǫrþs* : *gǫrþum Hkr.* 310,16*a*; *svǫrþr* : *Gǫrþum Hkr.* 508,30*b*; *Hǫrþa* : *Gǫrþum Hkr.* 515,10*b*; *spǫrþ* : *Gǫrþum Hkr.* 522,10*a*; *ǫld* : *skjǫldu Hkr.* 499,8*b*; 253,15*a*; *landvǫrn* : *ǫrnu Hkr.* 445,6*a*; *gǫrt* : *hjǫrtu Hkr.* 480,23*a*; *hǫfuþ* : *jǫfurr Wis.* 40; 5,8 (41; 8,8; 10,4); *skjǫldungs* : *tjǫlduþ Hkr.* 274,20*b*; *sǫnn* : *ǫnnurr Hkr.* 516,27*b*; *svǫrtskǫr* : *gǫrva Hkr.* 252,30*b*; *vǫrþr* : *Hǫrþr Hkr.* 446,9*a*; *ǫrþigt* : *fjǫrþum Hkr.* 274,20*a*; *fǫng* : *gǫngur Hkr.* 309,6*a [ǫld* : *skjǫldu Hkr.* 253,15*a (!)]*; *dǫglingr* : *bersǫgli Wis.* 42; 8,4 *[skǫr* : *fjǫrvi Hkr.* 453,13*b (!)]*.

Óttarr svarti. ǫld : *gjǫldum Hkr.* 227,17*a*; *veþrǫrr* : *knǫrru Hkr.* 234,13*a*; *fǫr* : *gǫrva Hkr.* 220,4*b*; *ættlǫnd* : *gǫndlar Hkr.* 284,31*b*

Þjóþ. sk. skjǫld : *gjǫldum Hkr.* 544,10*b*; *gjǫld* : *skjǫldum Hkr.* 595,17*b*; *lǫnd* : *brǫndum Hkr.* 592,28*a*; *gǫngum* : *stǫngum Hkr.* 542,16*a [hǫrþ* : *bǫrþusk Hkr.* 538,16*b (!)]*; *ǫrleiks* : *jǫrlum Hkr.* 596,22*a*; *ǫrr* : *dǫrrum Hkr.* 541,20*b*; *ǫrþigt* : *Gǫrþum Hkr.* 559,23*a*; *ǫld* : *skjǫldu Hkr.* 539,26*a*; *mǫgr* : *fǫgru*.

Hallarstein. vǫrþr : *Gǫrþum Wis.* 46; 2,2; *snekkjubǫrþ* : *Gǫrþum Wis.* 46; 4,2 *[hermǫrg* : *tjǫrguþ Wis.* 46; 4,31 *(!)]*; *mǫrg* : *hǫrga Wis.* 47; 9,2; *hǫll* : *ǫllu Wis.* 48; 14,8 (17,8; 20,8; 49; 23,8); *dǫglingum* : *Skǫgla Wis.* 48; 20,6.

Steinn Herd. ǫrr : *knǫrru Hkr.* 635,12*a*

Þormóþr Kolbr. stǫþum : bǫþvar Hkr. 497,22*a*.

Eyj. Daþask. svǫrþ : hǫrþu Hkr. 199,15*b*.

Þórþr Kolb. ǫrr : knǫrru Hkr. 155,9*a*; *lǫnd : rǫndum Hkr.* 155,11*b* *vǫr : hjǫrvi Hkr.* 214,24*b*; *rǫnn : þingamǫnnum Hkr.* 232,25*b*

Haraldr harþr. —

Hárekr. —

Anonymus. hǫfn : stǫfnum Hkr. 602,16*a*.

Magn. berf. lǫnd : rǫndu Hkr. 654,21*b*.

Mark. Skeggj. vǫrþu : Gǫrþum Wis. 50; 4,2; *ǫrr : knǫrru Wis.* 51; 7,2; *hǫfuþskjǫldunga : gjǫldum Wis.* 51; 14,4; *bǫrþ : gǫrþum Wis.* 52; 16,4; *hǫmlu : gǫmlu Wis.* 52; 21,2 *[gjǫld : hǫlþar Wis.* 52; 23,3 *(!)]*; *strǫnd : rǫndu Wis.* 52; 24,4.

Hallv. Hár. —

Þorl. fagri. ǫndu : lǫndum Hkr. 572,2*b*.

Valgarþr. —

Ein. Skúl. fǫrnuþr : stjǫrnu Wis. 54; 2,8; *meginfjǫlþi : hǫlþa Wis.* 54; 4,6 *[skjǫldungr : hǫlþum Wis.* 54; 6,7 *(!)]*; *hǫfuþskald : jǫfri Wis.* 55; 12,8; *Hǫrþa : jǫrþu Wis.* 55; 15,8; *brǫgþ : lǫgþu Wis.* 56; 22,8; *jǫfurs : hǫfþu Wis.* 56; 23,4 *[gǫfug : hǫfþi Wis.* 58; 37,1 *(!)]*; *stǫþum : rǫþli Wis.* 58; 43,8; *brǫgþ : sǫgþu Wis.* 59; 49,8; *gǫll : Þeizinavǫllum Wis.* 59; 52,4; *líknarkrǫfþ : hǫfþi Wis.* 60; 59,6; *ǫnd : strǫndu Wis.* 60; 60,6; *þreksnjǫll : ǫllum Wis.* 61; 66,4; *hǫfuþ : jǫfri Hkr.* 742,6*b*.

B. *U(v)*-Umlaut des *á*.

Von diesem Umlaut sind in dem uns vorliegenden Material nur geringe Spuren erhalten. Die Skaldenreime bieten fast ausschliesslich *á*. Eine Spur dieses Umlauts finde ich bei ca. 85 Fällen mit *á* nur bei *Eil. Guþr. hóf : sófu Wis.* 31; 6,4; bei *Hallarst.*, in der *Rekstfja, Wis.* 47; 8,2 u. 50; 35,4 *hótt : dróttir* u. *hóps : drópo*. Ob *Gisl., Ark.* VIII, 75 Recht hat, wenn er meint, dass in diesem Gedicht der *u(v)*-Umlaut des *á* vollständig durchgeführt ist und daher an allen betreffenden Stellen einzusetzen sei, mag gleichwol zweifelhaft erscheinen. Ferner in einer anonym überlieferten und Norwegern zugeschriebenen *visa* aus dem Jahre 1051 *nótt : ótto*, vgl. *Gisl. Ark.* VIII, 69, und in einer an ungerader Stelle stehenden *aþalhending Sighv. sk.'s hljóms : kómu*. In dem Namen *Óláfr* ist *ó* aus *ǫ́* entstanden, welches wiederum Verlängerung aus *ǫ* ist, bewirkt durch Ersatzdehnung bei Ausfall des *n*, vgl. *Nor. aisl. Gr.* § 74,2; 105,2, ebd.[2] § 73,2. Wir finden dies *ó* in folgenden Versen:

Ein. Skúl. Óláfr: bragsólar Wis. 54; 1,8; *Óláfr: sólar Wis.* 55; 18,8 u. ö.; *Óláfs: bóli Wis.* 58; 41,4; *Óláfr: tólum Wis.* 59; 50,4; *Óláfs: bragarstóli Wis.* 61; 67,4.

Steinn. Herd. Óláfr: sólu Hkr. 629,15*b*; 635,18*b*.

Hallarst. Óláfr: stóli Wis. 46; 2,8; *Óláfr: sólar Wis.* 47; 10,8 u. ö.

Ob auch ein *v*-Umlaut des *á* existirt, ist unsicher, vgl. *Nor. aisl. Gr.* S. 209 Nachträge u. Berichtigungen zu § 71 Anm. 2. Sind, wie *Nor.* zweifelnd sagt, die Nebenformen einiger *wa*-Stämme hierher zu rechnen, so dürfte der Reim des *Ótt. sv. mjó: sjó Wis.* 44; 4,4 angeführt werden[1]). Derselbe beweist jedoch für ein Vorkommen des *ó* nichts, da die beiden *ó*, aufeinander reimend, nicht durch ein *ó* anderen Ursprungs gestützt werden.

In welchem Umfang nun und wann hat der Umlaut eines *a*, bewirkt durch folgendes *u(v)*, im Nordischen stattgefunden? *Paul* in Beitr. VI, 16 ff. nimmt an, dieser Umlaut sei im gesammten Gebiet des Nordischen eingetreten und erklärt alle *a*-Formen für Analogiebildungen, hervorgerufen durch in der Flexion wechselnde *a*- und *ǫ*-Formen. *Kock* im *Ark. f. nord. Fil.* IV, 141 ff. und Beitr. XIV, 53 ff. kommt zu folgendem Ergebniss: „Man hat also zwei verschiedene *u*-Umlautsperioden gehabt: eine ältere und eine jüngere. 1. In der älteren Periode wurde der Umlaut vom Wegfalle eines folgenden *u* bedingt: *saku* wurde *sǫk*, aber *sakum* blieb, weil *u* nicht wegfiel. Dieser Umlaut ist dem ganzen Norden gemeinsam gewesen, aber er kommt am deutlichsten in (gewissen) altnorwegischen Handschriften zum Vorschein, während die ursprüngliche Regel in den ostnordischen Sprachen arg durch analogische Störungen verdunkelt worden ist. 2. In der jüngeren Periode wurde der *u*-Umlaut von einem noch da stehenden *u* bewirkt: *sakum* wurde *sǫkum* etc. Dieser Umlaut gehört Island und wenigstens gewissen Gegenden

---

1) Vgl. jetzt *Nor. aisl. Gr.*[2] § 72,2.

Norwegens an." Gegen beide Auffassungen des *u*-Umlautes nun wendet sich *Wadstein* in *Fornnorska homiliebokens ljudlära* 42 ff. Zunächst zeigt er, dass in *OHm*, der kleineren legendarischen *Ólafs*sage, Christiania 1849 (= *Ohs*), Umlaut des *a* immer durch folgendes *v* bewirkt wird, gleichgiltig ob es zur Zeit der Niederschrift noch bestand oder nicht. Bei folgendem *u* sind neben der überwiegenden Zahl von Fällen, in welchen in dieser norwegischen Handschrift *a* steht, auch einige mit *ǫ* zu finden: Dass *ǫðru*, die einzige Form, die *Keyser* und *Unger* und nach ihnen *Kock* als umgelautete Form aus *OHm* anführen, eine isländische und keine norwegische sein soll, weist *Wadstein* mit Recht zurück. Diese Polemik war eigentlich unnötig, da *Kock* selber in der deutschen Fassung seine frühere Ansicht von dem Wirken eines *v*-Umlauts für die ältere Periode hatte fallen lassen; vgl. auch *Söderberg, några anmärkn. om u-omljud. i fornsvenskan*, S. 3 Anm. 1. Im weiteren Verlauf seiner Ausführungen zeigt nun *W.* zunächst noch fürs Norwegische an einer Anzahl moderner Ortsnamen das Vorkommen des *u*-Umlauts bei erhaltenem *u*, sodann wendet er sich zum Ostnordischen, in welchem nach *Kock* dieser Umlaut fehlen soll. Auch hier weist er nach[1]), dass sowol im Schwedischen wie im Dänischen Fälle solchen Umlauts vorkamen. *W.* erbringt, wie mir scheint, den Beweis, dass der von *Kock* nur fürs Isländische und westliche Dialecte des Norwegischen zugestandene sogenannte jüngere Umlaut, in welchem der durch *u* und *v* bewirkte zusammengefasst sind, im Gebiet des gesammten Nordischen einmal stattgehabt hat. Er wirft nun die Frage auf, ob man nunmehr, von der bis jetzt wol allgemein als richtig angenommenen Ansicht *Kocks* abweichend, wiederum zur Erklärung der *a*-Formen zur Auffassung *Pauls* zurückkehren solle, dass alle diese Analogieschöpfungen seien. Er erklärt sich dagegen, indem er auf folgenden Umstand hinweist: in Dänemark treffen wir ganz wenige umgelautete Formen an, im Schwedischen etwas mehr, im Ostnorwegischen[2]) schon zahlreicher, im Westnorwegischen endlich oder doch

[1]) Vgl. auch S. 142 ff.

[2]) Dem *Wadstein* das norw. Homilienbuch S. 3 zuweist.

wenigstens im Isländischen ist der Umlaut so gut wie durchgeführt. Für diese ungleiche Art des Auftretens von umgelauteten Formen, meint *W.*, reiche die Erklärung durch Analogiebildung nicht aus. Hätte Analogie gewirkt in dem angenommenen Maasse, so hätte das sich ergebende Resultat ein gleichmässigeres sein müssen. Zur Erklärung nun dieser ganzen sprachlichen Erscheinung weist *W.* auf das Verhalten der althochdeutschen Dialecte gegenüber dem *i*-Umlaut hin. Dieser Umlaut beruht nicht nur auf dem folgenden *i j*, sondern ist auch abhängig von den Consonanten, welche zwischen *i j* und dem vorgehenden Vocal stehen. Gewisse Consonantenverbindungen hindern den *i*-Umlaut auf dem gesammten Gebiet des Ahd., während dies in einzelnen Dialecten bei gewissen Verbindungen nicht der Fall ist, die wieder in andern hindernd wirken.

Ähnliches, meint *W.*, müsse im Nordischen beim *u*-Umlaut stattgefunden haben, wenngleich er nicht in der Lage ist, die Umlaut hindernden Consonanten oder Verbindungen anzugeben; nur soviel führt er an, dass im Altschwedischen bei den Fällen, in welchen Umlaut eingetreten ist, entweder ein Consonant (kurz oder lang) oder *g*, *l*, *n*, *r* + Consonant zwischen beiden Vocalen steht.

Ich halte die Darstellung *W.*'s für im Wesentlichen richtig, sie gründet sich auf die Verhältnisse der litterarischen Zeit. Die ältesten Handschriften des Isländischen, welche wir besitzen, sind um die Wende des 12. Jahrhunderts geschrieben und in ihnen ist in der Tat Umlaut des *a* bei folgendem *u* fast ganz durchgeführt. Nur zuweilen finden sich Beispiele mit *a*, wie z. B. im Stockholmer Homilienbuch (Ed. *Wisén*) *margfaldom* 60^{34}, *dasomoþr* 130^{36}, im ältesten Teil des Cod. $1812,4^{to}$ der alten königl. Saml. zu Kopenhagen (Ed. *Larsson*) *gango* 8^{23}, *fardagom* 19^{11}, *suþrlandom* 34^{14}. Dass andererseits in norwegischen Handschriften ungelautete Formen bei erhaltenem *u* vorkommen, ist erwähnt. *W.* führt aus *OHm* folgende an: *oðru* 3^{20}, *næfbiorgum* 49^{35}, *gullspono* 51^{22}, *sponom* 80^{29}, *spononom* 80^{34}, *vono* 13^{9}, *vondo* 81^{8} [1]).

---

[1]) Vgl. jedoch über die beiden letzten *Kock Ark.* V, 49.

Ich füge noch hinzu: in dem von *Unger*, vor 1200 geschriebenen, in den *Heilagra manna sögur* I, 269—71 und II, 207—9 und *Postola sögur*[1]) 823—25 herausgegebenen Cod. *AM* 655,4^{to}, Fragm. IX*a, b, c* finden sich neben (*jarðu Heil.* I, 269^{26}), *sialfum* 270^{3}, *allum* 270^{33}, *allu Heil.* II, 207^{31}, (*iarðu* 208^{10}), *mannum* 208^{15}, *barnum* 208^{19}, *farum* 208^{32}, *faður* 209^{12}, *allum. Post.* $823^{26\ 27}$, *mannum* $828^{26\ 32\ 37}$, *samnaðosc* 824^{14}, *margum* $824^{20\ 26}$, *hundraðom* 824^{20}, (*hiartum* 824^{32}), *lahgum* $824^{39\,f.}$, *almusu* 825^{4}, *fastu* 825^{4}, auch die Formen *dioflum Heil.* I, 270^{3}, *hondom* 270^{23}, *olmusur Heil.* II, 207^{26}, *dioflum* 207^{29}. Als alte norwegische Handschriften von ca. 1200 gelten auch Cod. *AM* 315 *f, fol.* und Fragment I*B* im Reichsarchiv zu Christiania in *Norges gamle love* IV, 3—13 und ib. photolithographisch. Facsimile XIII—XV, vgl. II, 495 ff. Doch will es mir zweifelhaft erscheinen, ob man es hier wirklich mit rein norwegischen Handschriften zu tun hat, oder ob nicht vielmehr zum Mindesten bedeutender isländischer Einfluss anzunehmen ist. In der ersten Handschrift begegnen nämlich neben 32 Formen mit umgelauteten *a* nur 3 ohne Umlaut: *kallum NGL* IV, 3, *marcum* 4, *matunæyti* 5; in der zweiten findet sich sogar bei 15 Fällen mit Umlaut kein einziger ohne solchen. Für die spätere Zeit sind für uns vor Allem die im *diplomatarium norvegicum* gesammelten Actenstücke von Wichtigkeit. Diese, meist nicht erst durch die Hände von Abschreibern gegangenen, Urkunden sind für die wirklich gesprochene Sprache von grosser Bedeutung, unter ihnen vor Allem, nicht die aus der Kanzlei eines Königs, Herzogs oder Bischofs hervorgegangenen, denn in ihnen konnte sich eher eine feste Tradition bilden, die vielleicht von Isländern beeinflusst war, sondern die in den Geschäften des täglichen Lebens entstandenen, wie Testamente, Schenkungsurkunden, Kaufverträge etc. In fast allen uns erhaltenen Actenstücken des 13. Jahrhunderts treffen wir Formen mit Umlaut bei er-

---

1) Im *Grdr. d. germ. Phil.* I, 429 ist in Anm. 7 vor 823—5 versehentlich *Postola sögur* fortgelassen worden.

haltenem *u* neben solchen ohne Umlaut in buntem Gemisch. Besonders fällt es auf, wenn in zwei eng mit einander verbundenen Wörtern das dem Einfluss des *u* unterworfene *a* verschiedenartig behandelt ist. Dies begegnet besonders in der Verbindung *ǫllum mannum* in den Einleitungsformeln der Urkunden. Aus dem 13. Jahrh. habe ich sie an folgenden 7 Stellen notiert: *Dipl. norv.* I, Nr. 60, 88; II, 12, 23, 25, 27, 29; dazu noch II, 22: *ollum kirkiu formannum.* Nicht so häufig begegnet umgekehrt *allum mǫnnum,* 4 mal: I, 89; II, 16*a*; III, 35, 37. Gleich sind beide Wörter behandelt, und zwar steht *ǫllum mǫnnum* 7 mal: II, 20 (2 mal), 24, 26, 44, 47, 55; *allum mannum* dagegen auch 7 mal: I, 80; II, 5, 33, 42, 45; III, 1, 33. Ähnlichen Wechsel wie in den erst angegebenen Fällen finden wir z. B. in I, 80: *firir allum tollum ok alaugum*; II, 19: *ollom aðrom*; III, 1: *ollum adrum.* Nur *ǫ* enthalten I, 3, 83; II, 44, 46, 55; III, 7, 28; nur *a* I, 59, 84, 87, 90; II, 10, 18, 34, 40, 52, 56; III, 28, 36, 39. In allen andern Stücken wechseln umgelautete Formen mit nicht umgelauteten. Diese Actenstücke entstammen fast alle dem westlichen Norwegen, sie sind datiert aus *Oslo, Nidaros, Bergen, Stavanger* etc., nicht nur die von Königen, Bischöfen erlassenen, sondern auch die Urkunden von Privaten. In der Sprache ist kein wesentlicher Unterschied zwischen beiden Arten zu merken. Eine bestimmte Regel über die Anwendung des Umlauts bei erhaltenem *u* kann ich nicht erkennen.

Wie steht es nun um die Sprache der ältesten Skalden? Die ältesten uns erhaltenen schriftlichen Denkmäler sind fürs Isländische wie fürs Norwegische aus dem ausgehenden 12. Jahrhundert, der Sang der Skalden hebt ums Jahr 800 an, also fast 400 Jahre früher.

Dass der Umlaut bei apokopiertem *u* ein gemeinnordischer ist, ist allgemeine Annahme und darf wol als bewiesen angesehen werden. Wenn wir also bei den ältesten norwegischen und auch isländischen Skalden auch hier Formen ohne Umlaute finden, so müssen wir diese wol als analogische Neuschöpfungen auffassen. *Brenner* meinte, *anord. Handb.* 55,

„dass *ǫ* (zumal im Norwegischen) überall da geblieben ist, wo die Ursache des Umlautes wegfiel, mag seinen Grund darin haben, dass in diesem Falle der Unterschied von *a* und *ǫ* sich schärfer markierte, weil es das einzige Flexionsmittel war; *land* Plur. *lǫnd* aber *landum*; ferner ist *ǫ* gewöhnlich beibehalten, wo es nicht mit *a* wechselte, wo das umlautwirkende Element zum Stamm gehört, also in Worten wie *hǫrr (< hǫrvar), hǫrs (< hǫrves), hǫrve* u. s. w. Hier blieb *ǫ*, weil in keiner Form des Wortes ein *a* vorkam, das zum Schwanken Anlass geben konnte“.

Dieser Erklärung schliesst sich *Wadstein* S. 45 im Wesentlichen an, indem er noch die Fälle hinzufügt, in denen bei Adjectiven auf *-n, -r, -s* mit vorhergehendem Consonanten wie bei *jafn,* Fem. *jǫfn* das *ǫ* Kennzeichen des Femininums war. Die tatsächlichen Verhältnisse bei den Skalden entsprechen dem nicht ganz, da wir Nom. Plur. (Acc.) haben, welche sich vom Sing. in nichts unterscheiden wie *band, land, ragn;* das eine Adjectivum Fem. *harþ* unterscheidet sich dagegen genügend vom Masc. *harþr. Lyngby* spricht sich nun über das *a,* welches in isländischen Handschriften an Stelle eines von der Regel geforderten *ǫ* steht, in *Nord. Tidskr. f. Phil. og Paed* II, 296 folgendermaassen aus: „...*a,* eine Bezeichnung, die man nicht so verstehen darf, als ob man, wenn man hier *a* geschrieben hat, auch wirklich dies *a* ausgesprochen hat; dass dies nur eine Bezeichnungsart ist, kann man daraus sehen, dass 619 schreibt *ha͡oldum* 64^{18}, *holdum* 67^{4-5}, *haldom* 47^{18}, von welchen drei Bezeichnungsarten *ha͡oldum* das genauere Mittel ist, um dieselbe Aussprache zu bezeichnen; es würde ungereimt sein, alle drei für verschiedene Ausdrucksarten anzusehen, um so mehr, als *a͡o* durch sein Aussehen als die genauere Bezeichnung sich zu erkennen giebt“. Ähnlich urteilt *Brenner,* wenn er *an. Hdb.* 54f. sagt: „Für *ǫ* begegnet öfter *a,* nämlich in sehr alten isländischen und in allen norwegischen Handschriften. Die Bezeichnung schwankt hier wie dort bei denselben Worten und Formen. Da der *u*-Umlaut eintrat, als alle *u* im Auslaut noch erhalten waren, also lange vor den ältesten Litteraturdenkmälern, so können die *a* statt *ǫ* nicht letzte Reste der alten *a* sein; wir sehen aus der alten Schreibung *a* auf Island nur, dass *ǫ* sich erst allmählich so scharf von *a* abschied, als es in späterer Zeit und jetzt auf Island geschieden ist; in Norwegen dagegen beginnt der Unterschied von *a* und *ǫ* im 13. Jahrhundert, kaum dass er in der Schrift zum Ausdruck gekommen war, sich vielfach wieder zu verwischen, und es bezeichnet *a* auch das mehr und mehr dem *a* sich nähernde *å* ....“

Der Annahme *Brenners* nun, der Umlaut sei eingetreten, als alle *u* im Auslaut noch vorhanden waren, steht zunächst die Theorie *Kocks* von einem älteren und jüngeren Umlaut entgegen, eine Annahme, welche nur bei geschwundenem *u* die Existenz eines alten *a* ausschliessen würde; nimmt man aber die Hypothese *Wadsteins* von einer nur teilweisen Wirkung des *u*-Umlauts bei erhaltenem *u* im Nordischen an — man könnte diese Hypothese event. auch auf die Fälle mit apokopiertem *u* anwenden — so steht erst recht theoretisch nichts im Wege, in den Wörtern mit *a* und erhaltenem *u* altes *a* zu sehen. Es soll dabei das Wirken der Analogie keineswegs geleugnet werden. Dass wir aber, mag man sich nun für altes oder analogisch wieder hergestelltes *a* entscheiden, tatsächlich ein reines *a* in den Handschriften anzunehmen haben und nicht eine graphische Bezeichnung für ein dem *a* nahe stehendes *ǫ*, dazu zwingen uns, wie ich meine, die Reime, in welchen dieses für erwartetes *ǫ* stehende *a* mit altem ursprünglichem *a* reimt. Wir haben kein Recht, bei der Fülle der Beispiele hier an unreine Reime zu denken, wie sie wol gelegentlich in *lausavísur* vorkommen mögen, zumal wenn wir solche Reime auch mehrfach bei einem so formstrengen Dichter wie *Þjóþólfr skáld* finden.

Wir kommen also zu dem Resultat: in allen Fällen, in welchen wir den scheinbaren Reim *ǫ* zu *a* finden, repräsentiert das *ǫ* ein reines *a*. Reines *a* kommt, wenn auch seltener, auch bei apokopiertem *u* vor; in Wörtern, in welchen bei apokopiertem *u* *ǫ* steht und dieses mit einem anderen *ǫ* reimt, berechtigt uns nichts, auch nicht bei Dichtern, die auch *a*-Formen aufweisen, solche einzusetzen, in der Meinung, dass etwa bei einem Reim wie dem des Norwegers *Þorbj. hornkl. rǫdd*: *kvǫddusk*, ein *kvaddusk* gefordert werden müsste und demnach auch ein *radd* zu postulieren wäre. Gerade hier ist die grössere Wahrscheinlichkeit dafür, dass in beiden Wörtern *ǫ* zu stehen hat, da eine Form wie *rǫdd* als die echte gelten muss. Durch dieses Verfahren kommen wir dazu, festzustellen, dass bei den älteren Skalden auch bei erhaltenem *u* nicht etwa nur *a*-Formen anzutreffen sind, sondern dass *a*- und *ǫ*-Formen neben einander hergehen. Eine weitere Folge ist, dass man also auch bei Reimen, wie bei dem des *Ein. Skál. valfǫllum* : *vǫllu*, nicht ohne Weiteres *a* einsetzen darf, obwol ein Reim *valfallum*:*vallu* sonst ohne Anstoss wäre. Wir erhalten also für die Skalden dasselbe Verhältniss, welches uns in beschränkterem Maasse alte isländische, in weiterem Umfang dagegen norwegische Handschriften zeigen.

Besteht nun ein Unterschied in der Anwendung des Umlauts zwischen norwegischen und isländischen Skalden der älteren Zeit? Die ältesten Skalden waren Norweger aus dem Westen des Landes, dann verstummt dort im 11. Jahrhundert der einheimische Skaldengesang und nur vereinzelt treffen wir noch auf norwegische Dichter wie den König *Magnus berføttr* ums Jahr 1100 und am Ende des 12. und Anfang des 13. Jahrh. den Bischof der Orkneys *Bjarni Kolbeinsson*. Zwischen Norwegern und Isländern ist, wie die oben angeführten Reime zeigen, in dieser Zeit kein Unterschied. Die Isländer brauchen gerade so wie die ältesten Skalden umgelautete neben nicht umgelauteten Formen, ja noch bei *Ein. Skúlason* in der Mitte des 12. Jahrhunderts finden wir Reime wie *dagr*:*fagru*[1]). Später schwinden die nicht umgelauteten Formen gänzlich.

Wie ist dieses Verhältniss nun zu erklären? Die meisten der angeführten Isländer dichteten in Norwegen an den Höfen der Könige und Jarle. Wir sahen, dass in den isländischen Handschriften um 1200 nur in verschwindendem Maasse sich *a*-Formen vorfinden. Darf man nun für die ältere isländische

[1]) Vgl. *Nor. aisl. Gr.*² § 78,4.

Sprache das Auftreten solcher Formen in grösserem Umfang annehmen oder soll man auf Einfluss der norwegischen Sprache schliessen? Ich glaube, man wird das letztere nicht dürfen. Wenn auch ein solcher Einfluss nicht auszuschliessen ist, wie will man es erklären, dass später, also etwa von der zweiten Hälfte des 12. Jahrhunderts an, die *a*-Formen gänzlich schwinden, während doch nach wie vor isländische Skalden in Norwegen dichteten, ja während doch gerade im Norwegischen die *a*-Formen jene mit *ǫ* immer mehr verdrängten? Woher mit einemmal ein solches Aufhören des Einflusses? Ich meine, man wird zu dem Schluss gedrängt, dass in der isländischen Sprache der alten Zeit *a*-Formen häufiger vorkamen als uns die Handschriften ahnen lassen. Nimmt man nun mit *Wadstein* an, dass der Umlaut bei erhaltenem *u* in Island am stärksten war, also nur verhältnissmässig wenige Formen mit *a* stehen blieben, so erklärt es sich auch leicht, wie diese anfänglich noch gebräuchlichen Formen im Laufe der Zeit schwinden mussten, während sie in Norwegen, in grösserer Anzahl vorhanden, schliesslich zum Siege gelangten. Erinnern will ich noch an die auf Island ums Jahr 1000 entstandenen, von *Gísl.* um *frumparta* 21, angeführten Verse aus der *Kristnisaga*, bei welchem man norwegischen Einfluss wol mit Bestimmtheit abweisen darf: *Þangbrands*:*langu, barþs*:*jarþu, rafn*:*stafnum, rang*:*gangi, band*:*strandar*.

Da ein *v* dieselbe Wirkung auf ein *a* der vorhergehenden Silbe ausübt, wie *u*, so ist der *v*-Umlaut des *a*, wie schon erwähnt, hier gleich mit behandelt worden. Gleichwol scheint, worauf gleichfalls schon oben hingewiesen wurde, insofern ein Unterschied zu bestehen, als der *v*-Umlaut überall durchgeführt scheint, so in den norwegischen Handschriften von *OHm* und *Hom.*, gleichgiltig, ob *v* erhalten ist oder nicht, vgl. *Wadstein* a. a. O. 42. Immerhin finden wir in unserem Material zwei Fälle mit nichtumgelautetem *a* bei erhaltenem *v* aus dem Ende des 9. und dem 10. Jahrhundert bei zwei Norwegern, Fälle, welche sich, wenigstens der erste, schwerlich als analogische Wiederherstellungen werden erklären lassen, da das *v* in allen

Formen des Wortes vorkam; es sind dies: *rak*: *nakkva*[1]) *Þorbj. hornkl. Wis.* 14; 3,8 und *langvinr*: *Þrangvar Eil. Guþr. Wis.* 32; 16,4; bei *Þrangvar* könnte man schon eher daran denken, dass man nach dem Muster der zahlreichen Fälle wie *sǫk*: *sakar* auch *Þrǫng*: *Þrangvar* gebildet hätte.

Schliesslich sei noch bemerkt, dass eine Untersuchung, welches etwa die ursprünglich Umlaut hindernden Consonanten oder Consonantenverbindungen gewesen, zu keinem Resultat geführt hat. Ein solches wird sich, wenn es überhaupt möglich ist, nur bei einer Durchforschung der gesammten Überlieferung erreichen lassen.

C. *v*-Umlaut des e.

Zuerst auf den Unterschied von *v*- und *u*-Umlaut nachdrücklich aufmerksam gemacht zu haben, ist wol das Verdienst *Lefflers* in seiner Abhandlung *om v-umljudet af ĭ, ī och ei i de nordiska språken* I, S. 14. Er weist darauf hin, dass der sogenannte *u*-Umlaut nur in zwei Fällen wirkt und in diesen zweien ebenso wie der *v*-Umlaut, nämlich bei *a* und *á*, sonst aber nur durch *v* bewirkt wird, nämlich bei vorhergehendem *i*, *í*, *ei*, *e*, *ę*.

e und das durch *i*-Umlaut aus *a* entstandene *ę* werden zu *ø*. Man war früher (*Lynby TfPh.* II, 304, 321 und *Wimmer altnord. Gr.* § 13) der Ansicht, wenn ein *a* zu *ø* geworden ist, so wäre dies durch gleichzeitiges Wirken des *u*-sowol als des *i*-Umlauts, nämlich durch ein in der Endung stehendes *vi* oder *vj* erfolgt. *Leffler* hat nun a. a. O. S. 13 gezeigt, dass dies nicht richtig ist, sondern dass erst der *i*-Umlaut das *a* zu *e* macht und alsdann erst durch Einfluss des *v* ein *ø* entsteht. *Leffler* beweist dies durch Formen, welche noch nicht durch *v* zu *ø* gewordenes aus *a* entstandenes *e* zeigen in *aþalhendingar* aus der Sprache ums Jahr 1000 und aus alten isländischen und norwegischen Handschriften. Solche Formen sind: *gerva*, *gerþu*, *þrengvir* (*Fms.* XI, 188, 189)[2]),

---

[1]) Von *nakkvi* „das Schiff" für zu erwartendes *nǫkkvi*.

[2]) Die Reime sind: *Ott. sv. her*: *gjörva*; *engst*: *þröngva*; *Þórþr Kolb. herferþ*: *gjörþu*.

gǫra, gœra, norsk. Hom. (31^{16}, 58^{12}; 42^{2}, 80^{19}), *œngdo* (*Barl.* 102^{1}, 65^{15}), *œxi* (*OHm* 54^{11}, 54^{21}), *necqv(e)þ, necþer* (*Eluc.* S. 26 2mal, 27; 46). Aus meinem Material gehören folgende Reime hierher:

sverþs : gerþu Eil. Guþr. Wis. 31; 11,2; *sverþ : gerþu Sighv. sk. Hkr.* 253,18*b* (*gørþu OHS* 40); *gerþuzk : verþir Bjarni gullbr. Hkr.* 526,5*a*; *gerþum : þverþi Þjóþ. sk. Hkr.* 538,26*b* (!); *verþungar : gerþi Sighv. sk. Wis.* 39; 8,4; *fúrherþir : gerþi Eyj. Daþ. Hkr.* 200,2*a*; *sverþ : gerþi Hallfr. v. Hkr.* 194,27*a*; *eldgerþr : verþi Eyv. sk. Hkr.* 123,26*b*; *gerþr : herþa Tindr Hallk. Hkr.* 157,31*a*; *verþung : gerþak Sighv. sk. Hkr.* 310,9*a*; *oddherþir : gerþa Þórþr Kolb. Hkr.* 155,9*b*; *verþung : gerþar Steinn Herd. Hkr.* 635,22*b*; *ferþ : heimangerþum Sturla Kgs.* 438,19*a* (*heimangiordum Flb.* III, 197); *herþi : bǫþgerþar Sturla Kgs.* 467,10*b*; *umgerþ : sverþi Hallfr. v. Hkr.* 194,29*b* (*umgiorð cod. Fris.* 150,19*b*) 1).

---

1) In der Flexion des Verbums *gerva* wechseln Formen mit erhaltenem *r* mit solchen, in welchen dieses fortgefallen ist. *Sievers* in *Gött. gel. Anz.* 1883 S. 55 zieht zur Vergleichung die *ags. verba* auf *rw, lw* heran, in welchen das *w* fortfällt, wo der Themavocal als *i* erscheint, d. h. in der 2., 3. Sg. Ind. Præs., Sg. Imp., Præt. und Part. Præt. (*Sievers ags. gr.* § 405,5 und Anm. 2.) Da das Nordische dieselbe Eigentümlichkeit zeige, stellt er eine germanische Grundform auf:

Præs. Ind. Sg. 1.	*garwio*	=	*ags.*	*gierwe*
2.	*garizi*	=	„	*gieres*
3.	*gariði*	=	„	*giereð*
Plur. 3.	*garwionði*	=	„	*gierwað*
Imper. Sg.	*garî*	=	„	*giere*
Præt. Ind. Sg.	*gariðo*	=	„	*giereðe*
	gariðôz	=	„	*giereð*

Im Nordischen entsteht daraus Inf. *gørva*, 1. Sg. *gørvi*, 2. Sg. *gerr*, 3. Plur. *gørva*, Imp. *ger*.

Verhält sich dies so, d. h. fiel wirklich in der angegebenen Stellung das *w* schon in urgermanischer Zeit aus, so kann natürlich in den meisten der oben angeführten Beispiele, die besonders Præteritalformen sind, nicht mehr die Rede von einem *v*-Umlaut des *e* sein. Zu betrachten bleiben dann nur der Inf. etc. Dass aber hier nicht schon in urnordischer Zeit *ø* entstanden ist, zeigt der angeführte Vers des *Ótt. sv.* und die Form aus dem Stockh. Homilien-

gekk : *stekkva Bjǫrn h. krepphendi Hkr.* 646,33*b*.
ekkju : *nekkvat Hár. Sig. Hkr.* 479,4*a*; *Frireks* : *nekkvi Þorbj. skakk. Hkr.* 795,6*b* [1]).

buch, sowie die andern Formen mit erhaltenem *v* und nicht umgelautetem *e*, vgl. auch *Söderberg, några anmärkn.* S. 28 ff.

Erst in der zweiten Hälfte des 13. Jahrhunderts oder noch später treten im Vollreim Verbalformen mit *ǫ* in der Wurzelsilbe auf, wie *Gísl. Njál.* II, 188 ff. nachweist. Zu seinen Beispielen gehört auch der in meinem Material vorkommende Reim der *Lilja*:

jǫrþ : *gǫrþi Eyst. Ásgr. Wis.* 88; 6,2 u. 10,4.

Der Singularis *gǫrþa* ist eine Analogiebildung nach dem Plur. *gǫrþum*. Dass aber in diesem eine uralte lautgesetzliche Form verborgen, worauf das auf alten Runeninschriften vorkommende *karþa*, Plur. *karþum* hinweist, hat *Sievers, Gött. gel. Anz.* 1883, S. 55 ff., gezeigt. Über die ganze Flexion des Verbums vgl. *Nor. aisl. Gr.* § 226 Anm. 4; § 428 Anm. 1; § 433; § 447,5. Vom Adjectivstamm *garva* finden sich bei den Skalden ausschliesslich die lautgesetzlichen Formen mit *ǫ*:

gǫrt : *svǫrtum Sighv. sk. Hkr.* 253,28*b*.
gǫrt : *hjǫrtu Sighv. sk. Hkr.* 480,23*a*.
ǫrvar : *gǫrva Hallfr. v. Wis.* 35; 4,2.
ǫrva : *gǫrvar Arn. jarl. Wis.* 46; 15,8.
þreksgǫrr : *vígǫrr Ótt. sv. Wis.* 44; 2,2.
gǫrla : *Sǫrla Hallfr. v. Wis.* 33; 8,6.
fǫr : *gǫrva Ein. Skál. Wis.* 28; 13,4.
fǫr : *gǫrva Sighv. sk. Ótt. sv. Hkr.* 252,30*b*.
rógǫrs : *gǫrva Arn. jarl. Hkr.* 515,8*a*.
úfǫr : *gǫrva Trǫllk. Hkr.* 613,15*a*.
mǫrstrútr : *gǫrva Þór. stuttf. Hkr.* 686,21*b*.

Dazu kommen die Endreime:

hjǫr : *gjǫr Egill. Skall. Wis.* 21; 10,1*f*.
hjǫrvar : *gǫrvar Þork. Gísl. Wis.* 67; 6,7*f*.

Formen des postulierten Femininstammes *garwjâ* fehlen gänzlich, so dass ich glaube, dass ein solcher überhaupt nicht existiert, sondern dass die späteren *ø*-Formen des Adjectivs aus den *ø*-Formen des Verbums übertragen sind, welche, wie wir sehen werden, auch erst in der 2. Hälfte des 12. Jahrhunderts eintreten, vgl. auch *Söderberg* a. a. O. S. 542, der *gørr* von einem Stamm *garvu* ableitet.

[1]) Die einzige sonst noch vorkommende Form dieses Pronomens ist *nakkvat* im Reim auf *folkrakkr* bei *Þór. stuttf. Hkr.* 686,21*a*. Über ihre Entstehung durch Wirkung des *a* auf *e*, wie umgekehrt bei *hvetvetna* aus *hvatvetna*, vgl. *Wimmer Læseb.*[3] XVII, XXIX. Anders *Söderberg* a. a. O. S. 37 ff.

Man sieht, die vom *v*-Umlaut nicht berührten *e*-Formen kommen nicht nur, wie *Gisl. Njál.* II, 179 meinte, bei den älteren Skalden vor, sondern reichen, wie ja auch die Handschriften vermuten lassen, bis in die zweite Hälfte des 13. Jahrhunderts, bis auf *Sturla Þórþarson.* Weitere Belege findet man bei *Gisl.* a. a. O. 179 ff.

ø ist überhaupt ein selten vorkommender Laut. In meinem Material vermag ich ihn aus den Reimen nur einmal zu belegen, und zwar in dem Verse des *Ein. Skúl.* aus dem 12. Jahrh. *hrøkkvibaugs ens døkkva Wis.* 55; 16,2. Die Lesarten haben: *hrokkinseiþs*: *dokkva Flb* I, 2; *dǫkkva Fms* V, 354. Dass das *ø* in *døkkr* älter ist als das *ǫ*, unterliegt keinem Zweifel, es ist aus ursprünglichem *e* entstanden, als vorgermanische Form setzt *Kluge etym. Wtb.*[4] 62 *dhengwos* = got. **diggs* an. Der erste Teil des Wortes *hrøkkvibaugr*, welches *Wis.* II, 146 mit *annulus in spiram retortus* übersetzt, stammt von *hrøkkva* „weichen" her, welches *hrǫkk, hrukkom, hrokken* flectiert, vgl. *Nor. aisl. Gr.* § 407,2; urgermanisch heisst es **hrenkvan*, welches zu **hrekkva* werden musste, woraus dann *hrøkkva*, vgl. *Leffler om v-omlj.* S. 63.

Gleichwol erscheint es mir zweifelhaft, ob *Wisén* mit Recht hier in beiden Wörtern *ø* liest. Die Pronominalformen *nekkverr, nekkver, nekkvat*, welche die ältesten dieses Pronomens sind, halten sich noch in Handschriften, isländischen wie norwegischen, bis zum Anfang des 13. Jahrhunderts, vgl. *Wimmer Læseb.*[3] XVII f., ferner die von *Gisl. Njál.* II, 160 f. und von mir angeführten Beispiele. Man wird daher unbedenklich annehmen können, dass *Gisl.* das Richtige getroffen hat, wenn er den Vers des *Ein. Skúl.* (*Sn. E.* I, 444; II, 332 u. 443) a. a. O. 184 *friðstekkvir því nekkvat* liest, während die Lesarten *friðstökkvir*: *nakkva* oder *nokkut* haben und auch *Þ. Jónsson* in seiner Ausgabe S. 149 *friðstökkvir*: *nökkut* liest. Darüber, dass *støkkva* resp. *stekkva* zu lesen ist, kann auch kein Zweifel sein, da es aus altem **stenkvan* entstanden ist, was zunächst *stekkva*, dann *støkkva* geben musste, vgl. *Leffler* a. a. O. S. 50. Somit wäre bei Einsetzen von *stekkva* der verlangte Vollreim hergestellt. Nimmt man diese Besserung an, so wird man des Weiteren auch kein Bedenken tragen, mit *Gísl.* a. a. O. den Vers des *Ein. Skúl. Wis.* 60; 56,6, *øngr brimloga sløngvir engr:slengvir* zu lesen. Dass eine Form *engr* wirklich vorkommt, zeigt der von *Gísl.* a. a. O. 165 angeführte Vers der *Ólafsdrápa Tryggvasonar* 5, *engr enn Nóreg fengi.* Dürfen wir sonach in der Sprache *Einars* Formen wie *stekkva, slengva* als gesichert annehmen, so wird eine Form *hrekkva* nichts Auffallendes haben und es wird keinen Anstoss erregen, wenn wir auch für das Adjectivum die alte Form *dekkr* annehmen und somit den in Frage stehenden Vers *Einars hrekkvibaugs ens dekkva* lesen. Ob aber auch noch in der im *munnvǫrp* gedichteten *Jómsvikinga drápa* des 1223 als Bischof der Orkneys gestorbenen *Bjarni Kolbeinson* (*Wis.* 71; 30,4) in dem Verse *hrøkkva gunnar rǫkkum* etwa *hrekkva* zu lesen ist, wage ich nicht zu entscheiden, jedenfalls zeigt der Vers — im *munnvǫrp* wird für die an gerader Stelle stehenden Verse *skothending* verlangt —, dass nicht *hrǫkkva* stehen kann. Man wird also, treffen die obigen Ausführungen das Richtige, das Wirken des *v*-Umlauts auf *e* erst nach dem Jahre 1152 datieren dürfen[1]).

---

[1]) Erst nachdem ich obige Ausführungen niedergeschrieben, war ich in der Lage, die Abhandlung von *Söderberg „några anmärkningar om u-omljudet i fornsvenskan“* (*aftryk ur Lunds universitets årsskrift, tom.* XXV) und von *A. Kock „till frågon om u-omljudet i fornsvenskan“* (*nyare bidrag till kännedom om de svenska landsmålen ock svenskt folklif* 1891, 43 *de h.*) benutzen zu können. *Söderberg* versucht nachzuweisen, dass im Schwedischen der *u*-Umlaut nur bei fortgefallenem *u* stattgehabt hat. Darin sah er eine starke Stütze für die Theorie von einer zwiefachen Periode des *u*-Umlauts im Westnordischen. Dagegen hatte sich *Wadstein* S. 142 ff. in einem längeren Excurs gewandt, die von *Söderberg* angeführten nicht umgelauteten Formen bei erhaltenem *u* zum grössten Teil als Analogiebildungen erklärt und ausserdem eine Anzahl Formen mit tatsächlichem Umlaut und *u* in der folgenden Silbe beigebracht. Diesen wendet sich nun *Kock* zu, indem er zeigt, wie unsicher das von *Wadstein* angeführte Material aus den Ortsnamen ist. Sodann erklärt er die übrigen Formen als Fälle eines kombinatorischen Lautwandels, d. h. es habe in diesen nicht nur der folgende Vocal, sondern auch die Art der die Wurzelsilbe

D. *v*-Umlaut des *i*.

Auf S. 90 f. seiner Abhandlung fasst *Leffler* das Resultat seiner sich nur auf *i* vor Nasal beziehenden Untersuchung folgendermaassen zusammen: „Im Altnordischen mit den dazu gehörenden neueren Mundarten ist der *v*-Umlaut von *i* zu *y* vor *ng* durchgehends eingetreten, sofern *i* nicht die Wurzelsilbe beginnt, z. B. altnord. *syngva, slyngva, þryngva, lyng*. Möglicherweise finden sich ein paar alte

schliessenden oder einleitenden Consonanten mitgewirkt. Mit Recht sind von den von *Wadstein* angeführten Formen solche wie *byskuper, s(w)ystur, myklu(m), (w)ymumaþer* auszuschliessen. Hier hat zur Entwicklung des Umlauts der das Wort anfangende labiale Consonant wesentlich beigetragen. Das Gleiche ist der Fall im Præt. Pl. *voro* und im Adverb *h(w)oro*, worüber *Kock, Ark.* V, 46 ff. Der *o*-Laut in *honom, Omundus* (bei *Saxo*) und vielleicht auch in *Mogens* sei als directer Übergang eines nasalierten *ā* zu *ō* zu betrachten.

Falk, Ark. VI, 114 f. und *Wadstein* S. 70 ff. nehmen dagegen an, dass zunächst der Übergang in *ǫ́* eingetreten sei, worin sie, wie ich glaube, Recht haben. Darin dass *Moghens* vielleicht Lehnwort aus anorw. *Mǫgnús* sei, mag man *Kock* beistimmen. Wenn ferner das *w* in der Lautverbindung *ggw* Umlaut wirkt, während es nach *K.* sonst, sofern es erhalten, einen solchen nicht ausübt, so erblicke ich darin, sowie in den Fällen mit Nasal nach dem Wurzelvocal, nur eine Bestätigung dessen, was *Wadstein* negativ ausdrückte, wenn er meinte, es könnten vielleicht gewisse Consonanten oder Consonantengruppen Umlaut hindernd sein, d. h. doch mit andern Worten, dass andere Consonanten in Verbindung mit *u, w* diesen befördern, wir also in solchen Fällen das haben, was *Kock* einen kombinatorischen Umlaut nennt, der nur regressiv seine Wirkung ausübt, während allerdings, in den davon zu unterscheidenden Fällen wie *byskupe(r)* ein regressiver und progressiver Umlaut vorliegt. Wie man sich aber auch entscheiden mag, will man mit *Wadstein* für das Schwedische einen Umlaut bei erhaltenem *u* annehmen oder nicht, für das Westnordische wird an dem Verhältniss, wie es *Wadstein* darstellt und wie es meine obigen Ausführungen dargestellt haben, nichts geändert. Auch das ist im Grunde für die hier vorliegende Aufgabe gleichgiltig, ob man für das Westnordische zwei oder eine Umlautsperiode annehmen will. Es kam hier vor Allem darauf an zu zeigen, dass in der älteren isländischen Sprache eine grosse Anzahl von nicht umgelauteten Formen sowol bei erhaltenem wie geschwundenem *u* vorkommen.

Die gelegentlichen Hinweise auf *Söderberg*'s Arbeit sind später hinzugefügt worden.

Formen *singva* und *lingva* ohne *v*-Umlaut, jede einmal in Fragmenten ältester Schriften bewahrt. Ein wurzelbeginnendes *i* vor *ng* und *nk* hat in demselben Wort zuweilen Umlaut, zuweilen nicht, z. B. *Yngvi* und *Ingi*, *ykkarr* und **ikkar* (in den neunorwegischen Mundarten fortlebend). — Vor *nk* kann im Altnordischen in allen anderen Fällen als in dem zuletzt genannten ein *v*-Umlaut von *i* nicht in Frage kommen, da hier in der Wurzelsilbe ein älteres *e* erhalten bleibt und nie zu *i* übergeht, wie vor *ng*, z. B. *støkkva*, *søkkva*, **skrøkkva*, *hrøkkva* und *kløkkva*." *Gísl. om helr.* 43 f. führt eine Anzahl Verse auf, in welchen, wie er meint, die Ausgaben und auch teilweise die Handschriften fälschlicherweise in der *aþalhending ygg*:*igg* haben. Von unserem Material gehören folgende Verse hierher: *Falstrbyggva*:*tiggi Arn. jarl. Hkr.* 543,15*a*; *Fjónbyggva*:*tiggi Arn. jarl. Hkr.* 586,17*b*; *glygg*:*tiggja Þjóþ. sk. Hkr.* 559,23*b*; *hnyggr*:*tiggi Valgarþr Hkr.* 560,5*a*.

In allen diesen, und den andern von ihm angeführten Fällen, ersetzt er, wie es *Egilss. lex. poet.* 827*a*-*b* und 814a^{5-11} vor ihm getan, vgl. auch *Cl. V.* 646*a*, um den Vollreim herzustellen, das *i* in *tiggi* durch *y*, indem er bemerkt, dass *Snorri Sturluson* der Erste gewesen sei, der *tiggi* gereimt habe, nämlich in *Háttatal* 74^{2} *hlunnvigg*:*tiggja*; sodann führt er noch den Vers der 1345 gedichteten *Guðmundardrápa Arngrims þiggja*:*tiggi* an. Gegen die Einsetzung des *y* in *tiggi* wird man zunächst nichts einwenden können, wenn aber *Gísl. tyggi* für die ältere Form hält und S. 44 von einem Lautübergang von *tyggi* zu *tiggi* spricht, so dürfte er das Verhältniss gerade umkehren. Wie schon erwähnt führt *Leffler* die Formen *singva* und *lingva* an, die er nur zweifelnd als alte annimmt, während er dies bei *Ingi* und dem aus dem Neunorwegischen erschlossenen *ikkar* nicht tut, indem er ein Gesetz aufstellt, wonach die Erhaltung des *i* durch seine Stellung am Anfang des Wortes bedingt sei. Die Verse, denen *Leffler* seine Formen entnimmt, sind aus der *Eyrbyggjasaga* ein Vers des dem 10. Jahrh. angehörenden *Þórarinn svarti skáld þings*:*syngva*, aus *Fms* V, 234 vor dem 1030 gestorbenen

Þorfinnr munnr hringi: *lyngva* und aus der *Haustlǫng* des *Þjóþolfr ór Hvíni* (*Wis.* 10,6) *Yngifreys*: *þingi*. Zu diesen, wie ich glaube, zweifellos sicheren Beispielen füge ich noch hinzu *trygglaust*: *þrigga Þjóþ. hv. Wis.* 9; 1,6, wofür schon *Gísl. Aarb.* 1876, S. 329 *trigglaust* lesen will, *jarþbyggvi*: *liggja Ein. Skál. Wis.* 29; 24,2 und den Vers *Sturlas Inga*: *gerningum Kgs.* 472,37*a*. Die sicheren Beispiele für *i*-Formen reichen also vom 10. bis ins 14. Jahrh. Der Reim des dem 10.—11. Jahrh. angehörenden *Ein. Skál.* lässt nun ein *biggva* erschliessen. Ein grosser Teil der Reime mit *tyggi* reimt aber mit *byggva*, resp. davon abgeleiteten Wörtern; erwägt man nun ferner, dass im 13. und 14. Jahrh. *tiggi*, durch Reime gesichert, begegnet; sodann dass auch für *tyggi* einmal früher eine Form *tiggi* bestanden haben muss, so wird man es nicht für zu kühn halten, wenn ich die handschriftlich gesicherte *i*-Form, die von *Gísl.* beseitigt war, wieder in ihre Rechte setze.

Ob man auf Grund von *Ingi* und des von *Leffler* angenommenen **ikkarr* wirklich ein Gesetz aufstellen kann, wonach wegen des anlautenden *i* der Umlaut zuweilen nicht eingetreten sei, erscheint mir zweifelhaft, ein physiologischer Grund, weshalb das *i* am Anfang anders behandelt sein sollte als im Inlaut, ist mir nicht ersichtlich[1]). Von dem vor *o*, *u* bei einem dem *i* unmittelbar vorhergehenden labialen Consonanten eintretenden Umlaut (vgl. *Nor. aisl. Gr.* § 70,5), also von Fällen wie *byskop*, *myklom* finde ich in meinem Material keine Spur. Ebensowenig bieten meine Sammlungen Anlass zu Bemerkungen zu den von *Nor.* a. a. O. 6 ff. angeführten weiteren Arten des *v*-Umlauts. Auch den schon in urnordischer Zeit abgeschlossenen *i*- und *R*-Umlaut habe ich hier nicht zu behandeln.

Die Brechung.

Ein *e* in starktoniger Silbe wird, ausser nach *w*, *r*, *l* und vor intersonantischem *h*, durch ein *a*, *o* oder *u(w)* der

[1]) Vgl. *Söderberg, några anmärkn. om u-omlj. i fornsv.* S. 25 Anm. 2.

folgenden Silbe in resp. *ea, eo, eu,* woraus später *ia, io, iu* wird, gebrochen. Im Anord., besonders im Aisl., jedoch nicht in den allerältesten Handschriften, z. B. in der *Placitúsdrápa,* sind indessen die Brechungsformen *io* und noch mehr *iu* ziemlich selten in Folge häufiger Ausgleichung, wobei *io, iu* durch *ia* oder dessen *u*-Umlaut *iǫ* ersetzt wurde[1]). So ungefähr stellt *Noreen Grdr. d. germ. Phil.* I, 446 die Regel für die Brechung dar. An Beispielen, dass tatsächlich *io* und nicht wie man früher meinte *iǫ* die lautlich entwickelte Form gewesen ist, führt er an westnord., aschwed. *miolk* aus **melok,* Nom. Acc. Neutr. westnord. *fiogor,* aus **feȝor* aschwed. *aisl. fiol.* Für *iu* westnord. *fiugur,* aschwed. *fiughur, adän. fiughær* aus **feȝur*; anorw. *þiukkr,* aschwed. *þiukker* aus **þekkw-.* Durch Ausgleichung können ferner gebrochene Formen durch ungebrochene ersetzt werden und umgekehrt, so dass z. B. zwei Paradigmata neben einander entstehen. Für die Annahme *Noreens,* dass *jo* das Ursprüngliche ist, bringt *Wadstein* § 8*a* einen starken Beweis bei aus der Orthographie des norweg. Homilienbuches, indem er darauf hinweist, dass der gebrochene Vocal nur einmal mit ω, *hiωrtum*, geschrieben wird, sonst immer *io,* während, wo es sich um den *u*-Umlaut des *a* handelt, ω fast ebenso oft vorkommt wie *o.*

Aus den Reimen vermag ich für *io, jo* nur den Vers des *Sighv. sk. Wis.* 41; 2,8 *hers flokki viþ þjokkva* anzuführen.

Aus dem Umstand, dass zum Jahre 855 der Name des Vikingerhäuptlings *Bjǫrn Eisenseite* als *Berno* erwähnt wird, schliesst *Brate,* Beitr. X, 74, wol mit Recht, dass um diese Zeit die Brechung noch nicht eingetreten war. Einen weiteren Beweis dafür, dass erst ums Jahr 900 die Brechung auftritt, haben wir in dem schönen Fund, den *Zimmer Z. f. d. A.* 35, 136 gemacht hat. Er weist nämlich aus den irischen Ulsterannalen als anord. Lehnwörter nach: fürs Jahr 847 *erell,* 892 *ierll,* 917 *iarla,* also eine Form mit ungebrochenem *e,* eine solche,

[1]) Vgl. aus *Placitúsdrápa,* Ed. *F. Jónsson, opusc. philol.* 1887, S. 210 ff., S. 222: *fiornes* 1,1, *hiortr* 2,20, *hiorþ* 3,40, *biorg* 5,4, *iorþ* 5,10, *hiorva* 8,4 etc.

welche die Zwischenstufe zwischen *e* und *ia* aufweist, und zuletzt eine mit dem gewöhnlichen altnordischen Lautstand. Auch in unsern Reimen erscheint die Brechung schon für diese Zeit als gesichert. Aus den Versen *Brages* lässt sich weder für noch gegen das Vorkommen der Brechung ein Beispiel anführen, da derselbe wie bekannt keinen Vollreim verlangt, so dass selbst wenn ein *io* oder *iǫ* (resp. *ia*), welches durch Brechung entstanden ist, mit einem *o* resp. *ǫ* (resp. *a*) anderen Ursprungs reimte, dies noch kein Beweis für das Vorkommen des gebrochenen Vocals wäre, ebensowenig wie das Umgekehrte der Fall wäre, wenn ein sonst der Brechung unterliegendes *e* durch ein anderes gestützt würde.

Die ältesten sicheren Beispiele für gebrochenes *e* sind folgende:

Þjóþ. hv. leikblaþs : fjaþrar Wis. 10; 12,6.
Eyv. skaldasp. skjaldum[1]) *: aldri Hkr.* 112,2*b*.
Þorbj. hornkl. hjaldrskiþs : galdra Wis. 14; 2,2.
Eilifr Guþr. djarfan : arfi Wis. 31; 10,5.
Glúmr Geir. garþs : Eylimafjarþar Hkr. 134,24*a*.
Þjóþ. hv. okbjǫrn : Mǫrna Wis. 9; 6,4.

Aus dem zuletzt angeführten Reim geht zugleich hervor, dass schon frühzeitig das *o* durch *ǫ* ersetzt worden ist.

Schon oben war darauf hingewiesen worden, dass durch Ausgleichung aus einem Paradigma, in welchem gebrochene mit ungebrochenen Formen wechselten, entweder deren zwei entstanden, von denen das eine gebrochenen, das andere ungebrochenen Vocal durchgehends hatten, oder nur ein Paradigma, in welchem einer der beiden Vocale den Sieg errungen hatte. Einen schönen Beweis für den ursprünglichen Wechsel innerhalb eines Paradigmas, welchen man früher leugnete (so *Paul*, Beitr. VI, S. 23 f.), hat *Hoffory* im *Ark. f. n. f.* I, 45 angeführt, indem er auf den Vers des *Þjóþ. hv. Hkr.* 75,29*b* hinwies, in welchem der Reim statt *veþr : Jaþri veþr : Eþri* zu lesen ist, eine Form, welche später ganz durch *jaþri* verdrängt worden ist. Beispiele, in denen das *e* analogisch wieder her-

[1]) Wo *skjoldum* natürlich lautgesetzliche Form wäre, und das *a* nur, wie des Öfteren, Analogieschöpfung ist.

gestellt ist, s. *Nor. Grdr.* I, 446 und *aisl. Gr.* § 87. Aus den Reimen führe ich an: *Ellu:bella Eil. Guþr. Wis.* 32; 19,8; *hels:frelsi Valgarþr Hkr.* 560,9*b*; *dvergranns:Tunbergi Iatg. Kgs.* 286,20*b*; *gunnspelli:felli Sturla Kgs.* 472,9*b*. Ein Verbum *bjalla* neben *bella* kommt nicht vor, dagegen haben wir *frjalsi, bjarg, spjall.*

Haben nun, wie man früher meinte, die auf das ursprüngliche *e* folgenden Consonanten eine Wirkung auf das Eintreten der Brechung oder nicht[1])? Der richtigen Ansicht gibt wol *Noreen* Ausdruck, wenn er *aisl. Gr.* § 83 Anm. sagt: „wenn die Brechung am öftesten vor *r, l* auftritt, so beruht dies einfach darauf, dass das urgermanische *e* am häufigsten in dieser Stellung stand", vgl. *Paul*, Beitr. VI, 16 ff. Noch richtiger hätte *Noreen* sagen sollen, wie schon die Bemerkung *Wimmers* es ausspricht, *r, l* + Consonanz.

Ich will im Folgenden für das Vorkommen der Brechung einige Zahlen anführen, zunächst für die durch *a*, dann für die durch *o, u* bewirkte. Zur ersten Klasse rechne ich auch die Beispiele, in welchen *ia* nur Analogieschöpfung ist, also z. B. eine Form wie *skjaldum* für lautgesetzliches, resp. aus lautgesetzlichem *skjoldum*, auch erst wieder analogisch entstandenes *skjǫldum*. Ich führe nur ganz sichere Fälle an, d. h. ich scheide aus alle *skothendingar*, sodann von den *aþalhendingar* diejenigen, in welchen gebrochener Vocal mit gebrochenem reimt, in ( ) führe ich die einzelnen Wörter auf, auf welche sich die Formen verteilen.

I. *ia* steht:

1) vor *l* + Consonanz:

l + *d*	35	(3 mal *sjaldum*, 7 *tjald*, 10 *hjaldr*, 8 *gjalda*, 7 Formen v. *skjǫldr*)
l + *f*	8	(7 *sjálfr*, 1 *bjálfi*)
l + *m*	12	(11 *hjálmr*, 1 *jálmr*)
l + *p*	1	(1 *hjálpask*)
l + *l*	26	(23 *snjallr*, 1 *fjalla g. pl. v. fjǫll*; 2 *spjalli*)
	82	(14 verschiedene Wörter).

[1]) Vgl. *Wimmer anord. Gr.* § 15 Anm.: Brechung tritt selten anderswo ein als vor *r* u. *l* mit folgendem Consonanten (also *bera*, tragen, *stela*, stellen u. s. w.).

2) vor *r* + Consonanz:

r + *f* 5 (5 *djarfr*)
r + *g* 1 (1 *bjargar* von *bjǫrg*)
r + *l* 17 (17 *jarl*)
r + *n* 4 (2 *gjarn*, 2 *jarn*)
r + *r* 3 (3 *fjarri*)
r + *t* 4 (2 *bjartr*, 2 *hjarta*)
r + *þ* 7 (1 *jarþ*, 3 *jarþar*, 3 *fjarþar v. fjǫrþ*)

41 (10)

l, *r* + Consonanz 124 (25).

3) vor andern Consonantengruppen:

þ + *r* 4 (1 *fjaþrar*, 3 *jaþri*)
f + *n* 5 (5 *jafn*)
p + *t* 1 (1 *kjapta*, Acc. Pl. von *kjǫptr*)

10 (4).

4) vor einfacher Consonanz:

r 2 (1 *fjara*, Verb., 1 *skjarr*)
l 1 (1 *hjal*)

3 (3).

II. *iǫ* (*io*) steht:

1) vor *l* + Consonanz:

l + *d* 5 (1 *gjǫldum*, Dat. Pl., 4 *skjǫldu*)
l + *l* 5 (1 *snjǫll*, 1 *snjǫllum*, 3 *fjǫll*)
l + *þ* 1 (1 *fjǫlþi*)

11 (5).

2) vor *r* und Consonanz:

r + *g* 1 (1 *bjǫrgum*)
r + *l* 1 (1 *jǫrlum*)
r + *n* 2 (1 *bjǫrn*, 1 *stjǫrnu*)
r + *t* 2 (1 *bjǫrtu*, 1 *hjǫrtu*)
r + *þ* 6 (3 *jǫrþ*, 2 *jǫrþu*, 1 *fjǫrtum*)

12 (8)

l, *r* + Consonanz 23 (13).

3) vor anderer Doppelconsonanz:

f + *n* 1 (1 *jǫfn*)
k + *k* 1 (1 *þjokkva*)

2 (2).

4) vor einfacher Consonanz:
r 4 (1 *hjǫrlautar*, 1 *hjǫrvi*)
f 6 (6 *jǫfurr*, resp. Formen davon)
k 1 (1 *mjǫk*)
11 (3).

Nehmen wir nun beide Arten der Brechung zusammen, so erhalten wir:

1) *r*, *l* + Consonanz	147 (33)	=	84,97 %	(73,33 %)
2) andere Doppelcons.	12 (6)	=	6,94 „	(13,33 „)
3) vor einfacher Cons.	14 (6)	=	8,09 „	(13,33 „)
	173 (45).			

Der Wechsel von *e* und *i* innerhalb eines Wortes.

Es ist bekannt, dass idg. *e* vor *n* + Cons. urgermanisch zu *i* wird. Eine ähnliche Neigung herrscht nun im Altnordischen (vgl. *Nor. aisl. Gr.* § 143 Anm.), und zwar hauptsächlich vor *ng*[1]). Der Vers *Brages, Wis.* 3; 10,8 *hringa þeir of fingu* böte uns das älteste Beispiel einer solchen *i*-Form, wenn er beweiskräftig wäre. Aber die Codices haben hier teils *fengu*, teils *fingu*, und wie wir wissen, ist *aþalhending* an gerader Stelle nicht durchaus notwendig für *Brage*. Ein zwingender Grund, hier *fingu* zu lesen, wie *Wisén* will, was ich allerdings auch für das Wahrscheinliche halte, liegt also nicht vor. Die ältesten sicheren Beispiele, die ich für eine *i*-Form gefunden habe, stammen aus dem 10. Jahrhundert. Es sind die Reime:

hringbalkar : *gingu Eil. Guþr. Wis.* 32; 13,4.
afspring : *þingat Korm. Ǫgm. Wis.* 26; 5,2.
hringskyrtur : *gingu Hallfr. vandr. Wis.* 35; 9,8.
hringfirþi : *þingat Sighv. sk. Wis.* 39; 10,4.
hringmiþlǫndum : *þingat Sighv. sk. Hkr.* 253,18*a*.
hrings : *þingat Sighv. sk. Hkr.* 523,14*b*.
fylking : *gingu Þjóþ. sk. Hkr.* 606,21*a*.
naþrbings : *finginn Bjǫrn krepph. Hkr.* 647,26*b*.
þingat : *hringum Arn. jarl. Hkr.* 541,31*b*.
ǫþlinga : *þingat Ein Skúl. Wis.* 54; 5,6.
heiþingja : *gingi Ein. Skúl. Wis.* 60; 55,4.
hrings : *gingu Haukr Vald. Wis.* 80; 14,6.

[1]) Doch vgl. jetzt *Nor. Grdr.* I, § 221*b*.

erfingi : *fingin Haukr Vald. Wis.* 79; 7,6.
dáþfinginn : *hǫfþingja Sturla Kgs.* 320,14*a*.
gingu : *drengir Bjarni Kolb. Wis.* 71; 29,4 (hier ist *skothending* erforderlich).

Nicht ganz sicher ist der Reim des *Bjorni gullbr. Erlingr* : *finginn Hkr.* 447,2*a*, da wir bei seinem Zeitgenossen *Sighv. sk.* den Reim *Erlengr* : *lengi Hkr.* 445,4 finden, auf welchen sich berufend auch *Gisl. om helr.* 12 f. den Vers *Þórvarþs Þorgeirsson* aus dem 12. Jahrh., *Sturl.* I, 110 u. *Bp.* I, 411 *snarfingr* : *Erlinge* mit *e*-Formen lesen will. Aber dies ist keineswegs gesichert, denn von dem gleichfalls dem 12. Jahrhundert angehörenden *Þorbjǫrn skakkakáld* haben wir den Reim *Erlingr* : *víkingum*, an dem wol kein Zweifel gestattet ist. Jedesfalls haben wir in dem Verse *Sighvats* aus vorlitterarischer Zeit, aus dem 11. Jahrhundert, ein Beispiel für das *e* in der Ableitungssilbe *-engr* statt des später üblichen *-ingr*.

Dass aber ein Dichter, bei welchem sich *i*-Formen finden, daneben auch unbedenklich Formen mit *e* anwendet, mögen folgende Reime zeigen:

þengill : *framgenginn Hallfr. vandr. Wis.* 27; 25,2.
þengils : *gengi Sighv. sk. Hkr.* 437,31*b*.
Englands : *fengum Sighv. sk. Hkr.* 437,19*a*.
þengils : *fengit Þjóþ. sk. Hkr.* 607,8*b*.
þengils : *fengit Sturla Kgs.* 458,10*a*.

Anders als mit den oben besprochenen verhält es sich mit einer Anzahl von Fällen, in welchen neben einer grossen Mehrheit von Formen mit *e* solche mit *i* auftreten, jedoch äusserst selten, es sind Formen wie *rinna, brinna, snimma* etc., vgl. *Noreen aisl. Gr.* § 140 Anm. In diesen Formen ist *i* das ältere, die Gründe zu dem Lautwandel sind noch nicht erkannt[1]). Aus meinem Material vermag ich nur zwei derartiger Formen zu belegen, nämlich bei *Þjóþ. hv. ginnregin* : *brinna Wis.* 10; 13,2 und *ginnungavé* : *brinna Wis.* 10; 15,4 und bei *Hallfr. vandr. végrimmr* : *snimma Wis.* 34; 4,4.

---

[1]) Doch vgl. jetzt *Nor. aisl. Gr.*² § 139,86.

In dem Verse des *Arnórr jarl. Venda : spendi Wis.* 45; 11,6 ist *Venda* Gen. Pl. von *Vindr,* wie *fóta* zu *føtr, gefanda* : *gefender,* vgl. *Bugge, Ark. f. n. f.* II, 229.

Kürzung eines langen Vocals.

Nach *Noreen, Grdr. d. g. Ph.* I, 451 tritt Kürzung eines langen Vocals ein: a) vor zwei Consonanten oder einer Geminata, und zwar sei hier ausserordentlich oft die lautgesetzliche Form mit kurzem Vocal zu Gunsten des langen Vocals durch Analogiebildung verdrängt worden; b) in schwachtoniger Silbe, sei es dass sie dies schon ursprünglich gewesen, oder erst durch Schwächung einer starktonigen Silbe geworden ist. Da die Verkürzung der unter b) angeführten Fälle im Allgemeinen schon im Urnordischen durchgeführt ist, und da ferner von den wenigen vorhandenen Doppelformen, wie aisl. *hána* neben *hana* unser Material, kein Beispiel darbietet, so beschäftigt uns nur die unter a) aufgeführte Regel. Es ist zweifelhaft, ob die Fassung eine ganz richtige ist; tatsächlich stellt sich das Verhältniss so, dass wir vor Geminata fast immer Verkürzung haben und nur selten analogische Neuschöpfungen, während vor Doppelconsonanz nur zuweilen Verkürzung erscheint, in den meisten Fällen aber Formen mit langem Vocal. Man wird aber die Regel vielleicht so fassen dürfen: Verkürzung eines langen Vocals tritt ein vor Geminata; zuweilen auch, unter uns noch unbekannten Bedingungen, vor Doppelconsonanz[1]). Ich gebe im Folgenden die Beispiele, zu denen man vgl. *Gísl.* in *Aarb.* 1866, 278 ff.

a) Verkürzung vor Geminata.

minn, Nom. Acc. Sg. Masc., erscheint durch folgende Reimwörter gesichert:

innan Arn. jarl. Wis. 45; 7,6; *þinnig Þór. loft. Hkr.* 440,24*a*; *finna Sighv. sk. Hkr.* 309,6*b*; *finna Magn. kon. berf. Hkr.* 654,28*b*.
minni, Dat. Sg. Fem., reimt *Þjóþ. hv. Wis.* 10; 13,6 auf *Finns.*
þinn ist gesichert durch *innan Sighv. sk. Hkr.* 429,30*b* und *finna* bei *Eyv. sk. Hkr.* 112,13*a*.

---

[1]) So trägt Prof. *Hoffory* die Regel in seiner Vorlesung vor.

þinnar:*finnumk Sighv. sk. Hkr.* 307,17*a*.
þinni : *dólglinns* bei *Ótt. sv. Hkr.* 220,13*b* :*innan Sturla Kgs.* 438,19*b*.
sinn:*innan Sighv. sk. Hkr.* 321,8*b*; *Hkr.* 431,6*b*.
sinni:*stinnum Ól. hvít. Kgs.* 380,9*b*; :*innan Sturla Kgs.* 461,31*a*.
sinna:*minnask Sighv. sk. Hkr.* 521,22*b*.

Daneben begegnen folgende Formen mit *í*:

minn:*sína Sighv. sk. Wis.* 43; 14,2; :*þínu Sighv. sk. Hkr.* 248,35*a*; :*sínum Sighv. sk. Hkr.* 490,30*a*.
þinn:*sinn Sighv. sk. Wis.* 42: 3,4; :*mína Bersi Hkr.* 254,19*b*.
sinn:*Rínar Sighv. sk. Hkr.* 310,20*a*.

Beispiele, sowol für *-itt*, wie für *-ítt* fehlen mir, auch *Gísl. Aarb.* 66,300 ff. bringt neben 54 Beispielen auf *-inn* nur das eine aus *Líknarbraut* 50 *þitt*:*hitta*, welches wol ca. 1200 zu datieren ist; für *-ítt* führt er an aus dem 11. Jahrh. den Vers des *Bjǫrn hítdœlakappi* (Ausg. 1847, S. 63) *mítt*:*hvíti* und den des Norwegers *Rǫgnvaldr jarl* aus dem 12. Jahrh. *mítt*:*lítit*. Die fünf übrigen angeführten Beispiele sind nicht beweiskräftig, da Reime wie *sitt*:*stritt* natürlich ebenso *sitt*:*stritt* gelesen werden können. Besonders liebt, wie auch die Beispiele bei *Gísl.* zeigen, *Sighv. sk.* die Formen der Pronomina mit langem *í*.

Weitere Beispiele einer Kürzung vor Geminata sind:

skirr:*firrask Sighv. sk. Hkr.* 521,31*a* [1]), vgl. *Gísl.* a. a. O. 291.
Þórroþr:*forþum Sighv. sk. Hkr.* 520,31*b* (es ergibt sich also ein *Þorroþr* neben sonst gebräuchlichem *Þóroþr*, vgl. *Grdr. d. g. Ph.* I, 451)[2]).
dýrr:*fyrri Eyv. sk. Hkr.* 112,2*a*.
brýnn:*mynni Hallarst. Herd. Wis.* 49; 15,4.

b) Verkürzung vor Doppelconsonanz.

Dass dem anord. Verbum *árna* ein *á* gebührt, hat schon *Gíslason, Aarb.* 66,280 richtig erkannt, nur ruhte seine Beweisführung auf veralteter Grundlage. Er sah nämlich im Anschluss an *Pott* und *Bopp* in dem gotischen *airus* „der Bote“ und *airinon* „Gesandter sein“ eine Ableitung einer $\sqrt{ir}$, welche

[1]) *Kph.* III, 12 liest richtig *skirr*.
[2]) Beispiele für *Þorþr* statt *Þórþr* s. bei *Gísl. Aarb.* 66,292.

„Schwächung“ von $\sqrt{ar}$ „gehen“ sein sollte. Das *ai* in *airus* war ihm also *ai*. Altnordisch *árr* sollte dagegen „Verstärkung“ der Wurzel *ar* enthalten. Heut besteht wol kein Zweifel mehr darüber, dass im Gotischen alter Diphtong *ai* vorliegt (vgl. *Braune got. Gr.* § 20,2), welchem regelrecht Altnordisch *á* entspricht, und dass gotisch *airus, airinôn* ihre genauen Entsprechungen in anord. *árr, árna* finden. Kürzung finden wir nun bei diesem Verbum in einem Verse des *Þorleikr fagri Hkr.* 572,29*a heiptgjarn : árnat.*

Auch dem aus *ísarn* entstandenen *járn* gebührt *á*; verkürzt hat es: *arnar : járni Þjóþ. sk. Hkr.* 592,19*b*; *arnar : járnum Þorbj. skakk. Hkr.* 470,12*b*, wo *arnar*, Gen. Sg. von *ǫrn*, keinen Zweifel über die Kürze des *a* zulässt.

Weitere Verkürzungen finden wir in folgenden Versen:

vask : háski Sighv. sk. Hkr. 521,29*b*; *háski* „die Gefahr“, vgl. *háttr* Adj. gefährlich, hat sonst *á*, wie z. B. auch der Vers des *Þórþr Kolb. sásk : háska Hkr.* 154,34*a* zeigt, weitere Beispiele s. *Gísl.* a. a. O. 288 u. *om helr.* 49.

vindversk : gindu Ein. Skúl. Wis. 57; 29,8; *Vinda : gindu Halld. ókr. Hkr.* 216,14*a*; *ginda* ein schon früh vorkommendes schwaches Præteritum zu dem starken Verbum *gína*, vgl. *Nor. aisl. Gr.* § 399, Anm. 2 u. *Cl.-Vgf.* S. 201.

jafnvíst : Lista Sighv. sk. Hkr. 310,24*a*; *víst* Neutr. von *víss*; dass aber *Listi* kurzes *i* hat, zeigt der Reim desselben *Sighv. Hkr.* 274,24*a ristu : Listu.*

borþs : fjórþa Haukr Vald. Wis. 81; 24,8; *borþs : fjórþu Hallarst. Herd. Wis.* 49; 29,4; zu *fjórþi* vgl. *Gísl.* a. a. O. 285.

frost : brjósti Eyst. Ásgr. Wis. 97; 78,2; das *jó* in *brjósti* entspricht altem *io* < urnord. *eo*, vgl. *ags. breóst, as. breost*; *Nor. aisl. Gr.* § 44; *Kluge etym. Wtb.*[4] § 44; vgl. *Gísl.* a. a. O. 282.

glyms : ýmsir Ólafr hvít. Kgs. 374,12*b*. Über die in diesem Adjectivum in den synkopierten Formen des Öfteren eintretende Kürzung vgl. *Gísl.* a. a. O. 295; *Nor. aisl. Gr.* § 154,3 u. § 338 Anm. 1.

styrkan : dýrka Ein. Skúl. Wis. 54; 7,4; *styrks : dýrka Ein. Skúl. Wis.* 60; 57,6.

dýrþ : fyrþum Ein. Skúl. Wis. 56; 24,2; *dýrþ : fyrþa Ein. Skúl. Wis.* 59; 45,2; *dýrþar : yrþi Sighv. sk. Hkr.* 522,24*b*; *dýrþar : vyrþi Eyst. Ásgr. Wis.* 89; 14,2; *dýrþar : fyrþa Eyst. Ásgr. Wis.* 96; 68,8; *Wis.* 97; 74,2.

dýrka und *dýrþ* sind abgeleitet von dem Adj. *dýrr*, welches seinerseits auch gelegentlich, wie wir oben sahen, in verkürzter Form gebraucht wird, vgl. *Gísl.* a. a. O. 283 f. Hierher gehört ferner wol auch der Vers des *Glúmr Geir.* *báls*: *Hálsi. Gísl. Aarb.* 1866, 251 macht es wahrscheinlich, dass der Ortsname *Háls* identisch ist mit *hals*, welches kurzes *a* hat. Er ist nun im Zweifel, ob *báls*: *Hálsi* zu schreiben ist, und wir demnach eine sehr frühe Vocaldehnung haben, oder ob *bals*: *Halsi* das Richtige ist und eine Verkürzung des *á* in *báls* vor Doppelconsonanz anzunehmen ist. Ich glaube, man wird sich für das letzte entscheiden müssen. Wie wir sehen werden, haben wir Beweise dafür, dass wenigstens vor *l* + Cons. noch im 11. Jahrh. die Dehnung nicht eingetreten ist, ich sehe daher nicht ein, wie man dazu kommen sollte, in diesem einzelnen Fall schon fürs 10. Jahrh. „einen frühzeitigen Spross der Verlängerung" zu sehen, vgl. *Nor. aisl. Gr.*[2] § 111 Anm. 2.

Sodann ist hier auch die Verkürzung von urspr. *ei* in *e*, wie in *enge, mestr* etc., vgl. *Nor.* § 111, anzureihen. Doppelformen sind hier selten, ich vermag aus meinem Material nur den Vers des *Bjarni gullbr. Hkr.* 456,30*b* *frest*: *vestan* anzuführen, während z. B. *Mark. Skeggj. Wis.* 53; 23,4 *reist*: *freista* hat. Ferner sei an den Reim *Brages* bei *Gering* 24,8 erinnert *vallrauf*: *haufoþ*, während wir sonst überall die aus den obliquen Casus eingedrungene Form *hǫfoþ* haben, vgl. *Nor.* § 111 Anm.

In einigen Fällen hat man früher unberechtigter Weise Kürzung eines langen Vocals angenommen, in denen man es tatsächlich mit urspr. kurzem Vocal zu tun hat. Dies geschah vor Allem, verführt durch die neuisländische Aussprache und Schreibung der Præterita reduplicierender Verba. Schon *Gísl.* zeigte *Ann. f. n. oldk.* 1860, S. 327 ff., dass diesen Præteriten den Reimen der Skalden nach kurzer Vocal zukäme und *Sievers* nahm dies Beitr. I, 504 ff. auf. Gleichwol nahm noch *Noreen, aisl. Gr.* § 110 in Formen wie *fekk, gekk, helt, fell* Kürzung eines urspr. langen *e* an, welches sich in *lét, blés* zeigen sollte. *Hoffory* schien nun in *Kuhn*'s Zeitschr. XXVII, 599 überzeugend die völlige Lautgesetzlichkeit der Formen mit kurzem *e* nachgewiesen zu haben[1]).

Aus dem von mir benutzten Material gehören folgende Reime hierher, die für Kürze des *e* beweisend sind:

fell : *svell Ein. Skúl. Hkr.* 742,11*a* f.: *felli* : *svelli Eg. Skall. Wis.* 21; 8,5*f*.
Englands : *fengum Sighv. sk. Hkr.* 437,19*a*.
þengill : *fengo Þór. stuttf. Hkr.* 686,19*a*.
gekk : *drekka Þórþr Sjár. Hkr.* 107,8*b*.
„ : *snekkju Arn. jarl. Hkr.* 596,1*a*.
„ : *drekka Stúfr sk. Hkr.* 630,25*b*.
„ : *stekkvir Bjǫrn krepph. Hkr.* 646,33*b*.
„ : *rekka Ól. hvít. Kgs.* 303,31*a*.
fekk : *rekka Ól. hvít. Kgs.* 340,29*b*[2]).

---

[1]) *Noreen, Grd. d. g. Ph.* I, 511 hält jetzt diese Bildungen für „Imperfectpræsentia".

[2]) Wie ist in dem Verse des *Þorkell Skallason Hkr.* 624,19*a* ff. zu lesen, *helt* : *veltan* oder *hélt* : *véltan*. Die *visa* lautet im Ganzen:

Víst hefr Valþjóf hraustan
Vilhjalmr, sá's rauþ malma
hinn es haf skar sunnan
hélt í trygþ um véltan.

Dass da *é* in *véltan* zunächst als lang anzusetzen ist, unterliegt wol keinem Zweifel. *véltr* ist Particip Prætr. von *véla* „betrügen". Das Verbum *véla (væla)*, Præt. *vélta* ist abgeleitet von *vél f.*, welches nach *Cl.-V.* 692 die Bedeutungen hat: 1) *an artifice, craft, device;* 2) *an engine, machine.* Es selbst bedeutet: 1) *to defraud, trick;* 2) *um e-t to deal, manage;* 3) *recipr. have to deal with one another. Egilsson* im Lex. Poet. 863 gibt an: *væla (-i, -ta, -t)*: 1) *artificiose fabricare, id. qu. vela* 1; 2) *decipere, fallere* ·· *b) perdere.* Neben diesem Verbum nimmt er also, wie ersichtlich, ein zweites an, welches die übrigen nicht kennen, *vela* ebenfalls mit *t*-Præteritum. Dies muss von vornherein Misstrauen erwecken. *Hoffory* hat in *Z. f. d. A.* XXII, 373 ff. gezeigt, dass das *t* im Præteritum eine Folge eines voraufgehenden tonlosen Lautes ist. So erklärt er, wird **óxliða* >**óxLþa*, *óxlta;* **sýsliða* >**sýsLþa*, >*sýslta.* Ähnlich verhält sich die Sache bei dem Præteritum von *ræna, rænta. ræna* entspricht einem germ. **rahnjan*, vgl. ahd. *birahanen; h* ist tonloser Reibelaut und hat, wie oben das anord. durch sein *t* zeigt, die Wirkung, auch das folgende *n* zum tonlosen zu machen. Nach Ausfall des *h* trat dann Ersatzdehnung ein. Ebenso sind zu beurteilen *stælta* von *stæla* aus germ. **stahljan*, vgl. ahd. *stahal, mælta* von *mæla*, vgl.

Mit langem *ó* ist fälschlicher Weise bei *Unger* geschrieben *tópt*, *þópta* und *þópti*, vgl. *Gísl*. a. a. O. 258, in den Reimen:

> *Hropts*:*toptir Þórþr Kolb. Hkr.* 214,25*a*.
> *opt*:*toptum Sighv. sk. Hkr.* 521,23*b*.
> *opt*:*þopti Ótt. sv. Hkr.* 234,15*a*.
> *opt*:*þoptu Magn. berf. Hkr.* 654,34*b*.

Darauf, dass es in dem Verse des *Þjóþ. sk. Hkr.* 539,4*b* *skip*:*hnipnar* heissen muss, und nicht, wie *Unger* es tut, *hnípnar* zu lesen ist, hat *Thorkelss*. S. 75 aufmerksam gemacht. *hnipinn* ist Part. Præt. eines starken Verbums *hnípa*, *hneip*,

---

got. *maþljan*, wo das *þ* ausgefallen ist, wie in anord. *nál* gegenüber got. *neþla*. Das Substantivum *vél* stellt *Hoffory* zweifelnd zur Wurzel *vik'* absondern; die Grundbedeutung wäre somit 'das Abgesonderte, Verborgene' und hieraus könnte sich die von 'List, Trug' leicht entwickeln (*i* musste vor *h* zu *e* werden, vgl. *Leffler, bidrag till läran om i-omljudet, Nord. Tidskr. f. Filologi, ny Række* II, 12 f.); zu derselben Wurzel gehört bekanntlich germ. *víha*, s. *Fick vgl. Wtb.* III[3], 303.

Fick stellt a. a. O. zu dem germ. *vîhan* 'kämpfen', lit. *veikiu*, *veikti* 'bezwingen, bearbeiten', *veik* 'bald, geschwinde', *vaikýti* 'herumjagen'; *gr.* ἀίσσω, welches nach *G. Meyer gr. Gramm.* § 64 aus αἰίσσω, *αἰϝισσω, *ϝαι-ϝικ-ɩ̯ω entstanden ist, und lat. *vinco*. Ihm schliesst sich *Brugmann* im *Grdr. d. vgl. Gr.* § 439 an, indem er got. *veiha* 'kämpfe' mit *vinco* und lit. *vëkà* 'Kraft, Stärke', *ap-veikiù* 'bezwinge' zur Wurzel *u̯eiq̑-* stellt. Als Hauptbedeutung für sein Verbum *vela* gibt *Egilsson* an: *'arte facere, rem arte, callide, solerter instituere, tractare'*, welche, wie er selbst sagt, dieselbe ist wie die erste für *véla 'artificiose fabricare'*; aber auch die zweite *'fraude circumvenire, fallere, decipere'* stimmt mit der zweiten von *véla* überein. Erwägt man nun diese Übereinstimmung der Bedeutungen, sodann, dass ein *t*-Participum bei einem Verbum mit einfachem *l* der Wurzelsilbe und vorausgehendem kurzen Vocal sonst nicht bekannt ist, so liegt die Wahrscheinlichkeit schon nahe, dass das von *Egilsson* angeführte *vela* einfach als *véla* zu lesen ist. Gesichert wäre *vela* nur, wenn wir einen Reim mit kurzem *e* hätten. Nun führt allerdings *Egilss.* einen Vers aus dem *Geisli* an 65 (= *Wis.* 61; 68), in welchem es nach *Wis.* heisst:

> *vígaskýs þars vísa*
> *veljendr glaþir telja*
> *ǫflugs Krists af ástum*
> *alnennins brag þenna.*

Hier liest *Egilss. velendr* und übersetzt die Kenning *velendr vígaskýs 'clipeum arte tractantes, clipei tractandi, utendi periti, præ-*

hnipum, *hnipinn*. Übrigens hat schon *Kph.* III, 40 die richtige Lesart.

Über andere falsche Quantitätsbezeichnungen wird das Folgende Aufklärung geben, einiges auch gelegentlich im Rimarium erwähnt werden.

Dehnung eines kurzen Vocals.

Im späteren Isländischen tritt vor *lf-*, *lg-*, *lk-*, *lm-*, *lp-* Dehnung eines in haupttoniger Silbe stehenden *a*, *o*, *ǫ*, *u* ein, vor *ld*, *ln* und *ls* nur in den Wörtern *skáld* und *ǫ́ln*, *óln*, *háls*. Im 14. Jahrhundert werden auch vor *ng* und *nk a*, *i*, *u*, *y* gedehnt, vgl. *Noreen aisl. Gr.* § 107; *Grdr. d. g. Ph.* I, 470.

---

liatores, viri'. Diese Lesart stammt aus der bekanntlich, besonders was den Text der Verse anlangt, sehr verderbten *Flateyjarbók*, welche den Vers *velender framan telja* hat. Im Text des *Bergsbók* aber, welchen *Cederschiöld Lund* 1874 herausgegeben hat, findet sich *velivdr*, wofür *C.* sicherlich richtig die Besserung *veljendr* einsetzt. Ihm schliesst sich *Wisén* an und übersetzt *carm. norr.* II, 321, gegenüber der gekünstelten Deutung *Egilssons*, einfach den Ausdruck durch '*qui clipeum sumunt, prœliatores*'. Ein anderer Fall, in welchem *vela* im Reime vorkäme und dadurch gesichert wäre, ist mir nicht bekannt. Ich denke also, es wird nunmehr keinem Bedenken mehr unterliegen, wenn wir das Verbum *vela* gänzlich streichen, und alle von *Egilsson* angeführten Fälle bei *véla* unter die beiden Hauptbedeutungen einreihen '*artificiose fabricare*' und '*decipere*'. Für die ganze Sippe aber, welche zur Wurzel *ụẹį̣q* gehört, möchte ich alsdann, zumal unter Berücksichtigung des Lit. und Anord., als Grundbedeutung etwa annehmen „sich kunstvoll, eifrig mit etwas beschäftigen", woraus sich, wie ich meine, ohne zu grossen Zwang auch die Begriffe des Kämpfens und des Betrügens, um etwas zu erlangen, ergeben können. Vgl. *Nor. aisl. Gr.*[2] § 56 *véla* „sich beschäftigen". *véltan* erscheint somit als gesichert und damit auch die Form *hélt*. An eine Dehnung ist natürlich hier nicht zu denken, da eine solche bei *e* sonst überhaupt nicht vorkommt, und ausserdem, wie wir unten sehen werden, der Eintritt der Dehnung vor Doppelconsonanz auch erst in die zweite Hälfte des 12. Jahrhunderts zu setzen ist, *Þorkell Gislason* aber am Ende des 11. und Anfang des 12. dichtete. Mit dieser Form *hélt* aber fällt auch die von *Hoffory* gegebene Erklärung der reduplicierenden altnordischen Verba, wenngleich für die anderen Verba die Kürze des Vocals in der älteren Zeit feststeht.

Dass die erste Dehnung erst um 1250 im Isländischen eingetreten ist, wie *Noreen* will, ist falsch, wie das Stockholmer Homilienbuch, welches auch nach *Noreens* Annahme ca. 1200 geschrieben ist, uns zeigt. Bekanntlich bezeichnet diese wichtige Handschrift auch die Längen; zwar ist dies nicht immer der Fall, jedoch kann man, mit Ausnahme weniger Fälle, die als Schreibfehler anzusehen sind, gewiss sein, dass wenn ein Wort einmal ein Längezeichen trägt, ihm dies auch in den Fällen, in welchen es fehlt, gebührt. Zum Beweise nun dafür, dass zur Zeit der Niederschrift des St. Homilienbuchs die Dehnung schon eingetreten ist, habe ich mir einige Wörter notiert: *siálfr* 20^{31}, *siálfan* 5^{10}, *siólfom* 5^{30}, *siólf* 5^{32}; *fólke* 2^{1}, 2^{28}, *fólget* 13^{34}; *hiálpa* 8^{24}, *hiálpráþs* 13^{1-2}; *hálft* 13^{29}; *tólf* 35^{28}; *miólc* 30^{34}; *sálma skaldet* 15^{17}; *scáld* 37^{18}; *fiándans* 42^{19}.

Wann diese Dehnung eingetreten ist, aus den Skaldenversen zu bestimmen, ist schwierig. Einen sichern Beweis würden uns Verse liefern, in welchen gedehnter Vocal mit ursprünglich langem reimt; solche habe ich nicht gefunden, es reimt immer gedehnter Vocal mit gedehntem und dies bietet natürlich keinen Beweis dafür, ob schon zur Zeit des Dichters der Vocal ein langer war. Ich muss mich daher darauf beschränken, zu zeigen, dass in einigen Fällen, in welchen dehnbarer Vocal mit kurzem nicht dehnbarem reimt, die Dehnung noch nicht eingetreten ist.

u vor *lf* ist noch nicht gedehnt im 11. Jahrhundert, wie folgende Reime zeigen:

Ulfkell : *skulfu Þórþr Kolb. Hkr.* 232,27*b*.
Ulfr : *skulfu Steinn Herdis. Hkr.* 594,9*a*.

In *skalf, skulfom, skolfen* von *skjálfa* werden auch in späterer Zeit die Vocale nie verlängert, ebensowenig wie in *svalg, sulgom* zu *svelga*, vgl. *Nor. aisl. Gr.* § 107 Anm. 1 u. 2. Für *lm* haben wir gleichfalls aus dem 11. Jahrhundert einen Reim:

fjalmennr : *hjalmum Valgarþr Hkr.* 560,9*a*, vgl. *Gísl. Aarb.* 1866, 252 f.

Dass in *skald* das *a* auch gelängt wird, ersehen wir aus dem oben angeführten Beispiel aus dem Stockholmer

Homilienbuch, die Reime sprechen bis zum 12. Jahrhundert sicher für *a*:

allvaldr : *skaldum Glúmr Geir. Hkr.* 89,29*a*.
aldr : *skaldum Eyv. skald. Hkr.* 111,29*a*.
skald : *tjalda Sighv. sk. Hkr.* 248,28*a*.
allvaldr : *skalda Sighv. sk. Hkr.* 248,27*b*.
skald : *haldi Sighv. sk. Hkr.* 307,20*a*.
allvaldr : *skaldi Sighv. sk. Hkr.* 431,32*b*.
allvaldr : *skaldum Þorm. Kolb. Hkr.* 478,2*a*.
skald : *sjaldan Magn. berf. Hkr.* 654,26*a*.
hafkaldan : *skaldi Ein. Skúl. Hkr.* 667,4*a*[1]).

Warum *Noreen* in *aisl. Gr.* Nachträge u. Berichtigungen den Satz des § 101*a* streicht, nach welchem auch in *fjánde*

[1]) Im *Grdr. d. g. Ph.* I, 470 erwähnt *Noreen*, entgegen seiner Ansicht in der *aisl. Gr.*, eine secundäre Dehnung vor *ld*, also in *skald*, überhaupt nicht, nimmt also wol für dieses Wort ursprüngliche Länge des Vocals an. Dasselbe tut *Lidén*, Beitr. XV, 506, welcher ein urgerm. *skē-ðlá-* voraussetzt, das er zur $\sqrt{seq}$ 'sagen' stellt. So ansprechend auch seine Ausführungen sind, so halte ich sie doch für falsch, da sie von falscher Voraussetzung ausgehen. Er meint nämlich, *Gislason* habe in *Njál.* II, 548 Länge des Vocals als ursprünglich nachgewiesen. Wie man dies aus den Worten *Gislasons* herauslesen kann, ist mir unerfindlich*). Auch widerspricht dies den tatsächlichen Verhältnissen durchaus, wie meine Beispiele zeigen. Die Reime weisen nur *a* auf, und zwar sicher bis in die Mitte des 12. Jahrhunderts. Es ist doch kaum anzunehmen, dass in allen diesen Fällen die vor anderer Doppelconsonanz als Geminata so selten auftretende Verkürzung eingetreten sei, ohne dass uns ein

*) *Gislasons* Worte lauten: *Som det fremgår af citaterne i Aarbøger for nord. Oldk.* 1866 *side* 255—257 *have skjaldene i det tiende og ellevte og tolvte århh. udtalt dette ord på denne måde, nemlig med en kort vocal (skald); uden at jeg er i stand til afgøre, om denne lydform er oprindelig eller en følge af positionen. I sidste tilfælde have begge udtalemåder (skáld og skald) formodentlig været i brug ved siden of hinanden. J* 1866 *havde jeg ikke lagt mærke til, at skáld (med lang vocal), som det synes i alt fald går tilbage til år* 1200. Also: *Gislason* ist nicht im Stande, zu entscheiden, ob die Kürze des *a* in *skald* eine Folge der Position, also eine unursprüngliche ist, die früheste Form mit langem *a* scheint ums Jahr 1200 vorzukommen!

Dehnung, und zwar wie er selbst anführt, im St. Hom. eingetreten sei, sehe ich nicht ein[1]). Wie ich oben zeigte, kommt solche Dehnung tatsächlich in der Handschrift vor. Unsere Reime zeigen uns allerdings immer Kürze:

fjandr:*handa Sighv. sk. Hkr.* 437,31*b*; *fjanda*:*strandar Grani Hkr.* 571,2*b*; *grandmeiþ*:*fjanda Halld. skv. Hkr.* 707,14*b*; *fjandans*:*standa Eyst. Ásgr. Wis.* 93; 48,8; *fjandr*:*standa Eyst. Ásgr. Wis.* 96; 73,4.

---

einziges Beispiel mit langem *á* erhalten wäre, also z. B. ein Reim wie: *skáld* : *Áláfr*.

Ausserdem ist aber auch, worauf mich Herr Prof. *Osthoff* aufmerksam macht, ein germ. *skē-ðlá-* lautlich nicht gerechtfertigt. Eine idg. Grundform **sqē-tlo-m*, wie sie *Lidén* annimmt, also mit labialisiertem velaren *k*, musste germ. zu **skwē-ðlá-* werden. Darüber herrscht wol unter den Sprachforschern allgemeine Übereinstimmung, dass diese Labialisierung im Germanischen vor den hellen Vocalen, also *e*, *i* und ihren Längen erhalten bleibt. Gleichwol wird man *skald* bei der Wortsippe belassen können, zu welcher sie *Lidén* stellt, wenn man nur als Grundform ein idg. *sqo-tló-m* annimmt. Diese steht der von ihm aus den keltischen Formen erschlossenen idg. Grundform **sqe-tló-m* nicht ferner als seine Form **sqē-tló-m*. Dass die labiale Affection vor *o* schwindet, scheint zwar *Brugmann* im *Grdr. d. vgl. Gr.* I, S. 332 nicht anzunehmen, da er nur Formen mit Schwund vor *u* anführt, doch vgl. die Ausführungen *Osthoff*'s in Beitr. VIII, 256 ff.; ferner darf als sicheres Beispiel des Schwundes der velaren Affection vor *o* das von *Osthoff*, Beitr. XIII, 451 auf idg. **qoį-tā* zurückgeführte anord. *heiþ f.* „Bezahlung, Besoldung, Lohn“ angesehen werden. Auch das germ. **kō-* gleich griech βῶ- spricht für die Gesetzmässigkeit dieses Wegfalles. In dem *w* des Pronominalstammes **hwa-* sieht man wol mit Recht Übertragung aus den Formen mit hellem Vocal. Vgl. jetzt auch *Bechtel*, Die Hauptprobleme der idg. Lautlehre seit *Schleicher*, S. 341 f. Bedenken könnte nur bei der Suffixbetonung der Hochstufenvocal *o* erregen. Doch steht hier Ähnliches bei einem anderen Suffix zur Seite, z. B. gr. βίο-το-ς, βιο-τή, air. *biad n.*, lit. *gyoa-tà*, abulg. *živo-tŭ*; got. *naquaþ-s*, *liuhaþ*. Hierzu kommen noch einige Beispiele aus dem balt.-slav., die alle, wie die angeführten, auf idg. *-o-tó* hinweisen, vgl. *Brugmann, Grdr. d. vgl. Gr.* II, S. 260, 221, 223.

[1]) Doch vgl. jetzt *Nor. aisl. Gr.*[2] § 114,1, wo er in *fiánde* die Länge des *á* für ursprünglich hält, abgeleitet von *fiá* „hassen“ und demnach in *fiande* Kürzung vor Doppelconsonanz sieht. Sollte nicht vielleicht doch durch secundäre Dehnung der früher verkürzte Vocal auf den ursprünglichen Stand zurückgebracht sein?

Erwägt man nun, dass wir bis zur Mitte des 12. Jahrh. *(Ein. Skúl.)* ein sicheres Beispiel von nicht eingetretener Dehnung in dem Worte *skald* haben, dass andererseits in dem um 1200 geschriebenen isländischen Homilienbuch die Dehnung durchgeführt erscheint, so wird man annehmen dürfen, dass sie in der zweiten Hälfte des 12. Jahrhunderts eingetreten ist, also fast ein Jahrhundert früher, als *Noreen* annahm.

Der Wandel von *ó* zu *æ*.

Etwa um die Mitte des 13. Jahrhunderts geht im Altnordischen *ó* in *æ* über. *Vigfusson* äussert sich in seiner Ausgabe der *Eyrbyggja* S. XLVIII darüber: „das früheste Beispiel, das ich von einer Vermischung des œ und *æ* in der *aþalhending* kenne, findet sich im *Brandsflokkr* des *Ingjaldr skáld*, ged. ca. 1246, in *Sturl.* II, 1,89: *tirætt* (statt *tirœtt*) — *fætta* und *æzter* (statt *œzter*) — *næstr.*“ „*Snorre Sturl.* muss wol, mindestens nach seiner Dichtweise zu urteilen, noch geschieden haben, während *Ól. hvítask.* und *Sturla lǫgmaþr*, als einer jüngeren Generation angehörig, sich der neueren Sprachweise (*æ* statt *œ*) anschlossen.“ Die von mir angeführten Beispiele ergeben das gleiche Resultat, auch ich finde bei *Snorre* kein *æ* für *ó*, von *Óláfr hvít.* fehlt, wol nur zufällig, in *Kgs.* ein Vers, der dagegen *æ* für *ó* hätte:

Sturla ógiligt:*frægi Kgs.* 442,7*a*; *ógr*:*frægi Kgs.* 458,5*a*; *kæris*: *Norþmóra Kgs.* 474,31*a*.

Eysteinn Ásgr. fóddr:*hvæddumst Wis.* 92; 41,8; *fóddr*:*klæddist* 92; 42,4; *fóddan*:*klæddi* 94; 55,4; *dógranna*:*hægar* 96; 67,6; *nógjandi*:*vægja* 88; 8,4; *vægþ*:*nógþist* 98; 82,4; *ódómin*: *kæmi* 95; 61,4; *bón*:*tænaþ* 98; 82,2; *óþra*:*bæþi* 88; 7,8; *værik*:*fóra* 87; 3,8; *órinn*:*væri* 88; 6,6; *fóraglǫygr*:*væri* 95; 60,4; *súthrórandi*:*píslarfæri* 96; 71,4; *fórir* : *skærir* 97; 74,6; *fórast*:*kæru* 98; 84,6.

Dazu kommt noch der Endreim der *Lilja*:

fóddi:*klæddi* 94; 55,3*f*.

III. Kapitel.

Der Consonantismus.

f.

Schon in den ältesten isländischen wie norwegischen Handschriften findet sich der Übergang von *ft* zu *pt*, vgl. *Hoffory* *Bezz.* Beitr. X, 5. Dieser Übergang ist aber weit älter. Die isländischen Handschriften schreiben in späterer Zeit meist *pt*, die norwegischen *ft*. Wenn wir also z. B. in den Handschriften der *Heimskringla* einen Vers des *Sighv. sk.* finden mit *pt*: *hǫfþum keypt en heiptir Hkr.* 417,5*b*, dagegen in der *Flateyjarbók* II, 277 denselben mit *ft*: *hǫfþum keyft en heiftir*, so haben wir natürlich weder einen Beweis dafür, dass zur Zeit *Sighvats* *ft* noch bestand, noch einen solchen für etwa schon eingetretenen Wandel in *pt*. Beweiskräftig können für uns nur die Fälle sein, in welchen altes *f* mit altem *p* reimt. Folgende Reime legen Zeugniss von diesem Übergang ab[1]):

1) *skothendingar*.

hafts:*svipti Eil. Guþr. Wis.* 32; 3,3; *haft n.* 'die Fessel' von *hafa*, zu *svipta* vgl. *svipr m.* '*a swoop*', *svipa* '*to swoop*', altengl. *swipjan*.
sviptir:*kjafta Trollkona Hkr.* 613,12*b*.
oft:*svipta Haukr Vald. Wis.* 79; 6,1.

2) *aþalhendingar*.

sviptilundr:*giftu Sturla Kgs.* 439,16*a*.
gullsviptir:*giftu Sturla Kgs.* 443,3*a*.

---

[1]) Der Deutlichkeit halber schreibe ich *ft* für vom Reim gefordertes *pt*.

Der sicheren Beispiele für den Übergang von *ft* in *pt* sind also nur wenige. Das älteste stammt aus der 2. Hälfte des 10. Jahrhunderts von *Eilifr Guþr.*[1]), über dessen Leben wir nichts wissen, ja nicht einmal, ob er Norweger oder Isländer gewesen ist. Der zweite Vers wird einer *Trollkona* in den Mund gelegt, welche ums Jahr 1066 einem wahrscheinlich norwegischen Manne im Traum erscheint, besitzt also keinen Anspruch auf Authenticität. Von sicheren Isländern erscheinen Beispiele erst im 13. Jahrhundert. Vielleicht darf man annehmen, dass *Eil. Guþr.* ein Norweger gewesen sei und dass also im Norwegischen der Wandel schon früher eingetreten sei als im Isländischen. Dagegen scheint allerdings zu sprechen, dass, wie wir oben anführten, später die norwegischen Handschriften den Formen mit *ft* den Vorzug geben gegenüber denen mit *pt*, während die isländischen das umgekehrte Verfahren befolgen. Nur soviel steht also fest, dass im 13. Jahrhundert dieser Übergang im Isländischen eingetreten ist.

Der Übergang von *fs* in *ps*, wie ihn *repsa* für *refsa* aufweist, vgl. *Hoffory* a. a. O., findet sich in den Reimen nicht; es begegnet, wie das Rimarium zeigt, durchweg *fs*.

v.

Dass das urgermanische *u̯*, geschrieben nordisch *v*, zur Zeit der Entstehung der Eddalieder und auch im 10. Jahrhundert sicher bei den Skalden noch die Geltung eines consonantischen *u* hatte, hat *Gering* in den Beitr. XIII, 212 ff. aus Alliterationen mit Vocalen gezeigt. Gegen das Ende der Vikingerzeit geht dann dieses *u̯*, wie *Noreen Grdr.* I, 458 ausführt, ausser nach tautosyllabischem Consonanten, durch die Mittelstufe eines bilabialen in ein dentilabiales *v* über, wie aus runischen Schreibungen wie *faR* für *uaR* hervorgeht. Neben den Alliterationen *u* : *v* finden wir aber auch schon im 10. Jahrhundert bei *Þorbjǫrn Dísarskald* den Binnenreim *Suívor* : *life*, welcher auf spirantisches *v* hinweist. Auch in den

[1]) *Noreen, Grdr.* I, 460 nimmt an, der Übergang von *f* vor *t*, *s* sei erst nach der Vikingerzeit eingetreten.

ältesten Handschriften kommt dies Verhältniss zum Ausdruck, denn wir finden hier häufig für tönendes *f v(u)* geschrieben, vgl. *Hoffory Bezzenb.* Beitr. IX, 13 Anm. 1.

Auch in meinem Material reichen die Beispiele für Reime von *f*:*v* bis ins 10. Jahrhundert zurück:

týframra:*tíva Þjóþ. hv. Wis.* 9; 1,5.
ofrak:*sævar Ulfr Ugg. Wis.* 30; 9,3.
ýfs:*tívar Sighv. sk. Hkr.* 508,30*a*.
svá frák:*háva Hallfr. v. Wis.* 34; 3,1 (!).

Besonders häufig scheint diese Art des Reimes allerdings nicht gewesen zu sein. Auffallend oft aber finden wir ihn bei *Eysteinn Asgrímsson*, der ihn in folgenden Versen der *Lilja* anwendet:

lof:*ævi Wis.* 87; 1,7; *prófandi*:*Eva* 89; 16,1; *svá fór*:*Eva* 89; 16,5; *vif*:*ave* 90; 28,3; *þó var*:*reifa* 91; 35,1; *ævinliga*:*lófum* 94; 51,5 u. ö.; *lífit*:*ævi* 98; 83,1; *þú fyrdæmdir*:*Evam* 96; 66,1; *óvarliga*:*prófar* 88; 8,6; *ævinliga*:*gæfi* 89; 13,8.

j.

Auch das *j* ist ebenso wie das *v* ursprünglich kein Spirant und man nimmt im Allgemeinen an, dass es durchgehend die Geltung eines consonantischen *i* gehabt habe. Einen Übergang zu wirklich spirantischem *j* im Altnordischen erwähnt z. B. *Noreen* im *Grdr.* gar nicht, soweit ich sehe, und in der *aisl. Gr.* § 39 sagt er ausdrücklich „*j*, bez. mitlautendes (consonantisches) *i*, nicht spirantisches *j*". Gleichwol glaube ich, nötigen uns die Verse zweier Dichter aus dem 13. und 14. Jahrhundert, unter Umständen auch für *i̯* einen Übergang in *j* anzunehmen. In diesen Versen hat nämlich die eine *hending* ein spirantisches *g*; würden wir nun nicht dem *j* auch spirantische Geltung zuerkennen, so ergäbe sich eine durch nichts gerechtfertigte *lausahending*. Die Reime sind:

leygs:*Suþreyjar Sturla Kgs.* 469,8*a*.
fleygr:*Suþreyjum Sturla Kgs.* 470,9*b*.
geiga:*sýjur Sturla Kgs.* 441,13*b*.
deyja:*eigi Eyst. Ásgr. Wis.* 89; 14,7.
eigi:*deyja Eyst. Ásgr. Wis.* 89; 17,5.
fljúg:*meyju Eyst. Ásgr. Wis.* 90; 24,5.
eigi:*skýjum Eyst. Ásgr. Wis.* 96; 70,7.

þ (ð).

Über den Wandel der tönenden Spirans *þ* zu *d* äussert sich *Noreen, aisl. Gr.*[2] § 183,1*b* ungefähr folgendermassen: Nach *ll, nn* (wo sie nicht aus *lþ, nþ* entstanden sind) wird *ð* schon vorliterarisch zu *d*. Um 1200 auch nach den übrigen auf *l, n* auslautenden langen Silben. Etwas später, im Anorw. jedoch schon vor 1250, im Isl. erst um 1300 oder etwas später, auch nach *b, lf* (d. h. *lv*) *lg, ng* und (am frühesten wenigstens im Anorw.) *m*.

Wir wollen im Folgenden sehen, in wie weit diese Sätze durch die Reime Bestätigung finden. Da mir nur für *lþ, nþ, mþ* Material zur Verfügung steht, so beschränke ich mich auf diese Fälle und führe zunächst die Verse an:

I. Nach langer Silbe.

1) *lþ : ld.*

deilþik : milda Sighv. sk. Hkr. 310,15*b*.
tælþi : hildar Sighv. sk. Hkr. 488,34*b*.
ǫld : deilþum Bjarni gullbr. Hkr. 447,1*a*.
deilþusk : heldu Oddr Kik. Hkr. 568,12*b*.
ǫld : hólþusk Blakkr Kgs. 111,29*a*.

2) *nþ : nd.*

und : sprænþi Jǫkull Hkr. 455,3*a*.
leynþi : Þrónda Ein. Skúl. Wis. 55; 14,5.
sýnþi : grundar Ein. Skúl. Wis. 56; 19,3.
reynþi : grundar Ein. Skúl. Wis. 57; 31,1.
ǫnd : sýnþisk Ein. Skúl. Wis. 56; 20,7.
endr : týnþir Ein. Skúl. Wis. 58; 40,5.
mundriþar : steinþrar Ein. Skúl. Wis. 58; 48,3.
rǫnd : steinþa Sturla Kgs. 277,19*b*.
týnþu : kindir Sturla Kgs. 433,5*b*.
sandin : steinþu Sturla Kgs. 438,27*b*.
Þróndir : reynþan Ól. hvít. Kgs. 357,3.
andinn : pínþum Eyst. Ásgr. Wis. 95; 58,7.
týnþu : bundinn Eyst. Ásgr. Wis. 95; 59,7.
andagipt : sýnþi Eyst. Ásgr. Wis. 88; 12,7.

II. Nach kurzer Silbe.

1) *lþ : ld.*

Hildr : gilþar Ulfr Ugg. Wis. 30; 8,3.
hugfyldra : hǫlþu Þorbj. hornkl. Wis. 15; 7,5.

hjald : hǫlþa Ein. Skál. Wis. 27; 4,5.
hǫlþa : halda Ein. Skál. Wis. 27; 12,7.
hlymmildingum : gilþir Guth. s. Hkr. 97,30*a*.
hildr : hǫlþum Eyj. Daþ. Hkr. 199,31*b*.
hjaldr : hǫlþar Eyj. Daþ. Hkr. 200,1*b*.
vildi : hǫlþa Halld. ókr. Hkr. 206,6*b*.
hildr : skilþir Ótt. sv. Hkr. 225,29*b*.
ógnvaldr : talþar Sighv. sk. Wis. 39; 9,6.
gjǫld : hǫlþar Mark. Skeggj. Wis. 52; 23,3.
eldrinn : hǫlþa Mark. Skeggj. Wis. 52; 22,3.
skyldu : hǫlþar Þorm. Kolbr. Hkr. 476,9*a*.
veldr : hǫlþar Anon. Hkr. 603,3*b*.
heldr : hǫlþum Þork. ham. Hkr. 639,5*a*.
skjǫldungr : hǫlþum Ein. Skúl. Wis. 54; 6,7.
Sigvaldi : hǫlþum Bjarni Kolb. Wis. 71; 33,6.
hǫlþ : aldri Haukr Vald. Wis. 81; 25,7.
feldi : hǫlþa Haukr Vald. Wis. 81; 26,1.
auþmildr : gilþi Sturla Kgs. 279,4*a*.
eldr : hǫlþum Anon. Kgs. 279,17*b*.
mildir : hǫlþar Sturla Kgs. 437,18*b*.
snilþar : vildi Sturla Kgs. 445,11*b*.
orþasnilþ : vildi Eyst. Ásgr. Wis. 95; 64,2.

2) *nþ : nd.*

ende : kenþe Brage Ger. 24; 17,4.
hendr : kenþu Brage Wis 2; 4,4.
Endils : spenþu Eil. Guþr. Wis. 30; 3,8.
Upplendinga : brenþi Arn. jarl. Hkr. 364,24*a*.
endr : kenþu Bjarni gullbr. Hkr. 493,19*a*.
enda : kenþan Sighv. sk. Hkr. 510,16*b*.
munda : unþi Sighv. sk. Hkr. 520,28*b*.
hendr : spenþu Arn. jarl. Hkr. 535,14*b*.
endr : renþi Þorl. f. Hkr. 572,31*b*.
Upplendingum : kenþi Þjóþ. sk. Hkr. 607,8*a*.
fjandinn : synþum Eyst. Ásgr. Wis. 95; 60,3.
synþa : myndir Eyst. Ásgr. Wis. 97; 80,2.
tendrast : venþi Eyst. Ásgr. Wis. 98; 81,4.
umbætandi : synþir Eyst. Ásgr. Wis. 99; 90,3.
kennaudi : synþum Eyst. Ásgr. Wis. 99; 90,7.
endr : brenþar Hallarst. Wis. 47; 6,5.
fleygjendr : renþu Hallarst. Wis. 48; 16,6.
endr : renþi Hallarst. Wis. 48; 22,2.
kenþu : landi Þjóþ. sk. Hkr. 592, 3*a*.
kenþak : undan Ulfr st. Hkr. 612,3*b*.

brenþi : *Þrénda Bjǫrn krepph. Hkr.* 638,10*b*.
tandr : *renþi Hallarst. Wis.* 48; 20,5.
ráþvandr : *rendi Hallarst. Wis.* 49; 28,3.
kenþi : *stundum Haukr Vald. Wis.* 81; 25,1.
grund : *hrunþin Þjóþ. hv. Wis.* 10; 15,3.
hundfornau : *sprunþi Eil. Guþr. Wis.* 32; 14,8.
kunþr : *grundar Arn. jarl. Wis.* 45; 11,2.
kunþr : *grundar Ein. Skúl. Wis.* 58; 44,2.
sprund : *hrunþit Þjóþ. sk. Hkr.* 592,2*a*.
kunþr : *jǫrmungrundar Sturla Kgs.* 441,14*a*.

3) *mþ* : *md.*

samdøgris : *framþi Ein. Skúl. Wis.* 56; 20,8.

Es sind dies innerhalb der Klassen, welche ich bis jetzt gemacht habe, insgesammt 44 Reime der Art *l, n, m* + *þ* : *l, n, m* + *d*. Ich habe diese in Kap. I den Fällen, in welchen von zwei Consonantengruppen nur die ersten Glieder miteinander reimen, nicht zugezählt. Wie ich glaube, rechtfertigt die grosse Zahl dieser Reime dies Verfahren. Würde man diese Reime jenen zurechnen, so würde man die Zahl 96 erhalten, somit wären fast die Hälfte dem Typus *lþ* : *ld* angehörig. Die Verteilung auf die einzelnen Klassen wäre alsdann folgende:

1)	unter 44,	nach kurzer Silbe 11,	nach langer Silbe —;	insgesammt 11.
2)	„ 12,	„ „ „ 3,	„ „ „ 2;	„ 5.
3)	„ 8,	„ „ „ 3,	„ „ „ —;	„ 3.
4)	„ 22,	„ „ „ 3,	„ „ „ 6;	„ 9.
5)	„ 10,	„ „ „ 4,	„ „ „ 3;	„ 7.
6)	„ —,	„ „ „ 6,	„ „ „ 3;	„ 9.
	96,	30,	14;	44.

Unter den überhaupt von mir angeführten 30 Reimen von *nþ* : *nd* nach kurzer Silbe sind 16, in denen *nþ* für ursprünglich *nnþ* steht, also mehr als die Hälfte. Dies Verhältniss dürfte den Satz *Noreens* rechtfertigen, dass in diesem Fall schon in vorliterarischer Zeit *þ* zu *d* geworden ist. Für *lþ* statt *llþ* fehlen die Beispiele. Scheidet man diese 11 Reime aus der Gesammtzahl, so bleiben immerhin noch 39 nach kurzer Silbe, welchen 19 nach langer Silbe gegenüberstehen, und zwar, da die ersten bei *Sighv. sk.* begegnen, erst aus verhältnissmässig später Zeit. Dies mag seinen Grund darin haben, dass *þ* nach langer Silbe wol überhaupt seltener steht.

Es will mir scheinen, als ob die angeführten Zahlenverhältnisse uns zu der Annahme drängen, dass schon in sehr früher Zeit Reime wie solche von *lþ*:*ld* nicht als Reime empfunden wurden, in denen nur die ersten Consonanten reimen, sondern als vollwichtige Reime zweier Consonantengruppen, d. h. also dass der Lautwert von tönendem *þ* in den beregten Stellungen sich schon soweit dem *d* genähert hatte, dass die Skalden glaubten, beide Consonanten unbedenklich reimen zu können. Betrachtet man allein die angeführten Reime, so könnte es fast scheinen, als ob *þ* nach kurzer Silbe sich früher dem Lautwert des *d* genähert habe, als nach langer, doch widersprechen dem die ältesten Handschriften, auf welche ein kurzer Blick gestattet sei.

In der ungefähr ums Jahr 1200, oder etwas früher, geschriebenen Handschrift des Stockholmer Homilienbuches, welche bekanntlich eine sehr genaue ist, treffen wir nach *l*, *n* in den Præteritalformen fast durchgehends *þ* an, sowol nach kurzer wie nach langer Silbe. Daneben aber doch auch, nach langer Silbe, neben *huilþ* 48^{17} u. ö., *huild* 149^{24}, $204^{1,3}$. Nach den aus *ll*, *nn* vereinfachten *l*, *n* steht durchgehends *d*, nach *m* begegnet *þ* auch an verschiedenen Stellen, vgl. St. Hom. S. XII. Anders gestaltet sich die Sachlage schon in der etwas jüngeren, dem Anfang des 13. Jahrhunderts angehörenden isländischen Handschrift, dem Cod. 1812 der alten königl. Samml. (Ed. *Larsson*).

Nun zeigt uns aber eine dem Anfang des 13. Jahrh. angehörende isländische Handschrift, nämlich der ältere Teil des Cod. 1812 der alten königl. Samml., ein wesentlich anderes Verhältniss. Hier steht mit wenigen Ausnahmen die Schreibung *d* nach *l* und *n* mit vorausgehendem kurzen Vocal, vgl. *Larsson* S. XV. Auch in der ungefähr gleichzeitigen Handschrift des norwegischen Homilienbuches treffen wir in einigen Fällen, sowol nach kurzem wie langem Vocal, nach *l*, *n*, *m* *d* an, während allerdings meistens *ð* steht, was, wie *Wadstein* S. 106 wol mit Recht meint, auf die ältere Vorlage zurückzuführen ist. *Bugge* hat im *Ark. f. n. F.* II, 228 ff. nachgewiesen, dass dem Volksnamen für die Wenden *Vindr* im Anord. ursprünglich ein *þ* eignet. Nun finden sich, wie er ferner zeigt, in der im Anfang des 13. Jahrhunderts geschriebenen isländ. *Ólafssaga h. helga* (Ed. Christiania 1853) die Formen *Vindr* dreimal und *Vindland* fünfmal neben *Vinþa, Vinþum* etc. Im Cod. 291 4to der *Jómsvíkingasaga* steht dreimal *Vindland*, einmal *Vinþa*. Wenn wir ferner im *Ágrip*. Schreibungen haben wie *uiNlandi* S. 2, *uinlandz* S. 58, *ueNl(andi)* S. 34, im norweg. Homil. *Vinlannz* S. 158, im Cod. 510,4^to^ der *Jómsv. Uinland* an verschiedenen Stellen, in *Þiþreks. s. Vinland* S. 27, 192, 208, *Vinnland* S. 98, *Vinnlandia* oder *Vinlandia* bei *Theodoricus monachus* S. 24, so deuten diese, wie *Bugge* sicherlich richtig urteilt, darauf, dass man den Namen des Landes mit *nn* vor dem *l* aussprach. Für ein solches *nn* wäre aber ein *nd* die Vorbedingung, sodass auch durch diese Namensform es wahrscheinlich gemacht wird, dass hier *nþ* in *nd* übergegangen ist am Anfang des 13. Jahrh., also in einem Wort mit kurzem Vocal in der der Lautgruppe *nþ* vorhergehenden Silbe. Ob dieser Übergang zuerst in den Formen, in denen ein *r* oder *l* der Gruppe folgte, eingetreten ist, wie *Bugge* will, mag dahingestellt bleiben. Jedesfalls glaube ich, wird man aus alledem schliessen dürfen, dass ums Jahr 1200 *þ* nach *l, n, m* bereits zu *d* geworden ist, sowol im Isländischen wie Norwegischen, ob dies tatsächlich nach langer Silbe früher erfolgt ist, als nach kurzer, ist nicht ersichtlich[1]).

z.

Hoffory hat in *Bezzenberger*'s Beitr. IX, 63 ff. über die Natur des schon in den ältesten Handschriften auftretenden *z* gehandelt und ist, S. 84, zu dem Resultat gekommen, dass es immer eine graphische Darstellung der Lautgruppe *ts* ist, entstanden aus den Verbindungen *ts, þs, lls, nns, ds.* Die

[1]) Meine in der deutschen Litteraturz. 1870, sp. 1384 ausgesprochene Ansicht, dass dieser Übergang schon zur Zeit *Sighv. sk.*'s eingetreten sei, also in der ersten Hälfte des 11. Jahrhunderts, wäre darnach zu berichtigen.

Skaldenreime bieten jedoch in den letzteren Fällen noch den ursprünglichen Lautstand im Allgemeinen dar. Nach der ausführlichen Behandlung, welche die Frage des *z* von *Hoffory* a. a. O. gefunden hat, bleibt mir nicht viel mehr übrig, als das von ihm nur spärlich beigebrachte Material aus den Skaldenreimen um ein Beträchtliches zu vermehren.

1) *z* : *ts*.

fjǫrnets : *hvetja Eil. Guþr. Wis.* 30; 1,2; *móts* : *blóta Ein. Skál. Wis.* 27; 9,2; *armgrjóts* : *fljóta Hallfr. v. Wis.* 36; 18,2; *hnits* : *Fitjum Þórþr Sjár. Hkr.* 105,15*a*; *móts* : *Meita Ein. Skál. Wis.* 28; 14,1; *þrjóts* : *eitri Eil. Guþr. Wis.* 31; 5,7; *móts* : *møti Skúli Þorst. Hkr.* 211,21*b*; *héltstu* : *svalta Ótt. sv. Hkr.* 422,20*a*; *hreinflets* : *settu Sighv. sk. Hkr.* 308,19*a*; *Sighvats* : *hittitz Sighv. sk. Wis.* 43; 16,1; *flettugrjóts* : *spjóta Bjarni gullbr. Hkr.* 446,35*b*; *hrjóts* : *móti Halld. skv. Hkr.* 663,10*a*; *létst* : *litla Þjóþ. sk. Hkr.* 540,5*a*; *Knúts* : *nýtum Þjóþ. sk. Hkr.* 540,9*a*; *geirnets* : *þetta Guþm. Odds. Kgs.* 274,21*a*; *létst* : *héti Þór. stuttf. Hkr.* 686,18*b*; *hóts* : *þjóta Blakkr Kgs.* 111,32*b*; *hlítstyggr* : *lítit Arn. jarl. Hkr.* 446,35*b*; *heitstrengingar* : *gátu Bjorni Kolb. Wis.* 69; 11,6; *flóttstygr* : *dróttin Sighv. sk. Hkr.* 521,4*b*.

Mit Einführung des *Bragarmál* kommen noch hinzu:

rétt's : *sétta Sighv. sk. Wis.* 39; 6,1; *hætt's* : *frétta Hallfr. v. Wis.* 36; 19,7; *satt's* : *Gretti Haukr Vald. Wis.* 80; 17,1; *satt's* : *dróttin Ein. Skúl. Wis.* 56; 22,5; *satt's* : *skreytta Ein. Skúl. Wis.* 57; 34,1; *skreytt's* : *dróttin Ein. Skúl. Wis.* 61; 64,7; *satt's* : *veittir Bjarni gullbr. Hkr.* 439,13*b*; *satt's* : *átti Þjóþ. sk. Hkr.* 539,27*a*.

Nach der *Hoffory*'schen Vereinfachungsregel, *Bezzenb.* Beitr. IX, 37 ff., werden wir vielleicht in allen Fällen, in denen wir *tt's* haben, annehmen dürfen, dass *ts* entstanden ist; alsdann würden wir diese Fälle zu den Reimen von einfacher Consonanz mit Geminata hinzuzurechnen haben.

2) *z* = *ts*, entstanden aus *þs*.

Nur in wenigen Fällen ist der Wandel von *þs* zu *ts* zu belegen. Ein Beispiel führt *Hoffory* a. a. O. S. 32 an: *skauzt* : *frizta Valg. Hkr.* 559,7*a*. Dass *skautst* zu lesen ist, unterliegt keinem Zweifel, daher muss auch, wenn ein Reim vorhanden sein soll, *frítsta* gelesen werden, welches auf ursprüngliches *fríþsta* zurückgeht.

Ich vermag dem noch hinzuzufügen die Reime:

ǿztr:bezta Sighv. sk. Wis. 40; 15,7 und *baztr:ǿztrar Ein. Skúl. Wis.* 54; 5,3.

Auch hier ist es wiederum klar, dass in *bezta* und *baztr ts* zu lesen ist, also folgt wiederum, dass im Superlativ von *øþri* das *z* ebenfalls *ts* ist, dass also *þs* hier zu *ts* geworden ist. Dieser Wandel begegnet also schon in der ersten Hälfte des 11. Jahrhunderts.

In der weitaus grössten Zahl der Fälle aber hat die etymologische Aussprache Geltung gehabt, und zwar bis ins 14. Jahrhundert hinein, wie uns eine grosse Anzahl von Reimen von *þ:þs* zeigt:

seiþs:láþi Þorbj. hornkl. Wis. 15; 8,7; *skiþs:báþum Eyv. sk. Hkr.* 106,17*a*; *auþs:kvæþi Þórþr Kolb. Hkr.* 170,32*a*; *gjóþs:hriþir Sighv. sk. Hkr.* 252,21*a*; *blóþs:slæþusk Hkr.* 253,17*b*; *góþs:gjóþi Hkr.* 253,27*b*; *góþs:róþa Hkr.* 274,16*b*; *Eiþs:óþumk Hkr.* 307,27*a*; *haukjóþs:víþa Hallarst. Wis.* 47; 8,1; *hjǫrflóþs:hnykkimeiþum Wis.* 49; 24,1; *gnýbjóþs:geysitíþar Wis.* 49; 24,7; *hringskíþs:herþimeiþar Wis.* 50; 32,1; *skýbjóþs:skelfihriþar Wis.* 49; 29,3; *hljóþs:prýþi Bjarni Kolb. Wis.* 68; 1,4; *guþs:síþan Eyst. Ásgr. Wis.* 88; 8,3.

leikblaþs:fjaþrar Þjóþ. hv. Wis. 10; 12,6; *vaþs:naþri Ulfr Ugg. Wis.* 29; 4,6; *randláþs:kváþu Hallfr. vandr. Wis.* 36; 17,6; *sóknbráþs:dáþir Ein. Skúl. Wis.* 55; 12,2; *ormláþs:báþa Sighv. sk. Hkr.* 343,2*b*; *snarráþs:báþa Þjóþ. sk. Hkr.* 620,17*b*; *ógnarbráþs:láþi Sturla Kgs.* 320,14*b*; *itrgeþs:kveþja Ein. Skúl. Wis.* 54; 10,4; *niþs:þriþja Sighv. sk. Wis.* 38; 3,4; *liþs:miþli Sighv. sk. Wis.* 38; 3,4; *liþs:þriþja Tindr Hallk. Hkr.* 160,22*b*; *liþs:miþli Sighv. sk. Hkr.* 510,23*a*; *niþs:miþli Sighv. sk. Hkr.* 522,12*b*; *liþs:miþli Þjóþ. sk. Hkr.* 542,32*a*; *liþs:miþju Þjóþ. sk. Hkr.* 593,32*b*; *liþs:miþli Steinn Herd. Hkr.* 595,8*a*; *fólkskiþs:síþan Ein. Skál. Wis.* 27; 6,6; *fjǫlbliþs:síþan Sighv. sk. Wis.* 42; 4,6; *lǫgskiþs:síþan Ein. Skúl. Wis.* 56; 20,6; *hafskiþs:síþan Sighv. sk. Hkr.* 308,19*b*; *friþs:síþan Sighv. sk. Hkr.* 308,26*a*; *viþs:síþan Bjǫrn krepph. Hkr.* 638,13*b*; *bliþs:friþum Ól. hvít. Kgs.* 349,10*b*; *brynskiþs:sviþa Hallarst. Wis.* 48; 21,6; *goþs:boþnum Halld. skv. Hkr.* 663,21*b*; *fljóþs:rjóþa Þjóþ. sk. Hkr.* 540,24*b*; *sárflóþs:blóþi Ein. Skúl. Hkr.* 744,4*a*; *hljóþs:óþi Hallarst. Wis.* 46; 1,2.

3) *llz, nnz.*

Für die Entwicklung eines *z* in der Stellung nach *ll, nn* bieten uns die Skaldenreime kein Beispiel dar. *Hoffory* glaubte, aus Reimen von *ll* : *lls*, *nn* : *nns* schliessen zu dürfen, dass hier die Aussprache *lls*, *nns* war. Nun halte auch ich dies für das Wahrscheinliche, bewiesen wird es aber keineswegs, denn die Reime zeigen uns zwar, dass hier *ll, nn* mit *ll, nn* reimen, geben uns aber durchaus keinen Aufschluss über die Natur des der Geminata folgenden Lautes.

Reime solcher Art sind die folgenden:

a) *ll* : *lls.*

fulls : *fylla Haukr Vald. Wis.* 81; 22,1; *Halls* : *hollan Haukr Vald. Wis.* 81; 23,1; *styrsnjalls* : *stilli Ein. Skúl. Wis.* 59; 46,3; *gulls* : *fallinn Þórþr Sjár. Hkr.* 107,7*a*; *snjalls* : *skolla Sighv. sk. Hkr.* 274,19*b*; *gulls* : *ǫllu Sighv. sk. Hkr.* 377,19*b*; *gulls* : *spjalli Stúfr sk. Hkr.* 559,1*b*; *trǫlls* : *fyllar Ól. kon. hlg. Hkr.* 613,23*b*; *golls* : *ella Arn. jarl. Wis.* 45; 7,3.

valfalls : *allan Ein. Skál. Wis.* 27; 8,6; *allsvaldanda* : *snjalla Ein. Skúl. Wis.* 53; 1,2; *dáþsnjalls* : *alla Ein. Skúl. Wis.* 60; 56,8; *alls* : *snjallum Ein. Skúl. Wis.* 55; 16,8; *snjalls* : *alla Ein. Skúl. Wis.* 58; 36,4; *valfalls* : *alla Valg. Hkr.* 560,7*a*; *snjalls* : *spjalli Steinn Herd. Hkr.* 628,10*b*; *snjalls* : *allir Þjóþ. sk. Hkr.* 621,18; *alls* : *kalla Hallarst. Hkr.* 628,10*b*; *holls* : *golli Ein. Skúl. Wis.* 57; 34,2; *golls* : *skolli Har. kon. harþr. Hkr.* 586,33*b*; *trolls* : *sollinn Hallarst. Wis.* 48; 17,3; *gǫlls* : *ǫllu Sighv. sk. Wis.* 81; 23,1.

b) *nn* : *nns.*

finnsk : *mǫnnum Ein. Skúl. Wis.* 59; 51,3; *Finns* : *grønni Halld. skv. Hkr.* 666,1*b*; *kennstu* : *minnust Eyst. Ásgr. Wis.*96; 69,3; *þrekmanns* : *sinni Hallarst. Wis.* 48; 21,3; *gnýlinns* : *runna Hallarst. Wis.* 49; 25,3.

ranns : *annat Ein. Skúl. Wis.* 59; 46,8; *gunnranns* : *konungmanna Sighv. sk. Hkr.* 492,26*b*; *sanns* : *annan Þjóþ. sk. Hkr.* 626,13*b*; *manna* : *fannsk Sighv. sk. Wis* 41; 8,2; *manns* : *sannan Eyst. Ásgr. Wis.* 96; 69,2; *Finns* : *minni Þjóþ. hv. Wis.* 10; 13,6; *linns* : *minna Ein. Skúl. Wis.* 57; 32,2; *finns* : *linna Eyj. Dáþ. Hkr.* 140,23*a*; *dolglinns* : *þinni Ótt. sv. Hkr.* 225,30*a*; *hrælinns* : *vinna Sighv. sk. Hkr.* 255,25*b*; *Þorfinns* : *Dýflinnar Arn. jarl. Wis.* 335,15*b*; *svinns* : *vinnask Þjóþ. sk. Hkr.* 607,6*b*; *hrælinns* : *sinni Hallarst. Wis.* 46; 3,5; *morþlinns* : *sinni Hallarst. Wis.* 47; 14,1; *hlunns* : *runnum Sighv. sk. Hkr.* 309,7*b*.

Dazu kommen noch mit *Bragarmál*:

þann's : *unnar Haukr Vald. Wis.* 81; 23,3; *hinn's* : *runna Haukr Vald. Wis.* 81; 24,5; *hann's* : *konungmanna Hallarst. Herd. Hkr.* 309,7*b*.

4) *z* = *ds*.

Hoffory ist a. a. O. 82 der Ansicht, „es kann sehr wol möglich sein, dass diese Aussprache (nämlich die des *ds* als *ds*) sich bis in das 12. Jahrhundert erhalten hat und dass sich im Stockholmer Homilienbuch noch Spuren davon finden". Wir haben tatsächlich, wie das Folgende zeigen wird, beweisende Beispiele für diese Aussprache bis ins 13. Jahrhundert, während ich solche für die Aussprache *ts* nicht beizubringen vermag.

a) *ld* : *lds*.

elds : *aldri Hallfr vandr. Wis.* 33; 1,1; *(Óláfsdr.) elds* : *vildir Sighv. sk. Hkr.* 431,31*b*; *holds* : *fyldan Bǫlv. sk. Hkr.* 547,3*a*; *dvalds* : *skilda Valg. Hkr.* 560,12*a*.

Haralds : *haldask Sighv. sk. Wis.* 42; 5,5; *himnavalds* : *aldri Ein. Skúl. Wis.* 61; 63,6; *allvalds* : *gjalda Sighv. sk.* 437,33*a*; *allvalds* : *halda Anon. Hkr.* 570,27*b*; *elds* : *beldi Hallfr vandr. Wis.* 36; 20,6; *elds* : *beldu Sighv. sk. Hkr.* 431,9*b*; *sárelds* : *feldi Sighv. sk. Hkr.* 499,13*b*; *elds* : *kveldar Anon. Hkr.* 640,2*b*; *heldsk* : *seldi Sighv. sk. Hkr.* 508,29*b*; *folds* : *goldet Ótt. sv. Hkr.* 284,25*a*.

b) *nd* : *nds*.

Þreklynds : *Þrǿndir Ein. Skúl. Wis.* 55; 11,5; *lands* : *lindar Þórþr Kolb. Hkr.* 170,25*b*.

valbrands : *landa Guth. s. Hkr.* 97,29*b*; *lands* : *landa Þórþr Sjár. Hkr.* 105,13*a*; *dólqbands* : *handar Glúmr Geir. Hkr.* 110,19*b*; *Gotlands* : *strandar Eyj. Daþ. Hkr.* 197,7*b*; *landsráþundum* : *branda Ótt. sv. Hkr.* 284,23*a*; *landsfolk* : *handa Arn. jarl. Wis.* 44; 3,4; *Grikklands* : *handa Þór. Skeggj. Hkr.* 557,9*a*; *brands* : *Skotlandi Sturla Kgs.* 469,28*b*; *skeiþarbrands* : *landi Arn. jarl. Wis.* 44; 5,4; *sunds* : *undan Hallfr. vandr. Wis.* 36; 18,8; *lunds* : *grundu Sturla Kgs.* 433,15*a*.

Hierher gehört auch der Reim des *Eil. Guþr. Wis.* 33; 9,2 *unz* : *sinni*, für den Fall, dass man zu dieser Zeit die aus *und es* entstandene Partikel (vgl. *Cl.-Vigf.* 655) noch *unds* gesprochen hat; sprach man aber *unns*, so wäre dieser Vers unter 3*b* einzureihen.

c) *dd* : *dds*.

In späterer Zeit ist auch hier, nachdem in Folge der Vereinfachungsregel aus *dds ds* geworden, *ts* entstanden. (*Hoffory* a. a. O. 83.) Skaldenreime dafür habe ich nicht gefunden.

nadds : *raddar Guth. s. Hkr.* 97; 28*b*; *naglskadds* : *stadda Ein. Skúl. Wis.* 61; 68,4.

4) Intervocalisches *z* = *ts*.

fats : *Þjaza Þjóþ. hv. Wis.* 9; 1,8; *fats* : *Þjaza Korm. Qgm. Wis.* 26; 5,4; *friþlits* : *Jvizu Halld. skv. Hkr.* 665,31*b*; *hizig* : *heitir Þjóþ. sk. Hkr.* 541,17*a*; *ats* : *hizig Sighv. sk. Hkr.* 445,5*b*.

Dass dieses *-z-* aber im Laufe des 13. Jahrhunderts in *ss* übergeht, macht der von *Mogk A. f. d. A.* X, 66 aus dem Jahre 1254 angeführte Reim aus *Sturl.* II, 174 *Gizurr* : *vissa* wahrscheinlich, vgl. *Nor. aisl. Gr.*[2] § 43.

5) *z* = *st*?

Hat *z* zuweilen durch die Geltung von *st*, wie *Gislason, Wimmer, Vigfusson* wollten? (Vgl. die Stellen bei *Hoffory* a. a. O. S. 69 ff.) Auf eine solche Aussprache scheinen folgende Reime hinzudeuten:

last : *bazti Sighv. sk. Hkr.* 308,32*a* und *skozkir* : *alþroskins Sturla Kgs.* 474,37*b*.

Liegt hier eine dialectische Entwicklung vor? Doch sind beide Dichter durch einen Zeitraum von zwei Jahrhunderten getrennt und der erste stammt aus dem Süden Islands, der andere aus dem Westen. Ich wage es nicht, diese Frage zu entscheiden.

x = *ks*.

x gibt immer den Lautwert *ks* wieder, vgl. *Hoffory* a. a. O. S. 16 Anm. 2. Dies zeigen Reime wie:

salþaks : *vaxa Eil. Guþr. Wis.* 31; 7,8; *marblakks* : *saxi Ein. Skúl. Hkr.* 766,13*a*; *ríks* : *Saxa Sighv. sk. Hkr.* 308,29*b*.

Der Wechsel von *-þr* und *-nnr*.

In den Beitr. VII, 445 ff. hat *Tamm* zu zeigen versucht, dass in der Lautgruppe *-nþr* das *n* fortfiel, sodass Wörter wie *muþr* (got. *munþs*), *sviþr* (got. *svinþs*) Plur. *aþrer* zum

Sing. *annar* die lautgesetzlichen Formen hätten, während die gleichfalls vorkommenden *munnr, svinnr* etc. Analogiebildungen wären nach Formen, in welchen dem *-nþ* kein *r* folgte, also *nn* entstehen musste. So kam es denn, dass auch in Wörtern, welche ein nicht aus *nþ* entstandenes *nn* enthielten, sich Nominativformen mit *-þr* einschlichen, wie besonders in *maþr*, ferner in *bruþr* aus *brunnr* etc. Dieser Darstellung schloss sich *Noreen* in seiner *aisl. Gr.* § 220,2 an. Die auffallende Erscheinung, dass keine Ersatzdehnung, also, wie sonst immer, Verlängerung des Vocals eintrat, glaubte *Tamm* dadurch erklären zu können, dass, da in Wörtern wie *saþr, aþra -aþr* schon so metrisch lang sei, eine Ersatzdehnung nicht „nötig" sei, „Ersatzdehnung aber nach Wegfall eines Consonanten ist wol nur da von Nöten, wo ohne dieselbe Kürzung einer metrisch langen Silbe eintreten würde". Dies ist doch wol eine ziemlich willkürliche und unwissenschaftliche Auffassung dieser Erscheinung. Dies mochte auch *Noreen* gefühlt haben, denn in Anm. 5, wo er auf den auffallenden Mangel der Ersatzdehnung hinweist, fragt er, ob nicht doch einmal eine solche vorhanden gewesen sei.

Inzwischen war unabhängig von *Tamm Leffler* in *nord. Tidskr. f. Fil.* IV, 288 zu einer ähnlichen Erklärung gekommen. Auch er nahm Wegfall des *n* vor *-þr* an, construierte aber alsdann folgerichtig langen Nasalvocal. Diese Länge sei durch Einwirkung des kurzen Vocals in den anderen Casus mit *nn* dann wieder verdrängt worden. Von *K. Verner* darauf aufmerksam gemacht, dass eine solche Auffassung nicht ausreiche zur Erklärung des kurzen Vocals in dem Worte *iþr* „Eingeweide", in welchem niemals Casus mit *nn* mit solchen mit *þr* gewechselt hätten, meinte er in *nord. Tidskr. f. Fil.* 80 Anm., man dürfe hier vielleicht an volksetymologische Zusammenstellung mit *iþri, innri* „der Innere" denken. Unbefriedigt von allen diesen Erklärungsversuchen kehrte *Noreen* in *Grdr. f. g. Phil.* I, 459 in gewisser Weise zu der alten Erklärung, dass *nnr* zu *þr* wird (*Wimmer, anord. Gr.* § 21,1c) zurück, indem er die Regel so darstellte: „*nn* wird vor *r* (nicht vor dem aus *z* entstandenen *R*) zu *þ*, z. B. *aisl. iþre* aus **innere*

'Innerer' (vgl. *minne* aus **minniRe*, got. *minniza* 'minder'); wn., on. Pl. *aþrir* zu *annar(r)* 'ander'. Da die Gruppe *nnr* immer durch Synkope entstanden ist, fällt demnach dieser Übergang in die Vikingerzeit. Auch wo etwas später ein aus *R* entwickeltes *r* zu *nn* tritt, findet dieselbe Entwicklung statt, z. B. *aisl.* Pl. *meþr* (aus *menn-r*) neben *menn* (aus **manniR*, got. *mans*) 'Männer'. Durch Ausgleichung entstehen dann häufig Nebenformen mit *nnr*, z. B. aisl. *innre* nach *innan* 'innerhalb', *mennr* nach Gen. Pl. *manna* u. dgl."

Diese Erklärung hat, wie mir scheinen will, in der Tat das Meiste für sich, da sie auf ungezwungene Weise den grössten Teil der Fälle erklärt. Nach der jüngeren *Noreen*'schen Auffassung also sind auch alle die Fälle, in welchen *nn* nicht aus *nþ* entstanden ist, die aber trotzdem Formen mit *-þr* haben, lautgesetzlich.

Ich führe nun die Formen aus den Skaldenreimen vor:

1) Formen mit *-þr.*

áttruþr : Suþra Eil. Guþr. Wis. 32; 15,8; *suþr : naþri Eyj. Dáþ. Hkr.* 140,24*a*; *maþr : jaþri Hallfr. vandr. Wis.* 36; 13,4; *suþr : þaþra Sighv. sk. Hkr.* 308,30*b*; *feþr : aþra Hkr.* 230,28*b*; *naþr : aþra Þjóþ. sk. Hkr.* 594,4*b*; *Fiþr : miþri Hkr.* 592,22*b*; *suþr : súþir Hkr.* 529,11*b*; *Norþmeþr : naþri Hkr.* 592,16*b* (*maþr : aþra Mark. Skeggj. Wis.* 52; 17,2); *liþ : iþri Wis.* 53; 28,2; *glaþr : aþrom Anon. Hkr.* 603,17*a*; *maþr : þaþra Þorbj. skakk. Hkr.* 795,8*a*; *eþr : ǫþrum Þorm. Kolbr.*[1]) *Hkr.* 478,1*a*; *breþr : miþri Anon. Hkr.* 640,1*a*; *meþr : gleþja Ein. Skúl. Wis.* 56; 21,2; *meþr : óþra Hkr.* 667,10*a*; *suþr : sæskiþum Sturla Kgs.* 479,9*b*; *teþr : fóþri Haukr Vald. Wis.* 79; 7,3.

2) Formen mit *nnr.*

áttrunnr : kunni Þjóþ. hv. Wis. 10; 9,4; *gunnr : brunni Korm. Ǫgm. Wis.* 26; 4,4; *sunnr : runnu Ein. Skál. Wis.* 28; 17,4; *sunnr : hlynnin Glúmr Geir. Hkr.* 87,3*b*; *sunnr : mynni Skúli Þorst. Hkr.* 211,23*b*; *mannr : annar Þórþr Sjár. Hkr.* 107,3*b*; *mannr : skýranni Arn. jarl. Hkr.* 323,32*b*; *hvarkunnr : sunnan Hallfr. v. Wis.* 35; 4,6; *sunnr : kunnum Wis.* 35; 6,4; *gunnr : sunnan Wis.* 36; 17,2 u. 16,8; *sunnr : gunnar Halld. ókr. Hkr.* 217,12*b*; *unnr : grunni Þjóþ. sk. Hkr.* 539,9*b*; *sunnr : unnin Hkr.*

[1]) Für *enn* eingesetzt von *Thorkelss.* 71.

540,21*a*; *viþkunnr* : *þunnri Hkr.* 562,26*a*; *gunnr* : *sunnan Oddr Kik. Hkr.* 543,30*b*; *mannr* : *skýranni Ein. Skúl. Wis.* 54; 2,6; *kunnr* : *manni Haukr Vald. Wis.* 81; 24,1; *sannr* : *manna Eyst. Ásgr. Wis.* 90; 28,6; *sunnr* : *manna Wis.* 95; 63,2; *sannr* : *inni Wis.* 90; 27,7; *hann* : *sannri Wis.* 96; 68,6.

Interessant ist das Vorkommen von *mannr*, welches in der litterarischen Zeit gänzlich ausser Gebrauch ist, vgl. *Noreen aisl. Gr.* § 220,2. Im Übrigen scheint es, als ob die Skalden je nach Bedarf des Reimes sich bald dieser bald jener Form bedient haben, so hat z. B. *Þjóþ. sk. sunnr* und *suþr*.

Wegfall eines mittleren Consonanten.

Ein solcher tritt besonders ein, wo durch Synkope, Zusammensetzung oder sonst irgendwie eine der Sprache nicht geläufige Gruppe von drei Consonanten entstanden ist, vgl. *Noreen, Grdr.* I, 464. *Hoffory, Bezzenb.* Beitr. IX, 20. Bei den Skalden finde ich nur für *mart* aus *margt* Beispiele, und zwar:

mart : *bjarta Valg. Hkr.* 560,15*b*: *mart* : *Pǫrtum Sighv. sk. Wis.* 39; 8,7; *hermart* : *snyrtis Hallarst. Wis.* 49; 26,5; *hermart* : *ortu Hallarst. Wis.* 50; 34,1.

Wegfall eines ersten Consonanten.

In dem Reime des *Hallarst. Wis.* 48; 22,3 *þreifsk* : *stǿriaska* scheint das *fsk* wie *sk* ausgesprochen worden zu sein, vgl. *Wis.* 201. *Hallarst.* hat auch sonst noch Eigentümlichkeiten, wie den frühzeitigen Wandel von *rn* zu *nn*, worüber sogleich.

Assimilation.

Ich führe in Folgendem im Wesentlichen nur Beispiele an von Fällen, in welchen die Assimilation, und zwar eine rückwärts wirkende, sporadisch auftritt, während meistens diese Assimilation entweder überhaupt nicht eingetreten ist oder durch Analogiebildung verdrängt ist.

1) *þl* > *ll*.

snjallir : *millum Ól. hvít. Kgs.* 349,7*a*; *illa* : *milli Þjóþ. sk. Hkr.* 538,8*b*.

Dass in den Fällen, in welchen *þl* erscheint, keine Verdunklung durch etymologische Schreibung vorliegt, wie *Noreen aisl. Gr.* § 198 als möglich hinstellt, zeigen folgende Reime:

líþs: *miþli Sighv. sk. Hkr.* 510,23*a*; *níþs*: *miþli Sighv. sk. Hkr.* 522,12*b*; *íþula*: *miþlum Bjarni gullbr. Hkr.* 526,5*b*; *líþs*: *miþli Þjóþ. sk. Hkr.* 542,32*a*; *líþs*: *miþli Steinn Herd. Hkr.* 595,4*a*.

stǫþnum: *rǫþli Trollk. Hkr.* 613,15*b*.

ǫþlinga: *Óþni Þorl. Rauþf. Hkr.* 170,1*b*; *ǫþlings*: *ráþi Sturla Kgs.* 445,12*b*.

Zu bemerken ist, dass derselbe *Þjóþ. sk.* sowol die Form mit *þl* wie die mit *ll* benutzt, also wol je nach Bedarf des Reimes, und dass von zwei Brüdern der eine sich dieser, der andere jener Form bedient, so dass man annehmen darf, dass auch von ihnen jeder beide Formen nach Belieben anwendete.

2) *tk* > *kk*.

ekki und die Formen von *nekkverr* kommen bei den Skalden nur mit *kk* vor. Erwähnenswert ist die Form *lækka*, reimend zu *ekkjur* in dem Verse des *Hárekr Sjár. Hkr.* 428,28*a* aus *lætka*, wie auch die Lesart in *Fgrsk.* 83 ist.

3) *rs* > *ss*.

Dieser Übergang ist ein später, er gehört erst dem 13. Jahrhundert an. *Mogk Anz. f. d. A.* X, 186, vgl. *Noreen Grdr.* I, 473. Zeugniss davon legen ab die Reime:

vess: *þessa Eyst. Ásgr. Wis.* 100; 99,4 (*vess* < *vers* = lat. *versus*); *fossum*: *krossum Eyst. Ásgr. Wis.* 94; 54,4 (*foss* < *fors*); *Kristr*: *fystu Eyst. Ásgr. Wis.* 96; 66,5; *fyst*: *fjǫrleystum Sturla Kgs.* 467,7*a*; : *lestr Kgs.* 427,27*a*.

In *fystr* aus *fyrstr* ist das *st* aus *sst* entstanden, welches dann nach der *Hoffory*'schen Vereinfachungsregel zu *st* wurde[1]). Ebenso in dem Reim *Eyst. Ásgr. Wis.* 92; 42,1 *þystir*: *fǫstum*, wo *ACD þyrstr.* haben, und dem Endreim *hesti*: *ve(r)sti Bjarni Kalfss. Kgs.* 73,16 f., wo auch *Fms.* VIII, 172 *vesti liest.*

---

[1]) Der Ausdruck *Noreens, aisl. Gr.* § 198,8, 'wo *s* das *ss* vertritt', ist irreführend. Richtig jetzt *aisl. Gr.*[2] § 212,3.

4) *rn* > *nn*.

Dieser Übergang tritt nach *Noreen Grdr. d. g. Ph.* I, 472 im Anorw. schon um 1300 ein, im Aisl. später. Der Reim des *Hallarst. Wis.* 50; 31,5 *sigrgjarn*:*vænni* zeigt uns, dass dies schon um 1200 der Fall gewesen sein muss (vgl. *Wis.* 201), s. unten unter 7.

5) *ggk* > *kk*.

hykk:*frakkna Hallfr. v. Wis.* 33; 6,1; :*flokki Þjóþ. sk. Hkr.* 535,21*a*; :*rekkar Hkr.* 626,14*a*; *frøkna Hkr.* 606,20*a*; :*flekkum Sighv. sk. Hkr.* 307,32*b*; :*þekkja Þór. stuttf. Hkr.* 686,4*a*.

6) *nd* > *nn*.

Wir haben oben, S. 74, gesehen, dass *Bugge* in dem Worte *Vinþlandr* einen Übergang in *Vinnlandr* nachgewiesen hat, für welchen ein *Vindlandr* Vorstufe sein musste. Es scheint nun, als ob in der Tat vor gewissen Consonanten *nd* zuweilen zu *nn* wird. *Gislason* weist in *Njála* II, 634 solche Reime nach, in welchen *ndn*:*nn*[1]), *ndl*:*nnl*, *nds*:*nns* reimen. Aus meinem Material gehört hierher der Reim des *Anonymus vindsamt*:*finna Hkr.* 602,27*b*. Jedoch kann man hier, wie in den folgenden Versen, sehr wol auch Reim von einfacher zu Doppelconsonanz annehmen:

inndæll:*lindis Þjóþ. sk. Hkr.* 592,32*b*; *gunndjarfs*:*fundinn Ein. Skúl. Wis.* 59; 44,8; *manndráp*:*Englandi Þork. Skall. Hkr.* 624,22*b*; *kenndu*:*fjandan Eyst. Ásgr. Wis.* 93; 44,2; *manndýrþir*:*vanda Ein. Skúl. Wis.* 55; 18,4; *inndrótt*:*minnum Arn. jarl. Wis.* 45: 9,6.

Eine andere Möglichkeit wäre noch die, dass man annimmt, es sei aus *nnd*, gemäss der *Hoffory*'schen Vereinfachungsregel, *nd* geworden, so dass wir alsdann regelmässige Reime von *nd*:*nd* hätten. Dies scheint mir das Wahrscheinlichste zu sein.

---

[1]) Für diesen Übergang zeigen auch die Schreibungen des Cod. 1812 gml. kgl. Sml. (Ed. *Larsson*) *lannvsþre* 30,10; *landsþe* 31,16 und *laNosþr* 31,13, vgl. S. XV.

7) *ld* > *ll*.

Dieser Übergang, welchen *Nor. Grdr. d. g. Ph.* I, 473 für ostnorw. Mundarten des 14. Jahrhunderts belegt, scheint in dem Reime des *Hallarsteinn byrtjalls* : *heilli* vorzuliegen und wird von *F. Jónsson* in *SnE.* III, 111 benutzt als Beweismittel für die Verschiedenheit der beiden Dichter *Steinn Herdísarson* und *Hallarsteinn*, vgl. *Vigfusson corp. poet. bor.* II, 294 f. In diesem und dem oben erwähnten Reim *sigrgjarn*:*vænni* darf man vielleicht Norwagismen sehen.

IV. Kapitel.

Aus der Formenlehre.

Nachdem ich die wichtigsten Punkte, welche sich mir aus der Betrachtung der Skaldenreime hinsichtlich der Lautlehre ergeben haben, in den beiden vorigen Kapiteln behandelt habe, will ich hier nur in Kürze einige Formen nachweisen, die vielleicht Interesse verdienen.

1) Ungeschlechtiges Pronomen.

In der *aþalhending* begegnet nur der Dat. Acc. Pl., und zwar in der Form *oss:krossi Ein. Skúl. Wis.* 54; 3,6; *oss:þiningarkrossi Wis.* 61; 65,8; *oss:krossinn Eyst. Ásgr. Wis.* 94; 54,4; *oss:krossinn Wis.* 95; 60,2; *oss:krossinn Wis.* 95; 62,8. Ausserdem die merkwürdige Form Nom. Pl. *vír* in dem Reime *Sighvats sk. Hkr.* 431,18*b* *vír:skírir,* auf welche schon *Gísl. Njál.* II, 600 hingewiesen hatte. *Noreen* stellte im *Ark. f. n. Fil.* I, 178 Anm. 1 diese Form, resp. **vís*, als Postulat für got. betontes *veis* auf und erklärte wol mit Recht altschwed. *vír* für eine Contaminationsbildung aus **vīs* und **veR.* Im *Grdr.* I, 499 führt er für den Nom. Pl. aus dem Ostnordischen an: agutn. *vīr,* aschwed., adän. *vī(r)* aus *wīR (Malstad uīR)*, ohne doch der sicher belegten altisländischen Form Erwähnung zu tun, obgleich er in der Note die Stelle bei *Gíslason* citiert[1]).

---

[1]) Doch vgl. jetzt *Nor. aisl. Gr.*² 142 Anm.

2) Geschlechtiges Pronomen.

Es begegnet nur die Form *hánum*. Sie steht im Reim mit folgenden Wörtern:

Mána Þjóþ. hv. Wis. 10; 14,8; *ván Ein. Skúl. Wis.* 54; 4,8; *mána Guth. s. Hkr.* 102,6*b*; *ván Þórþr Kolb. Hkr.* 170,31*a*; *fráns Halld. ókr. Hkr.* 212,20*b*; *rán Ól. kon. hlg. Hkr.* 446,26*b*; *auþván Sighv. sk. Hkr.* 253,30*a*; *ormfrán Hkr.* 491,4*b*; *Skánunga Þórþr Sjár. Hkr.* 422,26*b*; *Skánunga Þjóþ. sk. Hkr.* 532,4*b*; *fráns Þjóþ. sk. Hkr.* 592,2*b*; *ván Þjóþ. sk. Hkr.* 605,13*b*; *ráns Arn. jarl. Hkr.* 543,21*a*; *ván Steinn Herd. Hkr.* 593,27*a*; *grán Wis.* 49; 30,6.

3) Possessivpronomina.

Sämtliche vorkommende Formen des Pronomens der ersten Person sind bereits, soweit sie von Interesse sind, S. 56 f. angeführt worden. Vom Pronomen der zweiten Person haben wir die alte Form des (Nom.) Acc. Plur. *ór* aus *vór* bei *Sighv. sk. Wis.* 42; 7,4 im Reim auf *fóru*, vgl. *Hoffory nord. Tidskr. f. Fil. ny Række* III, 298 und die Analogiebildung nach dem Singular *várr*, Nom. Plur. Neutr. *vár* bei *Eyst. Ásgr. Wis.* 89; 18,8 auf *dári* reimend.

4) Demonstrativpronomen *sjá*.

Nom. Sg. M. *þessi* : *baugness Ein. Skúl. Wis.* 61; 69,2; : *oss Eyst. Ásgr. Wis.* 90; 25,1, wo *þessi* Nom. Fem. ist.

Dieser Nominativ kommt also schon in der Mitte des 12. Jahrhunderts vor, während *Noreen aisl. Gr.* § 386 sagt, im isl. zeige sich *þessi* als Nom. „schon um 1220“.

Dat. Sg. Masc. *þessum* : *þróttarhvass Ein. Skúl. Wis.* 61; 66,3; : *þess Haukr Vald. Wis.* 78; 2,5.

þeima : *heimkvámu Sighv. sk. Hkr.* 255,18*a*; : *heims Ein. Skúl. Wis.* 54; 2,2; 60; 57,8; : *grímur Wis.* 59; 49,1.

Dat. Sg. Neutr. *þvísa* : *vísu Sighv. sk. Hkr.* 307,23*a*.

5) Relativpartikel *es*.

Schon in den ältesten Handschriften herrscht die Form *er*, wenn auch einige wie *Reykjah. máld.* im Cod. *AM.* 237 fol. (vgl. *Noreen aisl. Gr.* § 389 Anm.) noch *es* haben. Aus den Reimen vermag ich die Partikel nur einmal nachzuweisen —

was ja auch erklärlich ist, da im Allgemeinen natürlich der Reim nicht auf Partikeln ruht —, und zwar in der Form *er* bei *Sighv. sk.*, also schon in der ersten Hälfte des 11. Jahrhunderts. Ich führe die ganze *vísuhelming, Hkr.* 431,15 ff., an:

gerþust hilmis Hǫrþa
húskarlar þar jarli
er viþ Ólafs fjǫrvi
ofvægir fé þægi.

Für *er* liest die *Flateyjarbók* II, 291 *ef*, aber dass dies eine Verderbniss sein muss, zeigt schon der mangelnde Reim, in der *Kph.* steht *ǫrr*, welches gar keinen Sinn giebt. Der Relativsatz lautet *er þægi jarli fé „qui pecunias acciperent a dynasta"*, *Egils. lex. poet.* 909 unter *þiggja.*

6) Das Verbum *vesa.*

In der alten Zeit herrscht hier im Inf. und Sing. Præt. durchweg das *s*. Die älteste *r*-Form glaubte *Vigfusson, Eyrbyggja* XLVI in dem Reime des *Ein. Skúl. Hkr.* 709,28*a* *vara* : *fara* zu finden, doch ist diese Form ganz vereinzelt, sonst hat er *s*, wie die Reime *vasa* : *tysvar Ein. Skúl. Wis.* 60; 60,3; *esat* : *risnu Hkr.* 667,5*a* zeigen. Noch älter, und wol norwegischem Einfluss zuzuschreiben ist *var* im Reime auf *bar* bei *Sighv. sk. Wis.* 40; 6,6. Ferner begegnet *er* im Reim mit *gler Mkv. Wis.* 75; 17,1*f*, wo *Wisén* wol richtig die sinnlose Lesart des Codex *drer* verbessert. Doch ist die ganze Stelle verderbt und darf nicht als Beweis dienen, vgl. *Wis.* S. 152. Gesichert dagegen ist *var* bei *Sturla* im Reim auf *væri Kgs.* 441,11*a*, also in der zweiten Hälfte des 13. Jahrhunderts.

Über den Gebrauch von *er* bei *Snorre* hat eine Polemik zwischen *Hoffory* und *Mogk* stattgefunden. In seiner Ausgabe des *Háttatal* hatte *Möbius* bald *'r*, bald *'s* geschrieben. Dies hatte *Hoffory* in seiner Anzeige, *A. f. d. A.* VII, 198 getadelt. Er führte aus, vor dem Anfang des 13. Jahrhunderts sei in Island *es* so gut wie alleinherrschend gewesen, während es in Norwegen allerdings schon früher durch *er* verdrängt war. *Snorre* nun, der 1178 geboren ist, ist also zu einer

Zeit gross geworden, in welcher man noch allgemein *es* sprach. Es sei also anzunehmen, dass er *es* gesprochen habe und demgemäss sei in allen Fällen, in welchen *Möbius 'r* geschrieben, dies durch *'s* zu ersetzen. Formen wie *þeir'r, þar'r* dürfe man ihm nicht zutrauen. An zwei Stellen des *Háttatal* ist nun allerdings *er* gesichert, und zwar im *rúnhent* 82,5*f jarla er : austan ver* und 87,7*f sigikallt sem er : viþ orþa sker*. Dies meinte *Hoffory* so erklären zu können, dass *Snorre* in dem alten feierlichen *dróttkvætt* die archaischen Formen seiner Jugend anwendete, während er sich in dem neueren *rúnhent* unbedenklich der Formen der Prosasprache mit *er*, die schon zur Herrschaft gekommen waren, bediente.

Demgegenüber hielt *Mogk, Z. f. d. A.* XII, 235, zunächst an der Tatsache fest, dass *er* im *Háttatal* zweimal beglaubigt sei. Dann verlangte er den Nachweis, dass das *rúnhent* weniger feierlich sei als das *dróttkvætt* und dass überhaupt ein verschiedener Stil in diesen beiden Dichtungsarten zu erkennen sei. Ich glaube, dass dieser Einwand mit Recht gemacht ist. Es hat allerdings nichts Ungewöhnliches, wenn ein Dichter in einer bestimmten Dichtungsart archaische Formen braucht, die er in einer andern nicht anwenden würde, s. z. wenn *Gœthe* im Ton des Volksliedes reimt „so dir geschenkt ein Röslein was, so stell es in ein Wasserglas", aber zwischen *dróttkvætt* und *rúnhent* einen Unterschied in der Stimmung wie etwa zwischen einem *Gœthe*'schen Lied der erwähnten Art und einem feierlichen Dithyrambus vermag auch ich nicht zu erkennen. Formen wie *þeir'r, þar'r* traue allerdings auch ich *Snorre* nicht zu und *Mogk* hat keine derartigen nachgewiesen.

Das Richtige trifft, wie ich meine, *Vigfusson, Eyrbyggja* XLVI f., wenn er sagt, im Jugendalter *Snorres* sprachen die alten Leute wahrscheinlich noch *es*, die jungen *er*. Beide Formen wurden nebeneinander gebraucht, wie z. B. *Líknarbraut* zeigt, wo es 16,2 heisst *vasat : písla*, aber 33,1 *erþú : ferþum* und 40,5 *ertu : hjarta*. So meine ich nun hat auch *Snorre* im *Háttatal* verfahren. Im Allgemeinen braucht er *es* und Formen wie *þeir'r, þar'r* dürfen sicherlich nicht bei ihm angenommen werden, brachte es aber das Reimbedürfniss mit sich, so bediente er sich auch unbedenklich der jüngeren Formen mit *er*, die ihm, dem Älteren, allerdings wol noch nicht recht geläufig sein mochten. Dass wir solche *er*-Formen nur im *rúnhent* finden, halte ich für Zufall.

Die vereinzelten Fälle im Isländischen, in welchen in früherer Zeit *-r*-Formen begegnen, sind wol mit Recht von *Vigfusson* a. a. O. auf norwegischen Einfluss zurückgeführt worden.

V. Kapitel.

Ergebnisse.

Zum Schluss will ich einen kurzen Überblick über die Hauptergebnisse der vorstehenden Untersuchung geben.

So deutlich uns auch in den ältesten uns erhaltenen Runeninschriften und Handschriften ein Unterschied zwischen dem altnorwegischen und dem altisländischen Dialect erkenntlich wird, so können wir doch aus den Binnenreimen der ältesten Skalden keine wesentliche Verschiedenheit in der Sprache erkennen. In einem der wichtigsten späteren Unterscheidungsmittel beider Dialecte, nämlich in ihrem verschiedenen Verhalten zum *u*-Umlaut des *a*, haben wir die Dichter beider Volkszweige im Wesentlichen auf derselben Sprachstufe gesehen. Formen mit und ohne Umlaut, bei erhaltenem oder abgefallenem *u* wechseln in buntem Gemisch. Die Isländer sind hier nicht etwa durch das Norwegische beeinflusst worden, sondern sie drücken den einheimischen Lautstand ihrer Sprache in ihren Versen aus. Die letzte nicht umgelautete Form begegnet ums Jahr 1152, von da an muss man den fortschreitenden Sieg der *ǫ*-Formen datieren, der ums Jahr 1200, wie die Prosa ausweist, fast durchgeführt ist. Einen *u*-Umlaut des *á* kennen die Skalden mit verschwindender Ausnahme überhaupt nicht, ob ein *v*-Umlaut desselben existiert, kann zweifelhaft erscheinen. Der *v*-Umlaut des *a* dagegen ist schon in ältester Zeit in beiden Dialecten durchgeführt, gleichgiltig, ob das *v* noch erhalten ist oder nicht. Der *v*-Umlaut des *e* tritt erst nach der Mitte des 12. Jahrhunderts auf, beim *i* begegnen nicht umgelautete Formen bis ins 14. Jahrhundert.

Der erste Lautvorgang, dessen Eintreten wir in historischer Zeit beobachten können, ist die Brechung eines *e* vor *o*, *u*, *a* der folgenden Silbe, sie tritt ums Jahr 900 auf.

In eine frühe Zeit, nämlich ins 10. Jahrhundert, fällt auch der Wechsel von *e*- und *i*-Formen, wie *gengu* und *gingu*, vielleicht ist derselbe sogar bis *Brage* hinauf zu datieren, also bis zum Jahre ca. 800. Beide Formenbildungen werden von denselben Dichtern nebeneinander gebraucht. In dasselbe 10. Jahrhundert fallen noch zwei wichtige Lautwandelungen, bis hierher können wir den Wandel eines intervocalischen consonantischen *u̯(v)* zu einer labiodentalen Spirans, welche auf *f* reimt, verfolgen, und aus derselben Zeit haben wir den Übergang eines *ft* in *pt*, unsicher freilich, ob er dem Isländischen oder Norwegischen zuzuschreiben ist. Sicher bei Isländern können wir ihn allerdings erst im 13. Jahrhundert belegen.

In die erste Hälfte des 11. Jahrhunderts fällt der Übergang eines *þs* zu *ts*, während *ds* sich bis ins 13. Jahrhundert hält.

Die Dehnung eines kurzen Vocals, d. h. eines *a*, *o*, *ǫ*, *u* vor *l* + Consonanz kann frühestens in der zweiten Hälfte des 12. Jahrhunderts eingetreten sein. Derselben Zeit ungefähr gehört auch der Wandel eines *þ* zu *d* nach *l*, *m*, *n* mit vorhergehendem langen Vocal an. Unsicher ist es, ob zu gleicher Zeit das *þ* in derselben Stellung nach kurzem Vocal auch schon *d* geworden ist. Für das Jahr 1200 etwa aber wird man dies annehmen dürfen. Diese Erscheinung ist dem Isländischen und Norwegischen gemeinsam.

Aus dem 13. Jahrhundert sodann ist, ungefähr für die Mitte desselben, zu erwähnen, dass *ø* zu *æ* wird. Ferner finden wir zuweilen in diesem und im nächsten Jahrhundert einen Übergang des consonantischen *i̯(j)* zur Spirans *j*, welche auf das spirantische *g* reimt.

Besonders erfüllt also von wichtigen Veränderungen ist die Zeit ums Jahr 1200, jene Zeit, in welcher in Island mächtige Häuptlinge durch grausame Parteifehden das Land zerrütten und damit den Untergang des Freistaates herbeiführen, eine Zeit, die aber zugleich auch diejenige der ersten isländischen wie norwegischen Handschriften war.

I.

Binnenreime.

A.

Skothendingar.

dd : *dd*.

arngreddir varþ odda Ein. Skál. Wis. 28; 20,3.
eyddi ulfa greddir Hallfr. v. Wis. 34; 8,4.
odda þing í eyddri Sighv. sk. Wis. 38; 2,3 (*odda hríþ í auþri* Fms. IV, 43).
ok háraddar hræddir Haukr Vald. Wis. 80; 14,5.
ok geiráddar gladdi Haukr Vald. Wis. 80; 19,5.
eyddu gumnar gladdir Ein. Skúl. Wis. 60; 56,1 (*ruddu* Flb I, 6).
hræddr fór hjǫrva raddar Guth. s. Hkr. 102,3*a*.
fœddi mest sá's meiddi Sighv. sk. Hkr. 453,18*a* (*leiddi* Flb II, 316).
odd rauþ aski studdan Þjóþ. sk. Hkr. 541,19*b*.
góddr var hrafn en hræddir Stúfr sk. Hkr. 571,18*b* (*gladdr* Fgrsk. 122, Fms. VI, 255; *brædiz* Flb III, 338).
hrafngreddir vann hrædda Bjǫrn krepph. Hkr. 641,20*a* (*hrafngæðir* : *hræða* Fms. VII, 14).
broddr fló þar slǫg snuddu Þorbj. skakk. Hkr. 781,28*b*.
sǫddu svartklædda Sturla Kgs. 469,25*b*.
eyddu óhræddir Sturla Kgs. 472,1*b*.
krǫddu kappstudda Sturla Kgs. 474,30*a*.
bundinn leiddu heiþnir hæddu Eyst. Ásgr. Wis. 93; 49,3.
rǫdd engilsins kvennmanna kvaddi Eyst. Ásgr. Wis. 94; 51,1.
gladdist mær þa'r frelsaran fæddi Eyst. Ásgr. Wis. 94; 51,3.
klæddan meþ sér lǫngum leiddi Eyst. Ásgr. Wis. 94; 51,5.
breiddr á krossinn gumna græddi Eyst. Ásgr. Wis. 94; 51,7.
armar svíddu á brýndum broddum Eyst. Ásgr. Wis. 94; 56,5.
oddar beit ulfar sǫddusk Hallarst. Wis. 47; 6,7.

f : f.

eld of þák af jǫfri Brage Wis. 3; 13,1.
þjófs ilja blaþ leyfa Brage Wis. 2; 1,4.
laufi fátt at hǫfþi Brage Wis. 2; 4,8.
sundrkliufr nio hǫfþa Brage Ger. 24; 19,4.
æfr gall hjǫrr viþ hlífar Þorbj. hornkl. Wis. 15; 5,7.
laufa veþr at lífum Ein. Skál. Wis. 27; 4,8.
hóf und hyrjar kneyfi Ein. Skál. Wis. 27; 11,5.
knátti hafs at hǫfþum Ein. Skál. Wis. 28; 16,5.
hver sé if nema jǫfra Ein. Skál. Wis. 29; 23,5.
dreif meþ dróttar kneyfi Eil. Guþr. Wis. 31; 12,1.
hǿfir heit at rjúfa Sighv. sk. Wis. 42; 10,7.
húfs meþ hamri þǿfþar Hallfr. v. Wis. 35; 9,7 (*ufs Flb* I, 484).
hefk þanns hverjum jǫfri Hallfr. v. Wis. 37; 27,1.
hamra vífs þás hǫfþu Haukr Vald. Wis. 78; 2,3.
lofaþr sitr ǫllum ǿfri Ein. Skúl. Wis. 54; 5,5.
hófum hróþr en leifa Ein. Skúl. Wis. 54; 9,5.
gǫfug lét Hǫrn ór hǫfþi Ein. Skúl. Wis. 58; 37,1.
Yfirskjǫldungr lét jǫfra Ein. Skúl. Wis. 59; 50,5.
Óláfs hǫfum jǫfra Ein. Skúl. Wis. 62; 70,1 }
iflaust hǫfum jǫfri Ein. Skúl. Wis. 62; 71,3 } *ǫf : ǫf?*
handar vafs of hǫfþum Guth. s. Hkr. 79,29.
logreifis bráttu lífi Eyj. Daþ. Hkr. 140,10*b*.
þá's hafvita hǫfþu Halld. ókr Hkr. 215,5*b*.
hafa léztu heiþska jǫfra Ótt. sv. Hkr. 284,26*a*.
réþk til Hófs at hǿfa Sighv. sk. Hkr. 308,5*a*.
hafa allframmir jǫfra Sighv. sk. Hkr. 378,1*a*.
iflaust es þat jǫfri Sighv. sk. Hkr. 444,3*a*.
hafa lézt unga jǫfra Bjarni gullbr. Hkr. 519,15*a*.
rofizk hafa apt fyr jǫfri Þjóþ. sk. Hkr. 555,9*a*.
hlífþut hlenna svæfi Arn. jarl. Hkr. 621,29*a*.
lífspelli réþ laufa Bjǫrn krepph. Hkr. 648,10*a*.
húf lét hilmir svífa Ein. Skúl. Hkr. 667,3*a*.
skeifr bart Hǫgna húfu Þór. stuttf. Hkr. 687,3*b*.
gefit hefir guþ sjalfr jǫfri Ein. Skúl. Hkr. 744,5*a*.
hlífarlauss vá gramr meþ gæfu Ól. hvít. Kgs. 385,10.
svífa léztu or hverju hrófi Sturla Kgs. 438,25*b*.
þik reifir guþ gæfu Sturla Kgs. 458,11*a*.
þjófa hendr lét þengill stýfa Mark. Skeggj. Wis. 51; 8,3.
hlífum keyrþi hersa reifir Mark. Skeggj. Wis. 52; 24,5.
jǫfurr heyri upphaf Ótt. sv. Wis. 43; 1,1.
Óláfr jǫfurr Sighv. sk. Wis. 40; 2,7.
léta af jǫfurr Sighv. sk. Wis. 41; 8,1.
hlífskjǫldr hafa Sighv. sk. Wis. 41; 8,7.

rauf ræsir af Sighv. sk. Wis. 41; 9,5.
hringdrifr hafa Sighv. sk. Wis. 41; 10,3.
blindum hrjúfum dumbum daufum Eyst. Ásgr. Wis. 93; 46,5.
þú ert hreinlífis dygþar dúfa Eyst. Ásgr. Wis. 99; 89,1.
óyæfr of fǫr vífa Bjarni Kolb. Wis. 68; 3,8.
grár reif gerþu drífu Hallarst. Wis. 48; 17,1.

f:v.

týframra sék tíva Þjóþ. hv. Wis. 9; 1,5.
ofrak svá til sævar Ulfr Ugg. Wis. 30; 9,3.
sem prófandi segir at Eva Eyst. Ásgr. Wis. 89; 16,1.
lof sé þér um aldr ok ævi Eyst. Ásgr. Wis. 87; 1,7 (*æfi Magnuss.*) 100; 100,7.
svá fór þat er svaraþi Eva Eyst. Ásgr. Wis. 89; 16,5.
frægast víf þér færik ave Eyst. Ásgr. Wis. 90; 28,3.
þó var ei svá rík at reifa Eyst. Ásgr. Wis. 91; 35,1.
æfinliga meþ lyptum lófum Eyst. Ásgr. Wis. 94; 51,5 u. ö.
lífit sjálft at lukti ævi Eyst. Ásgr. Wis. 98; 83,1.
þú fyrdæmdir auma Evam Eyst. Ásgr. Wis. 96; 66,1.

fl:fl.

iflaust má þat efla Ein. Skúl. Wis. 54; 4,7.
gullskyflir vann gjǫflastr Guth. s. Hkr. 88,23*b*.
afli vex þvít efla Sighv. sk. Hkr. 255,24*a*.

fn:fn.

þás hrafnbláir hefndu Brage Wis. 2; 3,7.
berk fyr hefnd þás hrafna Ein. Skál. Wis. 26; 3,5.
herstefnir lét hrǫfnum Hallfr. v. Wis. 35; 7,3.
nafn fekk hann enn hrǫfnum Sighv. sk. Wis. 41; 1,3 (*vápn Fms.* VI, 38).
stefnir stǫþvar hrafna Hallfr. v. Wis. 33; 4,3.
enn húfjǫfnum hefnir Hallfr. v. Wis. 36; 16,5 (*hýjǫfnum Fms.* III, 12; *hver jǫfnum* Codd.).
ofnir eigi hefna Haukr Vald. Wis. 79; 5,7.
öztr þrifnuþr nam efnask Ein. Skúl. Wis. 54; 3,5.
rauknstefnanda Reifnis Ein. Skúl. Wis. 59; 49,3.
roþin klofnuþu Reifnis Ein. Skúl. Wis. 60; 54,7 (*réfinz B*).
vel hefir hefnt enn hafna Glúmr Geir. Hkr. 110,18*a*.
hrefnis háfa stafna Þórþr Kolb. Hkr. 156,3*a*.
at herstefnir hafnak Bersi Hkr. 254,16*b*.
skrifnask skírinafna Sighv. sk. Hkr. 522,19*b* (*skipnaz Kph.* III, 13).
herstefnandi hafna Snorri Sturl. Kgs. 352,3*b*.
herstefnir rauþ hamri ofna Ól. hvít. Kgs. 386,34*a*.
valstafns vætki rofna Hallarst. Wis. 49; 26,1 (*vask jafns:rofnat Fms.* II, 275; *vask jafn:rofnadr Flb* I, 465).

fr : *fr*.

þás hofregin hafrar Þjóþ. hv. Wis. 9; 15,5 *(hafrir R, hǫfþu W).*
ok orþnefrir jǫfrar Þorbj. hornkl. Wis. 14; 4,5.
Dofra Danskra jǫfra Ein. Skál. Wis. 28; 17,7.
Óláfr réþ svá jǫfra Sighv. sk. Wis. 42; 3,7.
ofraus es þat jǫfri Sighv. sk. Wis. 42; 11,3 (*ofrausn er þat ræsi Flb* III, 268).
Óláfr létumk jǫfra Sighv. sk. Wis. 43; 16,1.
Néfr vá einn viþ jǫfra Hallfr. v. Wis. 35; 3,5.
Óláfr vant þars jǫfrar Sighv. sk. Wis. 39; 11,1.
meþ algífris lifru Brage Wis. 3; 9,8.
hinn's yfrinn gat jǫfra Guth. s. Hkr. 102,3*b*.
afreks veit þat's jǫfri Þórþr Sjár. Hkr. 107,5*b*.
ógnarstafr um jǫfra Glúmr Geir. Hkr. 112,30*b*.
ógnarstafr fyr jǫfrum Ótt. sv. Hkr. 422,22*b*.
Óláfr réþ hit efra Sighv. sk. Hkr. 510,15*a*.
fór ofrhugi hin efri Stúfr sk. Hkr. 555,17*a*.
svellr ofrhugi jǫfrum Anon. Hkr. 602,35*b* (*ollu Fms. VI,* 332).
ofreiþi verþr jǫfra Anon. Hkr. 603,1*a*.
gefr áttstuþill jǫfra Steinn Herd. Hkr. 635,11*a*.
snæfrir drógu enn meþal jǫfra Ól. hvít. Kgs. 344,1*a*.
jǫfrar úsvífrum Sturla Kgs. 469,12*b* (*opptaz osuiptum Flb* III, 222).
Óláfr allra jǫfra Hallarst. Wis. 46; 3,1.
goþvefr gerþusk jǫfri Hallarst. Wis. 49; 30,5 (*efri Flb* I, 467).

fs : *fs*.

refsir reyndan ofsa Þjóþ. sk. Hkr. 626,12*a*.

fþ : *fþ*.

laufþi fátt á hǫfþi Brage Wis. 2; 4,8 (Cod. *AM* Ieβ *fol.*).
af þvít eignum lofþa Sighv. sk. Wis. 42; 5,3.
lofþungs burr ok lifþir Sighv. sk. Wis. 42; 6,7.
bifþisk hǫll þás hǫfþi Eil. Guþr. Wis. 32; 17,1.
at lofþa gramr lifþi Hallfr. v. Wis. 37; 22,3.
ef lofþa gramr lifþi Ein. Skúl. Wis. 61; 69,5.
hǫfþu hart um krafþir Ótt. sv. Hkr. 225,28*b*.
enn hefk leyfþ þar's lofþa Þórþr Kolb. Hkr. 232,10*a*.
leyfþr's at hilmis hǫfþi Bjarni gullbr. Hkr. 493,20*b*.
af þvít ýtar hǫfþu Þjóþ. sk. Hkr. 529,13*a*.
svæfþu hjaldr þeir's hǫfþu Þorl. f. Hkr. 574,20*a*.
hafþi brjóst né bifþisk Arn. jarl. Hkr. 621,5*a*.
lofþungr beiþ hinn leyfþi Þjóþ. sk. Hkr. 621,19*b*.
hafþi hér meþan lifþi Blakkr Kgs. 121,2*a*.
leyfþi alt sem konungr krafþi Mark. Sk. Wis. 51; 14,3.
vafþir lítt enn vendir bifþusk Arn. jarl. Wis. 44; 2,5.
þrekleyfþr þengill hafþi Hallarst. Wis. 49; 28,5.

ft : *ft*.

oft kom hrafn at heifta Hallfr v. Wis. 34; 3,3 (*hepta Fgrsk.* 55 Cod. *A*; *hafna* Cod. B).
lyftisylg á lofti Eil. Guþr. Wis. 32; 16,3.
heft vas lítt á lofti Hallfr. v. Wis. 35; 4,1 (*heppt* : *lopti Fms.* II, 311; *heft* : *lofti Flb* I, 482).
kraft skulum goþs enn giftu Ein. Skúl. Wis. 60; 57,5 (*giftu Flb* I, 6).
hermþarkraftr til heifta Ein. Skúl. Wis. 60; 58,7 (*heiftar Flb* I, 6).
ǫrskiftir lá eftir Ein. Skúl. Wis. 60; 60,5 (*eftir Flb* I, 6).
aftr stǫkk þjóþ um þoftur Halld. ókr. Hkr. 215,7*a* (*aftr Fris.* 165,15*a*).
knarrar hafts sem keyftak Bersi Hkr. 254,14*a* (*haps Flb* II, 45; *hafts OHS* 41).
heftut ér enn heftir Ótt. sv. Hkr. 284, 24*b* (*heftuþ OHS* 63; *eftir Flb* II, 67).
riftar reknar heiftir Sighv. sk. Hkr. 310,25*b*.
hǫfþum keyft enn heiftir Sighv. sk. Hkr. 417,5*b* (*keyft* : *heiftir Flb* II, 277).
keyft er ást ef eftir Sighv. sk. Hkr. 521,5*a* (*eftir Fris.* 172,25*a*).
þás um skaft enn skifti Arn. jarl. Hkr. 535,11*b*.
Haraldr skiftir svá heiftum Þjóþ. sk. Hkr. 626,14*b*.
oft of rýþr ulfr kjaft Ótt. sv. Wis. 44; 3,3.

fþr : *fþr*.

leyfþr's sás lét ok stýfþrar Ein. Skúl. Wis. 60; 61,1.

g : *g*.

þót ség fall á fǫgrum Brage Wis. 2; 7,1 (*Wis. sék,* aber vgl. *Ger* S. 18, *Gísl. Njál.* II, 11 Anm. 5).
vágs hyrsender æge Brage Ger. 26; 22,2.
feþr veþr boga hugþi Brage Wis. 2; 8,4.
þekkiligr meþ þegnum Þjóþ. hv. Wis. 9; 5,3.
sá's ǫll regin égja Þjóþ. hv. Wis. 9; 7,3 (Codd. *eygja*).
lómhugaþr lagþi Þjóþ. hv. Wis. 10; 12,5.
þá's vígligan vagna Þjóþ. hv. Wis. 10; 16,7.
þat sleit víg á vági Ein. Skál. Wis. 27; 11,8.
þrymr varþ logs es lǫgþu Ein. Skál. Wis. 20; 20,1.
draugr gat dolga Ságu Ein. Skál. Wis. 20; 21,3.
rógs brá rekka lægir Hallfr v. Wis. 34; 7,1.
ýdrauga let Ægir Hallfr. v. Wis. 34; 9,1.
frægr viþ firna slégjan Ulfr Ugg. Wis. 29; 2,3.
lǫg þau's lýþar þágo Sighv. sk. Wis. 42; 5,7.
Almtaugar laust Ægir Eil. Guþr. Wis. 32; 15,5.
hafa kveþask lǫg nema ljúgi Sighv. sk. Wis. 42; 8,5.

urþu drjúg ens digra Sighv. sk. Wis. 43; 16,3.
frægr's til slíks at segja Hallfr. v. Wis. 35; 3,7.
gnóg til gumna feigþar Hallfr. v. Wis. 35; 8,3.
víg vant hlenna hneigir Sighv. sk. Wis. 39; 5,1.
baugs gerþut viþ vægjask Hallfr. v. Wis. 35; 10,3.
alls sannliga segja Hallfr. v. Wis. 36; 19,5.
Egill fekk unda gagli Haukr Vald. Wis. 79; 10,1.
vægþartrauþr at vígum Haukr Vald. Wis. 79; 24,3.
Sighvatr frák at segþi Ein. Skúl. Wis. 55; 12,1.
fregit hefk satt at segþi Ein. Skúl. Wis. 55; 15,1.
stiga kvaþ standa fagran Ein. Skúl. Wis. 55; 15,5.
auk hagliga hugþisk Ein. Skúl. Wis. 55; 16,1.
dag lét sinn meþ sigri Ein. Skúl. Wis. 57; 31,5.
lygi hefr bragna brugþit Ein. Skúl. Wis. 60; 58,5.
almdrauga varþ ǿgis Guth. s. Hkr. 98,1*a*.
hoddsveigir lét hníga Eýj. Daþ. Hkr. 140,8*b*.
stá lǿgir nam stiga Eyj. Daþ. Hkr. 199,31*a*.
Aldeigju brauzt ǿgir Eyj. Daþ. Hkr. 199,29*b*.
drógusk vítt at vági Halld. ókr. Hkr. 216,13*a*.
enn eftir víg frá Veigu Þórþr Kolb. Hkr. 217,32*a*.
Óláfs mágr at ǿgþi Sighv. sk. Hkr. 230,28*a*.
eigi hræddusk ǿgi Ótt. sv. Hkr. 234,17*a*.
alltiginn máttu eiga Sighv. sk. Hkr. 248,27*a*.
áþr þágum vér ǿgis Sighv. sk. Hkr. 249,10*a*.
taki hlǿgiskip hauga Sighv. sk. Hkr. 307,27*b*.
rýgr hvazk inni eiga Sighv. sk. Hkr. 308,12*b*.
brattan stig aut baugi Sighv. sk. Hkr. 309,14*a*.
á austrvega eiga Sighv. sk. Hkr. 311,14*b*.
lýgr hinn at sér lægir Sighv. sk. Hkr. 343,3*b*.
ættvígi má hann eigi Sighv. sk. Hkr. 446,8*b*.
vizk eigi þat vága Þorm. Kolbr. Hkr. 478,3*b*.
ógurligr í augu Sighv. sk. Hkr. 491,3*b*.
drjúg varþ á því dǿgri Sighv. sk. Hkr. 491,30*b*.
hug hvé halda dygþi Bjarni gullbr. Hkr. 493,20*a*.
lýg ek nema Óláfr eigi Sighv. sk. Hkr. 508,29*a*.
eigi gaztu liþskost lágan Arn. jarl. Wis. 44; 3,3.
þinnig hǿgjumk fǫr fljúgi Sighv. sk. Hkr. 522,11*b*.
segja mun 'k hve Sygna Arn. jarl. Hkr. 529,26*a*.
baugs enn barþir lágu Þjóþ. sk. Hkr 538,7*a*.
þat var frægt í fagran Þjóþ. sk. Hkr. 538,28*a*.
víga Freys sízt vágu Þjóþ. sk. Hkr. 540,21*b* (*voro* Kph III, 42 Fris. 188,14*b*).
vágs hinn viþa frægi Arn. jarl. Hkr. 541,12*a*.
fleygir hvast um hauga Þjóþ. sk. Hkr. 542,11*b*.
sýg ek or sǫltum ǿgi Þjóþ. sk. Hkr. 543,1*a*.

togu mátt tekna segja Þjóþ. sk. Hkr. 550,1*a.*
lágu landsmenn gnógir Valg. Hkr. 560,8*b.*
eigu skjól und skógi Þjóþ. sk. Hkr. 592,25*a.*
eigi er járni bjúgu Þjóþ. sk. Hkr. 592,31*b.*
auþan plóg at eiga Þjóþ. sk. Hkr. 607,7*a.*
dugir siklingum segja Anon. Hkr. 603,1*b.*
eigi varþ hins ýgja Arn. jarl. Hkr. 621,27*a.*
kúgar Engla ógir Steinn Herd. Hkr. 629,14*b.*
fræg hafa gerzk fyr gýgjar Halld. skv. Hkr. 665,19*a.*
hvegi er fundr meþ frægjum Anon. Kgs. 51,11*b.*
eigi má viþ ǫrlǫg bægjask Ól. hvít. Kgs. 356,34*a.*
hilmis frægs þar er herskip lágu Sturla Kgs. 441,18*a* (*frægs vacat Flb* III, 200).
drógu dynsveigis Sturla Kgs. 472,1*a.*
hervíg í hug Sighv. sk. Wis. 41; 9,3.
eigi létuþ jǫfra bági Arn. jarl. Wis. 45; 8,1.
eigi lét sér alla nægjast Eyst. Ásgr. Wis. 88; 7,5.
kúguþ sjálf af nærri nógu Eyst. Ásgr. Wis. 91; 31,3.
augun tóku at drukna drjúgum Eyst. Ásgr. Wis. 94; 54,7.
hlægir mik at hér mun teygjast Eyst. Ásgr. Wis. 95; 60,5.
eigi mun nú ormr hinn bjúgi Eyst. Ásgr. Wis. 95; 60,7.
hræzlan flaug um heljar bygþir Eyst. Ásgr. Wis. 95; 61,5.
svá ódygþar brandrinn bjúgi Eyst. Ásgr. Wis. 96; 66,7.
eigi glǫgg þótt Eddu regla Eyst. Ásgr. Wis. 100; 97,7.
frægr Hjǫrungavági Bjarni Kolb. Wis. 70; 20,8.
ýgr fyr borþ at stíga Bjarni Kolb. Wis. 72; 37,2.
haug Hjǫrnagla Þór. loft. Hkr. 440,34*b.*
stígr varþ stála sveigi Hallarst. Wis. 49; 27,3.
harþleygs hrinda frágum Hallarst. Wis. 49; 29,5 (*hart skyndir nam hrinda Fms.* II, 279; *hoddskynde fra hrinda Flb* I, 467).
eigi einkar lága Hallarst. Wis. 50; 35,1.
frægjan lét þik Vilhjálmr vígja Sturla Kgs. 407,12*a* (*fræian Flb* III, 171).
rógskýja hélt Rygjar Arn. jarl. Hkr. 541,12*a.*

g : *j.*

geiga létuþ gyltar sýjur Sturla Wis. 84; 15,7 (*sýgjur Kgs.* 441,13*b*).
deyja skuluþ ef efniþ eigi Eyst. Ásgr. Wis. 89; 14,7.
eigi munu þit Adám deyja Eyst. Ásgr. Wis. 89; 17,5.
fljúg ok seg Márju meyju Eyst. Ásgr. Wis. 90; 24,5.
eigi finnst hér upp ór skýjum Eyst. Ásgr. Wis. 96; 70,7.

gg : *gg.*

tíþ hǫgvit lét tyggi Hallfr. v. Wis. 34; 6,1.
vilgi tryggr til vegjar Eil. Guþr. Wis. 30; 1,7.

knátti hreggi hǫggvin Eil. Guþr. Wis. 31; 6,5.
hverr eggjar þik hǫggva Sighv. sk. Wis. 42; 11,1.
hrygg á hvarirtveggja Sighv. sk. Wis. 43; 16,7.
margr lá heggr of hǫggvinn Hallfr. v. Wis. 35; 6,7.
seggr frá sárum tyggja Hallfr. v. Wis. 37; 24,3.
vasat hreggvana hyggnum Haukr Vald. Wis. 79; 5,1.
Sigurþr hyggat því snøggjum Ein. Skúl. Wis. 54; 8,3.
hryggs dugþit liþ liggja Ein. Skúl. Wis. 60; 53,3.
snarr tyggi bergr seggjum Ein. Skúl. Wis. 61; 65,3.
ýglig hǫgg þar's eggjar Þórþr Kolb. Hkr. 232,26*b* (*haug OHS* 25).
yggs lét herr um hǫggvit Sighv. sk. Hkr. 253,29*b*.
þótt leggfjǫturs liggi Hárekr Hkr. 427,25*b*.
glyggs í gegn at hǫggva Sighv. sk. Hkr. 492,25*b* (*glygs OHS* 218;
gnys Flb II, 356).
tíreggaþr fǫr Tryggvi Tryggvaflokkr Hkr. 513,12*a*.
liggr fyrir oss enn uggum Þjóþ. sk. Hkr. 543,1*b*.
hlífan styggr ok hǫggva Steinn Herd. Hkr. 595,9*a*.
uggik enn at tiggi Anon. Hkr. 613,21*b*.
sóknar yggr enn seggjum Þorþ. Skall. Hkr. 624,9*a*.
dyggr lætr þungar þiggja Steinn Herd. Hkr. 635,19*b*.
hygg'k at hersa tveggja Bjǫrn krepph. Hkr. 641,20*b*.
útryggum léztu eggja Ein. Skúl. Hkr. 717,15*a*.
hjoggu ǫxar eggjum Þorbj. Skakk. Hkr. 740,11*a*.
egg um údyggvar Sturla Kgs. 474,32*b*.
ok bruggandi dauþans dreggjar Eyst. Ásgr. Wis. 89; 15,5.
glygg magnaþisk eggja Bjarni Kolb. Wis. 70; 23,6.
hǫggrammr brotit leggi Bjarni Kolb. Wis. 72; 34,8.
Yggjar líf of þiggja Bjarni Kolb. Wis. 73; 43,4.
egghríþar fjǫr þiggja Bjarni Kolb. Wis. 73; 43,8.
ygglaust alla þiggi Hallarst. Wis. 50; 33,5.
hvardyggva lét hǫggva Haukr Vald. Wis. 80; 12,5.

gg : *g*.

seggjǫndum fló sagna Þjóþ. hv. Wis. 9; 2,1.
svartskygþ bitu seggi Þorbj. hornkl. Wis. 15; 7,3.
mørar leggs né mǫgþu Eil. Guþr. Wis. 32; 15,3,
glyggs á gjálfri løgþan Sighv. sk. Hkr. 444,31*b*.
ugglaust Jra bygþir Hallarst. Wis. 47; 6,1.
hregg á herbygþum Sturla Kgs. 473,4*a*.

gl : *gl*.

segls naglfara siglur Brage Wis. 2; 5,3.
hagl ór Hlakkar seglum Ein. Skál. Wis. 26; 2,7.
veglig sýndisk viþr ok fuglar Ól. hvít. Kgs. 259,19.

digla eldr var sénn í segli Sturla Kgs. 439,15*a* (*digla Fms.* X, 78; *sigla Kph.* V, 326).
hagl ok dýr sem fiska ok fugla Eyst. Ásgr. Wis. 88; 10,7.
hagl ok drif sem fjaþrir fugla Eyst. Ásgr. Wis. 99; 93,5.

gn : *gn*.

Ving-Rǫgnir lét vagna Þjóþ. hv. Wis. 9; 4,5.
þrit fúr-Rǫgnir fagnar Korm. Ǫgm. Wis. 26; 6,3.
brak Rǫgnir skók bogna Ein. Skál. Wis. 26; 2,5 (*brag reynir Fris.* 90,5*a*).
nú þegnar friþ fagna Sighv sk. Wis. 41; 2,3 (*nú eru þegnir friþ [friþar Flb] fegnir* Codd.).
fǫþur Magnúss lét fregna Sighv. sk. Wis. 42; 7,1.
fregnk at suþr meþ Sygnum Sighv. sk. Wis. 42; 9,1.
slegit hefr þǫgn á þegna Sighv. sk. Wis. 43; 13,7.
eign á óþul þegna Sighv. sk. Wis. 43; 14,3 (*eyg Flb* III, 268).
erumk vér Magnús vægnir Sighv. sk. Wis. 43; 15,5.
Hǫgna hamri slegnar Hallfr. v. Wis. 33; 2,3.
fregn ek alt né ógnar Ein. Skúl. Wis. 59; 51,5.
ungan þegn sem augna Ein. Skúl. Wis. 60; 61,3 (*ítran Flb* I, 6).
valþagnar lét vegnum Guth. s. Hkr. 97,27*a* (*valrǫgnir Fris.* 76,50*a*).
Sygna grams meþ sagnir Sighv. sk. Hkr. 309,3*a*.
gagn fengu því þegnar Sighv. sk. Hkr. 488,32*a*.
fregnat slikt or Sogni Þjóþ. sk. Hkr. 539,3*b*.
folkrǫgnir getr fregna Þorl. f. Hkr. 572,30*a*.
gegn skyli herr sem hugnar Þjóþ. sk. Hkr. 577,28*a* (*þegn Fms.* VI, 269).
Sogns kváþu gram gegnan Þjóþ. sk. Hkr. 596,13*a* (*savngs Mork.* 79; *Flb* III, 363; *gengin Mork.* 79; *ganga Flb* III, 363; *Sogns* : *gegnan Fgrsk.* 130; *saungs* : *geinginn Fms.* VI, 319).
gagn brann greypra þegna Þjóþ. sk. Hkr. 606,26*a*.
hugnar þjóþ þat's þegna Steinn Herd. Hkr. 629,12*b*.
bragnar eyddu báli slegnu Sturla Kgs. 433,26*b*.
gegnir munu því fyrþar fagna Sturla Kgs. 459,5*a*.
ógn of úrþvegnar Sturla Kgs. 469,12*a*.
bragnar byrgegnir Sturla Kgs. 469,27*b*.
eignask namtu óþal þegna Arn. jarl. Wis. 44; 5,5.
skyggnast sem þá'r glerit í gegnum Eyst. Ásgr. Wis. 91; 33,3.
þessu í gegn mun finna fagnaþ Eyst. Ásgr. Wis. 97; 74,1.
tárum rigni enn tungan þagni Eyst. Ásgr. Wis. 97; 75,1.
vagn feldi liþ þegna Bjarni Kolb. Wis. 71; 28,2.
Vagns liþ Búa þegnar Bjarni Kolb. Wis. 72; 36,4.
Vagn meþ sína þegna Bjarni Kolb. Wis. 72; 38,2.

þegna liþ fyr Vagni Bjarni Kolb. Wis. 72; 41,4 *(B; ógnar liþ ceteri).*
hyggju gegn at Vagni Bjarni Kolb. Wis. 72; 43,2.
þegnum tólf meþ Vagni Bjarni Kolb. Wis. 72; 44,4.

gr : gr.

tegr vas fullr í fǫgrum Sighv. sk. Wis. 39; 10.1.
lǫgr þó drjúgt hinn digri Sighv. sk. Hkr. 414,10*b*.
frægr baþ hann á hǿgri Sighv. sk. Hkr. 510,22*b*.
gnegr af gaddi digrum Þjóþ. sk. Hkr. 592,33*b* (*gnǫgr Fris.* 226,32*b*; *gagr Fms.* VI, 310).
flugr óx fáfnis vigra Þjóþ. sk. Hkr. 595,16*b*.
hugr ræþr hálfum sigri Þjóþ. sk. Hkr. 626,5*b*.
fǫgr ruþusk sverþ enn sigri Ein. Skúl. Hkr. 668,6*b*.
nú's ǿgrar fǫr frægri Hallr Sn. Kgs. 71,11*a*.
frægr's meþ ok sigri Hallr Sn. Kgs. 71,11*b*.
vegsamligr til handar hægri Eyst. Ásgr. Wis. 96; 68,5.

gþ : gþ.

upp sǫgþu lǫg lagþisk Hallfr. v. Wis. 35; 8,1.
þeir drýgþu bǫl brigþu Ein. Skúl. Wis. 55; 17,7.
frægþ vinnr fylkis Egþa Ein. Skúl. Wis. 56; 26,5.
salbrigþandi Svegþis Guth. s. Hkr. 89,5*b*.
segþu hvar sess hafit hugþan Sighv. sk. Hkr. 429,27*b*.
lagþisk land und Egþa Bjarni gullbr. Hkr. 447,3*b*.
vægþit vendi sveigþum Þjóþ. sk. Hkr. 516,31*b*.
lagþi allvaldr Egþa Þjóþ. sk. Hkr. 557,11*b*.
mægþ gat allvaldr Egþa Stúfr bl. Hkr. 559,1*a*.
hraustligt bragþ es hugþak Menn Har. harþráþs Hkr. 572,24*a*.
sagþi hit es hugþi Steinn Herd. Hkr. 593,24*a*.
sveigþi allvaldr Egþa Þork. ham. Hkr. 648,15*a*.
ugþu eld ok sveigþan Þorbj. skakk. Hkr. 781,30*b*.
alt lagþi þá frǫmuþr frægþa Ól. hvít. Kgs. 340,28*b*.
vægþar í vídbygþu Sturla Kgs. 472,3*b* (*vegs Kph.* V, 368; *Fms.* X, 134).
og þar meþ þér Adám teggþi Eyst. Ásgr. Wis. 89; 18,3 *(ok til meþ A, F. Jónss.).*
ugþi hannat Eva stygþist Eyst. Ásgr. Wis. 89; 18,5.
vígþist oss þá'r vatni dǫgþist Eyst. Ásgr. Wis. 92; 37,1.
og þvílíkt sem andinn segþi Eyst. Ásgr. Wis. 92; 39,3.
púkans slægþ er hvern mann hugþist Eyst. Ásgr. Wis. 92; 45,3.
hneigþi nú sinn háls ok beygþi Eyst. Ásgr. Wis. 94; 52,3 *(beyþi B, vægþi CD).*
dragþu mik frá djǫfla bygþum Eyst. Ásgr. Wis. 95; 63,3.
eþa hugþir þú líkams lygþir Eyst. Ásgr. Wis. 96; 65,5.

fyrir afbrigþin flestra dygþa Eyst. Ásgr. Wis. 97; 76,7.
augabragþ þótt aldri þegþi Eyst. Ásgr. Wis. 99; 94,5.
ugþu Egþir Þór. loft. Hkr. 440,30*a*.
ǫrbragþs ærir lǫgþu Hallarst. Wis. 48; 18,1.

k : k.

Jǫrmunrekr at vakna Brage Wis. 2; 3,2.
bárufáks ens bleika Þorbj. hornkl. Wis. 14; 1,3.
randarlauks af ríki Ein. Skál. Wis. 26; 3,3.
rauþbríkar fremsk røkir Ein. Skál. Wis. 27; 9,3[1]).
hitt vas auk at eykir Ein. Skál. Wis. 28; 17,1.
rammaukin kveþk ríki Ein. Skál. Wis. 29; 23,7.
røkilundr enn ríki Hallfr. v. Wis. 33; 1,3.
þás fákhlaþendr frøknir Hallfr. v. Wis. 35; 9,5 (*frekhladendr Flb* I, 484).
heila líkn ef hauka Hallfr. v. Wis. 36; 20,7.
ríkr kvaþ sér at søkja Sighv. sk. Wis. 40; 15,1 (*eikr Flb* II, 33).
margaukanda mækis Hallfr. v. Wis. 37; 27,7.
enn fák þess's vá víka Haukr Vald. Wis. 79; 1,4.
rakit frák víg á Stokla Ein. Skúl. Wis. 55; 17,1.
rekin bitu stál á Stikla Ein. Skúl. Wis. 58; 43,7.
tók þás fell enn frøkni Ein. Skúl. Wis. 58; 44,1.
vas sem reyk af ríki Ein. Skúl. Wis. 59; 55,1.
bǫþsøkir hélt bríkar Guth. s. Hkr. 98,1*b*.
nú's þat's rekr á rakna Eyv. sk. Hkr. 103,33*b* (*nú er þat rǫtt enn rakna Fris.* 80,30*b*).
vita ef akrmurur jǫkla Eyv. sk. Hkr. 123,25*b*.
sleit mjǫk róin mikla Ótt. sv. Hkr. 220,10*b*.
lék viþ rǫnn af ríki Ótt. sv. Hkr. 226,30*b*.
þrek bar seggr til sóknar Sighv. sk. Hkr. 231,7*b*.
enn snarrøki slíku Bersi Hkr. 254,10*a* (*snarræde Flb* II, 45).
fákr laust drengs í díki Sighv. sk. Hkr. 274,31*b*.
ok þeir's optast tóku Sighv. sk. Hkr. 417,5*a*.
ok hefir odda leiknar Hallv. Hár. Hkr. 442,1*b*.
ok meþ ǫrnu ríki Stúfr sk. Hkr. 555,17*b*.
ok sá's øzt gat ríki Ein. Skúl. Hkr. 662,24*a*.
ok vantu eina kráka Þór. stuttf. Hkr. 687,1*b*.
ok svá veik at meyju mjúkri Eyst. Ásgr. Wis. 90; 28,1.

---

[1]) *Wisén* gibt S. 194 fälschlich an, dieser Vers gehöre zu denen der *Vellekla*, in welchen die *skothending* fehlt. Es muss statt dessen heissen 9,5 *nú grør jǫrþ sem áþan*, wofern hier nicht ein Reim vorliegt von langem Vocal zu langem Vocal, ähnlich wie die *aþalh. gjnýs : skýjum*, vgl. S. 24.

ok Ellu bak Sighv. sk. Wis. 41; 11,1.
viþ tøkja ek víka Sighv. sk. Hkr. 431,29*b*.
Áslákr hefit aukit Sighv. sk. Hkr. 446,8*a*.
auk at ísarnleiki Sighv. sk. Hkr. 491,7*b* (*iárna* Kph. II, 367; Flb II, 335; *ísarnleiki* OHS 217).
røkinn gramr í reikar Sighv. sk. Hkr. 491,9*b*.
rekin bitu stál á Stikla Þorm. Kolb. Hkr. 497,21*a*.
er slíkan gram sóknum Sighv. sk. Hkr. 499,12*b*.
vík skar vindlangt eiki Þjóþ. sk. Hkr. 529,13*b*.
svik réþ eigu eklu Arn. jarl. Hkr. 543,12*a*.
mildingr strauktu um mækis Bǫlv. sk. Hkr. 547,1*a*.
vér aukum kaf króki Þjóþ. sk. Hkr. 570,9*b*.
enn lauks um sjá søkja Þorl. f. Hkr. 572,6*b*.
tók hólmbúa hneykir Þjóþ. sk. Hkr. 606,18*a*.
steik af stillis haukum Trollk. Hkr. 612,32*b*.
lék um Ljóþhús fíkjum Bjǫrn krepph. Hkr. 646,28*a*.
rauk um Jl þá's jóku Bjǫrn krepph. Hkr. 647,16*a*.
frá'k at fótta rákut Eldjárn Hkr. 652,12*a*.
luku vág viku Ein. Skúl. Hkr. 709,27*a*.
enn Hákonar haukar Anon. Hkr. 781,25*b*.
þat frá líkn þá's lékum Jatg. Kgs. 286,17*b*.
ríkr gaf hlenna hneykir Sturla Kgs. 312,9.
norþr líkar þér alt at auka Sturla Kgs. 459,3*a*.
þjóþum líka þínir haukar Sturla Kgs. 461,32*a*.
rógsøkis varþ ríki Anon. Kgs. 476,20*b*.
und sik sǫkum Sighv. sk. Wis. 40; 5,3 (*áþr svik sviku* Ohs 49).
Gjúka þótti gǫfugt eiki Arn. jarl. Wis. 45; 6,7 (*giuku : ecke* Flb III, 271).
glíkan berr þik hvǫssum hauki Arn. jarl. Wis. 45; 7,5.
tæki í braut ór djǫfla díki Eyst. Ásgr. Wis. 90; 23,7.
slík afla mér sóttar auka Eyst. Ásgr. Wis. 92; 40,5.
hrækjandi mjǫk hǫfuþin skóku Eyst. Ásgr. Wis. 94; 53,1.
mjúkan dikt at makligleikum Eyst. Ásgr. Wis. 99; 92,3.
því'r líkast sem rasi ok reiki Eyst. Ásgr. Wis. 99; 92,5.
hauklyndum syni Áka Bjarni Kolb. Wis. 68; 8,8.
órøkinn þrek slíkan Bjarni Kolb. Wis. 69; 12,4.
Hákon reka fíkjum Bjarni Kolb. Wis. 69; 12,6.
Áslák í fǫr líka Bjarni Kolb. Wis. 69; 13,8.
Áslák verit fíkjum Bjarni Kolb. Wis. 71; 26,8.
Áka sunr enn ríki Bjarni Kolb. Wis. 71; 29,6.
Hákon syni tøki Bjarni Kolb. Wis. 71; 30,8.
vegrøkinn Ásláki Bjarni Kolb. Wis. 71; 34,2.
haukligt vas þat fíkjum Bjarni Kolb. Wis. 72; 41,6.
hauklyndan sun Áka Bjarni Kolb. Wis. 72; 42,6.
fór mjǫk mikit Þór. loft. Hkr. 440,24*a*.

ránsíks remmilauka Hallarst. Wis. 48; 22,1 (*ránsríki Flb* I, 491).
Jǫrmunrekr at vakna Brage Wis. 2; 3,2 (*Ermenrekkr* Cod. *Worm.*, Cod. I e β fol., vgl. *Ger.* S. 16).

kk : *kk.*

ǫlna bekks viþ drykkju Brage Wis. 3; 11,1.
hrøkkve-áll of hrokken Brage Ger. 25; 22,3.
hykk fleyjanda frakkna Hallfr. v. Wis. 33; 6,1 (*því hykk [hygg R] fleygjanda frægjan* Codd. et Edd., z. B. *Forns.* 205).
hvern rakkligast rekka Hallfr. v. Wis. 36; 17,5.
gekk í haug at hnykki Haukr Val. Wis. 81; 21,5.
gekk sínum bur søkkvir Ein. Skúl. Wis. 57; 28,1.
er døkkvalir drekka Glúmr Geir. Hkr. 110,18*b*.
sǫkk af sunda blakki Sighv. sk. Hkr. 255,19*a* (*sauk OHS* 42).
nú's þat blakkr um bekki Sighv. sk. Hkr. 274,29*b*.
stǫkk sem þjóþ um þekkir Ótt. sv. Hkr. 284,22*b* (*stok Flb* III, 67; *OHS* 63).
hykk á fót enn flekkum Sighv. sk. Hkr. 307,32*b*.
gakkatu inn kvaþ ekkja Sighv. sk. Hkr. 308,12*a* (*gangattu Flb* II, 113).
lækka Lundar ekkjur Hárekr Hkr. 442,3*a* (*bavþracr OHS* 181).
rakkr þengill hjó rekka Sighv. sk. Hkr. 444,8*a* (*rakr OHS* 183).
hykk í hundraþs flokki Þjóþ. sk. Hkr. 535,21*a*.
sukku sárir rekkar Þjóþ. sk. Hkr. 541,19*a*.
hlakkar lætr þú hrælǫg drekka Arn. jarl. Wis. 46; 15,3.
hlǫkk í harþa þjokkum Grani Hkr. 571,3*a*.
ef hǫrbrekkan hrøkkva Ulfr st. Hkr. 612,1*b*.
hykk at hilmis rekkar Þjóþ. sk. Hkr. 626,14*a*.
hykk at hér megi þekkja Þór. stuttf. Hkr. 686,4*a*.
stǫkkum fjánda flokki Blakkr Kgs. 111,8*b* (*hneckium Flb* II, 627; *Fms* VIII, 275; *Kph* IV, 187).
skerþir gekk í skúrum Hlakkar Snorri Sturl. Kgs. 281,19*b*.
flokk tók enn sá's ekki Sturla Kgs. 320,11*a*.
drukku þeir af Danmǫrk rekkar Anon. Kgs. 343,32*a*.
fekk hinn fólkrakki Sturla Kgs. 472,8*b*.
gekk hinn geþrakka Sturla Kgs. 474,34*a*.
skjǫldungr stǫkk meþ sképan þokka Arn. jarl. Wis. 44; 5,3.
klǫkkum hug þvít innist ekki Eyst. Ásgr. Wis. 87; 2,3.
þykki mér sem nýjung nǫkkur Eyst. Ásgr. Wis. 92; 39,5.
ekki er mér á þessum þokki Eyst. Ásgr. Wis. 92; 41,5.
klǫkkr ok hræddr ek þurfa þykkjumst Eyst. Ásgr. Wis. 97; 79,7.
dǫkkvir munu þá fjandans flokkar Eyst. Ásgr. Wis. 98; 84,5.
ógnrakkastir drukku Bjarni Kolb. Wis. 69; 10,6.
hrøkkva gunnar rǫkkum Bjarni Kolb. Wis. 71; 30,4.
Ekkils ýtiblǫkkum Hallarst. Wis. 48; 16,7.

kk : k.

mjǫk lét stála stekkvir Brage Wis. 2; 6,1.
Brunnakrs of kom bekkjar Þjóþ. hv. Wis. 10; 9,5.
mjǫk frák móti hrekkva Þjóþ. hv. Wis. 10; 16,5.
stála víkr af stokkinn Þjóþ. hv. Wis. 11; 19,1.
mjǫk leiþ ór staþ stekkvir Eil. Guþr. Wis. 31; 5,5.
gekk viþ móþ enn mikla Sighv. sk. Wis. 42; 3,1.
óframs sǫk meþal okkar Sighv. sk. Wis. 43; 15,3.
bliks meþ bruma ekka Haukr Vald. Wis. 81; 25,7.
bifroknum traþ bekkjar Guth. s. Hkr. 87,33*a*.
mjǫk lét margar snekkjur Þórþr Kolb. Hkr. 155,8*a*.
ték ýmisar ekkjum Sighv. sk. Hkr. 274,25*b*.
nú hafa hnekt þeir's hnakka Sighv. sk. Hkr. 308,17*a*.
þik baþ sólar sekkvir Sighv. sk. Hkr. 310,19*a*.
spakr lét Ulfr meþal ykkar Sighv. sk. Hkr. 310,19*b*.
Svíum hnektir þú sǫkkva Ótt. sv. Hkr. 422,20*a*.
skrǫkvi at skilnaþ ykkarn Bjarni gullbr. Hkr. 456,13*b*.
rekkr at regni miklu Þorf. m. Hkr. 476,2*a*.
gekk sóknþorinn sǿkja Sighv. sk. Hkr. 480,33*a*.
fyrr gekktu á staþ Stikla Sighv. sk. Hkr. 493,13*b*.
mik fló malmr hinn dekkvi Þorm. Kolbr. Hkr. 498,9*b*.
nú þykki mér miklu Sighv. sk. Hkr. 521,33*b*.
vǫktu ǫfundmenn ykkar Bjarni gullbr. Hkr. 526,4*b*.
mjǫk baþ Magnús rekka Þjóþ. sk. Hkr. 538,16*a*.
gekk meþ manndýrþ mikla Þjóþ. sk. Hkr. 542,11*a*.
gekk meþ gulli miklu Þjóþ. sk. Hkr. 559,22*b*.
þar hykk fast ins frǿkna Þjóþ. sk. Hkr. 606,20*a*.
vakti viskdǿlsk ekkja Bjǫrn krepph. Hkr. 638,12*b*.
Magnús fekk þar miklu Halld. skv. Hkr. 705,22*a*.
mjǫk fara Magnús rekkar Anon. Hkr. 781,23*b*.
lukti lómblekkir Sturla Kgs. 464,26*b*.
æ þakkandi miskunn mjúka Eyst. Ásgr. Wis. 91; 32,3.

kkr : kkr.

skokkr lá dýrr á dǿkkri Bǫlv. Arn. Hkr. 570,43*b*.

kn : kn.

þvít tákn þess's liþ læknir Ein. Skúl. Wis. 59; 46,5.
búumk viþ sókn enn slǿkni Þorm. Kolbr. Hkr. 476,7*b*.
reknir brott í dauþans druknan Eyst. Ásgr. Wis. 96; 73,1.

ks : ks(x).

ríks þreifsk reiddra øxa Þorbj. hornkl. Wis. 15; 17,1 (*ríki Kph.*).
sundfaxa kom Sǫxum Ein. Skál. Wis. 28; 20,5.
ríks fannkak son Saxa Sighv. sk. Hkr. 308,29*b*.
dægrin sex at vísu vuxu Eyst. Ásgr. Wis. 88; 10,1.

kt : kt.

eitthvat klókt mun dróttinn dikta Eyst. Ásgr. Wis. 92; 39,7.

kþ : kþ.

ok þeim es vel vakþi Ein. Skúl. Wis. 58; 41,5.

l : l.

hálum herþimýlum Brage Wis. 2; 5,7 (vgl. *Wis.* 117).
Ála undirkúlu Brage Wis. 3; 14,3.
sonr alfǫþar vilde Brage Ger. 23; 15,2.
málspakr of nam mæla Þjóþ. hv. Wis. 9; 3,5 (*margspakr SnE. Am.* 308).
imunfǫlr und iljar Þjóþ. hv. Wis. 11; 17,3.
bǫlverþungar Belja Þjóþ. hv. Wis. 11; 18,3.
margt varþ él áþr Ála Ein. Skál. Wis. 26; 3,1.
né hvelvǫlur hálar Eil. Guþr. Wis. 31; 6,3.
á seil himinsjóla Eil. Guþr. Wis. 31; 9,3.
mál bark hvert af heilum Sighv. sk. Wis. 42; 7,5.
eitt es mál þaz mæla Sighv. sk. Wis. 43; 14,1.
geta skal máls es mæla Hallfr. v. Wis. 34; 2,1.
skilit frá ek fyr skylja Hallfr. v. Wis. 36; 12,7.
vesa kveþr ǫld ór éli Hallfr. v. Wis. 37; 22,5.
ból lét hann á Hóli Sighv. sk. Wis. 39; 10,5 (*blod let hann a hlode Flb* II, 21).
tala minst es þat telja Sighv. sk. Wis. 39; 11,7.
skiliþr em ek viþskylja Hallfr. v. Wis. 37; 26,5.
hvals munk hvassa telja Haukr Vald. Wis. 78; 2,1.
Yggjar báls í éli Haukr Vald. Wis. 80; 13,7.
sárt lék halr viþ hǫlda Haukr Vald. Wis. 81; 20,7.
siþar heilags brá sólar Ein. Skúl. Wis. 54; 3,1.
stóls vex hæþ þars hvílir Ein. Skúl. Wis. 54; 9,7.
mál fekk maþr es hvílir Ein. Skúl. Wis. 56; 26,1.
dýrþ Óláfs riþr dála Ein. Skúl. Wis. 59; 51,7.
hætt mál vas þat heila Ein. Skúl. Wis. 60; 59,7.
hǫnd Óláfs vann heilan Ein. Skúl. Wis. 61; 61,5.
ǫlselju mér þylja Bjarni Kolb. Wis. 68; 4,8.
hrot giljaþar hylja Guth. s. Hkr. 87,35*b*.
vér getum bili at bǫlva Eyv. sk. Hkr. 103,35*a*.
ófælinn klauf ála Eyv. sk. Hkr. 106,15*b* (*úfallom C, úfallinn D*).
fellumk half þá's hilmis Glúmr Geir. Hkr. 136,29*a* (oder *ll : l? fellu hialms þa er hilmis Flb* I, 86, vgl. *Gisl. Njál.* II, 212).
sjá getr þar til sæla Glúmr Geir. Hkr. 136,31*b* (ungewöhnliche Stellung des ersten Reimworts!).
beit sólgagarr seilar Tindr Hallk. Hkr. 160,21*a*.

nú eru mælt enn mála Sighv. sk. Hkr. 307,16*b*.
valr lá þrǫngt á þiljum Sighv. sk. Hkr. 444,10*a*.
verum í ála éli Giz. gullbr. Hkr. 475,32*b*.
ála þrengrat éli Þorm. Kolbr. Hkr. 476,7*a*.
Hel klauf hausa fǫlva Arn. jarl. Hkr. 535,13*b*.
hǫggvin valr at hylja Þjóþ. sk. Hkr. 535,23*b*.
selr um sigr at hylja Þjóþ. sk. Hkr. 544,9*a*.
hilmis stóls á hæla Har. harþr. Hkr. 578,20*b*.
vel baþ skip meþ skylja Steinn Herd. Hkr. 594,8*b*.
hrafngélir sparu hæli Anon. Hkr. 602,15*a*.
kná valþiþurr velja Trollk. Hkr. 612,30*b*.
þar's heilagr gramr hvílir Steinn Herd. Hkr. 628,9*a*.
sól viþ siklings þræla Þork. ham. Hkr. 641,3*a*.
stál lét hilmir hvílask Ein. Skúl. Hkr. 662,16*b*.
valr nam vǫll at hylja Halld. skv. Hkr. 705,22*b*.
vág fylvingi vélar Þorbj. Skakk. Hkr. 740,13*b*.
hélumk minnst í máli Nefari Kgs. 110,9*b*.
vara tól at skaut Skúli Anon. Kgs. 279,16*b*.
hóli géddusk hirþmenn Skúla Anon. Kgs. 343,30*a*.
heilags hafit hála Sturla Kgs. 548,9*a*.
sól um sigdeili Sturla Kgs. 464,35*b*.
íl fyrir ítr bóla Sturla Kgs. 469,7*b*.
hála kunni sér til sælu Mark. Sk. Wis. 51; 8,7.
til slétts svalir Sighv. sk. Wis. 40; 3,3.
renni mál af raddartólum Eyst. Ásgr. Wis. 87; 3,3.
af þvílíku móþurmáli Eyst. Ásgr. Wis. 87; 4,5.
háleit ván á himnasælu Eyst. Ásgr. Wis. 88; 5,5.
eilíflega meþ sigri ok sælu Eyst. Ásgr. Wis. 90; 26,7 u. ö.
Gabriel sem geisli sólar Eyst. Ásgr. Wis. 90; 27,3.
glóar þar sól af glerinum heilu Eyst. Ásgr. Wis. 91; 33,5.
ǫll helvítis járnhliþ skjálfa Eyst. Ásgr. Wis. 95; 61,1.
sá'r óþinn skal vandan velja Eyst. Ásgr. Wis. 100; 98,1.
hulin fornyrþin at trautt má telja Eyst. Ásgr. Wis. 100; 98,3.
vel þvít hér má skýr orþ skilja Eyst. Ásgr. Wis. 100; 98,5.
tal óbreytiligt veitt af vilja Eyst. Ásgr. Wis. 100; 98,7.
morþbáls skipa stóli Bjarni Kolb. Wis. 69; 16,4.
él gnúþi mjǫk stála Bjarni Kolb. Wis. 71; 27,2.
él-Freyr Ullar kjóla Hallarst. Wis. 47; 6,3.
sól rauþ Svǫlnis éla Hallarst. Wis. 48; 16,3.
Óláfr ozta sælu Hallarst. Wis. 50; 33,7.
handbáls hnykkilundr Hallarst. Wis. 50; 34,3.
hvé skal gjalla gjǫldum Þjóþ. hv. Wis. 9; 1,1.
háls en bǫls af fylda Brage Wis. 2; 8,6.
opit helvíti búit meþ bǫlvi Eyst. Ásgr. Wis. 89; 20,7.

ld : ld.

nú varþ hildr með hǫldum Eyj. Daþ. Hkr. 199,31*b*.
áttut hjaldr þar's hǫldar Eyj. Daþ. Hkr. 200,1*b*.
hverr vildi þá hǫlda Halld. ókr. Hkr. 206,6*b*.
deildak mál hin's milda Sighv. sk. Hkr. 310,15*a*.
hvǫtuþ tældi þat hildar Sighv. sk. Hkr. 488,34*b*.
skyldat skelknir hǫldar Þorm. Kolbr. Hkr. 476,9*a*.
ǫld fekk ilt ór deildum Bjarni gullbr. Hkr. 447,1*a*.
deildisk hugr svát heldu Oddr Kík. Hkr. 568,12*b*.
veldr ef verr skulu hǫldar Anon. Hkr. 603,3*b*.
heldr várut þan hǫldum Þork. ham. Hkr. 639,5*a*.
ǫld man hitt at hǫldusk Blakkr Kgs. 111,29*a*.
eldr lék hús fyr hǫldum Anon. Kgs. 279,17*b*.
mildir hǫfþu herboþ hǫldar Sturla Kgs. 437,18*b*.
þás hugfyldra hǫlda Þorbj. hornkl. Wis. 15; 7,5.
ok hjald-Viþurr hǫlda Ein. Skál. Wis. 27; 4,5.
hǫlda morþs at halda Ein. Skál. Wis. 27; 12,7.
eldrinn sveif um ótal hǫlda Mark. Skeggj. Wis. 52; 22,3.
Sigvaldi í byr kǫldum Bjarni Kolb. Wis. 71; 33,6.
hǫld frák hræþask aldri Haukr Vald. Wis. 81; 25,7.
feldi horska hǫlda Haukr Vald. Wis. 81; 26,1.
gjǫld baugnafaþs vildi Brage Wis. 2; 2,2.
heldr en Hildar svika Brage Wis. 3; 10,7 (vgl. Wis. 117).
hlífar valdr til Hildar Þorbj. hornkl. Wis. 14; 4,3.
búinn lézk valdr ef vildi Ein. Skúl. Wis. 27; 12,5.
auk hald boþi hildar Ein. Skúl. Wis. 29; 21,5.
tólf vas elds at aldri Hallfr. v. Wis. 33; 1,1 (*Óláfsdrápa*).
mildr nema mjǫk vel skaldi Sighv. sk. Wis. 43; 17,3.
aldrminkanda eldar Eil. Guþr. Wis. 32; 19,7 (*aldarminkanda alldar* W. *Myunkande elldre* Cod. *Sparfv.*).
heldr kvaþ hauka skyldir Hallfr. v. Wis. 34; 1,3.
áþr hjaldr þorinn heldi Hallfr. v. Wis. 36; 18,5.
foldar Fjǫlnis elda Haukr Vald. Wis. 79; 8,3.
mildr klauf skatna skjǫldu Haukr Vald. Wis. 79; 10,7.
valdr lét fimm of felda Haukr Vald. Wis. 81; 23,5.
veitk at mildr frá moldu Ein. Skúl. Wis. 54; 4,5.
aldar Ólafs gilda Ein. Skúl. Wis. 54; 10,3.
valdr kvazk fylgja foldar Ein. Skúl. Wis. 57; 28,3.
ǫld hefr opt enn mildi Ein. Skúl. Wis. 57; 33,1.
mildings hefir haldin Ein. Skúl. Wis. 58; 36,1 (*hildings* Flb I, 4).
angrfyldrar varþ aldar Ein. Skúl. Wis. 61; 58,1.
yfirskjǫldungr bjargaldar Ein. Skúl. Wis. 61; 65,7.
ǫld nýtr Óláfs mildi Ein. Skúl. Wis. 61; 66,1.
foldar rauþ ok feldi Glúmr Geir. Hkr. 87,1*b*.

skatt gilda vann skyldir Guth. s. Hkr. 98,3*a*.
heldr es vant enn vildak Eyv. sk. Hkr. 103,17*a*.
jǫfur vildu þann eldask Þórþr Sjár. Hkr. 107,3*a* (*aldir Fgrsk.* 25).
meldr í móþur holdi Eyv. sk. Hkr. 111,23*b*.
skyldak skerja foldar Eyv. sk. Hkr. 112,10*a*.
hildar hjalmr faldinn Eyj. Daþ. Hkr. 199,31*b*.
nú fiþr ǫld at eldumk Skúli Þorst. Hkr. 211,23*a*.
skyldr lézk hendi at halda Þórþr Kolb. Hkr. 217,30*b*.
gildir komtu at gjaldi Ótt. sv. Hkr. 222,4*a*.
guldut gumnar sjaldan Ótt. sv. Hkr. 227,16*b*.
at skyldigast skyldi Þórþr Kolb. Hkr. 232,11*b*.
fold ruþum skers ef skyldi Sighv. sk. Hkr. 255,21*b*.
fold er forþum heldu Ótt. sv. Hkr. 284,28*b*.
skyldit mér áþr mildan Sighv. sk. Hkr. 310,15*a*.
haldit hæft á veldi Ótt. sv. Hkr. 334,21*a*.
vildut ǫflgar aldir Arn. jarl. Hkr. 364,23*b*.
seldi Ólafr aldri Sighv. sk. Hkr. 378,1*b*.
haldisk vǫrþr þót vildit Sighv. sk. Hkr. 416,29*b*.
elds ef eitthvert vildir Sighv. sk. Hkr. 431,31*b*.
fáir skyldu svá foldar Sighv. sk. Hkr. 446,10*a*.
mildr lét mǫrgu valdit Sighv. sk. Hkr. 453,22*b*.
ǫld vann Ólafr felda Sighv. sk. Hkr. 480,31*a*.
skjǫldungr hélzk enn skyldi Sighv. sk. Hkr. 510,17*b*.
mildr á mensku at gjalda Sighv. sk. Hkr. 516,26*a*.
eld ef Ólaf vildak Sighv. sk. Hkr. 521,30*a*.
ǫld leynik því aldri Sighv. sk. Hkr. 521,30*b*.
skyldr emk skilfings halda Sighv. sk. Hkr. 523,18*b*.
skemra aldr enn skyldi Þjóþ. sk. Hkr. 532,3*b*.
skjǫldungr fórt of óþjóþ eldi Arn. jarl. Wis. 45; 12,1.
áþr svanfoldar seldi Þjóþ. sk. Hkr. 538,30*a*.
grá vildir þú gjalda Þjóþ. sk. Hkr. 540,7*b*.
skjǫld bark heim frá hjaldri Þjóþ. sk. Hkr. 542,1*a*.
eldr enn ernir valda Þjóþ. sk. Hkr. 542,27*a*.
holds vant hrafn úm fyldan Bǫlv. sk. Hkr. 547,3*a*.
fold vas víga valdi Stúfr sk. Hkr. 555,19*a*.
mildr vill Magnús halda Þjóþ. sk. Hkr. 560,31*b*.
feldu menn þá's mildan Oddr Kik. Hkr. 568,12*a*.
þó lézt heldr ef héldi Þorl. f. Hkr. 573,7*b* (in *Mork.* 57, *Flb* III, 341 dem *Þjóþ. sk.* beigelegt).
hrafni skyldr nema haldi Þjóþ. sk. Hkr. 593,5*b*.
heldr kvaþ hvern várn skyldu Hallarst. Herd. Hkr. 593,24*a*.
ǫld's sú's jarli skyldi Þjóþ. sk. Hkr. 605,12*a* (*vildi Fms* VI, 336).
eldr vas gerr at gjaldi Þjóþ. sk. Hkr. 606,18*b*.
ǫld hefir afroþ goldit Þjóþ. sk. Hkr. 621,17*a*.
heldr kuru meir hins milda Arn. jarl. Hkr. 621,27*b*.

frægþar mildr á foldu Anon. Hkr. 636,21*a*.
ǫrr skjǫldungr fór eldi Bjǫrn krepph. Hkr. 646,32*a*.
ǫrn fylldit sik sjaldan Kolli Hkr. 726,32*a*.
snild berr snarpa elda Ein. Skúl. Hkr. 744,3*a*.
skoldi úþarfr ǫldum Þorbj. skakk. Hkr. 795,7*b*.
sveldr meþ sómþ ok mildi Hallv. Sn. Kgs. 71,13*a*.
eldr lék hús fyrir hǫldum Anon. Kgs. 279,17*b*.
vǫldugr tóktu af mestri mildi Sturla Kgs. 422,1*b*.
aldir dýrka yþart veldi Sturla Kgs. 422,3*b*.
ǫldum segik hvé úfriþ guldut Sturla Kgs. 426,13*a*.
ǫld hét gnógu gjaldi Sturla Kgs. 427,25*b* (*aull* Flb III, 188).
allvaldr réttu því'r ýtar héldu Sturla Kgs. 433,3*a*.
faldin gekk þar fast at hildi Sturla Kgs. 433,11*b*.
gyldir stóþ yfir greypra hǫlda Sturla Kgs. 433,16*b*.
eldi hrauþ fyrir osikǫldum Sturla Kgs. 437,18*a*.
mildir hǫfþu herboþ hǫldar Sturla Kgs. 437,18*b*.
norþan héldu alt of ǫldur Sturla Kgs. 438,25*a*.
ǫldum varp er húfum héldut Sturla Kgs. 441,13*a*.
eldr of allvaldi Sturla Kgs. 464,35*a*.
héldum háfaldar Sturla Kgs. 466,19*a*.
eldi álfoldar Sturla Kgs. 466,19*b* (*aldi* Flb III, 200).
gjald hinn griþmildi Sturla Kgs. 467,9*a*.
ǫldum úsjaldan Sturla Kgs. 472,10*b* (*úkalldan* Fris. 576,6*b*).
fyldusk fjǫrseldum Sturla Kgs. 474,15*b*.
hǫlda hervaldir Sturla Kgs. 474,32*a* (*haulþa her valþer* Kph. V, 373; Fms. X, 141; Fris. 578,14*a*).
aldri fráttu at Eiríkr vildi Mark. Skeggj. Wis. 51; 8,5.
mildingr fór of munka veldi Mark. Skeggj. Wis. 51; 12,5.
veldi þorþut Vindr at halda Mark. Skeggj. Wis. 52; 15,1.
mildingr gekk at miklum hjaldri Mark. Skeggj. Wis. 52; 18,3.
veldi réþ því ástvinr aldar Mark. Skeggj. Wis. 52; 23,7.
hildingr framþi heilagt veldi Mark. Skeggj. Wis. 52; 29,5.
hildingr þá viþ hæst lof aldar Mark. Skeggj. Wis. 52; 31,1.
vildi foldar Sighv. sk. Wis. 41; 8,5.
Skjǫldungr stétt á skǫrum hveldun Arn. jarl. Wis. 44; 2,3.
Skjǫldungr lézt viþ skíra valdit Arn. jarl. Wis. 45; 13,1.
meþr ofbeldi ǫþlast vildi Eyst. Ásgr. Wis. 88; 7,7.
heldr munuþ meþ heiþri ok valdi Eyst. Ásgr. Wis. 89; 17,7.
aldri kvaddan mann á moldu Eyst. Ásgr. Wis. 91; 29,3.
aldri var sá fyrr á foldu Eyst. Ásgr. Wis. 92; 41,7.
púkinn kvaldr ok þeygi þoldi Eyst. Ásgr. Wis. 93; 47,5.
mildan guþ þvít silfri seldi Eyst. Ásgr. Wis. 93; 48,5.
hátíþ gild um allar aldir Eyst. Ásgr. Wis. 97; 74,7.
fórk aldrigi at gǫldrum Bjarni Kolb. Wis. 68; 2,2.
eldreiþ skapi haldit Bjarni Kolb. Wis. 68; 4,4.

ǫldurmenn at skyldu Bjarni Kolb. Wis. 69; 11,2.
heiptmildan Sigvalda Bjarni Kolb. Wis. 69; 12,2.
bǫþmildum Sigvalda Bjarni Kolb. Wis. 69; 13,2.
faldruþr Búa skyldu Bjarni Kolb. Wis. 69; 14,4.
hildar ǫrr ok skjǫldu Bjarni Kolb. Wis. 70; 24,6.
þing-Baldr þróttar mildum Hallarst. Wis. 46; 1,7.
vegmildr viþrar foldar Hallarst. Wis. 46; 2,1.
sker-Baldr Skǫglar elda Hallarst. Wis. 47; 7,3.
hildings hǫppum valda Hallarst. Wis. 47; 10,3.
gollmildr Grénaveldi Hallarst. Wis. 47; 11,3.
gyld horn gréþis meldrar Hallarst. Wis. 47; 13,3.
allvaldr einkar mildum Hallarst. Wis. 47; 13,7.
eldruþr ǫlna foldar Hallarst. Wis. 49; 27,7.
fold of verr folk-Baldr Ótt. sv. Wis. 141; 6,1.
hǫld frák hræþask aldri Haukr Vald. 81; 25,7 (*Wis. hǫlð; hǫld* Cod. *AM* 748).
feldi horska hǫlda Haukr Vald. 81; 26,1.
hæstr skjǫldungr býþr hǫldum Ein. Skúl. Wis. 54; 6,7.

ldr : *ldr.*

geig vann heldr at hjaldri Haukr Vald. Wis. 80; 19,7.
fannk aldri val vildra Ein. Skúl. Wis. 55; 10,5.
heiptarmildr at hjaldri Ein. Skúl. Wis. 57; 32,3.
mildr fann gerst hve galdrar Sighv. sk. Hkr. 492,16*a.*
svá bauþ hildr at hjaldri Har. harþr. 620,13*a.*
hveldr af slíku ættik aldri Eyst. Ásgr. Wis. 97; 78,7 (*heldr B.*).

lf : *lf.*

sóknar álfs á golfi Brage Wis. 2; 4,2 (*afls R*).
skalfa Þórs ne Þjalfa Eil. Guþr. Wis. 31; 10,7 u. 32; 20,3.
ilt es viþ ulf at ylfask Hildr Hkr. 66,1*b.*
nú's alf rǫþull elfar Eyv. sk. Hkr. 111,26*b.*
sjalfr baþ svartar kylfur Sighv. sk. Hkr. 253,27*a.*
alfa blót sem ulfi Sighv. sk. Hkr. 308,14*b.*
sjalfr var austr viþ Elfi Þjóþ. sk. Hkr. 532,1*a.*
sjálfri skipti ǫrn viþ úlfa Sturla Kgs. 433,14*b.*
gjálfr af Gautelfi Sturla Kgs. 464,23*b.*
sjálfr hann einn þvít batt meþ bǫlvi Eyst. Ásgr. Wis. 95; 64,5.

lfr : *lfr.*

Elfr varþ unda gjalfri Ein. Skúl. Hkr. 766,16*a.*

lg : *lg.*

fylgþi hugr ens helga Ein. Skúl. Wis. 62; 70,3.
þá's ófolgin ylgjar Eyv. sk. Hkr. 111,5*b.*

fylgþak Frísa dolgi Skúli Þorst. Hkr. 211,21*a*.
dolgs kváþu framm fylgja Halld. ókr. Hkr. 212,19*b* (*duerks* Flb I, 485).
elgs man'k eigi fylgja Bersi Hkr. 254,8*b*.
grams dolgum fekksk galgi Arn. jarl. Hkr. 364,25*b*.
ylgr þars áin Helga Ótt. sv. Hkr. 422,22*a* (*ulfr* Flb II, 281).
helgi handar tjálgur Sighv. sk. Hkr. 523,20*b*.
fylgþi efnd því's ylgjar Arn. jarl. Hkr. 529,3*a* (*fylde* Flb III, 272).
ylgr gekk á ná bolginn Bjarni Kolb. Wis. 71; 31,2.

lk : lk.

golfhǫlkvis sá fylkis Brage Wis. 2; 5,2.
sjau fylkjum kom silkis Ein. Skál. Wis. 27; 7,1 (*kom fylkis* Kringla).
-Jalks viþ ǫndurt fylki Ein. Skál. Wis. 28; 15,7.
folkeflandi fylkir Ein. Skál. Wis. 28; 16,7.
folk réþ viþ sik fylkir Sighv. sk. Hkr. 310,11*b*.
folks odda gekk fylkir Sighv. sk. Hkr. 499,9*b*.
folkorrostur fylkir Sighv. sk. Hkr. 510,24*a*.
verum meþ fylktu folki Þjóþ. sk. Hkr. 540,25*b*.
skalkak frá þótt fylkir Þjóþ. sk. Hkr. 620,16*a*.
um folksnaran fylki Arn. jarl. Hkr. 621,29*b*.
fylkir sá þar friþland balkat Mark. Skeggj. Wis. 51; 10,3.
folkrakkar um vann fylkir Glúmr Geir. Hkr. 110,20*a*.

ll : ll.

viþ fylli mér stillir Brage Wis. 3; 13,4.
fjallgylþir baþ fullan Þjóþ. hv. Wis. 9; 4,1.
knáttu ǫll enn Ullar Þjóþ. hv. Wis. 10; 15,1.
fjǫrspillir lét falla Þjóþ. hv. Wis. 11; 18,1.
at fornsnjallir fellu Ein. Skál. Wis. 27; 5,5.
Ullr stoþ af því allri Ein. Skál. Wis. 28; 13,7.
glumdi allr þás Ullar Ein. Skál. Wis. 28; 14,5.
fullǫflug lét fjalla Ulfr Ugg. Wis. 30; 8,1.
fullǫflugr lét fellir Ulfr Ugg. Wis. 29; 4,1.
flugstalla réþ felli Eil. Guþr. Wis. 30; 1,1.
enn fellihryn fjalla Eil. Guþr. Wis. 31; 6,7.
hlátr-elliþa hellis Eil. Guþr. Wis. 32; 14,7.
fullkerska sák falla Sighv. sk. Wis. 41; 1,5.
einn stillir mátt alla Sighv. sk. Wis. 42; 6,3.
goll bark jafnt of allan Sighv. sk. Wis. 43; 16,5.
golls vask enn meþ ǫllu Sighv. sk. Wis. 43; 17,7.
askþollum stendr Ullar Hallfr. v. Wis. 33; 1,1 (*Hákonardrápa*).
fellu þar meþ þolli Hallfr. v. Wis. 35; 5,5.
Ellu kind enn olli Sighv. sk. Wis. 39; 7,7.
snjallr í Seljupollum Sighv. sk. Wis. 39; 13,3.

fyr þrymsvelli þollar Haukr Vald. Wis. 80; 14,7.
snjallr frák opt at olli Haukr Vald. Wis. 80; 19,1.
hélt til fulls sá er fylla Haukr Vald. Wis. 81; 22,1.
áþr fullhugaþr felli Ein. Skúl. Wis. 55; 13,5.
Halls arfa frák hollan Haukr Vald. Wis. 81; 23,1.
jǫfurs snilli þreifsk alla Ein. Skúl. Wis. 56; 26,7.
fyllir framlyndr stillir Ein. Skúl. Wis. 58; 42,3.
styrjarsnjalls of stilli Ein. Skúl. Wis. 59; 46,3.
sæll es hverr es hollan Ein. Skúl. Wis. 61; 66,7.
þá's ellifu allar Guth. s. Hkr. 88,7*b*.
gumnum hollr né gulli Eyv. sk. Hkr. 106,7*a*.
gulls enn gramr var fallinn Þorþr Sjár. Hkr. 107,7*a*.
fetla svell til fyllar Eyv. sk. Hkr. 111,7*b*.
bárum ullr um alla Eyv. sk. Hkr. 111,21*a*.
fjǫllum Fyrisvalla Eyv. sk. Hkr. 111,23*a*.
fullar skein á fjǫllum Eyv. sk. Hkr. 111,26*a*.
Ullar kjóls um allan Eyv. sk. Hkr. 111,28*a*.
fyllik flokk þinn stillir Eyv. sk. Hkr. 112,3*b*.
olli jǫfra spjalli Glúmr Geir. Hkr. 134,23*b*.
þar's gollin spjǫr gullu Halld. ókr. Hkr. 212,21*a* (*gullin* Fris. 163,13*a*).
þótt ǫllungis allra Sighv. sk. Hkr. 248,25*b*.
snjallr hélt at þar's olli Sighv. sk. Hkr. 252,5*b*.
snjalls létum skip skolla Sighv. sk. Hkr. 274,19*b*.
vǫll kná hófr til hallar Sighv. sk. Hkr. 274,31*b*.
umstillingar allar Ótt. sv. Hkr. 284,25*a*.
nú sit heill enn hallar Sighv. sk. Hkr. 307,16*a*.
þeygi bella þollar Sighv. sk. Hkr. 308,20*a*.
gulls ræþr gerva ǫllu Sighv. sk. Hkr. 377,19*b*.
dælla es fyrst á fjalli Sighv. sk. Hkr. 416,31*a*.
allr es þekkr meþ þollum Sighv. sk. Hkr. 429,29*b*.
dælla es oss ef allir Sighv. sk. Hkr. 431,17*b*.
herstillis verþr hylli Sighv. sk. Hkr. 431,31*a*.
ǫll vas Erlings fallin Sighv. sk. Hkr. 444,17*a*.
Erlingr fell enn olli Sighv. sk. Hkr. 446,2*a*.
svá hefir ǫllungs illa Ól. heil. Hkr. 446,23*a*.
gull buþu apt þeir's ollu Sighv. sk. Hkr. 453,13*a*.
vill viþ vísi snjallan Þorl. m. Hkr. 476,4*a*.
þollr dylr saþrar snilli Sighv. sk. Hkr. 492,23*a*.
fell í her meþ hollum Bjarni gullbr. Hkr. 493,18*b*.
élþolla frá'k alla Þorm. Kolbr. Hkr. 497,19*b*.
fulla vetr áþr felli Sighv. sk. Hkr. 510,17*a*.
vasat ellifu allra Arn. jarl. Hkr. 515,7*b*.
olli hón þvít allri Sighv. sk. Hkr. 516,22*b*.
ollut es því's stillir Bjarni gullbr. Hkr. 519,17*b*.

enn fullhugi fellir Sighv. sk. Hkr. 521,3*b*.
gjalla hátt fyr Hillar Sighv. sk. Hkr. 521,11*b*.
jǫfurs hylli varþ'k alla Sighv. sk. Hkr. 521,35*b* (*falli* : *illa* Fris. 173,17*b*; *falli* Kph. III, 12).
hallr ok hrími sollinn Arn. jarl. Hkr. 543,14*a*.
gulls tók gumna spjalli Stúfr sk. Hkr. 559,1*b*.
hǫll á hléborþ sollin Þjóþ. sk. Hkr. 559,24*b*.
allr á éli sollnu Þorl. f. Hkr. 574,12*b*.
fullafli bíþr fyllar Har. harþr. Hkr. 578,18*b*.
nú emk ellifu allra Har. harþr. Hkr. 586,32*a*.
þǫll leggr viþ friþ fullan Þjóþ. sk. Hkr. 592,14*b*.
ok ǫllum friþ fullum Anon. Hkr. 603,16*b*.
sterkr olli því stillir Þjóþ. sk. Hkr. 605,14*a*.
esa stallarum stillis Ulfr st. Hkr. 612,1*a*.
trǫlls gefit fákum fyllar Anon. Hkr. 613,23*b*.
ǫll viþ órna snilli Steinn Herd. Hkr. 629,14*a*.
villat flokk várn fylla Magn. berf. Hkr. 651,22.
fyrþum hollr þar's fella Halld. skv. Hkr. 663,11*b*.
enn í hall at helli Halld. skv. Hkr. 665,17*b*.
ǫll beiþ ǫld meþ stilli Ein. Skúl. Hkr. 667,5*b*.
villir hann vísdóm allan Sig. Jor. Hkr. 686,1.
verþung ǫll á velli Kolli Hkr. 726,6*b*.
glymvǫllu rístr gulli Hallr. Sn. Kgs. 71,7*a*.
nú's friþspillir fallinn Blakkr Kgs. 121,2*b*.
fellu fjándmenn stillis Sturla Kgs. 279,1*b*.
snjallir fóru mága í millum Ól. hvít. Kgs. 349,7*a*.
hauksnjallr tók þá hersa stillir Ól. hvít. Kgs. 357,1.
seima þollr meþ sómdum ǫllum Sturla Kgs. 422,3*a*.
víþa fellu vegnir þollar Sturla Kgs. 433,9.
síþan fellu hávar hallir Sturla Kgs. 434,8.
allir tóku yppiþollan Sturla Kgs. 438,16*b*.
snjallr bauþ ǫrgrant ǫllum Giz. Þorv. Kgs. 441,28.
ǫllum þótti Egþa stillir Sturla Kgs. 442,6*a*.
snjallr má Eiríkr ǫllu Sturla Kgs. 458,9*b*.
hollar prýþi heiminn allan Sturla Kgs. 461,32*b*.
ǫll var ógnfallinn Sturla Kgs. 467,7*b*.
fellu fjandr stillir Sturla Kgs. 470,3*b*.
fellu fleinþollar Sturla Kgs. 470,7*b*.
ǫll vann Egþa stillir Anon. Kgs. 476,18*a*.
stillir varþ of Austrveg allan Mark. Skeggj. Wis. 51; 4,5.
alla hafþi ǫþlingr snilli Mark. Skeggj. Wis. 51; 9,5.
hylli goþs mun hlífa stilli Mark. Skeggj. Wis. 51; 11,3.
bǫþvar snjallr ok beztr at ǫllu Mark. Skeggj. Wis. 52; 25,6.
elli beiþat óvægr stillir Mark. Skeggj. Wis. 53; 31,3.
fengins golls eþr fóþiþ ella Arn. jarl. Wis. 45; 7,3.

langast ǫll í glóanda gulli Eyst. Ásgr. Wis. 87; 3,7.
mektarfullr er af bar ǫllum Eyst. Ásgr. Wis. 88; 7,1.
fúll metnaþrinn er meþ ǫllu Eyst. Ásgr. Wis. 88; 8,5.
þrútnar svellr ok unir viþ illa Eyst. Ásgr. Wis. 89; 15,1.
tendrast ǫll ok tala meþ snilli Eyst. Ásgr. Wis. 90; 22,1.
loptin ǫll af ljósi fyllast Eyst. Ásgr. Wis. 91; 31,1.
skeytin ǫll hin flærþar fullu Eyst. Ásgr. Wis. 93; 45,7.
fullum upp af grimdar galli Eyst. Ásgr. Wis. 93; 48,7.
skepnan ǫll er skyld at falla Eyst. Ásgr. Wis. 94; 51,7 u. ö.
alla gleþi þá'r fekk at fullu Eyst. Ásgr. Wis. 95; 64,3.
reiþigall meþ sárum sullum Eyst. Ásgr. Wis. 97; 77,5.
sundruþ ǫll þá'r syndir kalla Eyst. Ásgr. Wis. 98; 84,3.
allfátt mjaþar þellu Bjarni Kolb. Wis. 68; 4,6.
snjallastr at gǫrvǫllu Bjarni Kolb. Wis. 68; 8,4.
Þorketill liþi snjǫllu Bjarni Kolb. Wis. 69; 9,4.
bǫþsvellandi allir Bjarni Kolb. Wis. 72; 36,2.
hjǫr gall hǫlþar fellu Hallarst. Wis. 46; 5,3.
húfr svall hrannir fellu Hallarst. Wis. 37; 14,3.
hirþ fell hrafnar gullu Hallarst. Wis. 48; 18,7.
sigrþoll svá barg stillir Hallarst. Wis. 49; 28,7.
spell vann sparþit stillir Hallarst. Wis. 49; 30,1.
ellvelds annan stilli Hallarst. Wis. 50; 32,3.
byrtjalls beztu heilli Hallarst. Wis. 50; 33,3.
Hallfreþr Hǫrþa stilli Hallarst. Wis. 50; 34,5.

ll : *l.*

þat gaf Fjǫlnis galla Brage Wis. 3; 13,3.
alt var gulli Þór. loft. Hkr. 440,34 *a.*

llr : *llr.*

þollr vas allr enn ellri Haukr Vald. Wis. 79; 9,5 (*alldr* Cod. AM 748).
Ullr stoþ af því allri Ein. Skál. Wis. 28; 13,7.

lm : *lm.*

malma mætum hilmi Brage Wis. 2; 9,3.
ok hjalmtamiþr hilmir Þorbj. hornkl. Wis. 15; 6,5.
hjalmfaldinn vann hilmir Ein. Skál. Wis. 27; 5,1.
auk holmfjǫturs hjalmi Ein. Skál. Wis. 28; 17,5.
hilmis menn sem hjalmum Hallfr. v. Wis. 33; 1,7.
hilmir lét at Holmi Hallfr. v. Wis. 34; 2,1.
enn hjalmsprotum hilmir Hallfr. v. Wis. 35; 5,3.
malms vann Møra hilmir Sighv. sk. Wis. 40; 14,1 (*máls* Kph. II, 18).
Skólms frák hart meþ hilmi Haukr Vald. Wis. 80; 13,5.
ok álmr sás hlaut hilmis Haukr Vald. Wis. 81; 25,5.

málmr beit hlíf á hólmi Haukr Vald. Wis. 81; 26,3.
jarl vann hjalms at holmi Halld. ókr. Hkr. 217,12*a*.
at hjalmsǫmum hilmi Þórþr Kolb. Hkr. 232,13*a*.
búa hilmis sal hjalmum Sighv. sk. Hkr. 310,1*a*.
hǫfgan malm fyr hilmis Sighv. sk. Hkr. 431,5*a*.
verpr hjalm gǫfugr hilmir Jǫk. Hkr. 455,3*b*.
olmr erumk harmr sás hilmir Sighv. sk. Hkr. 488,32*a*.
þar fekk hjalm es hilmir Þjóþ. sk. Hkr. 542,3*b*.
mætr hilmir sá malma Bǫlv. sk. Hkr. 547,16*b*.
þjalma þambarskelmi Har. harþr. Hkr. 578,20*a* (*þjálfa þambarskelfi Fgrsk.* 127; *Flb* III, 344; *Fms.* VI, 270).
alm dró upplenzkr hilmir Þjóþ. sk. Hkr. 595,14*a*.
í hjalm þrimu hilmir Arn. jarl. Hkr. 621,7*a*.
hilmir gefr ok hjalma Steinn Herd. Hkr. 635,19*a*.
hilmir fekk und hjalmi Kolli Hkr. 726,3*b*.
hólmreyþar gekk hjalmi Sturla Kgs. 279,1*a*.
hilmir lauk viþ hernaþ olman Mark. Sk. Wis. 52; 24,7.
olmr Gullbúi hjalma Bjarni Kolb. Wis. 71; 26,2.

ls : *ls*.

háls enn bols af fylda Brage Wis. 2; 8,6.
máls fekk hilmir heilsu Ein. Skúl. Wis. 58; 41,7.
vals ok Vinda frelsi Guth. s. Hkr. 88,16*b*.

lt : *lt*.

hjalts af hagli oltnar Eil. Guþr. Wis. 30; 5,3.
gjalt varhuga veltir Sighv. sk. Wis. 43; 12,1.
hélt sem hilmir mælti Sighv. sk. Wis. 39; 10,3.
ilt vas þaz ulfs sultar Hallfr. v. Wis. 37; 26,1.
gullhjǫltuþum galtar Eyv. sk. Hkr. 106,17*b*.
mælti mætra hjalta Glúmr Geir. Hkr. 134,15*a*.
vér stiltum svá valtan Sighv. sk. Hkr. 307,29*a*.
hélztu þar's hrafn ne svalta Ótt. sv. Hkr. 422,20*a*.
fult vann fagrla gylta Sighv. sk. Hkr. 480,22*b*.
salt skar húfi héltum Arn. jarl. Hkr. 515,13*b*.
hélt því unz herr um spilti Bjarni gullbr. Hkr. 526,6*a*.
ok óstilta elti Sturla Kgs. 277,17*b*.
alt brá jarþ beltis Sturla Kgs. 464,21*b*.
hélt hinn hraþmælti Sturla Kgs. 469,5*a*.
gylt hlýr gnǫþþu skoltar Hallarst. Wis. 48; 14,5 (*skalptar* Cod. *Berg*).

lþ : *lþ*.

hvat of dylþi þess hǫlþar Hallfr. v. Wis. 34; 2,3
góþs elþis fekk gylþir Ein. Skúl. Wis. 57; 28,7 } *ld* : *ld*.
talþak fátt ór fjǫlþa Ein. Skúl. Wis. 61; 67,1

skilþisk hann ok hulþi Þjóþ. sk. Hkr. 546,7*b* (*sic Fris.* 192,29*b*).
dvalþi daprt um skilþa Valg. Hkr. 560.12*a* (*sic Fris.* 203,20*b* ; *dvolþo* : *skilþa Mork.* 18).
} *ld* : *ld.*

m : *m.*

flaums þás fjǫrvi námu Brage Wis. 2; 6,3.
es þrym regin þrymja Brage Wis. 3; 10,5.
raums þás rekka sémi Þjóþ. hv. Wis. 9; 1,3.
sá vas gramr ok gumnum Þorbj. hornkl. Wis. 15; 6,3.
gjafli némþer und gamlan Þorbj. hornkl. Wis. 15; 9,4.
geymir grundar síma Ein. Skál. Wis. 27: 7,3.
þars svát gramr meþ gumnum Ein. Skál. Wis. 28; 20,7.
Viþgymnir laust Vimrar Ulfr Ugg. Wis. 29; 14,5.
þylk granstrauma Grímnis Eil. Guþr. Wis. 32; 14,1.
flaums at fellidómi Sighv. sk. Wis. 43; 14,7 (*faars Flb* III, 269; *fráns Fms* VI, 44).
grams rúni lætr glymja Hallf. v. Wis. 33; 2,1.
fyrr mun heimr ok himnar Hallf. v. Wis. 37; 28,1.
hefndi Grímr þás geymir Haukr Vald. Wis. 79; 8,1.
himin þóttisk þá heiman Sighv. sk. Wis. 42; 6,5 (*heiþan Fms* VI, 41).
heim þanns hjalp gefr aumum Ein. Skúl. Wis. 58; 38,3.
þeim klauf þengill Rauma Ein. Skúl. Wis. 58; 43,5.
nú fremr þanns gaf gumnum Ein. Skúl. Wis. 59; 45,1 (*nú finnr Flb* I, 5).
glaumvekjandi grímu Ein. Skúl. Wis. 59; 47,3 (*glaum kennandi gunnar Flb* I, 5).
þrjár grímur vann þeima Ein. Skúl. Wis. 59; 49,1.
eimr skaut á her hrími Kléng Br. Hkr. 249,28*b* (*Þórþr Sjár. Fgrsk.* 74).
þær es heims ok himna Ein. Skúl. Wis. 61; 64,5 (*þar er hreggsalar hryggium Flb* I, 7).
heims hykk hingat kvámu Ein. Skúl. Wis. 61; 65,1.
gramr vélti svá gumna Eyj. Daþ. Hkr. 199,16*a*.
heim erum hingat komnir Sighv. sk. Hkr. 429,27*a*.
þeir es heim á himnum Sighv. sk. Hkr. 431,8*b*.
sumir trúþu á guþ gumnar Sighv. sk. Hkr. 510,22*a*.
fim bar hirþ til hǫmlu Arn. jarl. Hkr. 515,15*a* (*fimm Fris.* 168,10*a*).
imr gat hrás hvar kómut Þjóþ. sk. Hkr. 555,9*b*.
gramr á þing viþ Þumla Þjóþ. sk. Hkr. 593,3*b*.
hamalt sýnþusk mér hǫmlur Þjóþ. sk. Hkr. 594,3*a*.
nauþgan dóm áþr næmisk Þjóþ. sk. Hkr. 606,28*b*.
gramr vá frægr til fremdar Anon. Hkr. 613,21*a*.
Egþa gramr þar's undan Bjǫrn krepph. Hkr. 647,27*b*.
rausn vinnr gramr sem gumnar Ein. Skúl. Hkr. 744,5*b*.

eim lék hyrr meþ himni Sturla Kgs. 305,24*a*.
heim kom hilmir Rauma Sturla Kgs. 443,1*b*.
heims um hafstr auma Sturla Kgs. 465,20*b*.
hamalt knáttu þá hlífar glymja Mark. Skeggj. Wis. 52; 17,3.
Rúmsveg suman Sighv. sk. Wis. 41; 9,6.
samnask baþ til hverrar hǫmlu Arn. jarl. Wis. 45; 6,5.
gǫrþi heim ok teygþi tíma Eyst. Ásgr. Wis. 88; 6,7.
Adám nefndr eþ alls í heimi Eyst. Ásgr. Wis. 88; 12,3.
refsar þeim at réttum dómi Eyst. Ásgr. Wis. 89; 19,1.
veltust aum í veslum heimi Eyst. Ásgr. Wis. 89; 19,5.
leiþ svá heimr um langan tíma Eyst. Ásgr. Wis. 89; 20,3.
sú miskunn á settum tíma Eyst. Ásgr. Wis. 90; 23,3.
ljós í heim at lifanda kæmi Eyst. Ásgr. Wis. 92; 36,3.
austr í heim meþ offri kómu Eyst. Ásgr. Wis. 92; 36,3.
orþa hreimr er á dróttins dómi Eyst. Ásgr. Wis. 96; 72,3.
seima Guþr at Jómi Bjarni Kolb. Wis. 68; 6,2.
Jómsvíkingar kvámu Bjarni Kolb. Wis. 69; 17,4.
þeim es sunnan kvámu Bjarni Kolb. Wis. 70; 18,2.

mbl : *mbl*.

simble sumbls ofmærom Brage Ger. 24; 19,3.

md : *md*.

glumdi á gjálfrtǫmdum Sturla Kgs. 464,33*a*.

ml : *ml*.

í gemlis ham gǫmlum Þjóþ. hv. Wis. 9; 2,3.
framla dreif til hverrar hǫmlu Sturla Kgs. 426,13*b*.

mm : *mm*.

rǫmm var hildr sús Hramma Þjóþ. sk. Hkr. 538,34*a*.
valgammr skók í vápnarimmu Arn. jarl. Wis. 46; 14,3 (*vargur* Flb III, 284).
fimm hǫfþingja snemma Bjarni Kolb. Wis. 68; 6,4.
morþremmandi skǫmmu Bjarni Kolb. Wis. 70; 18,6.
grimma hǫggum rammir Bjarni Kolb. Wis. 70; 25,6.
at framm í gný grimmum Arn. jarl. Hkr. 529,1*b*.

mm : *m*.

rausnarsamr til rimmu Þorbj. hornkl. Wis. 14; 2,7.
rammr und randa himni Hallfr. v. Wis. 35; 7,3.
upp hófsk grimm meþ gumnum Odd. Kík. Hkr. 543,29*b*.
gramr skaut gerþisk rimmu Hallarst. Wis. 48; 19,3.
Nereiþ lét gramr á grimman Halld. skv. Hkr. 707,13*b*.
þat esomk sýnt at snimma Brage Ger. 23; 15,1 (*snemt* Cod. AM 757,4to).

mn : mn.

gumna vinr at gamni Glúmr Geir. Hkr. 87,3a.

mr : mr.

hlymr varþ hellis Kumra Eil. Guþr. Wis. 32; 13,3.
fæstr gramr hefir fremri Ein. Skúl. Wis. 55; 14,7 (fár gramr hefir frægri Flb I, 2).
gramr vas sjalfr á sumri Jǫk. Hkr. 454,23b.
ramr vas suþr á sumri Þjóþ. sk. Hkr. 452,3a.
enn gramr né frák fremra Bǫlv. sk. Hkr. 547,1b.
né gramr af val vimrar Ein. Skúl. Hkr. 662,18b.

ms : ms.

Egþa grams á ymsum Stúfr sk. Hkr. 555,30a.

mt : mt.

halft fimta vann heimtan Ein. Skúl. Wis. 60; 55,5.

mþ : mþ.

geymþi lystr né lamþisk Sighv. sk. Hkr. 445,5a (sic OHS 182)
fremþ Ólafs kveþk frǫmþu Sighv. sk. Hkr. 453,24b (sic OHS 190)
framþi sik þars fólkvápn glumþu Mark. Skeggj. Wis. 52; 20,3. md : md.
Hamþis gunnar tǫmþum Bjarni Kolb. Wis. 69; 14,2
styrrempr stillir framþi Hallarst. Wis. 49; 26,7 (styr reþ Cod. Berg.)

n : n.

ósk-Rán at þat sínum Brage Wis. 2; 8,2.
at Eynefes ǫndre Brage Ger. 23; 16,3.
vasa Hénis vinr hánum Þjóþ. hv. Wis. 9; 3,7.
enn holls vinar Hénis Þjóþ. hv. Wis. 9; 7,7.
hugreynandi Hénis Þjóþ. hv. Wis. 10; 12,3.
trjónn trǫlls ofrúna Þjóþ. hv. Wis. 11; 17,7.
hrein í hjorna méni Þjóþ. hv. Wis. 11; 19,3.
haptsénis geld hánum Korm. Ǫgm. Wis. 26; 3,3.
ok rauþ mána reynir Ein. Skál. Wis. 26; 1,5.
fróns á folka reyni Ulfr Ugg. Wis. 29; 3,7.
ramt mein vas þat reyna Ulfr Ugg. Wis. 29; 4,3.
geþreynir kvaþ grénar Eil. Guþr. Wis. 30; 1,5.
of salvaniþ Synjar Eil. Guþr. Wis. 32; 18,3.
mein hlautk af því minir Hallfr. v. Wis. 35; 5,7.
kéns hafi Kristr enn hreini Hallfr. v. Wis. 37; 28,7 (kænn Flb I, 496).

opt reynir þú þínum Sighv. sk. Wis. 43; 11,7.
vinr's sás varmra benja Sighv. sk. Wis. 43; 12,5 (*beima* Fms V, 130; *beina* Kalfsk., Thómássk., *vinr em ek varma bemja* Fms VI, 42).
Rán mun seggr es sína Sighv. sk. Wis. 32; 18,8.
þótt sins fǫþur sónar Haukr Vald. Wis. 79; 5,5.
sunr rauþ siþar brynjur Haukr Vald. Wis. 79; 10,5.
sén rann vas þess sónar Haukr Vald. Wis. 81; 22,3.
eins má óþ ok bønir Ein. Skúl. Wis. 53; 1,1.
sunr sté upp meþ ynþi Ein. Skúl. Wis. 54; 5,1.
raun dugir rétt í einu Ein. Skúl. Wis. 55; 10,7.
ván gleþr hug meþ hreinu Ein. Skúl. Wis. 56; 22,3.
sjónbrautir strauk sínar Ein. Skúl. Wis. 56; 23,5.
sjón fekk seggr af hreinu Ein. Skúl. Wis. 56; 24,1.
tolf mánuþr vas týnir Ein. Skúl. Wis. 56; 25,1.
raun's at sigr gaf sínum Ein. Skúl. Wis. 56; 30,1.
þaþan reis upp sú's einum Ein. Skúl. Wis. 54; 6,5.
þat varþ grjón at gránu Ein. Skúl. Wis. 57; 35,7.
vinr firþi sik synþum Ein. Skúl. Wis. 61; 62,7.
goþ reynir svá sína Ein. Skúl. Wis. 61; 63,3.
laún fekk holl ef hreinum Ein. Skúl. Wis. 62; 70,5 (*haanum* Flb I, 7).
bøn hefk þengill þína Ein. Skúl. Wis. 62; 71,1.
benja hagl á brynjum Eyv. sk. Hkr. 111,7*a*.
sýnisk svartleitr reyni Jór. skaldm. Hkr. 77,22*b*.
trjónu tingls á grøna Guth. s. Hkr. 88,9*a*.
Ónars eikigrønu Guth. s. Hkr. 89,5*a*.
roþin frák rauþra benja Glúmr Geir. Hkr. 110,20*b* (*roþin frák benja rauþra* Thork. 45).
Óna fór ok einu Halld. ókr. Hkr. 207,28*a*.
þás hún lagar hreina Halld. ókr. Hkr. 207,28*b*.
þín naut rekka rúni Ótt. sv. Hkr. 225,33*b*.
enn Sveins liþar sýnum Sighv. sk. Hkr. 252,7*b* (*lid er at sǫnnu* Flb II, 43).
vasa sigmána Sveini Sighv. sk. Hkr. 252,19*a* (*varat sigmara Sveine* Flb II, 44).
sveins raunir hefk sénar Bersi Hkr. 254,16*a*.
Sveins vasa sonr at reyna Þórþr Sjár. Hkr. 422,27*b*.
rauns biþu rekkar sýna Sighv. sk. Hkr. 453,15*b* (*trionur* Flb II, 316; *sona* OHS 190; *sína* Kph. II, 316; *þinir* Ol. S. *membr.*).
ván erumk hreggs at hreini Jǫk. Hkr. 454,23*a*.
hrein getum hála launa Sighv. sk. Hkr. 516,18*a*.
hón hefir svá komit sínum Sighv. sk. Hkr. 516,26*b*.
guþs lán es þat þínu Sighv. sk. Hkr. 522,25*a*.
hreins meþ heilar sjónir Sighv. sk. Hkr. 523,13*b*.

meinalaust í mínu Sighv. sk. Hkr. 523,20*a*.
svát manþinga mundut Þjóþ. sk. Hkr. 537,26*b*.
mist hafa Sveins at sýnu Þjóþ. sk. Hkr. 539,6*a* (*sinna* Kph. III, 40; Fms VI, 79; *sǫnno* Fris. 187,1*a*).
vin es fagrs á Fjóni Þjóþ. sk. Hkr. 540,23*b*.
leynumk lítt á Fjóni Þjóþ. sk. Hkr. 542,31*a*.
muna fyr Magnus synja Þjóþ. sk. Hkr. 542,29*b*.
enn rauþ Frán á Fjóni Arn. jarl. Hkr. 543,19*a* (*næst rauþ fram* Flb III, 285; *enn bar fram* Kph III, 48).
sonr Buþla sínum Jllugi Brynd. Hkr. 550,6*b*.
brynt skreiþ vel til vánar Har. harþr. Hkr. 558,12 (*brynn* Fgrsk. 112; *brvnn* Mork. 15; *brúnu* Fms. VI, 169).
grén enn gull bautt hánum Bǫlv. Hkr. 565,17*a*.
ván es at vinnim Sveini Menn Har. harþr. Hkr. 572,22*b*.
ván es at vísa kénan Þorl. f. Hkr. 572,1*a*.
frána egg á Fjóni Arn. jarl. Hkr. 586,16*b*.
sín óþul mun Sveini Steinn Herd. Hkr. 628,7*a*.
dunþi broddr á brynju Þork. ham. Hkr. 648,13*a*.
hauka fróns í hreinu Ein. Skúl. Hkr. 667,10*b*.
brýns Bjǫrgynjar Ein. Skúl. Hkr. 709,27*b*.
raun es at ríki þínu Kolli Hkr. 762,32*b*.
munn sá's morþi vanþisk Ein. Skúl. Hkr. 755,28*a*.
mein fekk margr af Kénu Þorbj. skakk. Hkr. 795,7*a*.
týnum Birkibeinum Nefari Kgs. 110,9*a*.
mánadag kvaddi mildingr sína Baglar Kgs. 161,27*a*.
mánadag kvaddi niþingr sína Birkibeinar Kgs. 161,32*a*.
rán galt randa týnir Sturla Kgs. 427,25*a*.
skein af skautvǫnum Sturla Kgs. 464,33*b*
hánum lét til hervígs búna Mark. Skeggj. Wis. 52; 26,5.
hánum vísar hǫlþa reynir Mark. Skeggj. Wis. 53; 27,7.
reynir veitti herskip hánum Mark. Skeggj. Wis. 53; 30,7.
raunar varþat rǫnd viþ hánum Mark. Skeggj. Wis. 53; 32,3.
feþr persónan engli einum Eyst. Ásgr. Wis. 90; 24,3.
í Jórþán meþ æþar hreinar Eyst. Ásgr. Wis. 92; 37,3.
fulla smán ok flestar pínur Eyst. Ásgr. Wis. 95; 58,3.
lífþjónandi lærisveina Eyst. Ásgr. Wis. 93; 46,3.
Jesú munu þá sárin sýnast Eyst. Ásgr. Wis. 96; 71,3.
engi er ván á ǫþru enn pínu Eyst. Ásgr. Wis. 97; 73,7.
mína ǫnd svát mættak þjóna Eyst. Ásgr. Wis. 98; 80,7.
hreinat gef þú hjarta mínu Eyst. Ásgr. Wis. 98; 83,5.
búnir mik at brenna ok skeina Eyst. Ásgr. Wis. 98; 84,7 (*pína* AC).
mína ǫnd at meiþa ok skeina Eyst. Ásgr. Wis 98; 85,3 (*pína* ACD).
ek vænumst at ykkrum þjóni Eyst. Ásgr. Wis. 98; 87,5.
fjón eþa lífi ræna Bjarni Kolb. Wis. 69; 12,8.
reynendr flota sínum Bjarni Kolb. Wis. 69; 17,2.

varþ raun at því einum Bjarni Kolb. Wis. 70; 22,6.
fránlyndr Búi sínu Bjarni Kolb. Wis. 70; 25,2.
vánir hart meþ sveinu Bjarni Kolb. Wis. 70; 25,4.
hugraun flota sínum Bjarni Kolb. Wis. 71; 33,4.
væn þrír tegir einir Bjarni Kolb. Wis. 72; 39,4.
átján þegar týna Bjarni Kolb. Wis. 72; 41,2.
brynmǫnnum smó benjar Þjóþ. sk. Hkr. 595,14*b* (*brynjaþra sínu brynjur Fms.* VI, 316).

nd : *nd*.

vinda Ǫndur dísar Brage Ger. 25; 20,2.
hǫnd þás allra landa Brage Ger. 24; 17,2.
endisk rauþra randa Þorbj. hornkl. Wis. 14; 4,7.
lindihjǫrt fyr landi Þorbj. hornkl. Wis. 14; 6,7.
lundr vann sókn á sandi Þorbj. hornkl. Wis. 15; 8,3.
logskundaþar lindar Ein. Skál. Wis. 24,31*b* (*lungs unnaðar linna Fris.* 126,31*b*).
endr lét Jamta kindir Hallfr. v. Wis. 34; 4,1 (*enn Fris.* 111,22*a*).
endr til ýmsa kindar Eil. Guþr. Wis. 30; 2,7.
svát hraþskyndir handa Eil. Guþr. Wis. 32; 16,1.
vind á víþu sundi Hallfr. v. Wis. 36; 15,3.
at mundjǫkuls myndi Hallfr. v. Wis. 37; 23,5.
endr í Ulfasundum Sighv. sk. Wis. 42; 8,7.
Finnlendinga at fundi Sighv. sk. Wis. 38; 3,3.
endr á Ulfkels landi Sighv. sk. Wis. 39; 7,3.
endr kom brúnt a branda Sighv. sk. Wis. 39; 9,3.
þrettánda vann Þrønda Sighv. sk. Wis. 39; 13,1.
brendr á bygþu landi Sighv. sk. Wis. 40; 14,7.
reyndir biþk at randar Haukr Vald. Wis. 78; 1,5.
reyndr varþ rimmu skyndir Haukr Vald. Wis. 79; 5,3.
lundr hjó stórt at standa Haukr Vald. Wis. 81; 26,7.
þreklynds skulu Þrøndir Ein. Skúl. Wis. 55; 11,1.
leyndi lofþungr Þrønda Ein. Skúl. Wis. 55; 14,5.
sýndi salvǫrþr grundar Ein. Skúl. Wis. 56; 19,3.
reyndi Goþormr grundar Ein. Skúl. Wis. 57; 31,1.
myndi mest und fjǫndum Ein. Skúl. Wis. 60; 53,1.
þvít ǫnd meþ sér sýndisk Ein. Skúl. Wis. 56; 20,7 (*sendiz Flb* I, 3).
gjalfrs Niþbranda grundar Ein. Skúl. Wis. 58; 40,3 (*nidranda Flb* I, 4).
auk endr frá trú týndir Ein. Skúl. Wis. 58; 40,5 (*ok endr fyrir trú tyndri Flb* I, 4).
ítrs landreka undir Ein. Skúl. Wis. 59; 47,7.
grundu gylþis kindar Ein. Skúl. Wis. 59; 48,7.
nema rǫnd í byr branda Ein. Skúl. Wis. 60; 53,5.
lustu sundr á sandi Ein. Skúl. Wis. 60; 59,1.

bragr myndi nú brǫndum Ein. Skúl. Wis. 61; 69,1 (*mundi bragr ens brenda Flb* I, 7; *grǫndum C.*).
sendi seggja kindar Glúmr Geir. Hkr. 86,34*b*.
valsendir rauþ vandar Guth. s. Hkr. 88,9*b*.
austrlǫndum fórsk undir Glúmr Geir. Hkr. 89,28*a*.
sendi gramr at grundu Glúmr Geir. Hkr. 89,30*b*.
undan allar kindir Guth. s. Hkr. 98,3*b*.
brand þars bjarmskar kindir Glúmr Geir. Hkr. 121,9*a*.
viþlendr um baþ vinda Glúmr Geir. Hkr. 134,15*b*.
birki kind um bundit Eyv. sk. Hkr. 123,12*b*.
mǫrg vas lind fyr landi Þórþr Kolb. Hkr. 155,10*b*.
rendi langt meþ landi Þórþr Kolb. Hkr. 157,14*a*.
enn til lands þess's lindar Þórþr Kolb. Hkr. 170,25*b*.
þrályndi fekksk Þrøndum Þórþr Kolb. Hkr. 170,32*b*.
endr í eyjasundi Eyj. Daþ. Hkr. 200,3*a*.
land eþa lengra stundu Þórþr Kolb. Hkr. 217,34*a*.
báruþ lind af landi Ótt. sv. Hkr. 220,12*a*.
kom í land ok lendir Ótt. sv. Hkr. 225,33*a*.
stundum frák til strandar Ótt. sv. Hkr. 227,18*b*.
endr til ásta fundar Þórþr Kolb. Kkr. 232,26*b*.
rǫnd klufu roþnir brandar Sighv. sk. Hkr. 253,12*a*.
þundr vá leyfþr til landa Þórþr Kolb. Hkr. 232,26*b*.
endisk leyfþ ok landi Sighv. sk. Hkr. 307,22*a*.
hendr es hilmi fundinn Sighv. *sk. Hkr.* 377,19*a*.
sverþ standa þar sunda Sighv. sk. Hkr. 431,29*a*.
frændr skyli bræþi bindask Sighv. sk. Hkr. 446,10*b*.
kendr vast fyrstr á fundi Bjarni gullbr. Hkr. 446,34*b* (*falli Flb* II, 311).
fellum Þrøndr í Þundar Þorf. m. Hkr. 476,4*b*.
snarir fundusk þar Þrønda Sighv. sk. Hkr. 490,14*b*.
þás hrynsendir Hundi Sighv. sk. Hkr. 492,16*b*.
undrask ǫglis landa Þorm. Kolbr. Hkr. 498,9*a*.
erlendis frák undan Þjóþ. sk. Hkr. 519,15*b*.
mundut þann dag Þrøndi Þjóþ. sk. Hkr. 538,3*b*.
rǫnd léztu ræsir Þrønda Þjóþ. sk. Hkr. 540,3*b* (*rǫnn Kph.* III, 42).
ǫrt rendu þeir undan Þjóþ. sk. Hkr. 540,9*b*.
Hrindr á hróka landi Þjóþ. sk. Hkr. 540,19*a*.
røkkr ǫndurt baþ randir Arn. jarl. Hkr. 541,10*b*.
brand rauþ buþlungr Þrønda Þjóþ. sk. Hkr. 544,7*b*.
hund bar rif þar's rendut Valg. Hkr. 559,30*b*.
frændr hykk at þar fyndisk Þjóþ. sk. Hkr. 562.27*b*.
endisk ykkar frænda Bǫlv. Hkr. 565,15*b*.
ǫnd var ýta kindum Þorl. f. Hkr. 574,20*b*.
ekkjan stendr ok undrask Þjóþ. sk. Hkr. 592,10*b*.
rammsyndan lauk rǫndum Þjóþ. sk. Hkr. 594,1*b*.

rendr bitu stál fyr strǫndu Þjóþ. sk. Hkr. 607,1*b*.
lǫnd vill þengill Þrønda Steinn Herd. Hkr. 629,12*a*.
lǫnd vann lofþungr Þrønda Bjǫrn krepph. Hkr. 638,10*b*.
ǫnd á Jakobs landi Ein. Skúl. Hkr. 662,26*a*.
lofþungs kundr es lendut Halld. skv. Hkr. 663,29*b*.
frænda Serks at fundi Þór. stuttf. Hkr. 686,20*a*.
látum randhøing reyndan Nefari Kgs. 110,11*a* (*rang hæing* Flb II, 627).
rǫnd klauf ræsir steinda Sturla Kgs. 277,19*b*.
stála kendi stǫkkvilundum Snorri Sturl. Kgs. 281,17*a*.
oddum rendi eljunstrandir Snorri Sturl. Kgs. 281,21*a*.
ruddisk land enn ræsir Þrønda Snorri Sturl. Kgs. 281,21*b*.
bøndr hlutu kvǫl þás kyndisk Ól. hv. Kgs. 305,26*b*.
orþ sendi þá jǫfri Þrønda Ól. hv. Kgs. 339,16*a*.
Þrøndir efldu þengil reyndan Ól. hv. Kgs. 357,3.
herskip brendi hilmir grundar Ól. hv. Kgs. 373,5*b*.
brǫndum blóþgar skifþusk randir Ól. hv. Kgs. 385,8.
ramri grund hafit ríkisvandar Sturla Kgs. 417,14*b*.
lǫnd tók lofþungr Þrónda Sturla Kgs. 427,27*b*.
víþa týndu virþa kindir Sturla Kgs. 433,5*b*.
brandar hleyptu ǫrt or undum Sturla Kgs. 433,11*a*.
Hrinda réþ út herskips brǫndum Sturla Kgs. 437,16*a*.
sandi jós um stálin steindu Sturla Kgs. 438,27*b*.
sendi snarlynda Sturla Kgs. 473,11*a*.
rǫndu lauk umb rekka kindir Mark. Skeggj. Wis. 52; 17,1.
andar krafþi út í lǫndum Mark. Skeggj. Wis. 53; 31,1.
Þundar umb ǫndr Sighv. sk. Wis. 40; 4,8 (*þundr* of *fundr* Fgrsk. 81; vgl. Ohs. 49; *eyndri* Kph.).
ei þurfandi staþa né stunda Eyst. Ásgr. Wis. 87; 1,3 u. 100; 100,3.
blindr þar sem feþr sinn fjandann Eyst. Ásgr. Wis. 88; 9,5.
ǫnd ok þar til síþan sendi Eyst. Ásgr. Wis. 88; 11,5.
andagipt ok síþan sýndi Eyst. Ásgr. Wis. 88; 12,7.
fjandinn gut svá fyrstu blindat Eyst. Ásgr. Wis. 89; 18,7.
lýþa kind meþ sárum syndum Eyst. Ásgr. Wis. 89; 19,8.
sendiboþi kom sjaufalds anda Eyst. Ásgr. Wis. 89; 27,5.
haglig myndan heilags anda Eyst. Ásgr. Wis. 91; 30,7.
sjá skínandi á grænni grundu Eyst. Ásgr. Wis. 92; 37,7.
undrast tók hinn forni fjandi Eyst. Ásgr. Wis. 92; 39,1.
andinn leiþ af Jesú píndum Eyst. Ásgr. Wis. 95; 58,7.
týndu ljósi er berr varþ bundinn Eyst. Ásgr. Wis. 95; 59,7.
fjandinn hafi ok frétt at syndum Eyst. Ásgr. Wis. 95; 60,3.
hlaupa fjandr ok ætla undan Eyst. Ásgr. Wis. 95; 61,3.
hvat er tíþenda hrakkr er fjandinn Eyst. Ásgr. Wis. 95; 62,1.
hví stundaþir hinn forni fjandi Eyst. Ásgr. Wis. 95; 65,1.
upp rísǫndum allra landa Eyst. Ásgr. Wis. 96; 71,1.

vindi fult hefr veslan anda Eyst. Ásgr. Wis. 97; 77,1.
send hingat mér sjaufalds anda Eyst. Ásgr. Wis. 97; 80,5.
þú ert elskandi ein af sprundum Eyst. Ásgr. Wis. 99; 90,1 (*elskan B*).
umbætandi bragna syndir Eyst. Ásgr. Wis. 99; 90,3.
ei kennandi kvitt af syndum Eyst. Ásgr. Wis. 99; 90,7.
vindur leiptur grænar grundir Eyst. Ásgr. Wis. 99; 93,3.
handfǫgr kona bundit Bjarni Kolb. Wis. 68; 3,4.
randormar Geirmundi Bjarni Kolb. Wis. 70; 17,8.
lundherr saman fundinn Bjarni Kolb. Wis. 70; 18,8.
hundmargr saman randir Bjarni Kolb. Wis. 70; 22,4.
andat fólk at sundi Bjarni Kolb. Wis. 72; 35,2.
undan ráþ at skynda Bjarni Kolb. Wis. 72; 40,6.
ǫrlyndr þrymu randa Bjarni Kolb. Wis. 73; 45,2.
randhvels renni-Þundi Hallarst. Wis. 46; 1,3.
vestrlǫnd virþa kindir Hallarst. Wis. 46; 4,5.
herlundr hǫlda kindum Hallarst. Wis. 47; 9,7.
Þjóþ. lǫnd þremja skyndir Hallarst. Wis. 47; 10,1.
Jsland éla skyndir Hallarst. Wis. 47; 11,1.
handvíst Hjalta grundar Hallarst. Wis. 47; 11,5.
styrlund stirþra branda Hallarst. Wis. 49; 29,7.
ráþvandr ræsir hendi Hallarst. Wis. 49; 28,3.
tandr beit tyggi rendi Hallarst. Wis. 48; 20,5.
kendi Kormakr stundum Haukr Vald. Wis. 81; 25,1.
hingat sendi helgan anda Eyst. Ásgr. Wis. 96; 68,3.
und sá's oss sú's sprændi Jǫk. Hkr. 455,3*a*.
kendu hvar liggr fyr landi Þjóþ. sk. Hkr. 592,3*a*.
ungr kendak mér undan Ulfr st. Hkr. 612,3*b*.

ndr : ndr.

sendr vask upp af ǫndrum Sighv. sk. Hkr. 310,6*b*.
styrks mundriþar steindrar Eyst. Ásgr. Wis. 58; 48,3.

ng : ng.

á haussprenge Hrungnes Brage Ger. 24; 18,3.
á fangboþa ǫngle Brage Ger. 25; 21,2.
ennetungl þar's yengr Brage Hkr. 7,8*b*.
gengiligt at ganga Ein. Skál. Wis. 28; 19,3.
bara maþr lyngs enn lengra Ein. Skál. Wis. 29; 22,5.
geþstrangrar lét gǫngu Eil. Guþr. Wis. 30; 2,1.
ok gangs vanir gengu Eil. Guþr. Wis. 30; 4,1.
hungreyþǫndom hanga Hallfr. v. Wis. 33; 7,3.
gerþisk ungr viþ Engla Hallfr. v. Wis. 34; 8,1.
dolga fangs viþ drengi Hallfr. v. Wis. 35; 2,2.
mundit lung et langa Hallfr. v. Wis. 36; 14,1.
langt bar út enn unga Sighv. sk. Wis. 38; 1,1 (*yngra Jofrask.*).

vann ungr konungr Englum Sighv. sk Wis. 39; 9,1.
ungr komt af þvi þingi Sighv. sk. Wis. 39; 11,3.
gang þars gamlir sprungu Sighv. sk. Wis. 40; 14,3 (*gagn* Kph. II, 18; *gagnn þar er gamlir sungu* Flb II, 28).
strangr hitti þar þengill Sighv. sk. Wis. 40; 15,5.
ungr vask meþ þér þengill Sighv. sk. Wis. 42; 6,1.
hvé lengi skal hringum Sighv. sk. Wis. 42; 9,7.
engr hafþi svá ungum Sighv. sk. Wis. 43; 11,5.
angrs þás ás at drengjum Haukr Vald. Wis. 80; 15,7.
drengr rauþ opt enn ungi Haukr Vald. Wis. 81; 21,3.
drengr berr óþ fyrr Jnga Ein. Skúl. Wis. 54; 8,5.
lyngs í lopt upp ganga Ein. Skúl. Wis. 55; 16,3.
Jnnþréndum lét undir Ein. Skúl. Wis. 55; 17,3.
hrings skulu heyra drengir Ein. Skúl. Wis. 56; 22,7.
snáka vangs af slengvi Ein. Skúl. Wis. 58; 38,7.
slǫng Einriþi ungi Ein. Skúl. Wis. 59; 45,3.
drengr nam dýrr á vangi Ein. Skúl. Wis. 59; 47,5.
tunga vas meþ tangar Ein. Skúl. Wis. 60; 60,1.
slíþrtungur lét syngja Glúmr Geir. Hkr. 89,28*b*.
ok gimslengvir ganga Þórþr Sjár. Hkr. 105,12*b*.
ǫþlingi fekksk ungum Glúmr Geir. Hkr. 121,9*b*.
fengum feldarstinga Eyv. sk. Hkr. 123,31*a*.
ungr meþ jǫfnu gengi Eyj. Daþ. Hkr. 140,10*a*.
vangs á vatn um þrungit Þórþr Kolb. Hkr. 155,1*b* (*vagns* Fris. 120,15*b*).
þá es hringfám Hanga Tindr Hallk. Hkr. 157,30*b*.
ungr hraztu á vit vengis Ótt. sv. Hkr. 220,1*a*.
gang enn gamlir sprungu Ótt. sv. Hkr. 225,30*b*.
þengill frák at þunga Ótt. sv. Hkr. 226,18*a*.
atgǫngu vantu yngri Ótt. sv. Hkr. 226,30*a*.
Erlingi vas engi Sighv. sk. Hkr. 231,7*a*.
enn af ganga engi Sighv. sk. Hkr. 249,10*b*.
stǫng óþ gylt þar's gengum Sighv. sk. Hkr. 253,4*a*.
þar hykk ungan gram gǫngu Sighv. sk. Hkr. 253,15*b*.
ungr kunnak þar þrengvi Bersi Hkr. 254,18*b*.
engr sat elda þrengvir Ótt. sv. Hkr. 284,32*b*.
hvast gengum þó þingat Sighv. sk. Hkr. 307,34*b*.
þvi á ungr konungr engi Sighv. sk. Hkr. 310,1*b*.
gengr í ætt þat's yngvi Arn. jarl. Hkr. 364,23*a*.
lyngs bar fiskr til fengjar Sighv. sk. Hkr. 414,8*a*.
hendilangr sem hringa Sighv. sk. Hkr. 430,6*a*.
fjandr ganga þar þengils Sighv. sk. Hkr. 431,3*a*.
Englandi ræþr yngvi Hallv. Hár. Hkr. 442,1*a*.
í lyptingu lengi Sighv. sk. Hkr. 444,19*b*.
búumk viþ þrǫng á þingi Giz. gullbr. Hkr. 475,32*a*.

esat geirþingi gǫngum Þorm. Kolb. Hkr. 476,9*b*.
gengrat greppr hinn ungi Hár. Sig. Hkr. 479,3*b* (Þorm. Kolb. Ohs. 67).
stǫng bar háti fyr Hringa Sighv. sk. Hkr. 480,20*b*.
stǫng óþ fyrir gengu Sighv. sk. Hkr. 490,29*b*.
þing bauþ út hinn ungi Arn. jarl. Hkr. 515,13*a*.
þings beiþ herr á Hǫngrum Sighv. sk. Hkr. 516,22*a*.
tungu rjóþr til tírar þinga Arn. jarl. Wis. 44; 3,7 (*túngu : úngrar* Fms V, 119).
frá ǫþlingi ungum Sighv. sk. Hkr. 522,11*a*.
stólþengill gekk strǫngu Þór. Skeggj. Hkr. 557,8*b*.
stólþengils lét stinga Þjóþ. sk. Hkr. 557,11*a*.
eik slǫng und þér yngvi Valg. Hkr. 559,30*a*.
þung byrþr vas sú þengil Oddr Kik. Hkr. 568,14*a*.
þat angraþi þengil Anon. Hkr. 570,26*a*.
slyngr laugardag lǫngu Þjóþ. sk. Hkr. 592,8*a*.
strengs fló hagl í hringa Bjǫrn krepph. Hkr. 648,13*b*.
ungr enn árar drengja Þjóþ. sk. Hkr. 592,14*a*.
þangs láþ mǫrum þingat Hallarst. Herd. Hkr. 594,30*b*.
í fylkingu fenginn Þjóþ. sk. Hkr. 596,21*b*.
drengr lá ór um ungan Steinn Herd. Hkr. 615,20*a*.
her þengill gleþr hringum Steinn Herd. Hkr. 635,11*b*.
gengr sem guþ vill ungum Þjóþ. sk. Hkr. 620,18*a*.
ungr kom Hákon hingat Anon. Hkr. 636,19*a*.
strengs fló hagl í hringa Þork. ham. Hkr. 648,13*b*.
allengi dvelr Jngi Anon Hkr. 650,12.
gangr þar's gauzka drengi Eldjárn Hkr. 652,14*b*.
mjǫk's langr sás dvelr drengi Magn. berf. Hkr. 654,27*a*.
þungan berk of þingi Magn. berf. Hkr. 654,25*b*.
gǫndlar þings meþ gengi Halld. skv. Hkr. 665,19*b*.
húsþinga galt hengja Halld. skv. Hkr. 707,15*b*.
lætr Jngi slǫg syngva Ein. Skúl. Hkr. 738,10*a*.
darra þing veþ drengi Hallr Sn. Kgs. 71,13*b*.
Jnga hirþ enn upp réþ ganga Baglar Kgs. 161,29*a*.
þing stofnuþu jǫfrar ungir Ól. hvít. Kgs. 340,28*a*.
herfanga bauþ Hringi Snorri Sturl. Kgs. 352,1*a*.
oflengi veldr yngva Snorri Sturl. Kgs. 352,1*b*.
snarr yngvi kvaþ sigr byr fenginn Ól. hvít. Kgs. 380,8*b*.
engi valdist gafngóþr hingat Sturla Kgs. 407,14*a*.
syngja létu snarpir drengir Sturla Kgs. 433,9*a*.
ungr tóktu jǫfra þengill Sturla Kgs. 458,4*a*.
lengra telja þjóþir þangat Sturla Kgs. 459,5*b*.
ǫngr sá ormvengis Sturla Kgs. 464,26*a*.
gengu geþstrangir Sturla Kgs. 469,25*a*.
reisti ǫngr viþ yngra Anon. Kgs. 476,18*b*.

Yngvi hélt viþ orþstír langan Mark. Skeggj. Wis. 50; 2,3.
drengir þágu auþ af yngva Mark. Skeggj. Wis. 51; 7,1.
hringum eyddi harra slengvir Mark. Skeggj. Wis. 51; 7,5.
hringum varþi áttkonr Yngvi Mark. Skeggj. Wis. 51; 12,3.
Yngvi hélt í óþastrǫngum Mark. Skeggj. Wis. 51; 16,1.
sungu járn enn sǿfþusk drengir Mark. Skeggj. Wis. 52; 19,7.
Yngvi talþi erfþir þangat Mark. Skeggj. Wis. 52; 23,5.
sungit vas þá herr tók hringja Mark. Skeggj. Wis. 52; 29,3.
þengill vas þegar ungr Ótt. sv. Wis. 44; 2,1.
ungan frák þik eyþir þrengva Arn. jarl. Wis. 44; 5,1 (*undan Fms* V, 119).
Yngvi vas sá frǽgr es fenguþ Arn. jarl. Wis. 45; 13,3.
Yngvi fekktu ǫll meþ hringum Arn. jarl. Wis. 46; 14,5.
strǫng varþ stálin sungu Hallarst. Wis. 48; 19,1 (*staungh Flb* I, 483).
hilding hvast frák ganga Hallarst. Wis. 48; 28,1.
dǫglingr dróttins englum Hallarst. Wis. 50; 31,7.
þengill þróttar strǫngum Hallarst. Wis. 50; 33,1.
Yggjar feng und hanga Bjarni Kolb. Wis. 68; 2,6.
dorgar vangs fyr lǫngu Bjarni Kolb. Wis. 68; 4,2.
hǫfþingi vas drengja Bjarni Kolb. Wis. 68; 8,2.
snarfengra hǫfþingi Bjarni Kolb. Wis. 69; 9,2.
hringa meiþr at strengja Bjarni Kolb. Wis. 69; 14,8.
sóknstranga vel ganga Bjarni Kolb. Wis. 70; 24,2.
hringserkja bǫl ganga Bjarni Kolb. Wis. 71; 26,4.
sǫngr burgusk vel drengir Bjarni Kolb. Wis. 71; 28,6.
ørfengr at boþ strangri Bjarni Kolb. Wis. 71; 29,2.
fram gingu vel drengir Bjarni Kolb. Wis. 71; 29,4 (*gengu A*, vgl. S. 55).
langan orm á hringum Bjarni Kolb. Wis. 72; 37,8.
ǫþlings menn at ganga Bjarni Kolb. Wis. 72; 38,6 (*ǫþlings A, þengils ceteri; at renna nonnulli*).
ungra snyrti drengja Bjarni Kolb. Wis. 72; 39,2.
drengmenn hugum strangir Bjarni Kolb. Wis. 72; 39,8.
drengr á land at ganga Bjarni Kolb. Wis. 72; 40,2.
mansǫng of Gná hringa Bjarni Kolb. Wis. 72; 42,4.
ungr þaz heit nam strengja Bjarni Kolb. Wis. 73; 42,6.
slungin mjúkt at sínum köngum Eyst. Ásgr. Wis. 87; 4,3.
þangat til er þau meþ englum Eyst. Ásgr. Wis. 89; 13,5.
viþr afspringi alt þat er fengi Eyst. Ásgr. Wis. 89; 13,7 (*viþr afspringinn B. meþan afspreingrinn A. meþ afspringi CD, afsprengi Magnuss.* 14; *asprengi hist. eccl.* II, 404).
engi sék at jarþlig tunga Eyst. Ásgr. Wis. 90; 26,1.
loptin sungu komnum köngi Eyst. Ásgr. Wis. 91; 34,5.
vélakrings á vǫfþum strengjum Eyst. Ásgr. Wis. 93; 45,5.
hǫfuþdróttningin harmi þrungin Eyst. Ásgr. Wis. 94; 54,1.

engi finnst á þessu þingi Eyst. Ásgr. Wis. 96; 72,1.
megindróttningin manna ok engla Eyst. Ásgr. Wis. 96; 86,3.
ǫngum tjóar at auka lengra Eyst. Ásgr. Wis. 100; 95,7.
þá's hringfáum hanga Tindr Hallk. Hkr. 157,30*b*.

ng : nng.

engill segir at ei mun synngast Eyst. Ásgr. Wis. 91; 30,5.

ngl : ngl.

tungl skárusk þá tingla Halld. ókr. Hkr. 212,31*a*.

ngr : ngr.

þrengvimeiþr of þryngvi Ein. Skál. Wis. 28; 16,3.
heþan vas ungr frá angri Ein. Skál. Wis. 61; 63,1.
hungr frák anstr hinn yngri Ótt. sv. Hkr. 222,6*a* (*yngni* Flb II, 17; *ungi* OHS 18).
angr skal kveykt í klungri Þorm. Kolbr. Hkr. 474,8*b*.

nn : nn.

helkannandi hlenna Þorbj. hornkl. Wis. 14; 3,3.
grennir þrǫng at gunni Þorbj. hornkl. Wis. 15; 6,1.
ǫll lét senn enn svinni Ein. Skál. Wis. 27; 8,1.
und sigrrunni svinnum Ein. Skál. Wis. 28; 17,3.
kýnnik áþr ok einnar Ulfr Ugg. Wis. 29; 2,7.
innmáni skein ennis Ulfr Ugg. Wis. 29; 3,1.
hlusta grunn viþ hrǫnnum Ulfr Ugg. Wis. 30; 4,8.
þar sigrrunni svinnum Ulfr Ugg. Wis. 30; 7,5.
kveldrunnina kvenna Eil. Guþr. Wis. 32; 21,3.
fremra mann of finna Hallfr. v. Wis. 35; 11,3.
hann rauþ geir at gunni Hallfr. v. Wis. 36; 18,3.
menn geta máli sǫnnu Hallfr. v. Wis. 37; 22,7.
nú's sannfregit sunnan Hallfr. v. Wis. 37; 24,5 (*siðan* Flb I, 495).
Norþmanna hykk nenninn Hallfr. v. Wis. 37; 25,1.
þat vas enn at ǫnnur Sighv. sk. Wis. 38; 2,1.
sínn máttut bǿ banna Sighv. sk. Wis. 39; 8,5.
tǫnn rauþ tólfta sinni Sighv. sk. Wis. 39; 12,1.
hlunna es sem rǫþull renni Arn. jarl. Wis. 45; 8,5.
mǫnnum lízk es mildings rennir Arn. jarl. Wis. 45; 9,1.
unnar jafnt sem ásamt renni Arn. jarl. Wis. 45; 9,3.
skýrunn skjaldar linna Hallarst. Wis. 46; 1,5.
senn ǫll síþan runnu Hallarst. Wis. 46; 4,1.
þrekmanns þriþja sinni Hallarst. Wis. 48; 21,3.
tvær senn tyggja vinnur Hallarst. Wis. 49; 25,1.
gnýlinns Gǫndlar runna Hallarst. Wis. 49; 25,3 (*gunnelds geymir unna* Fms II, 274; Flb I, 464).

senn á svipstund einni Hallarst. Wis. 49; 30,7 (*sjónfagr svipstund eina* Fms II, 280; Flb I, 467).
auþfinnǫndum annars Ein. Skúl. Wis. 54; 3,3 (*auþfinnandum* B, *auffinnendum* Flb I, 1).
mál sanna þau mǫnnum Ein. Skúl. Wis. 54; 6,3 (*kynnazt þau* Flb I, 1).
menn nenni mál sem innik Ein. Skúl. Wis. 54; 7,7.
yfirmanni býþk unnin Ein. Skúl. Wis. 54; 9,1.
hann speni oss fyr innan Ein. Skúl. Wis. 55; 13,7.
munn rauþ mildingr innan Ein. Skúl. Wis. 56; 29,3 (*munn rauþ málmþings kennir* Flb I, 4).
slíkt hafa menn at minnum Ein. Skúl. Wis. 57; 34,5.
menn hafa sagt at svanni Ein. Skúl. Wis. 57; 35,1.
sannspurt es þat sunnan Ein. Skúl. Wis. 58; 36,3.
orþ finnask mér unnar Ein. Skúl. Wis. 58; 41,3.
mærþ finnsk of þat mǫnnum Ein. Skúl. Wis. 59; 51,3.
nennir ǫll at inna Ein. Skúl. Wis. 60; 56,5.
mildings þjónn fyr manna Ein. Skúl. Wis. 60; 58,3.
menn vá Glúmr at gunni Haukr Vald. Wis. 79; 11,3.
hinn es mál af manni Haukr Vald. Wis. 80: 11,7.
hinn es hjálms viþ runna Haukr Vald. Wis. 80; 14,3.
jarls mǫnnum bauþ unnar Haukr Vald. Wis. 81; 23,3.
kunnr vas mǫrgum manni Haukr Vald. Wis. 81; 24,1.
hinn's of Hlakkar runna Haukr Vald. Wis. 81; 24,5.
senn verandi úti ok inni Eyst. Ásgr. Wis. 87; 1,5 u. 100; 100,5.
fyrri menn er fræþin kunnu Eyst. Ásgr. Wis. 87; 4,1.
sǫktist hann meþ sínum grǫnnum Eyst. Ásgr. Wis. 88; 9,3.
hǫfginn rann svá hugr á þenna Eyst. Ásgr. Wis. 88; 12,5.
fjǫlkunnigr í einum innan Eyst. Ásgr. Wis. 88; 15,7.
minn einka son holdi hennar Eyst. Ásgr. Wis. 90; 24,7.
guþi unnandi ok góþum mǫnnum Eyst. Ásgr. Wis 90; 25,7.
sannr meydómrinn sat þat inni Eyst. Ásgr. Wis. 90; 27,7.
at innsigli hǫldum hennar Eyst. Ásgr. Wis. 91; 33,7.
umrennandi sex at sinnum Eyst. Ásgr. Wis. 92; 36,5.
finn ek alt mannvit manna Eyst. Ásgr. Wis. 92; 38,1.
mæþist hann ok er móþur sinnar Eyst. Ásgr. Wis. 92; 42,3.
finn ek þó at í slíku sannan Eyst. Ásgr. Wis. 92; 42,5.
minnast verþ ek mák ei annat Eyst. Ásgr. Wis. 94; 53,5.
fǫlnar skinn ok fellr at enni Eyst. Ásgr. Wis. 95; 58,5.
sék ei þann er út megi inna Eyst. Ásgr. Wis. 95; 64,1.
sinn ódauþleik mǫrgum manni Eyst. Ásgr. Wis. 96; 67,3.
tvennar gengu tvisvar sinnum Eyst. Ásgr. Wis. 96; 67,5.
umrennandi svá at sinni Eyst. Ásgr. Wis. 96; 68,1.
kennstu viþ svát mín þú minnist Eyst. Ásgr. Wis. 96; 69,3.
prýddi hann meþ þrysvar þrennum Eyst. Ásgr. Wis. 88; 6,3.

hvert þat sinn er ek kulda kenni Eyst. Ásgr. Wis. 98; 81,7.
Jesú þinni ást er mǫnnum Eyst. Ásgr. Wis. 98; 85,7.
miskunnar þá'r mjúkust renna Eyst. Ásgr. Wis. 98; 87,7.
miskunn biþ þú at mjúka finni Eyst. Ásgr. Wis. 99; 88,3.
varkunnigr at verka þenna Eyst. Ásgr. Wis. 100; 97,3.
senn verandi úti ok inni Eyst. Ásgr. Wis. 100; 100,5.
vera kann því at mærin minnist Eyst. Ásgr. Wis. 100; 99,5.
sunnr á sigr um hlynnin Glúmr Geir. Hkr. 87,3*b* (*sverd* C. D. *sverd var sigr of vordinn* Flb I, 52; *hlunnin* Kph. Cod. Fris. 67,25*b*).
hann fekk gagn at gunni Glúmr Geir. Hkr. 89,30*a*.
ef svipkenni svinnan Eyv. sk. Hkr. 106,5*b* (*ef sólryri sára* Fgrsk. A 25; *ef sólspennir sunnan* Fgrsk. B. *sauckspenni* Pering. I, 160).
kunni tolf sás tanna Glúmr Geir. Hkr. 112,30*a*.
ok sannliga sunnan Þórþr Kolb. Hkr. 154,33*a*.
vann á Vinþa sinni Tindr Hallk. Hkr, 160,19*a*.
meinrennir brá manna Þórþr Kolb. Hkr. 170,25*a* (*meinremmir* Fris. 132,7*a*; *men reynir* Pering. I, 273; *menræynir* Flb I, 518; *meinrennir* Fgrsk. 54).
sunnr fyr Svǫldrar mynni Skúli Þorst. Hkr. 211,23*b*.
gullkennir lét gunni Þórþr Kolb. Hkr. 232,24*a*.
innan borþs um unnir Ótt. sv. Hkr. 234,14*b*.
gǫrbǿnn mun ek gunnar Sighv. sk. Hkr. 249,8*a* (*gunnar* Flb II, 39).
brunnu allvalds inni Kléng Br. Hkr. 249,28*a* (Þórþr Sjár. Fgrsk. 74).
Sveinn funþut þat þenna Sighv. sk. Hkr. 255,26*a*.
vist hefk þann þvít þinnar Sighv. sk. Hkr. 307,22*b*.
inn settak nef nenninn Sighv. sk. Hkr. 308,7*a*.
hann stendr þýþr af þinni Sighv. sk. Hkr. 311,14*a*.
þann veitk þinga kennir Sighv. sk. Hkr. 311,12*b*.
einn vissak þér annan Sighv. sk. Hkr. 343,1*a*.
annan lét á unnir Sighv. sk. Hkr. 414,8*b*.
kann þjóþ herski minni Hárekr Hkr. 427,27*b*.
menn nemik mál sem inni Sighv. sk. Hkr. 429,29*a*.
einn kvaþk senn en sǫnnu Sighv. sk. Hkr. 430,4*b*.
þa's hann at sig sǫnnum Sighv. sk. Hkr. 445,3*b*.
kynnisk kapp þitt mǫnnum Bjarni gullbr. Hkr. 446,34*a*.
hvinna ætt ok hlenna Sighv. sk. Hkr. 453,20*a* (*himna ætt at hlamna* Flb II, 316).
brennum ǫll fyr innan Þorm. Kolbr. Hkr. 474,6*a*.
þótt sigrunnar svinnir Giz. g. Hkr. 475,30*a*.
einn háþi gný Gunnar Hofgarþr Hkr. 491,24*a*.
fjǫlkunnigra Finna Sighv. sk. Hkr. 492,18*a*.
vasa sunnudag svanni Sveinnfl. Hkr. 513,18*a*.
faþir minn vas þar þenna Sighv. sk. Hkr. 520,30*b*.
minnumk ek hvar manna Sighv. sk. Hkr. 521,21*b*.

þinn stoþak mátt sem mǫnnum Sighv. sk. Hkr. 522,19*a*.
minn hug segik mǫnnum Sighv. sk. Hkr. 522,23*a*.
buþlungr unnuþ borgar mǫnnum Arn. jarl. Wis. 45; 12,7.
menn eigu þess minnask Þjóþ. sk. Hkr. 540,19*b*.
annars nema sjá þenna Þjóþ. sk. Hkr. 543,2*a* (hier müsste *aþalh.* stehen, vielleicht umzustellen mit vorhergehendem Vers, der *aþalh.* hat?).
minnisk ǫld hverr annan Arn. jarl. Hkr. 543,19*b*.
hann ept hervig þrennin Þjóþ. sk. Hkr. 544,9*b*.
brann í bó fyr sunnan Valg. Hkr. 560,4*b*.
rǫnn lét ræsir nenninn Valg. Hkr. 560,6*b*.
sumar annat skal sunnar Þjóþ. sk. Hkr. 570,9*a*.
Sveinn enn siklingr annarr Þorl. f. Hkr. 574,12*a*.
almenningr liggr innan Þjóþ. sk. Hkr. 592,25*b*.
menn brutu upp um annan Steinn Herd. Hkr. 593,26*b*.
hinn es meþ halft beiþ annat Steinn Herd. Hkr. 594,30*a*.
vann fyr móþu mynni Steinn Herd. Hkr. 595,1*a*.
senn á svipstundi einni Þjóþ. sk. Hkr. 596,13*b*.
innan eina gunni Þjóþ. sk. Hkr. 596,21*a*.
Sveinn skerr ok til annars Anon. Hkr. 602,15*b*.
Sveinn tekr norþr at nenna Anon. Hkr. 602,24*b*.
hinn es hvern vág sunnan Anon. Hkr. 602,19*b*.
menn þeir's miþla kunnu Anon. Hkr. 603,3*a*.
ulfs munn listar innan Trǫllk. Hkr. 613,14*b*.
skínnat sól á sýnni Þjóþ. sk. Hkr. 626,19*b*.
ætt sinni mun unna Steinn Herd. Hkr. 628,7*b*.
hann vill hneggvi sinnar Steinn Herd. Hkr. 635,13*a*.
Norþmǫnnum gefr nenninn Steinn Herd. Hkr. 635,15*b*.
menn viþ morþhauks brynni Þork. ham. Hkr. 639,5*b*.
tǫnn rauþ Tyrvist innan Bjǫrn. krepph. Hkr. 646,30*b*.
sá kennir mér svanna Magn. berf. Hkr. 654,20*b*.
annk þvít eigi finnak Magn. berf. Hkr. 654,33*b*.
unnit frák í einni Halld. ókr. Hkr. 664,6*a*.
Finns rauþ gjǫld á grénni Halld. ókr. Hkr. 666,1*b*.
unnut austr fyr Mynni Kolb. Hkr. 726,3*a*.
mágrennir fremsk manna Ein. Skúl. Hkr. 742,5*a*.
minnigr bjó siklingr sunnan Ól. hvít. Kgs. 344,1*b*.
sýnni tók þá sælt er funnusk Ól. hvít. Kgs. 349,9*a*.
innin tóku ǫll at brenna Sturla Wis. 83; 11,5.
almenningr varþ út at sinna Sturla Kgs. 437,16*b*.
unnar þóttu eisar brenna Sturla Kgs. 439,15*b*.
renna þótti upp á unnum Sturla Kgs. 441,16*a*.
kynnisk kapp þitt mǫnnum Sturla Kgs. 458,6*a*.
brunnu búmanna Sturla Kgs. 470,7*a*.
enn eru af því minni Sighv. sk. Wis. 42; 4,7.

enn kváþu gram Gunnar Sighv. sk. Wis. 38; 4,1.
enn lét sjaunda sinni Sighv. sk. Wis. 39; 7,1.
enn um iþnir manna Bjarni gullbr. Hkr. 456,11*b*.
þar má enn hvárr annan Þorl. f. Hkr. 572,1*b* (*þar man Fgrsk.* 122; *þa er annar Flb* III, 338).
þau eru enn svát mank manna Har. harþr. Hkr. 586,4*a*.
enn sér eigi minni Anon. Hkr. 602,26*a*.
enn samir mér at minnask Þór. stuttf. Hkr. 682,20*b* (*nu samir Mork.* 188).
enn sás úthlaupsmǫnnum Sturla Kys. 279,3*a*.
enn nú leysti oss ǫll ór banni Eyst. Ásgr. Wis. 95; 64,7.
enn mun koma í ǫþru sinni Eyst. Ásgr. Wis. 96; 70,1.
enn Sveinn konungr sunnan Þórþr Kolb. Hkr. 217,32*b*.
rann enn maþr um minna Ótt. sv. Hkr. 222,4*b*.
enn Sveinn konungr sinni Tryggvafl. Hkr. 513,14*a*.
enn þeirs undan runnu Sighv. Þórþ. Wis. 38; 2,7.
enn í gegn at gunni Sighv. Þórþ. Wis. 39; 5,7.
enn meþ annan Sighv. Þórþ. Wis. 40; 3,5.
enn í gegn at gunni Þórþr Kolb. Hkr. 157,12*a*.
enn hver's austr vill sinna Sighv. sk. Hkr. 310,23*a*.
enn sá's allan kunni Sighv. sk. Hkr. 445,5*b*.
enn fyr jól vas ǫnnur Oddr Kík. Hkr. 543,27*b*.
enn fyr afgerþ sanna Stúfr sk. Hkr. 555,28*b* [1]).

nn : *n*.

unz meþ ýta sinni Eil. Guþr. Wis. 31; 9,1.
ok senn sunu Sighv. sk. Wis. 40; 1,1.
herskip vant af harþa stinnum Arn. jarl. Wis. 44; 2,1.
þat esumk kunt hve kennir Sighv. sk. Hkr. 252,14*a*.
einn stóþ sonr á sinu Sighv. sk. Hkr. 444,17*b*.
þás Sveinn konungr siná Sveinnfl. Hkr. 513,18*b*.
Sveinn áttsigr at launa Þjóþ. sk. Hkr. 596,19*a*.
Santtri laut sunnar Bjǫrn krepph. Hkr. 647,14*b*.

---

[1]) Ich habe die Fälle zusammengestellt, in welchen *enn* mit Wörtern auf *nn* reimt, um zu zeigen, dass *Sievers* mit seiner Behauptung, Beitr. XV, S. 405 Anm. 1, dass *enn* fast immer so, und nur selten auf *n* reimt, Recht hat. Gegenüber 22 Reimen auf *nn*, von denen in drei Versen allerdings *enn* nicht Reim zu sein braucht, stehen nur drei, in welchen *es* mit *n* reimt. Dazu kommen aus den Reimen mit *aþalh.* noch 7 Fälle, in welchen *enn* mit *enn* reimt, während ein Reim mit *en* hier gänzlich fehlt. Dies zeigt, wenn man berücksichtigt, dass die Reime von Doppelconsonanz zu einfacher verhältnissmässig selten sind, dass immer *nn* zu schreiben ist. *Wisén* schreibt *n*.

kenndu mér at forþast fjandann Eyst. Ásgr. Wis. 93; 44,3.
enn mín flúg fleina Sighv. sk. Hkr. 252,27b.
enn þvít jarla frænda Sighv. sk. Hkr. 310,15b.
enn þvít illa reynþisk Þjóþ. sk. Hkr. 605,12b.
sigrgjann sólu vænni Steinn Herd. Wis. 50; 31,5 (gjann < gjarn, vgl. S. 84).

nt : nt.

stóþk á Munt ok mintumk Sighv. sk. Hkr. 520,28a.

nþ : nþ.

vanþisk hann ok Vinþa Hallfr. v. Wis. 34; 4,3 (vandit Cedersch.; vandisk Flb I, 3; syndum Cedersch., Flb I, 3)
gramr vanþit sá synþum Ein. Skúl. Wis. 56; 20,3
reynþut ræsir steinþa Ótt. sv. Hkr. 229,1b
munþak þann es unþi Sighv. sk. Hkr. 520,28b
sprænþi blóþ á brýnþan Þjóþ. sk. Hkr. 541,27b
fellu Vinþr enn vǫnþusk Oddr Kik. Hkr. 543,29a (Þjóþ. sk. Flb III, 284)

} nd : nd.

p : p.

áþr djúphugaþr dræpi Þjóþ. hv. Wis. 9; 6,5.
stophnisu fór steypir Eil. Guþr. Wis. 31; 9,7.
né djúp akarn drápu Eil. Guþr. Wis. 31; 10,1.
gnípu hlǫþr á greypum Eil. Guþr. Wis. 32; 13,7.
grípum vér í greipar Eyv. sk. Hkr. 103,35b.
kaup varþ daprt þars djúpan Sighv. sk. Hkr. 431,8a.
dal steypir hjó draupnis Hofgarþarefr Hkr. 491,24b.
djúp ok danskra vápna Þorm. Kolbr. Hkr. 498,1b (draupnis dyrra vápna Ohs 73).
krjúpum vér fyr vápna Har. harþr. Hkr. 620,11a.
drap hina dulgreipu Sturla Kgs. 473,11b (drápi dulgreipu Flb III, drap ena dulgreypu Fms X).
drúpir herr at dólga steypi Mark. Skeggj. Wis. 53; 31,7.
steypir þá meþ eymd ok ópi Eyst. Ásgr. Wis. 96; 72,7.
brigzli ok hróp erat gǫrvum glæpum Eyst. Ásgr. Wis. 97; 73,5.

pn : pn.

-opnis ilja gaupnum Eil. Guþr. Wis. 30; 3,7.
umbgeypnandi opna Ein. Skúl. Wis. 55; 16,7.
samangeypnandi sina skepnu Eyst. Ásgr. Wis. 90; 28,5.

pp : pp.

ǫrr greppa lætk uppi Korm. Ǫgm. Wis. 26; 1,3.
upp hóf jǫfra kappi Ein. Skál. Wis. 26; 1,5.
yppa ráþumk yþru kappi Arn. jarl. Wis. 44; 1,3.

uppi glóþu élmars typpi Arn. jarl. Wis. 45; 10,7.
keppinn vant þaz æ mun uppi Arn. jarl. Wis. 46; 14,1.
rausnar happ ok ríki uppi Ól. hvít. Kgs. 356,34*b*.
upp gaf allkleppnum Sturla Kgs. 469,5*b*.

pp : *p*.

upp rann engla skepnu Ein. Skúl. Wis. 54; 4,1.

pt : *pt*.

Hropta-Týr of hvapta Ulfr Ugg. Wis. 30; 7,3.
sóknar hapts meþ svipti Eil. Guþr. Wis. 30; 3,3.
greypt's þaz hǫfþum hnepta Sighv. sk. Wis. 43; 13,5 (*gnæyft* : *hniftir Fms* X, 402; *hneypta OHS* 239; *Fms* V, 131; *hnypta Thómássk*).
opt vann aldri svipta Haukr Vald. Wis. 79; 6,1
sviptir í sveiflaukjapta Trǫllk Hkr. 613,12*b*.
látum skipta guþ giptu Nefari Kgs. 110,11*b* (*giftu Flb* II, 627).
opt brá hann viþ heiptir Haukr Vald. Wis. 81; 25,3.
giptist ǫndin guþdóms krapti Eyst. Ásgr. Wis. 91; 31,5.
typta mitt ok tem sem optast Eyst. Ásgr. Wis. 98; 81,3.
giptu vegr ok geisli lopta Eyst. Ásgr. Wis. 99; 88,3.

r : *r*.

Hergauts vinu barþir Brage Wis. 2; 5,8.
til fárhuga føri Brage Wis. 2; 8.3.
bar til byrjar drǫsla Brage Wis. 2; 8,7.
þars vélsparir varu Þjóþ. hv. Wis. 9; 5,7.
sér baþ sagna hræri Þjóþ. hv. Wis. 10; 9,1.
munstørandi mæra Þjóþ. hv. Wis. 10; 11,7.
hellis bǫr á hyrjar Þjóþ. hv. Wis. 10; 14,3.
ok harþbrotin herju Þjóþ. hv. Wis. 11; 19,1.
þar svát barsk at borþi Þorbj. hornkl. Wis. 14; 4,1.
hár vas sǫngr um svírum Þorbj. hornkl. Wis. 15; 7,8.
heyri sunr á Sýrar Korm. Ǫgm. Wis. 26; 1,1.
hróþr gerik of mǫg mæran Korm. Ǫgm. Wis. 26; 3,1.
føsæranda at føra Korm. Ǫgm. Wis. 26; 5,3.
vasat ofbyrjar ǫrva Ein. Skál. Wis. 26; 2,1.
varþat Freyr sás føri Ein. Skál. Wis. 27; 6,5.
herjum kunnr of herjuþ Ein. Skál. Wis. 27; 8,3.
þeim stýra goþ geira Ein. Skál. Wis. 27; 8,7.
auþrýrir lætr áru Ein. Skál. Wis. 27; 9,7.
hitt vas meir at Møra Ein. Skál. Wis. 28; 13,1.
folkverjandi fyrþa Ein. Skál. Wis. 28; 13,3 (*fjǫrva Fyrsk.* 38, *Flb*; *fyrva Fris.*).
ýtti Freyr af fjórum Ein. Skál. Wis. 28; 13,5.

meþ spǫrgǿli svarfa Ein. Skál. Wis. 28; 14,3 (svǫrgøli sǫrva Hkr. 138, Fms.; saurgǿli sǫrva Fris.; spǫrgøli svarfa Fgrsk.).
hyrjar þing at herja Ein. Skál. Wis. 29; 22,3.
þess ríþr fúrs meþ fjórum Ein. Skál. Wis. 29; 24,5.
Freyr ok folkum stýrir Ulfr Ugg. Wis. 30; 5,3.
þar kǿmr á enn æri Ulfr Ugg. Wis. 30; 9,1.
snæriblóþ til svíra Eil. Guþr. Wis. 31; 7,7.
húfstjóri braut hváru Eil. Guþr. Wis. 32; 14,5.
glaums niþjum fór gǫrva Eil. Guþr. Wis. 32; 18,1.
naddskúrar réþ nǿrir Hallfr. v. Wis. 34; 8,3 (naddskarr hlod nærre Flb I, 120).
geirs viþ gumna stjóra Hallfr. v. Wis. 35; 9,3.
harþgervum lét hjǫrvi Hallfr. v. Wis. 36; 15,1.
sagþr vas mér enn meira Hallfr. v. Wis. 36; 20,1.
þolþu hlýr fyr hári Sighv. sk. Wis. 39; 5,3 (hárri Fms IV, 45).
Geirfiþr hét sá gǫrva Sighv. sk. Wis. 39; 13,7.
fǫrum í vápn ok verjum Sighv. sk. Wis. 42; 9,5.
hárir menn es heyrik Sighv. sk. Wis. 43; 13,3.
Haralds varþar þú hjǫrvi Sighv. sk. Wis. 43; 15,7.
fórk meþ feþrum þeira Sighv. sk. Wis. 43; 17,5.
Haralds í her Sighv. sk. Wis. 40; 2,3.
ok báru í byr Sighv. sk. Wis. 41; 7,1.
dýr v's dǫglings fǫr Sighv. sk. Wis. 41; 7,3.
svá m'n fár feril Sighv. sk. Wis. 41; 10,1.
geystisk hlýr enn hristisk bára Arn. jarl. Wis. 44; 2,7.
mærings mǫnnum skýrisk Hallarst. Wis. 47; 10,5
hnigreyrs harþa stóran Hallarst. Wis. 49; 24,3.
Eiríks lof verþr ǫld at heyra Mark. Skeggj. Wis. 50; 2,1.
vár ǫndvert bjó Vinþa rýrir Mark. Skeggj. Wis. 51; 5,1.
hlýrum skaut á hola báru Mark. Skeggj. Wis. 51; 5,3.
Eiríkr veitti oft ok stórum Mark. Skeggj. Wis. 51; 7,3.
stóra sótti Haralds hlýri Mark. Skeggj. Wis. 51; 12,1.
styrjǫld óx umb stilli ǫrvan Mark. Skeggj. Wis. 52; 17,1.
Eiríkr vakþi odda skírir Mark. Skeggj. Wis. 52; 19,5.
Eiríkr vas meþ uppreist hári Mark. Skeggj. Wis. 52; 23,1 (harri Fms XI, 306).
gerva lét þar hollr of héruþ Mark. Skeggj. Wis. 52; 25,3.
váru þau meþ trygþar tíri Mark. Skeggj. Wis. 52; 25,5.
stórar lét sér randgarþs rýrir Mark Skeggj. Wis. 52; 26,3.
báru menn ór borgum stórum Mark. Skeggj. Wis. 53; 19,1.
þeir hafa þengils Mǿra Ein. Skúl. Wis. 55; 12,5.
þar kom blindr enn byrjak Ein. Skúl. Wis. 56; 23,1.
þó réþ hann at hváru Ein. Skúl. Wis. 57; 32,5.
hár fekksk kaf því hlýri Ein. Skúl. Wis. 57; 32,7.

hér lét Goþormr gerva Ein. Skúl. Wis. 57; 34,3.
þann sám vér þás várum Ein. Skúl. Wis. 58; 37,5.
hér fekk hann enn byrja Ein. Skúl. Wis. 58; 38,5.
golli merkþr í Girkju Ein. Skúl. Wis. 59; 44,7.
mér's enn mærþ skal støra Ein. Skúl. Wis. 59; 46,1 (*mér er þvi mærd skal skýra* Flb I, 5).
gunnar már í geira Ein. Skúl. Wis. 59; 52,3.
þar svát þjóþ fyr hjǫrvi Ein. Skúl. Wis. 59; 52,5.
þars of einn í ǫrva Ein. Skúl. Wis. 60; 54,5.
nyztan tír þaz nøra Ein. Skúl. Wis. 60; 55,7 (*nærri* Flb I, 1).
lér hjaldr frǫmum hárar Ein. Skúl. Wis. 60; 57,7.
gǫr munu gjǫld þeims byrja Ein. Skúl. Wis. 61; 61,7.
hver's svá horsk at byrjar Ein. Skúl. Wis. 61; 64,1 (*hyrza* Flb I, 7)
hér's af himnagervis Ein. Skúl. Wis. 61; 65,5.
ber koma arþ frá órum Ein. Skúl. Wis. 61; 67,3.
orum málma rýri Bjarni Kolb. Wis. 68; 1,1.
Yggjar bjór of føra Bjarni Kolb. Wis. 68; 1,6.
ørit gjarn at hváru Bjarni Kolb. Wis. 68; 3,6.
allstórum mun fleira Bjarni Kolb. Wis. 68; 5,4.
Harald bardaga stóra Bjarni Kolb. Wis. 68; 7,2.
sær ísugar bárur Bjarni Kolb. Wis. 69; 16,8.
heyra menn at væri Bjarni Kolb. Wis. 70; 20,2.
þrír meþ flokki hvárum Bjarni Kolb. Wis. 70; 20,4.
gripu þeir í bug snórum Bjarni Kolb. Wis. 71; 27,6.
Eiríks vini keyra Bjarni Kolb. Wis. 72; 38,8.
fór Þorketill leira Bjarni Kolb. Wis. 72; 42,2.
Eiríkr gefit stórum Bjarni Kolb. Wis. 73; 44,2.
ár til odda skúrar Haukr Vald. Wis. 79; 3,3.
hríþgørvandi hjǫrva Haukr Vald. Wis. 81; 21,7.
frák báru hlut hæra Haukr Vald. Wis. 81; 5,1.
Týr varþ á gætr ára Haukr Vald. Wis. 81; 8,7 (*aura* Cod. AM 748).
ár frák arfvǫrþ geira Haukr Vald. Wis. 81; 11,1.
þá rauþ þegn í dreyra Haukr Vald. Wis. 80; 13,3.
sá réþ síns of hlýra Haukr Vald. Wis. 80; 17,5.
stýr ok sæt af vǫrrum várum Eyst. Ásgr. Wis. 87; 3,5.
dreyrinn Krists af siþusari Eyst. Ásgr. Wis. 87; 5,3.
bjóþa mér í frásǫgn fœra Eyst. Ásgr. Wis. 88; 5,7.
bjúg ok sár í bandi værir Eyst. Ásgr. Wis. 90; 22,5.
mær ok firr meþ skygnleik skýrum Eyst. Ásgr. Wis. 90; 24,1.
dróttinn þér sem verþugt væri Eyst. Ásgr. Wis. 90; 26,3.
byggvir þér fyr brjósti skæru Eyst. Ásgr. Wis. 90; 28,7.
sonr Máríu sonr hinn dýri Eyst. Ásgr. Wis. 93; 44,1.
veittu mér at stilla ok stýra Eyst. Ásgr. Wis. 94; 51,3.
færþit nær þá'r fell ór sárum Eyst. Ásgr. Wis. 94; 54,3.
fyr Máríu faþminn dýra Eyst. Ásgr. Wis. 94; 57,1.

syni Máríu svartir fœra Eyst. Ásgr. Wis. 95; 58,1.
Márju son fyr miskunn dýra Eyst. Ásgr. Wis. 96; 69,1.
dreyrug feþrnum sýn þú sárin Eyst. Ásgr. Wis. 98; 87,3.
Márju Jesú móþir dýrust Eyst. Ásgr. Wis. 99; 88,7.
Márju ertu móþir skœrust Eyst. Ásgr. Wis. 99; 91,1 (*dýrust* BC).
Márju ertu af miskunn kœrust Eyst. Ásgr. Wis. 99; 91,3.
Márju lýtin mǫrg þvít vóru Eyst. Ásgr. Wis. 99; 91,5.
Márja grœþ þú mein hin stóru Eyst. Ásgr. Wis. 99; 91,7.
Márja vertu mér í hjarta Eyst. Ásgr. Wis. 100; 95,1.
blessuþ þér ef mœttak meira Eyst. Ásgr. Wis. 100; 95,3.
segi Máríu hverr er heyrir Eyst. Ásgr. Wis. 100; 99,3.
Harald frák Halfdan spyrja Jór. skaldm. Hkr. 77,22*a*.
hafþi fǫr til ferju Glúmr Geir. Hkr. 86,32*a*.
horskan hǫlþa barma Hildr Hkr. 66,3*b*.
trúr vask tiggja dýrum Eyv. sk. Hkr. 112,1*b* (*tryggr* Fris 86,35*b*).
snýr á Svǫlnis váru Eyv. sk. Hkr. 123,11*a*.
hallœrit veldr hváru Eyv. sk. Hkr. 123,33*b*.
folkstýrir vas fára Eyj. Daþ. Hkr. 140,22*a*.
þœr es jarl und árum Þórþr Kolb. Hkr. 157,12*b*.
gnýr óx Fjǫlnis fúra Tindr Hallk. Hkr. 157,32*a*.
hafþi sér viþ sœri Þórþr Kolb. Hkr. 170,30*a*.
virvils vitt um herjat Eyj. Daþ. Hkr. 199,8*b*.
stýrir létat Stauri Eyj. Daþ. Hkr. 199,14*a*.
unda már fyr eyri Eyj. Daþ. Hkr. 199,16*b*.
rauþ fúrgjafall fjórar Eyj. Daþ. Hkr. 200,5*a*.
þar vas hjalmaþs herjar Þórþr Kolb. Hkr. 214,24*a*.
þú hefr dýrum þrek dreyra Ótt. sv. Hkr. 220,3*a*.
þér fœk hróþrs at hváru Sighv. sk. Hkr. 248,27*b*.
landaura veittu lúru Sighv. sk. Hkr. 249,8*b* (*lundi* Flb II, 39).
vér drifum hvatt þar's heyra Sighv. sk. Hkr. 253,10*a*.
nár flaut út viþ eyri Sighv. sk. Hkr. 253,12*b*.
nœr var áþr í óra Sighv. sk. Hkr. 253,29*a*.
frýr eigi oss í ári Sighv. sk. Hkr. 255,15*b*.
jór renn aptanskœru Sighv. sk. Hkr. 274,29*a*.
nú ræþr þú fyr fleiri Ótt. sv. Hkr. 284,26*b*.
fórk at finna báru Sighv. sk. Hkr. 308,25*a*.
hugstóra biþk heyra Sighv. sk. Hkr. 310,6*a*.
þér lét þjófa rýrir Sighv. sk. Hkr. 310,23*b*.
óri Einars hlýra Arn. jarl. Hkr. 323,31*b*.
þér gaf hann mǫrk eþa meira Sighv. sk. Hkr. 377,17*b*.
Ólafr knýr und árum Sighv. sk. Hkr. 414,28*a*.
enn erendi óru Sighv. sk. Hkr. 416,22*b*.
þeir hafa fyrr af fári Sighv. sk. Hkr. 417,3*b*.
gǫr eru gumna hverjum Sighv. sk. Hkr. 430,6*b*.
er viþ Ólafs fjǫrvi Sighv. sk. Hkr. 431,17*a*.

ok fyrir fornan Þór. loft. Hkr. 440,32*b*.
þér lét fold áþr førir Bjarni gullbr. Hkr. 456,29*b*.
verjum allvald ǫrvan Þorf. m. Hkr. 476,2*b*.
nær vættir þú þeira Þorm. Kolbr. Hkr. 478,3*a*.
þora munk þann arm verja Har. Sig. Hkr. 479,3*a* (Þorm. Kolb. Ohs. 67).
góþ fóru þar geirum Sighv. sk. Hkr. 480,22*a*.
þá's árliga ærir Sighv. sk. Hkr. 490,8*b*.
fór í fylking þeira Sighv. sk. Hkr. 490,14*a*.
geirs hykk grimmligt váru Sighv. sk. Hkr. 491,1*a*.
dreyrug sverþ þar's dýran Sighv. sk. Hkr. 491,9*a*.
ǫr brá Ólafs fjǫrvi Sighv. sk. Hkr. 499,7*b*.
mǫrg lá dýr í dreyra Sighv. sk. Hkr. 499,14*b*.
nær vask þausnum þeira Tryggvafl. Hkr. 513,12*b*.
báru brimlogs rýri Arn. jarl. Hkr. 515,15*b*.
meir þótt Magnús væri Sighv. sk. Hkr. 516,20*b*.
førak víst þvít várum Sighv. sk. Hkr. 522,17*b*.
þér þótt þinn hagr stórum Sighv. sk. Hkr. 522,31*a*.
þér frák Þorbergs hlýri Bjarni gullbr. Hkr. 526,4*a*.
þar réþ Sveinn at sverja Þjóþ. sk. Hkr. 532,3*a*.
heyra skalt hvé herskjǫld báruþ Arn. jarl. Wis. 45; 11,1.
þar kom bitr á bǫrva Þjóþ. sk. Hkr. 537,28*a*.
bárut bǫslar fleiri Þjóþ. sk. Hkr. 538,1*b*.
hrørir hausa þeira Þjóþ. sk. Hkr. 539,6*b*.
fór á fylking þeira Þjóþ. sk. Hkr. 539,17*a*.
gær sák grjóti stóru Þjóþ. sk. Hkr. 539,15*a*.
saurstokkinn bar svíra Þjóþ. sk. Hkr. 539,25*b*.
gær flugu mold ok mýrar Þjóþ. sk. Hkr. 539,29*b*.
bør logar halfu hæra Þjóþ. sk. Hkr. 540,23*a*.
bárum járn at ørnu Þjóþ. sk. Hkr. 542,21*a*.
vér hlutum sigr enn sárir Þjóþ. sk. Hkr. 542,27*b*.
verja lá þar valkǫstr hæri Arn. jarl. Wis 46; 13,5.
fjórar hefr þú randa rýrir Arn. jarl. Wis. 46; 15,5.
skúr enn skrautla báru Bǫlv. sk. Hkr. 547,18*a*.
Haraldr gerva léztu herjat Valg. Hkr. 560,4*a*.
dýr klufu flóþ þar's fórut Þjóþ. sk. Hkr. 562,27*a*.
látum vér meþan birlar Har. harþ. Hkr. 570,5*a* (*litlar* Fgrsk. 121; Pering II, 91).
glæsidýr þess's geira Þorl. f. Hkr. 572,8*b*.
ár þat án um væri Þorl. f. Hkr. 572,30*b* (*ord þau er um væri* Flb III, 340; *on þat er án of væri* Fris. 213,27*b*; *or þat er án um væri* Fms. VI, 259).
á byrjar val berjask. Þorl. f. Hkr. 573,9*a* (Þjóþ. sk. Mork. 57; Flb III, 341).
dolgstøranda dýrum Þjóþ. sk. Hkr. 577,30*a*.

hér sék upp enn ǫrva Har. harþr. Hkr. 578,18*a*.
báru búnir svírar Þjóþ. sk. Hkr. 592,3*b*.
þar kvaþ þengill eirar Steinn Herd. Hkr. 593,26*a*.
þeir haldi svá sórum Anon Hkr. 603,14*b*.
fyr lét Hákon hǫrva Þjóþ. sk. Hkr. 605,14*b*.
hár í hóf at fóra Þjóþ. sk. Hkr. 606,20*b*.
sér hefr svá langs tírar Þjóþ. sk. Hkr. 607,5*b* (*sveit hefir svá lags rítar Fms* VI, 341).
Haralds eru haukar gervir Þjóþ. sk. Hkr. 620,18*b*.
tóra þarft af Þóri Anon. Hkr. 640,3.
várum félagar fjórir Steigarþórir Hkr. 640,24.
fórþum einn viþ stýri Steigarþórir Hkr. 640,25 (*aþalh.* zu erwarten!).
hvern þeira kvaþ hæra Þork. ham. Hkr. 641,1*b*.
fǫr vas gunnar gervis Bjǫrn krepph. Hkr. 641,13*b* (doch vielleicht die Lesart *Kph.* III, 199 *gǫrvis* richtig, da die ganze Strophe *aþalh.* hat).
sinn jór vara sváru Bjǫrn krepph. Hkr. 641,22*b*.
vér ruþum vápn í dreyra Anon. Hkr. 651,27*a*.
þar frák hilmi herjar Ein. Skúl. Hkr. 662,24*b*.
ok fádýrir fóru Halld. skv. Hkr. 663,9*a*.
stór skalk verk þau's váru Halld. skv. Hkr. 663,18*a*.
náskári fló nýra Halld. skv. Hkr. 664,14*b*.
fjǫldýrs hafa fjórir Halld. skv. Hkr. 738,8*b*.
ætlak mér hina mæru Anon. Kgs. 51,11*a*.
mærir glǫddusk miklu ári Ól. hvít. Kgs. 259,17.
hvat skalk fyr mik hyrjar Guþm. Odds. Kgs. 274,18*a*.
byrjar hafs at herja Guþm. Odds. Kgs. 274,18*b*.
sárs vinnr jarl á órar Guþm. Odds. Kgs. 274,20*b*.
rínfura vann rýrir Sturla Kgs. 277,19*a*.
hersar báru á hilmi dýran Ól. hvít. Kgs. 340,30*a*.
bárur léku brǫndum hæri Ól. hvít. Kgs. 381,8*a*.
kórónu lét kristni stýrir Sturla Kgs. 407,12*b*.
stórir hǫfþu útboþ órin Sturla Kgs. 426,17*a*.
stórir létu Halland herjat Sturla Kgs. 433,3*b*.
skóriligr gekk húsum hæra Sturla Kgs. 433,26*a*.
árablakks sem allvaldr væri Sturla Kgs. 438,18*b*.
órin var sem elding væri Sturla Kgs. 441,11*a*.
ár meþ ǫflgum tíri Sturla Kgs. 443,3*b*.
geira glymstóri Sturla Kgs. 464,23*a*.
fleiri flugstóris Sturla Kgs. 464,28*a*.
sárs um Satíri Sturla Kgs. 469,27*a*.
bjórs viþ blikrýri Sturla Kgs. 471,26*b*.
varir vegstórum Sturla Kgs. 474,17*a*.
margr stóþ málma skerþir Sturla Kgs. 482,13*b*.

rf : rf.

hvarfat aftr áþr erfþan Ein. Skál. Wis. 27; 6,1.
auk herþarfir hverfa Ein. Skál. Wis. 27; 9,1.
hlym-Narfi baþ hverfa Ein. Skál. Wis. 28; 15,5.
þás ústirfinn arfa Glúmr Geir. Hkr. 102,25*b*.
starf hófsk upp þar's arfi Þórþr Sjár. Hkr. 107,5*a*.
úþǫrf lízk mér arfa Bjarni gullbr. Hkr. 526,6*b*.
þǫrf Véseta arfa Bjarni gullbr Wis. 68; 7,8.

rg : rg.

vasa byrgi-Týr bjarga Þjóþ. hv. Wis. 9; 2,7.
menfergir bar margar Þorbj. hornkl. Wis. 15; 8,1.
ríþr á bǫrg til borgar Ulfr Ugg. Wis. 30; 5,1.
sorg hlutu víf enn vargar Ein. Skúl. Wis. 57; 29,7.
margr of minni sorgir Ein. Skúl. Wis. 60; 60,7.
vǫrgum eyddi Vindi fergir Mark. Skeggj. Wis. 51; 8,1.
hǫrga varþisk herr í borgum Mark. Skeggj. Wis. 52; 19,1.
hvergi stóþusk hjǫrva borgar Mark. Skeggj. Wis. 53; 23,1.
vagnaborg þars vagnar Ein. Skúl. Wis. 60; 56,3.
varghollr Vinþa borgir Hallarst. Herd. Wis. 46; 3,3.
borg hundruþum mǫrgum Bjarni Kolb. Wis. 71; 28,4.
gein vargr of sal mergjar Bjarni Kolb. Wis. 71; 91,6.
jafnmarga svá burgusk Bjarni Kolb. Wis. 72; 39,6.
margir Jngibjǫrgu Bjarni Kolb. Wis. 73; 45,4.
hvergi þvít í synda saurgan Eyst. Ásgr. Wis. 90; 21,3.
borgarmúrr svát brysti hvergi Eyst. Ásgr. Wis. 91; 30,3.
af margfaldri synda saurgan Eyst. Ásgr. Wis. 97; 76,5.
guþs herbergi ok gleyming sorga Eyst. Ásgr. Wis. 99; 89,5.
fældr ok byrgþr ok feti þó hvergi Eyst. Ásgr. Wis. 99; 92,7.
enn bergsalar Birgir Anon. Hkr. 151,20*b*.
margr skalf hlumr enn hvergi Þórþr Kolb. Hkr. 156,1*b*.
Bergr hǫfum minzk hve margan Sighv. sk. Hkr. 416,12*a*.
upp fara mǫrg í morgin Þjóþ. sk. Hkr. 542,31*b*.
mǫrg skriþu beit at borgar Bǫlv. sk. Hkr. 547,18*b*.
nú sér mǫrg í morgun Anon. Hkr. 570,24*b*.
margr fell maþr af dreyrgu Ein. Skúl. Hkr. 716,12*a*.
mǫrg flutu auþ á úrga Ein. Skúl. Hkr. 766,12*b*.
nú kná bergs í bjǫrgum Blakkr Kgs. 111,29*b*.

rk : rk.

myrk hlóþynjar markar Ein. Skál. Wis. 28; 18,3.
þás valserkja virki Ein. Skál. Wis. 28; 18,5.
þars í mǫrk fyr markar Eil. Guþr. Wis. 31; 6,1.
bǫþserkjar hjó birki Hallfr. v. Wis. 34; 5,4.

styrkr gekk vǫrþr at virki Sighv. sk. *Wis.* 39; 8,3.
dáþstyrk dýrþar merki Hallarst. *Wis.* 49; 29,1 (*dreyrserks* Cod. *Berg*).
merkiliga at yrkja Bjarni Kolb. *Wis.* 68; 6,8.
Danmarkar til sterkir Bjarni Kolb. *Wis.* 69; 10,2.
um stórmerkin áttu at yrkja Eyst. Ásgr. *Wis.* 90; 22,3.
grálig‍t mark enn Girkja Þjóþ. sk. *Hkr.* 557,13*b*.
mǫrk lét veitt fyr verka Þjóþ. sk. *Hkr.* 626,19*a*.
bǫþstyrkir lézt þú barka Halld. skv. *Hkr.* 665,17*a*.
margdýrkaþr kom merkir Halld. skv. *Hkr.* 665,30*a*.
sterkr braut válig‍t virki Ein. Skúl. *Hkr.* 668,4*b*.
styrkir gengu menn und merkjum Sturla *Kgs.* 433,14*a*.
allvaldr dýrkask út meþ Serkjum Sturla *Kgs.* 461,30*a*.
erkistól þanns ǫll þjóþ dýrkar Mark. Skeggj. *Wis.* 53; 27,3.

rl : *rl*.

gǫrla Nóregs jarlar Bjarni Kolb. *Wis.* 70; 18,4.
þrek fǫrluþum jarli Bjarni Kolb *Wis.* 71; 32,2.
fremra jarl und ferli Þorl. rauþf. *Hkr.* 170,3*a*.
Erlingr vas svá jarla Sighv. sk. *Hkr.* 230,26*a*.
afkárlig varþ jarla Arn. jarl. *Hkr.* 529,1*a* (*árla* Fyrsk. 99 A; Fms. VI, 49; *jǫfra* Fyrsk. 99 B).
jarls lá ferþ á ferli Þjóþ. sk. *Hkr.* 538,30*b*.

rm : *rm*.

þyrmþit Baldrs of barmi Þjóþ. hv. *Wis.* 10; 16,1.
ítrfermþum réþ Ormi Hallfr. v. *Wis.* 36; 16,1.
barms rak vigg und vǫrmum Þórþr Kolb. *Hkr.* 157,14*b* (*vorgom* Fris. 122,14*b*).
Gorms berk opt á armi Sighv. sk. *Hkr.* 416,24*b*.
orms glóar fax um farmi Þjóþ. sk. *Hkr.* 592,1*b*.
vígstorma namt Vermum Ól. hvít. *Kgs.* 303,28*a*.

rn : *rn*.

eru at ǫglis barni Þjóþ. hv. *Wis.* 10; 12,7.
und fletbjarnar fornan Eil. Guþr. *Wis.* 32; 17,3.
frembar gjarn í fornu Sighv. sk. *Wis.* 40; 15,3.
hans vǫru hefþisk firnum Hallarst. *Wis.* 48; 20,7 (*hans vegr hófst meþ sigri* Flb I, 485; Fms II, 317).
Hyrningr heiptar gjǫrnum Hallarst. *Wis.* 48; 21,7.
fǫrnuþr vas þat fyrnask Ein Skúl. *Wis.* 56; 24,3.
ǫrn of etr undarn Ótt. sv. *Wis.* 44; 3,1.
siþfornir glym járna Bjarni Kolb. *Wis.* 68; 7,6.
hernuþ firar gjarnir Bjarni Kolb. *Wis.* 70; 17,6.
stjǫrnuljós ok færþar fórnir Eyst. Ásgr. *Wis.* 92; 40,3.
fjandans bǫrnin þrǫngum þyrni Eyst. Ásgr. *Wis.* 93; 49,5.

hár ok horn sem heiþar stjǫrnur Eyst. Ásgr. Wis. 99; 93,7.
at spáþernum sporna Eyv. skald. Hkr. 123,27*a* (*spáþornum Fris.* 95,37*a*).
þás sparn á mó mǫrnis Anon. Hkr. 151,20*a.*
Bjǫrn faztu opt at árna Sighv. sk. Hkr. 274,14*b.*
hvern es hingat árnar Sighv. sk. Hkr. 310,21*a.*
Bjǫrn frák auk af ørnu Bjarni gullbr. Hkr. 493,18*a.*
aur spornuþut arnar Þjóþ. sk. Hkr. 519,10*a.*
auþar þorn fyr ǫrnu Arn. jarl. Hkr. 543,14*b.*
ørnar krók ór járni Anon. Hkr. 570,26*b.*
gjarn meþ gyltu horni Stúfr sk. Hkr. 630,24*b.*
eru lét austr til Vǫrnu Sturla Kgs. 277,17*a.*

rp : *rp.*

snǫrp frák á því's urpu Þork. ham. Hkr. 639,3*b.*
jǫrp mun eigi verpa Magn. berf. Hkr. 654,33*a.*
snǫrp bitu járn sem ísmǫl yrpi Ól. hvít. Kgs. 386,32*a.*

rr : *rr.*

hjarranda fram kyrrar Brage Wis. 3; 11,6.
né fjǫlsnerrin fyrri Ein. Skál. Wis. 27; 12,1.
gǫrr varþ í fǫr fyrri Eil. Guþr. Wis. 30; 3,1.
ok vegþverrir vǫrru Eil. Guþr. Wis. 31; 5,1.
þverrir lætr nema þyrri Eil. Guþr. Wis. 31; 7,5.
flugþverrir nam fyrri Hallfr. v. Wis. 34; 1,1.
herr fell Danskr þars dǫrrum Sighv. sk. Wis. 39; 9,7.
hverr eggjar þik harri Sighv. sk. Wis. 42; 10,1.
stórráþr steinþa knǫrru Hallarst. Wis. 47; 12,5.
herruþr hǫfnum fjarri Hallarst. Wis. 48; 14,7.
sønskr herr sigri þorrinn Hallarst. Wis. 48; 17,5.
dansk herr dýran harra Hallarst. Wis. 48; 18,5.
fyrr vas hitt es harri Ein. Skúl. Wis. 56; 19,5.
dýrr lét dróttinn harra Ein. Skúl. Wis. 56; 25,7.
ǫþlings hjǫrr þess's ǫrra Ein. Skúl. Wis. 58; 43,3.
gekk herr á skip darra Bjarni Kolb. Wis. 69; 15,8.
herr øxti gný darra Bjarni Kolb. Wis. 71; 30,2.
heiptǫrr vegit fyrri Bjarni Kolb. Wis. 72; 48,8.
ǫrr vas sá til snerru Haukr Vald. Wis. 80; 19,3.
dýrr skip himna harri Haukr Vald. Wis. 81; 22,7.
víst seimfara snerru Haukr Vald. Wis. 81; 27,1.
harra kveþk at hróþrgørþ dýrri Mark. Skeggj. Wis. 50; 1,1.
fjarri hefr at føþisk dýrri Mark. Skeggj. Wis. 50; 3,1.
horra bjósk til heims enn dýrra Mark. Skeggj. Wis. 53; 28,5.
herra guþ sá'r hverjum er dýrri Eyst. Ásgr. Wis. 88; 6,1.

berr mik þar til ván á vǫrrum Eyst. Ásgr. Wis. 100; 99,7.
fyrr rauþ Fenris varra Glúmr Geir. Hkr. 102,25*a*.
sik veit hverr ef harra Sighv. sk. Hkr. 431,3*b*.
hjaldrǫrr haukum þverrir Hallv. Hár. Hkr. 442,3*b*.
hverr sæi Hunds verk stǿrri Sighv. sk. Hkr. 492,25*a*.
herr fylgþi þér harri Þjóþ. sk. Hkr. 519,12*a*.
várt torrek lízk verra Sighv. sk. Hkr. 521,5*b*.
fyrr vask kendr á knǫrrum Sighv. sk. Hkr. 521,35*a*.
herr þars heldr til varra Þjóþ. sk. Hkr. 592,18*a* (*verra Fms.* VI, 309).
ǫrr es Engla þverrir Steinn Herd. Hkr. 635,17*b*.
blóþugr hjǫrr hins barra Arn. jarl. Hkr. 621,7*b*.
berr fyr Hólm þars harri Hallr Sn. Kgs. 71,7*b*.
þurru hús fyr harra Anon. Kgs. 279,17*a*.
errinn bjó meþ herskip harri Ól. hvít. Kgs. 339,18*b*.
stórr vas harmr þars stríddu herrar Ól. hvít. Kgs. 357,32*b*.
errinn sendi ungan svarra Sturla Kgs. 438,16*a*.

rr : *r*.

allr gekk herr und hurþir Brage Wis. 3; 11,5.
barrhaddaþa byrjar Hallfr. v. Wis. 33; 3,3.
hverr vas hræddr viþ ǫrvan Hallfr. v. Wis. 36; 13,1.
dýrr hné dróttar stjóri Hallfr. v. Wis. 37; 25,3.
kærr keisara Sighv. sk. Wis. 41; 9,7.
árr þeims Óláfs dreyra Ein. Skúl. Wis. 56; 23,7.
hverr gekk hræddr viþ ǫrvan Haukr Vald. Wis. 79; 3,1.
mér virþist sem miklu hærra Eyst. Ásgr. Wis. 92; 43,1.
ber þá enn fram meþ bliþum vǫrrum Eyst. Ásgr. Wis. 99; 88,5.
lystr gekk herr til hjǫrva Þórþr Sjár. Hkr. 105,14*a*.
mærr vann miklu fleiri Eyj. Daþ. Hkr. 199,6*a*.
dýrr vas drengja stjóri Halld. ókr. Hkr. 216,15*b*.
ǫrr sás átti fleiri Sighv. sk. Hkr. 231,9*a*.
gǫrr lézk grund at verja Arn. jarl. Hkr. 323,31*a*.
ǫrr tegask Óláf gerva Sighv. sk. Hkr. 416,29*a*.
skers þó at skúrir þyrrit Sighv. sk. Hkr. 444,31*a*.
land tegask herr meþ hjǫrvi Þorm. Kolbr. Hkr. 474,8*a*.
hverr hefr hans enn nørþra Sighv. sk. Hkr. 510,15*b*.
herr týnþi þar harþa Tryggvafl. Hkr. 513,14*b*.
árr gengr margr frá mæru Sighv. sk. Hkr. 523,11*b*.
snarr baþ hilmir herja Þjóþ. sk. Hkr. 542,9*b*.
deyrat mildingr mærri Þork. Skall. Hkr. 624,21*b*.
rjóþum dǫrr í dreyra Blakkr Kgs. 111,10*b*.
fyrr ok floki þeira Blakkr Kgs. 111,31*b*.
snildar skýrr ok seldi várar Ól. hvít. Kgs. 340,30*b*.

rt : *rt*.

hart á Hamþis skyrtum Hallfr. v. Wis. 33; 8,3.
mart fekk prúþum Pǫrtum Sighv. sk. Wis. 39; 8,7[1]).
hermart hjǫrva snyrtir Hallarst. Wis. 49; 26,5[1]).
hermart hvikkvæþi ǫrtu Hallarst. Wis 50; 34,1[1]).
spurt hefr ǫld at orti Ein. Skúl. Wis. 55; 12,3.
bjǫrt eru bauga snyrtis Ein. Skúl. Wis. 59; 49,7.
tákn gerir bjǫrt þaus birta Ein. Skúl. Wis. 59; 51,1.
orti greppr of snertu Bjarni Kolb. Wis. 68; 5,6.
hart svát eigi skorti Bjarni Kolb. Wis. 70; 21,2.
hart nakkvara snertu Bjarni Kolb. Wis. 70; 24,8.
gǫrt hugþak svá snertum Sighv. sk. Hkr. 255,17*b*.
vert es slíks í svǫrtu Sighv. sk. Hkr. 431,5*b*.
ǫrt vas Ólafs hjarta Þorm. Kolbr. Hkr. 497,19*a*.
gǫrt 's þeim 's gott bar hjarta Sighv. sk. Hkr. 523,11*a*.
ǫrt gat hilmir hjarta Arn. jarl. Hkr. 543,21*b*.
ǫrt í odda snertu Þorl. f. Hkr. 572,3*a* (*ǫrr* : *snerru Flb* III, 338; *Fgrsk.* 122; *Mork.* 54).
stórt réþ hugprútt hjarta Stúfr sk. Hkr. 572,18*b*.
ert mun snót áþr svǫrtu Þjóþ. sk. Hkr. 592,12*b* (*sort aþ Fris.* 226.10*b*).
gramr birti svan svartan Ein. Skúl. Hkr. 662,26*b* (*gramr svan bræddi snemma Kph.* III, 233; *gramr bræddi svan sima Fms.* VII, 78).
bjǫrt kveþa brenna kerti Blakkr Kgs. 120,31*a*.

rs : *rs*.

rigndi hjǫrs á hersa Ein. Skál. Wis. 27; 4,1.
þars í þróttar hersa Eil. Guþr. Wis. 32; 13,1.
opt vas fars enn forsi Ótt. sv. Hkr. 234,17*b*.
þars til þengils hersa Arn. jarl. Hkr. 621,5*b* (*heriar Fris.* 249,5*b*).

rþ : *rþ*.

þar svát gerþu gyrþan Brage Wis. 2; 5,1.
hǫrþum herþimýlum Brage Wis. 2; 5,7.
ok borþróins barþa Brage Ger. 24; 18,1.
hirþi-Týr meþal herþa Þjóþ. hv. Wis. 9; 6,7.
girþiþjófr í garþa Þjóþ. hv. Wis. 10; 9,7.
urþut brattra borþa Þjóþ. hv. Wis. 10; 10,1.
varþat hǫggs frá hǫrþum Þjóþ. hv. Wis. 10; 17,5.
gørþi glamma ferþar Þorbj. hornkl. Wis. 14; 3,1 (doch wol *gerþi* zu lesen, vgl. S. 42 ff., dann also *aþalh.*).
sverþa sverrifjarþar Ein. Skál. Wis. 26; 2,3.
herforþaþr réþ Hǫrþa Ein. Skál. Wis. 27; 6,3 (*herþa Fgrsk.* 36).

---

[1]) Vgl. S. 82.

engi varþ á jǫrþu Ein. Skál. Wis. 27; 10,5.
varþ fyr Vinþa myrþi Ein. Skál. Wis. 28; 15,1.
gerþisk mest at morþi Ein. Skál. Wis. 28; 15,3.
fyr hlym Njǫrþum hurþa Ein. Skál. Wis. 28; 18,7.
enn stirþþinull storþi Ulfr Ugg. Wis. 29; 3,5.
þás gjarþvenjuþr gerþisk Eil. Guþr. Wis. 30; 2,5.
harþvaxnar sér herþir Eil. Guþr. Wis. 31; 7,1.
þurþi hrǫnn at herþi Eil. Guþr. Wis. 31; 8,5.
hlífar borþs viþ Hǫrþa Eil. Guþr. Wis. 31; 11,3.
sannyrþum spenr sverþa Hallfr. v. Wis. 33; 3,1.
þaþan verþa fǫt fyrþa Hallfr. v. Wis. 33; 8,5.
orþ vas hitt at harþast Hallfr. v. Wis. 35; 4,5.
herskerþir klauf harþan Hallfr. v. Wis. 35; 6,1.
svarþar stofn meþ sverþi Hallfr. v. Wis. 35; 6,3.
varþ of Vinþa myrþi Hallfr. v. Wis. 35; 7,1.
hirþir stóþsk viþ harþan Hallfr. v. Wis. 35; 7,5.
firþisk vætr sás varþi Hallfr. v. Wis. 36; 12,1.
sú gerþisk vel varþa Hallfr. v. Wis. 36; 14,7.
snǫrp varþ at þat sverþa Hallfr. v. Wis. 36; 16,3.
sverþ bitu feigra firþa Hallfr. v. Wis. 36; 17,3.
und niþbyrþi Norþra Hallfr. v. Wis. 37; 27,3.
Bálagarþs at borþi Sighv. sk. Wis. 38; 3,7 (*barþi* Flb II, 18; Fms IV, 45).
dýrþ frák þeims vel varþisk Sighv. sk. Wis. 38; 4,3.
sverþ bitu Vǫlsk en vǫrþu Sighv. sk. Wis. 39; 6,5 (*varþu* Ohs. 8).
varþ í Fetlafirþi Sighv. sk. Wis. 39; 12,3.
varþ fyr víga Njǫrþum Sighv. sk. Wis. 40; 14,5.
ferþ þars flokkar bǫrþusk Sighv. sk. Wis. 42; 3,3.
orþ þaus eyru heyrþu Sighv. sk. Wis. 42; 7,3.
dróttins orþ til dýrþar Sighv. sk. Wis. 42; 8,3.
fastorþr skyli fyrþa Sighv. sk. Wis. 42; 10,5.
þurþu norþan Sighv. sk. Wis. 40; 3,1 (*þorþo(-t)* Flb II, 276; Ohs. 49; OHS 160; Fms IV, 351).
firþa kyn at flestir urþu Mark. Skeggj. Wis. 51; 7,7.
harþir kníþusk menn at morþi Mark. Skeggj. Wis. 52; 14,3.
urþu þeir es virktit vǫrþu Mark. Skeggj. Wis. 52; 21,3.
norþan fór meþ helming harþan Mark. Skeggj. Wis. 53; 27,3.
jarþar allra fyrþa Ein. Skúl. Wis. 54; 3,7.
dǫglings hirþ á dýrþar Ein. Skúl. Wis. 54; 5,7 (*á dýran* Flb I, 1; *á dýrum* Fms V, 350).
heyrþu til afreks orþa Ein. Skúl. Wis. 54; 8,1.
mærþ þaz miklu varþar Ein. Skúl. Wis. 54; 8,7.
dýrþ es ágæt orþin Ein. Skúl. Wis. 55; 11,5.
gerþusk brátt þars barþisk Ein. Skúl. Wis. 56; 19,1.
dýrþ lætr dǫgling Hǫrþa Ein. Skúl. Wis. 56; 21,1.

dýrþ es á gæt orþin Ein. Skúl. Wis. 58; 39,1.
mærþ nemi mildings Hǫrþa Ein. Skúl. Wis. 58; 39,3.
sverþ hinn's søkja þorþi Ein. Skúl. Wis. 58; 44,3.
gyrþisk hála herþum Ein. Skúl. Wis. 59; 47,1.
garþs á golli vǫrþu Ein. Skúl. Wis. 59; 50,7.
hjálmnjǫrþungar harþan Ein. Skúl. Wis. 60; 55,3.
hǫrþ grør fjón af fyrþa Ein. Skúl. Wis. 60; 59,3.
fárskerþandi fyrþa Ein. Skúl. Wis. 61; 63,7.
harþráþr meþ Sigurþi Bjarni Kolb. Wis. 69; 9,6.
herþimenn þars bǫrþusk Bjarni Kolb. Wis. 70; 22,2.
Hávarþr liþi fyrþa Bjarni Kolb. Wis. 71; 26,6.
harþa grimt ór norþri Bjarni Kolb. Wis. 71; 32,4.
barþi hreggi keyrþu Bjarni Kolb. Wis. 71; 32,8.
þrekstørþum Hávarþi Bjarni Kolb. Wis. 72; 34,6.
þróttar orþ meþ fyrþum Bjarni Kolb. Wis. 72; 41,8.
byrr varþ beita þorþi Hallarst. Wis. 48; 15,3.
hirþ prúþ hilmir stýrþi Hallarst. Wis. 48; 15,7.
grimt varþ Gǫndlar borþa Hallarst. Wis. 48; 18,3.
orþprúþs Jóta ferþir Hallarst. Wis. 48; 19,7.
hirþ vas hans at morþi Hallarst. Wis. 50; 32,7.
hyr-Njǫrþr hróþri størþa Hallarst. Wis. 50; 35,3.
garþa grundar Nirþir Haukr Vald. Wis. 78; 2,7.
Njǫrþr lagþi sá sverþi Haukr Vald. Wis. 79; 8,5.
foldar verþi ok fyrþa Haukr Vald. Wis. 79; 9,3 (*vǫrþ* Cod. AM 748).
Njǫrþr klauf Herjans hurþir Haukr Vald. Wis. 80; 11,5.
sverþs frák él at yrþi Haukr Vald. Wis. 80; 12,7.
þorþi Þorleifr herþa Haukr Vald. Wis. 80; 18,1.
varþisk Gǫndlar garþa Haukr Vald. Wis. 81; 20,1.
Njǫrþr lét sextán særþa Haukr Vald. Wis. 81; 20,5.
né þrym-Nirþir þorþu Haukr Vald. Wis. 81; 26,5.
steflig gǫrþ at vísan verþi Eyst. Ásgr. Wis. 87; 2,7.
hrærþan dikt meþ ástarorþum Eyst. Ásgr. Wis. 87; 4,7.
enn at verþ leikrinn víss á jǫrþu Eyst. Ásgr. Wis. 89; 14,1.
fyrþasveitin fædd á jǫrþu Eyst. Ásgr. Wis. 89; 15,3.
engi heyrþust engi vurþu Eyst. Ásgr. Wis. 91; 34,1.
heyrþi ok trúþi enn undrast orþin Eyst. Ásgr. Wis. 91; 29,1.
himna dýrþin hneig á jǫrþu Eyst. Ásgr. Wis. 91; 34,7.
þó'r atferþin Jesú burþar Eyst. Ásgr. Wis. 92; 41,3.
yfirmorþinginn innan hirþir Eyst. Ásgr. Wis. 93; 48,3.
ósverþugan hann flengþu fyrþar Eyst. Ásgr. Wis. 96; 65,7.
seggjum verþ fyr sínar gǫrþir Eyst. Ásgr. Wis. 96; 70,3 (*seggja ferþum BD; seggja fyrþum C*).
orþ ok hugsan allar gǫrþir Eyst. Ásgr. Wis. 96; 71,5. 97; 79,3.
oleu smurþur veittu at ek verþa Eyst. Ásgr. Wis. 98; 83,3.
heyrþu mik nú himins ok jarþar Eyst. Ásgr. Wis. 98; 86,1.

hrærþ af list þótt hvers manns yrþi Eyst. Ásgr. Wis. 98; 93,1.
varþar mest at allra orþa Eyst. Ásgr. Wis. 100; 97,5.
liflig orþ í ljóþagǫrþum Eyst. Ásgr. Wis. 100; 95,5.
er þit sjáiþ mik ǫllu varþa Eyst. Ásgr. Wis. 100; 96,7.
þar gekk Njǫrþr af Nirþi Guth. s. Hkr. 97,27*b*.
samira Njǫrþr enn norþar Eyv. sk. Hkr. 103,33*a*.
þar's bǫþharþir bǫrþusk Þórþr Sjár. Hkr. 105,12*a*.
varþi varga myrþir Þórþr Sjár. Hkr. 107,1*a*.
gǫndlar njǫrþr sás gerþi Þórþr Sjár. Hkr. 107,7*b*.
es valjarþar verþum Eyv. sk. Hkr. 112,10*b*.
varþ á víþu borþu Glúmr Geir. Hkr. 134,21*a*.
varþ þá Vinþa myrþir Anon. Hkr. 151,3*a*.
varþa gims sem gerþi Tindr Hallk. Hkr. 157,30*a*.
fyrir svipnjǫrþum sverþa Hallfr. v. Hkr. 194,28*a*.
jarþar leggs ef yrþi Hallfr. v. Hkr. 194,28*b*.
þás garþ vala gerþi Eyj. Daþ. Hkr. 199,6*b*.
sverþ rauþ mætr at morþi Halld. ókr. Hkr. 207,30*a*.
gerþisk snarpra sverþa Halld. ókr. Hkr. 212,19*a*.
fjǫrþ kom heldr í harþan Halld. ókr. Hkr. 212,29*a*.
þás borþmikinn Barþa Halld. ókr. Hkr. 212,29*b*.
orþ fekk gott es gerþi Þórþr Kolb. Hkr. 214,26*a*.
varþ fyr Vinþa myrþi Halld. ókr. Hkr. 215,7*b*.
gnýr varþ á sjá sverþa Halld. ókr. Hkr. 216,13*b*.
varþ nýtligust norþan Ótt. sv. Hkr. 220,1*b*.
þorþut þér at varþa Ótt. sv. Hkr. 222,6*a*.
harþr var fundr sás fórþut Ótt. sv. Hkr. 226,1*a*.
Engla ferþ at jǫrþu Ótt. sv. Hkr. 226,20*b*.
sóknar njǫrþr viþ sverþi Sighv. sk. Hkr. 248,34*a*.
en fyr borþ þar's bǫrþumk Sighv. sk. Hkr. 253,10*b*.
harþa margr í hǫrþum Sighv. sk. Hkr. 255,17*a*.
orþ þau's oss um varþa Sighv. sk. Hkr. 307,18*b*.
orþ gatk fæst af fyrþum Sighv. sk. Hkr. 308,5*b*.
spǫrþumk fæst enn fyrþa Sighv. sk. Hkr. 309,5*a*.
vǫrþr réþ nýtr þvís norþan Sighv. sk. Hkr. 309,7*a*.
harþa mǫrg né heyrþak Sighv. sk. Hkr. 310,17*a*.
eigi varþ á jǫrþu Ótt. sv. Hkr. 334,21*b* (*iarþu* Ohs. 35).
fórþ ór Fífi norþan Sighv. sk. Hkr. 378,3*a*.
bǫrþ létk í fǫr fyrþa Sighv. sk. Hkr. 416,12*b*.
jǫrþ at eigi þórþak Hárekr Hkr. 428,28*b*.
gerþust hilmis Hǫrþa Sighv. sk. Hkr. 431,15*a* (*geordi*: *hardann* Flb II, 291).
hirþ era hans at verþa Sighv. sk. Hkr. 431,15*b*.
lætr einǫrþ fé firþa Sighv. sk. Hkr. 437,20*b*.
verþk fyr æþru orþi Sighv. sk. Hkr. 437,32*a*.
fórþi ór firþi Þór. loft. Hkr. 440,26*a*.

snarir bǫrþusk þar sverþum Sighv. sk. Hkr. 444,3*b*.
en varþ kers virþir Sighv. sk. Hkr. 444,29*b*.
ǫndurþa baþ jarþar Sighv. sk. Hkr. 445,3*a*.
jǫrþ veldr manna morþi Ól. hvít. Hkr. 446,25*b*.
vǫrþr meþ vápnum skerþa Sighv. sk. Hkr. 453,20*b*.
herþa menn at morþi Har. Sig. Hkr. 479,3*a* (Þorm. Kolbr. Ohs. 67; *her þa* Flb II, 345; *mitt ráþ er þat mæitit* Ohs. 67).
þórþ frák þat sinn herþa Sighv. sk. Hkr. 480,20*a*.
þorþut þrǿnskir fyrþar Sighv. sk. Hkr. 491,1*b*.
skœnjǫrþungum skorþu Sighv. sk. Hkr. 491,32*a*.
enn þvergarþa þorþi Sighv. sk. Hkr. 492,23*b*.
jǫrþ réttu vígi at varþa Bjarni gullbr. Hkr. 493,13*a*.
hǫrþ es síz hermenn gerþu Sighv. sk. Hkr. 499,7*a*.
þat gerþi vin virþa Sighv. sk. Hkr. 516,28*a*.
orþ gerik drós til dýrþar Sighv. sk. Hkr. 516,28*b*.
au̯stan þurþu ulfa ferþar Arn. jarl. Hkr. 517,6*b*.
hræddir urþu fjǫrvi at forþa Arn. jarl. Hkr. 517,19*b*.
stirþum hélztu um Stafangr norþan Arn. jarl. Hkr. 529,20*b*.
hvergi þorþi hallir vorþa Arn. jarl. Hkr. 532,30*b*.
varþ um hilmi Hǫrþa Arn. jarl. Hkr. 534,13*a*.
vǫrþr gekk meir at morþi Þjóþ. sk. Hkr. 538,26*a*.
hǫrþ er heldr um orþin Þjóþ. sk. Hkr. 539,8*a*.
ofan keyrþum vér orþum Þjóþ. sk. Hkr. 539,15*b*.
spurþi einu orþi Þjóþ. sk. Hkr. 539,25*a*.
morþ þar's Magnús gerþi Þjóþ. sk. Hkr. 541,27*a*.
fjǫrþ lét fylkir verþa Þjóþ. sk. Hkr. 542,29*a*.
áþr herskorþaþr harþan Þjóþ. sk. Hkr. 550,1*b*.
heimil jǫrþ und herþi Stúfr sk. Hkr. 555,19*b*.
þó lætr gerþr í Gǫrþum Valg. Hkr. 559,9*a*.
stýrþir hvatt í hǫrþu Valg. Hkr. 559,7*b*.
ferþ enn fengin urþu Valg. Hkr. 560,14*a*.
heimil varþ es heyrþak Bǫlv. Hkr. 565,15*a*.
gerþr í Goþnar firþi Har. harþr. Hkr. 570,5*b*.
varþ þvít vísi gerþi Steinn Herd. Hkr. 595,3*a*.
herþu hjǫrvi gyrþir Steinn Herd. Hkr. 595,1*b* (*herr dró* Fms. VI, 315).
varþ sás vildit forþa Þjóþ. sk. Hkr. 596,19*b*.
norþr lýkr gramr sás gerþir Anon. Hkr. 602,13*a*.
gerþir oft fyr jǫrþu Anon. Hkr. 602,13*b*.
varþ fyr viþri jǫrþu Anon Hkr. 602,26*b*.
orþ þaus angra fyrþa Anon. Hkr. 602,35*a*.
fǿrþi fylkir Hǫrþa Þjóþ. sk. Hkr. 607,1*a*.
sverþs hafa slíkar byrþar Þjóþ. sk. Hkr. 626,12*b*.
varþi ógnar orþum Anon. Hkr. 628,4*a*; 633,3*a*.
jǫrþ svát engi þorþi Anon. Hkr. 628,4*b*; 633,3*b*.

orþ frák Agli verþa *Þork. ham. Hkr.* 641,1*a*.
Hǫrþa gramr í harþri Bjǫrn krepph. Hkr. 648,15*b*.
spurþi gramr hvat gerþi Anon. Hkr. 651,25*a*.
þar vas harþr es heyrþak Eldjárn Hkr. 652,14*a*.
varþ hjalm þrimu herþis Eldjárn Hkr. 652,12*b*.
sverþ bitu Hǫgna hurþir Magn. berf. Hkr. 654,22*b*.
orþ spyrk gullhrings gerþar Magn. berf. Hkr. 654,35*a*.
gerþisk heldr viþ harþan Halld. skv. Hkr. 663,18*b*.
Ásbjǫrn varþ sás ǫrþum Halld. skv. Hkr. 707,13*a*.
harþr þar's hregg um virþum Ein. Skúl. Hkr. 717,18*b*.
goldit varþ þeim es gerþu Kolli Hkr. 726,30*b*.
urþ dró austan fjarþar Þorbj. skakk. Hkr. 795,5*a*.
fǿrþr vas fleinn meþal herþa Þorbj. skakk. Hkr. 795,5*b*.
rekkar stýrþu rétt til jarþar Snorri Sturl. Kgs. 281,19*a*.
hilmir stǿrþi hvǫssu sverþi Snorri Sturl. Kgs. 281,23*a*.
stirþaurriþa storþar Jatg. Kgs. 286,19*a*.
fyrþar mæltu á hendr sem harþast Ól. hvít. Kgs. 339,16*b*.
síþan varþ er slósk í ferþir Anon. Kgs. 343,30*b*.
virþ endr munu verþa Ól. hvít. Kgs. 374,11*b*.
norþan rendi næst þás spurþisk Ól. hvít. Kgs. 380,6*a*.
harþar lustu fylking fyrþa Ól. hvít. Kgs. 386,34*b*.
aldri bǫrþusk afli stǿrþir Ól. hvít. Kgs. 387,17*a*.
hirþ sótti þar hvǫss at garþi Ól. hvít. Kgs. 387,19*a*.
hræddr urþu Hallands ferþir Sturla Kgs. 426,17*b*.
stirþar bjoggu hirþmenn harþir Sturla Kgs. 432,14*a*.
víþa þurþu vísa ferþar Sturla Kgs. 441,11*b*.
ræsir stýrþut rétt til jarþar Sturla Kgs. 441,18*b*.
fyrþa gram þvít fegnir urþu Sturla Kgs. 442,8*b*.
fórþu hjalmhirþa Sturla Kgs. 469,10*b* (*meidir hialm hrida Flb* III, 222).
þorþut þrek stirþan Sturla Kgs. 471,24*b*.
hirþ at hjǫrstǿrþum Sturla Kgs. 474,37*a* (in *Kgs.* als letzter Vers der *vísa*, dann würde *aþalhending* stehen müssen; doch in *Flb* III, 266; *Kph* V, 373; *Fms* X, 141 an vorletzter Stelle).

s : s.

settisk ǫrn þás æsir Þjóþ. hv. Wis. 9; 2,5; vgl. *Wis.* 120.
ósvífrandi Ása Þjóþ. hv. Wis. 9; 5,7.
ræsinaþr ok rausnar Þorbj. hornkl. Wis. 14; 5,5.
þás á rausn fyr ræsi Þorbj. hornkl. Wis. 14; 5,5.
gnótt flaut nás fyr nesjum Ein. Skál. Wis. 28; 14,7.
þás meþ Fylki Frisa Ein. Skál. Wis. 28; 19,5 (*þás meþ Frisa fylki Hkr.* 144,21*b*; vgl. *Njál.* II, 216; *Thorkelss.* 50).
þás ørþrásis eisu Eil. Guþr. Wis. 32; 16,5.
þás viþ rausn at ræsis Sighv. sk. Wis. 39; 5,5.

hrésiun skal meþ hrísi Sighv. sk. Wis. 41; 2,7.
vísi tekr víg-Freys Ótt. sv. Wis. 44; 5,1.
hrósask því es herskip glæsir Arn. jarl. Wis. 45; 8,7.
hans mans hringi ljósum Hallarst. Wis. 49; 26,3.
ræsir let af roþnum hausi Mark. Skeggj. Wis. 51; 6,2.
eisur kyndusk hátt í húsum Mark. Skeggj. Wis. 52; 22,5.
ǫrr vísi baþ oddum læsa Mark. Skeggj. Wis. 52; 24,3.
gǫfugt ljós boþar geisli Ein. Skúl. Wis. 53; 1,5.
ok ljós meþan vas vísi Ein. Skúl. Wis. 54; 2,3.
nú skulum gǫfgan geisla Ein. Skúl. Wis. 54; 7,1.
rausn dugir hans at hrósa Ein Skúl. Wis. 55; 15,7.
ljós brann líki ræsis Ein. Skúl. Wis. 56; 20,5.
hrósak verkum vísa Ein. Skúl. Wis. 57; 30,3.
hás lætr helgan ræsi Ein. Skúl. Wis. 58; 42,1.
ljós verþr rann of ræsi Ein. Skúl. Wis. 59; 46,7.
nás frák jarþar eisu Ein. Skúl. Wis. 59; 50,1 (*meids* B).
nú's oss þaus vann vísi Ein. Skúl. Wis. 60; 57,1 (*nú er þau er vann vísi* Flb I, 6).
vasa sem vænst ok tysvar Ein. Skúl. Wis. 60; 60,3.
ef lausnara lýsir Ein. Skúl. Wis. 61; 62,5 (*því at lausnara leysi* Flb I, 6).
svát lausnara leysi Ein. Skúl. Wis. 61; 68,1.
vígaskýs þars vísa Ein. Skúl. Wis. 61; 68,5.
mank rausnarskap ræsis Ein. Skúl. Wis. 61; 69,3.
þess hrósak veg vísa Ein. Skúl. Wis. 61; 69,7 (*lysek* Flb I, 7).
hás elskip veg vísa Ein. Skúl. Wis. 62; 71,7.
gaus upp logi ór húsum Bjarni Kolb. Wis. 70; 19,6.
ǫs fell blóþ á kesjur Bjarni Kolb. Wis. 71; 28,8.
hausa harþan ljósan Haukr Vald. Wis. 78; 1,7.
á jarls nasar ása Haukr Vald. Wis. 80; 16,7.
glæsilig sem roþnuþ rósa Eyst. Ásgr. Wis. 90; 25,3.
æsist blóþ á líkam ljósan Eyst. Ásgr. Wis. 91; 35,7.
offrast kaus fyr oss at vísu Eyst. Ásgr. Wis. 92; 36,7.
Jesúm tigna engla rásir Eyst. Ásgr. Wis. 92; 40,1.
fýsir mik því framat æsa Eyst. Ásgr. Wis. 92; 42,7.
fúsir hlupu ok fundu Jesúm Eyst. Ásgr. Wis. 92; 49,1.
Jesú minn ef letvit læsi Eyst. Ásgr. Wis. 95; 59,3.
signat ljós hinn sæti Jesú Eyst. Ásgr. Wis. 95; 63,1.
svá fýsumst enn sæti Jesú Eyst. Ásgr. Wis. 97; 80,1.
vindbýsna skaltu vísi Þjóþ. hv. Hkr 75,26*b*.
rógeisu vann ræsir Glúmr Geir. Hkr. 86,32*b*.
dólgeisu rak dísar Glúmr Geir. Hkr. 87,1*a*.
almdrósar fór eisu Guth. s. Hkr. 88,7*a*.
rógeisu gekk ræsir Guth. s. Hkr. 102,3*a*.
þursa tés frá þvísa Eyv. sk. Hkr. 112,12*a* (*bós* Fgrsk. 30).

vesa máttu af því vísi Þorl. rauþf. Hkr. 170,3*b*.
vísi vægþarlausum Ótt. sv. Hkr. 227,18*a*.
gnýs meþ gǫfgum ræsi Sighv. sk. Hkr. 253,6*a*.
vísa segl í vási Sighv. sk. Hkr. 274,21*a*.
hesta rás ór húsum Sighv. sk. Hkr. 275,3*b*.
húsbúnaþi at hrósa Sighv. sk. Hkr. 310,3*b*.
þolþak vas hve vísur Sighv. sk. Hkr. 310,8*a*.
haus í heimi þvísa Sighv. sk. Hkr. 378,3*b*.
ljós es raun at ræsir Bjarni gullbr. Hkr. 447,1*b*.
Ýs hafi allir húsa Þorm. Kolbr. Hkr. 474,6*b* (*íss Kph.* II, 343; *uss Pering.* I, 766; *yss Flb* II, 339; *ys taki yss AE Ol. S. menbr.*).
hann fekk læs af ljósum Sighv. sk. Hkr. 508,31*b*.
fréttik smás þót smæstis Sighv. sk. Hkr. 522,9*b*.
hrósak helgi ræsis Sighv. sk. Hkr. 523,13*a*.
fús tók ǫld viþ ósi Arn. jarl. Hkr. 529,28*b*.
hús namtu hvert ok eisu Þjóþ. sk. Hkr. 540,5*b*.
drýgt hǫfum vás fyr vísa Þjóþ. sk. Hkr. 543,3*b*.
gaus hár logi ór húsum Menn Har. harþr. Hkr. 572,24*b*.
læsir leiþangrs vísi Þjóþ. sk. Hkr. 592,27*a*.
nús um verk þaus vísi Þjóþ. sk. Hkr. 607,5*a*.
rás fyr rǫskum vísa Steinn Herd. Hkr. 615,20*b*.
vás launar svá vísi Steinn Herd. Hkr. 635,21*b*.
hús sveiþ Hǫrþa ræsir Bjǫrn krepph. Hkr. 638,12*a*.
róggeisla vann ræsir Bjǫrn krepph. Hkr. 646,34*a*.
hví samir hitt at dúsa Eldjárn Hkr. 652,1*a*.
vásǫflugr réþ vísi Ein. Skúl. Hkr. 662,16*a*.
vígásum hlóþ vísi Halld. skv. Hkr. 663,11*a*.
folk þeysandi fýsask Halld. skv. Hkr. 664,3*b*.
esat um allvalds rísnu Ein. Skúl. Hkr. 667,5*a*.
síþan kaus um sómdar fúsa Sturla Kgs. 445,10*b*.
lýsa munk hve ljósa Kolli Hkr. 726,30*a*.
svás ef Rauma ræsir Ein. Skúl. Hkr. 744,3*b*.
reisum vé fyr vísa Blakkr Kgs. 111,8*a*.
dasinn lá at viþ dísi Jatg. Kgs. 286,19*b*.
léztu ræsir gim geisa Ól. hvít. Kgs. 303,30*a*.
ógnar skýs í Osló Sturla Kgs. 312,10 (*yss gerdiz í Oslo Flb* III, 78).
lýsa tók af herskips hausum Sturla Kgs. 432,26*b*.
rísa tóku roþnir hausar Sturla Kgs. 439,17*a*.
her lýsik veg vísa Sturla Kgs. 458,6*b*.
blés á bǫþfúsa Sturla Kgs. 473,2*a*.

sk : *sk.*

hafit maþr ask ne eski Korm. Ǫgm. Wis. 26; 5,1.
styrr þreifsk stóriaska Hallarst. Wis. 48; 22,3 (vgl. S. 82).

askr fell álms enn rǫskvi Haukr Vald. Wis. 79; 3,7.
rimmu askr viþ rǫskva Hofg. Hkr. 491,26*a*.
drósk harmvesalt hyski Valg. Hkr. 560,10*b*.
yþvarr þroski gengr óskunn Sturla Kgs. 458,11*b*.
æskik þína mikla miskunn Eyst. Ásgr. Wis. 87; 2,1.

sl : sl.

guþ sýslir þat gisla Anon. Hkr. 603,16*a*.
hallgeislat rauþ hvatt í Oslu Ól. hvít. Kgs. 585,4.

ss : ss.

ek vissa þó ossum Sighv. sk. Wis. 42; 7,7.
oss samir enn at þessu Ein. Skúl. Wis. 54; 10,1 (*ǫld samir Ólafs gilda Flb* I, 2, Strophe 10,3 *Flb* : *oss at odgerd þessi*).
heims þessa frák hvassan Ein. Skúl. Wis. 55; 17,5.
oss at Óláfs messu Ein. Skúl. Wis. 57; 35,3.
áþr þrek hvǫssum þessa Ein. Skúl. Wis. 59; 49,4 (*þrifhuassis Flb* I, 5).
ljóssi í lífi þessu Ein. Skúl. Wis. 61; 64,3.
þróttarhvass at þessum Ein. Skúl. Wis. 61; 66,3.
fáviss er sá, (e)'þ feþgin þessi Eyst. Ásgr. Wis. 88; 9,7.
þressat vatn í himininn hvassa Eyst. Ásgr. Wis. 88; 10,5.
móþir oss er Márju þessi Eyst. Ásgr. Wis. 90; 25,1.
þessir negldu Krist á krossinn Eyst. Ásgr. Wis. 93; 49,7.

ss : s.

hriþar áss at hrósa Ein. Skál. Wis. 29; 23,3.
áss skaut ægigeislum Ulfr Ugg. Wis. 29; 3,3.
áss hrimnis fló drósar Eil. Guþr. Wis. 32; 16,6 (!).
fúss emk þvít vann vísi Ein. Skúl. Wis. 55; 18,1.
áss um allar sýslur Eyj. Daþ. Hkr. 200,7*b*.
þági vas sem þessum Sighv. sk. Hkr. 253,4*b* (oder *vas sem?*).
fúss lézk falla ræsir Arn. jarl. Hkr. 529,3*b*.
fúss lét á Ré ræsir Arn. jarl. Hkr. 536,25*a*.
vas fyr Mikjálsmessu Oddr Kik. Hkr. 543,27*a*.
láss hélt líki drósan Valg. Hkr. 560,12*b*.
hlakkar íss ok hausar Har. harþr. Hkr. 620,13*b*.
fúss vas fremþar ræsir Halld. skv. Hkr. 665,30*b*.

st : st.

hristusk bjǫrg ok brustu Þjóþ. hv. Wis. 10; 16,3.
ok viþ frost at freista Ein. Skál. Wis. 28; 18,1.
kostigr réþ at kesti Ulfr Ugg. Wis. 30; 6,1.
hrafnfreistaþar hesti Ulfr Ugg. Wis. 30; 6,3.
þás funhristis fasta Eil. Guþr. Wis. 31; 12,5.

laust of fǿrþr í fasta Eil. Guþr. Wis. 32; 13,5.
né líþfǫstum Lista Eil. Guþr. Wis. 32: 19,5.
hraustr þás herskip glǿsti Hallfr. v. Wis. 33; 1,3.
hykk víst til mjǫk mistu Hallfr. v. Wis. 35: 3,1.
mest í málma gnaustan Hallfr. v. Wis. 35; 4,7.
mest þars málmar gnustu Hallfr. v. Wis. 37; 26,3.
hann rauþ ǿstr fyr austan Hallfr. v. Wis. 38; 1,7.
enn austr viþ lá leysti Hallfr. v. Wis. 38; 3,5.
nú hef orrostur austan Hallfr. v. Wis. 39; 9,5.
þjóþ hélt fast á fóstra Hallfr. v. Wis. 42; 4,5.
folkorrostu at freista Hallfr. v. Wis. 42; 9,3.
grǿþi lostins goþi et mǿsta Arn. jarl. Wis. 45; 9,7.
hvast skaut hlífar brustu Hallarst. Wis. 49; 23,1.
flaustum lukþi folka treystir Mark. Skeggj. Wis. 52; 24,1.
flestir ugþu foldvǫrþ hraustan Mark. Skeggj. Wis. 53; 32,7.
Kristr rǿþr krapti hǿstum Ein. Skúl. Wis. 54; 4,3.
Krists lifir hann í hǿstri Ein. Skúl. Wis. 55; 11,3.
hraustr þiggr alt sem ǿstir Ein. Skúl. Wis. 55; 18,7 u. ö. (*rauskr*: *ǿskir* Flb I, 3).
fremþarlystr ok fasta Ein. Skúl. Wis. 56; 25,3.
víst hafþi liþ lestir Ein. Skúl. Wis. 57; 32,1.
Krists mǿrik lim leysta Ein. Skúl. Wis. 57; 33,3.
misti maþr es lýsti Ein. Skúl. Wis. 59; 48,1.
hilmis ást ens hǿsta Ein. Skúl. Wis. 61; 67,7.
ǫflugs Krists af ástum Ein. Skúl. Wis. 61; 68,7.
hreysti maþr at flestu Bjarni Kolb. Wis. 68; 8,6.
víst ofrhugi enn mesti Bjarni Kolb. Wis. 69; 9,8.
geysta vápna brestu Bjarni Kolb. Wis. 70; 25,8.
gifrs hesta brú fǫstu Bjarni Kolb. Wis. 72; 55,6.
hraustr meþ þungar kistur Bjarni Kolb. Wis. 72; 36,6.
hraustr Gullbúi kistur Bjarni Kolb. Wis. 72; 37,4.
austr fekk haldit hǿsta Haukr Vald. Wis. 80; 12,3.
ǿsti ungr meþ fóstra Haukr Vald. Wis. 80; 13,1.
hraustr vas lofþa lestir Haukr Vald. Wis. 80; 17,3.
hvast frák hjalms at ǿsti Haukr Vald. Wis. 81; 21,1.
hreinsaþ brjóst ok leiþ meþ listum Eyst. Ásgr. Wis. 87; 2,5.
fýstist hann meþ ofsa ǿstum Eyst. Ásgr. Wis. 88; 8,1.
léttan blástr af lopti mǿsta Eyst. Ásgr. Wis. 88; 11,3 (*hǿsta* CD).
víst ok ǿru vald ok ástir Eyst. Ásgr. Wis. 88; 13,3.
því treystist hann framt at freista Eyst. Ásgr. Wis. 89; 17,3.
remman brast af rót í kvistu Eyst. Ásgr. Wis. 89; 20,1.
þessi ástvinrinn Jesú Kristi Eyst. Ásgr. Wis. 92; 37,5.
þystir hann ok er fǫlr af fǫstum Eyst. Ásgr. Wis. 92; 42,1 (*þyrstr* ACD), vgl. S. 83.
því treystumst ek framt at freista Eyst. Ásgr. Wis. 93; 43,7.

þessu næst hins hæra Kristi Eyst. Ásgr. Wis. 93; 46,1.
yfirmeistarinn allra lista Eyst. Ásgr. Wis. 94; 51,1.
flestir allir flýþu Kristi Eyst. Ásgr. Wis. 94; 53,3.
þrútnar brjóst enn hjartat hristit Eyst. Ásgr. Wis. 94; 54,5.
Kristur þik er fannt í fystu Eyst. Ásgr. Wis. 96; 66,5 (*fyrst* B), vgl. S. 83.
gnísta tennr í fýlu ok frosti Eyst. Ásgr. Wis. 96; 73,3.
berist um fast svát búkinn hristi Eyst. Ásgr. Wis. 97; 75,3.
festist ok meþ fjúki lasta Eyst. Ásgr. Wis. 97; 78,1.
laust aldigri þú lát mik Kriste Eyst. Ásgr. Wis. 98; 81,1.
á treystandi Jesú Kriste Eyst. Ásgr. Wis. 98; 82,3.
lystiligu at leiþar nesti Eyst. Ásgr. Wis. 98; 83,7.
Márja hreistu mjólk ór brjóstum Eyst. Ásgr. Wis. 98; 87,1.
enn kross festi kraptr enn hæsti Eyst. Ásgr. Wis. 100; 96,1.
saunri ást af sætu brjósti Eyst. Ásgr. Wis. 100; 99,1.
nausta blakks hit næsta Þórþr Sjár. Hkr. 105,14*b*.
austr rauþ jǫfra þrýstir Glúmr Geir. Hkr. 121,7*a*.
hraustr þás herr fór vestan Þórþr Kolb. Hkr. 170,27*b*.
lofak fasta tý flestir Þórþr Kolb. Hkr. 217,30*a*.
næst gaf sína systur Sighv. sk. Hkr. 230,26*b*.
valfasta bjóttu vestan Ótt. sv. Hkr. 234,12*a*.
ek tók lystr ne lastak Sighv. sk. Hkr. 248,32*a*.
odda frosts fyr austan Sighv. sk. Hkr. 252,14*b*.
þvít kvistingar kostu Sighv. sk. Hkr. 252,19*b*.
hæst at hverjum kosti Bersi Hkr. 254,10*b*.
hestr óþ kafs at kostum Sighv. sk. Hkr. 274,23*a*.
enn í haust þar's hestar Sighv. sk. Hkr. 274,23*b*.
vasa fýst es rann rastir Sighv. sk. Hkr. 307,32*a* (*fyrst* Kph II, 124; OHS 80; Flb II, 113).
mista ek fyr austan Sighv. sk. Hkr. 308,25*b*.
ástabús es æstak Sighv. sk. Hkr. 308,27*b*.
austr til jǫfra þrýstis Sighv. sk. Hkr. 309,3*b*.
austr sás eyjum vestan Ótt. sv. Hkr. 334,23*b*.
vastu þars vígs baþ kosta Bjarni gullbr. Hkr. 446,32*a*.
austr réþ allvaldr rista Bjarni gullbr. Hkr. 456,11*a*.
jǫfurr kreisti sá austan Sighv. sk. Hkr. 488,34*a*.
mest frák merkjum næstan Sighv. sk. Hkr. 490,29*a*.
orrostu frák austan Sighv. sk. Hkr. 491,33*b*.
reynþr vas flest í fastri Þorm. Kolbr. Hkr. 497,21*b*.
hvast beit hjarta et næsta Þorm. Kolbr. Hkr. 498,11*b*.
hraustr þás herskip glæsti Arn. jarl. Hkr. 515,9*b*.
austr es Ástríþ lýsti Sighv. sk. Hkr. 516,24*a*.
mest meþ mátkum Kristi Sighv. sk. Hkr. 516,24*b*.
austan komtu meþ allra hæstum Arn. jarl. Hkr. 517,17*a*.
því emk sem bast í brjósti Sighv. sk. Hkr. 521,23*a*.

enn lystir mik austan Sighv. sk. Hkr. 522,9*a*.
fastligr hneigþi fúru glæstri Arn. jarl. Wis. 45; 10,3 (Hkr. 529,22*a*; *furu geystri* Fms. VI, 47; Flb III, 271).
hæstan kynduþ hlenna þrýstir Arn. jarl. Hkr. 532,32*a*.
flaustum vas þá flóþ of ristit Arn. jarl. Hkr. 532,24*b*.
hvást frák Haugi hit næsta Þjóþ. sk. Hkr. 546,7*a*.
austr vast ár hit næsta Bǫlv. sk. Hkr. 547,3*b*.
reist eikikjǫlr austan Þjóþ. sk. Hkr. 559,22*a*.
brast ríkula ristin Valg. Hkr. 560,10*a*.
skánn jast ór osti Anon. Hkr. 570,24*a*.
vestr réþ ór Niþ næsta Þjóþ. sk. Hkr. 592,12*a*.
Haraldr þeysti nú hraustla Þjóþ. sk. Hkr. 593,3*a*.
lystr fyr leiþangrs brjósti Þjóþ. sk. Hkr. 593,31*b*.
fast baþ fylking hrausta Þjóþ. sk. Hkr. 594,1*a*.
næst vas þat's réþ rísta Steinn Herd. Hkr. 594,28*b*.
rísta gulli glæstir Anon. Hkr. 602,19*a*.
sýstut suþr þar's æstu Anon. Hkr. 602,24*a* (*sú stóþ* : *Svía* Fms VI, 331).
laust hertoga hristir Þjóþ. sk. Hkr. 606,28*a*.
víst es at allvaldr austan Trollk. Hkr. 612,30*a*.
víst hefr Valþjóþ hraustan Þork. Skall. Hkr. 624,19*a*.
vestu nú þótt kjǫl kosti Eldjárn Hkr. 652,3*a*.
austr's til hár í hesti Eldjárn Hkr. 652,3*b*.
treystusk egg fyr austan Halld. skv. Hkr. 664,14*a*.
tóku hrast í hristar Ein. Skúl. Hkr. 668,6*a*.
lystr ok leiri kastat Þór. stuttf. Hkr. 687,3*a*.
hraustr gaf hræskúfs nistir Ein. Skúl. Hkr. 742,5*b*.
geystr þvít Gautar fýstu Sturla Kgs. 320,13*b*.
austr þars jǫfrar treystusk Sturla Kgs. 325,8*a*.
ræstir þrungu jǫfra østum Ól. hvít. Kgs. 385,6.
austan sendi gulli glæsta Sturla Kgs. 422,1*a*.
fyst kom fura lestir Sturla Kgs. 427,27*a* (vgl. S. 83).
hæstan kyndu hirþmenn traustir Sturla Kgs. 433,24*a*.
gneistum hratt fyr Elfi austan Sturla Kgs. 434,6.
fasti rauþ yfir flota glæstum Sturla Kgs. 439,17*b*.
lauþ af liþfǫstum Sturla Kgs. 465,18*a*.
leysti langrastar Sturla Kgs. 466,17*a*.
lýstisk hæstum Sturla Kgs. 466,17*b*.
fyst tók fjǫrleystum Sturla Kgs. 467,7*a*.
austan orrostu Sturla Kgs. 471,26*a*.
leysti ldbrostinn Sturla Kgs. 472,34*b*.
flaust ór frónlæstum Sturla Kgs. 472,36*b*.

str : *str*.

nú lifir hraustr í hæstri Ein. Skúl. Wis. 61; 63,5.
þá varþ fastr viþ fóstra Þjóþ. hv. Wis. 9; 7,1.

t : t.

flaut of set viþ sveita Brage Wis. 2; 4,1.
bøti-Þrúþr at móti Brage Wis. 2; 9,2.
brautar þvengr enn lióte Brage Ger. 24; 18,2.
þá's forns Litar flotna Brage Ger. 25; 21,1.
hvat kvaþ hapta snytrir Þjóþ. hv. Wis. 9; 3,3 (*haptsnyrtir* W).
hlaut af helgum skutli Þjóþ. hv. Wis. 9; 3,3 (*hlut* AM 308).
át af eiki rótu Þjóþ. hv. Wis. 9; 6,3.
sveita nagr svát slitna Þjóþ. hv. Wis. 9; 8,3.
gǫrla lítk á Geitis Þjóþ. hv. Wis. 9; 20,5.
áþr út á mar møtir Þorbj. hornkl. Wis. 14; 3,5.
auk oddneytir úti Ein. Skál. Wis. 26; 1,1.
þat fær þjóþar snytri Ein. Skál. Wis. 27; 5,7.
ok til móts á Meita Ein. Skál. Wis. 28; 14,1.
þás bǫlkveitir brjóta Eil. Guþr. Wis. 31; 4,5.
urþar þjróts þars eitri Eil Guþr Wis. 31; 5,7.
viþ skyld-Breta skytju Eil. Guþr. Wis. 31; 11,7.
herblótinn vá hneitir Eil. Guþr. Wis. 32; 19,1.
ítra eina at láta Hallfr. v. Wis. 33; 6,3.
ok geirrótu gǫtrar Hallfr. v. Wis. 33; 7,1.
ólítil brestr úti Hallfr. v. Wis. 33; 8,1.
eigi látask ýtar Hallfr. v. Wis. 35; 11,1.
snotr af snøris vitni Hallfr. v. Wis. 36; 18,7 (*a snæru otri* Flb I, 494; *vitru* Ólafs s. Odd. 64).
geta þykkjat mér gotnar Hallfr. v. Wis. 37; 23,7.
þás ólítill úti Sighv. sk. Wis. 38; 4,5.
veitk at víga møtir Sighv. sk. Wis. 39; 8,1.
hét sás fell á Fitjum Sighv. sk. Wis. 42; 4,1.
tármútaris teitir Sighv. sk. Wis. 43; 12,7.
lét lýrgǫtu Sighv sk. Wis. 40; 2,5 (*let ser lydr Gauta* Flb II, 276).
þá lét skjótla Sighv. sk. Wis. 40; 5,5 (*skjóta* Fms IV, 359 Anm. 2; *snarpla* Flb II, 279; Fgrsk. 81; *skarpla* Ohs 49; OHS 163; Fms IV, 359).
út andskota Sighv. sk. Wis. 41; 6,7.
Jótlands etask Sighv. sk. Wis. 41; 8,3 (*er laut* Ohs 50).
at lét hinn's sat Sighv. sk. Wis. 41; 11,2.
blóthús brenna láta Hallarst. Wis. 47; 9,3.
eggmóts eigi lítil Hallarst. Wis. 47; 10,7.
nýtr herr Nóregs gætis Hallarst. Wis. 48; 19,5.
ben lét bǫrþusk ýtar Hallarst. Wis. 48; 21,5.
ágætan býþk ítrum Ein. Skúl. Wis. 53; 1,7.
ítr þanns Óláfr heitir Ein. Skúl. Wis. 54; 7,3.
helgum lýtk es hétu Ein. Skúl. Wis. 55; 12,7.
lét sás landfolk gætir Ein. Skúl. Wis. 55; 16,5.
auþarnjótr es ýtar Ein. Skúl. Wis. 56; 23,3.

lét jarplitaþs átu Ein. Skúl. Wis. 57; 29,1.
hodda brjót þars heitir Ein. Skúl. Wis. 58; 37,7.
veitk at Vinþr fyr skauti Ein. Skúl. Wis. 58; 40,1.
hneitir frák at héti Ein. Skúl. Wis. 58; 43,1.
hétu hart á ítran Ein. Skúl. Wis. 60; 54,1.
lúti landfolk ítrum Ein. Skúl. Wis. 61; 66,5.
óteitan mik sútar Bjarni Kolb. Wis. 68; 3,2.
ágæta sér leita Bjarni Kolb. Wis. 69; 11,4.
heitstrengingar gátu Bjarni Kolb. Wis. 69; 11,6.
ǫlteiti vas lítil Bjarni Kolb. Wis. 69; 11,8.
ítrmanns konan teiti Bjarni Kolb. Wis. 69; 15,4 u. ö.
ýtar fimm at móti Bjarni Kolb. Wis. 70; 22,8.
sveit Hákoni á móti Bjarni Kolb. Wis. 70; 24,4.
ýtum grimmr at blóta Bjarni Kolb. Wis. 71; 30,6.
ýtum skýja grjóti Bjarni Kolb. Wis. 71; 32,6.
frák nýta sér sveita Haukr Vald. Wis. 79; 7,7.
ítr baþ Eiríkr leitask Haukr Vald. Wis. 80; 15,5.
sveitir kendu allvalds útan Mark. Skeggj. Wis. 51; 12,7.
hljótum vér þaz hag várn bøtir Mark. Skeggj. Wis. 51; 13,3.
sætast ykkur blóm at bíta Eyst. Ásgr. Wis. 89; 16,3.
rak þau braut af sæmdarsæti Eyst. Ásgr. Wis. 89; 19,3.
rót ilmandi lítillætis Eyst. Ásgr. Wis. 90; 25,5.
hjǫrtun játi falli ok fljóti Eyst. Ásgr. Wis. 91; 32,1.
því flýtandi sínum sveitum Eyst. Ásgr. Wis. 93; 47,7.
út af hjartans innstum rótum Eyst. Ásgr. Wis. 93; 50,3.
fátalaþr meþ lítillæti Eyst. Ásgr. Wis. 94; 52,5.
þó grét hon nú sárra súta Eyst. Ásgr. Wis. 94; 56,1.
lát mik þinnar lausnar njóta Eyst. Ásgr. Wis. 94; 57,3.
enn í andláti Jesú sæta Eyst. Ásgr. Wis. 95; 60,1.
hlaut óvinrinn laust at láta Eyst. Ásgr. Wis. 95; 61,7.
mitt eitt veit ek líf hit ljóta Eyst. Ásgr. Wis. 97; 76,3.
hrygþin slitr af hjarta rótum Eyst. Ásgr. Wis. 97; 77,7.
fyrlátiþ mér faþir hinn sæti Eyst. Ásgr. Wis. 97; 79,1.
því lýt ek nú þér at fótum Eyst. Ásgr. Wis. 97; 79,5 (*sýti* CF-J. *sýt* D).
lítast mér sem liggi þrútit Eyst. Ásgr. Wis. 97; 80,3.
svát grátandi fúss at fótum Eyst. Ásgr. Wis. 98; 81,5.
vef þú ágætu verndar skauti Eyst. Ásgr. Wis. 98; 86,7.
tungusætr ef einn hverr ýta Eyst. Ásgr. Wis. 99; 92,1.
viþr ok grjót sem steinar ok stræti Eyst. Ásgr. Wis. 99; 94,1.
orma sveit ok akrar hvítir Eyst. Ásgr. Wis. 99; 94,3.
þá látiþ mik þessa njóta Eyst. Ásgr. Wis. 100; 96,5.
veri kátar nú virþa sveitir Eyst. Ásgr. Wis. 100; 97,1.
verpr Geitis vegr grjóti Þjóþ. hv. Hkr. 75,28*a*.
mætr hlóþ mildingr Jótun Guth. s. Hkr. 87,35*a*.

nú tregr gætigauta Glúmr Geir. Hkr. 102,27*b*.
framm halt njótr at nýtum Eyv. sk. Hkr. 106,7*b*.
veitk at beit hinn betri Eyv. sk. Hkr. 106,15*a*.
látom langra nóta Eyv. sk. Hkr. 123,25*a*.
ítr þær's upp um róta Eyv. sk. Hkr. 123,27*b*.
gætir glamma sóta Glúmr Geir. Hkr. 134,23*a*.
enn veitk at hefr heitit Glúmr Geir. Hkr. 136,29*b*.
meita fór at móti Eyj. Daþ. Hkr. 140,8*a*.
ulfteitir gaf átu Eyj. Daþ. Hkr. 140,14*a*.
þás úlítill útan Þórþr Kolb. Hkr. 155,8*b*.
þeirs gátu sjá slíta Þórþr Kolb. Hkr. 156,3*b*.
sleit at sverþa móti Eyj. Daþ. Hkr. 199,14*b*.
gætinjǫrþr viþ Gauta Eyj. Daþ. Hkr. 200,3*b*.
út bauþ jǫfra hneitir Halld. ókr. Hkr. 206,6*a*.
þar's til móts viþ møti Skúli Þorst. Hkr. 211,21*b*.
hét á heiftar nýta Halld. ókr. Hkr. 215,5*a*.
veitk fyr Erling útan Þórþr Kolb. Hkr. 217,28*a*.
búum úlítinn áta Bersi Hkr. 254,14*b* (*úti Flb* II, 45; *OHS* 41).
kátr vask oft þás úti Sighv. sk. Hkr. 274,19*a*.
út þar's eisa létum Sighv. sk. Hkr. 274,25*a*.
fyr ágætu úti Sighv. sk. Hkr. 274,21*b*.
út munu ekkjur líta Sighv. sk. Hkr. 275,1*a*.
lýtandi hefr ljótu Ótt. sv. Hkr. 284,22*a*.
braut hafit bǫþvar þreytir Ótt. sv. Hkr. 284,30*a*.
at unz ek kem vitja Sighv. sk. Hkr. 307,18*a*.
guþ láti þik gæta Sighv. sk. Hkr. 307,20*b*.
létk til hafs á hrúti Sighv. sk. Hkr. 307,29*b*.
út hverr's Ǫlvir heitir Sighv. sk. Hkr. 308,27*a*.
grefs leit viþ mér gætir Sighv. sk. Hkr. 308,29*a*.
út vask eitt kveld heitinn Sighv. sk. Hkr. 308,31*b*.
fótr á fornan brautir Sighv. sk. Hkr. 309,14*b*.
létk viþ yþr hinn ítri Sighv. sk. Hkr. 310,11*a*.
brýtr annar gramr úti Sighv. sk. Hkr. 414,28*b*.
útan varþk áþr enn Jóta Sighv. sk. Hkr. 416,22*a*.
viþ ágætan Jóta Þórþr Sjár. Hkr. 422,27*a*.
skaut nær skarpt at móti Þórþr Sjár. Hkr. 422,25*b*.
skjótum eik fyr útan Hárekr Hkr. 428,30*a*.
út býþr allvaldr sveitum Sighv. sk. Hkr. 437,18*a*.
ráþ eru ljót ef láta Sighv. sk. Hkr. 437,18*b*.
Knútr verr grund sem gætir Þór. loft. Hkr. 440,15.
út ólítinn Þór. loft. Hkr. 440,28*a*.
út réþ Erlingr skjóta Þór. loft. Hkr. 444,1*a* (*setja Kph.* II, 303).
gátut griþar sóta Bjarni gullbr. Hkr. 446,32*b*.
hlautk frá Sult en sæta Jǫkull Hkr. 454,21*a*.
braut komumk vér þót veitim Þorm. Kolb. Hkr. 478,1*b*.

loghreytǫndum líta Sighv. sk. Hkr. 491,3*a* (*lofrækendum Flb* II, 355).
undr láta þat ýtar Sighv. sk. Hkr. 491,30*a*.
hauka setrs hin hvíta Þorm. Kolbr. Hkr. 497,33*a* (*um hættinn Ohs* 73; *hauclatrs OHS* 222).
út réttu allvaldr skjóta Þjóþ. sk. Hkr. 516,31*a*.
enn þrítugt skip þrautar Þjóþ. sk. Hkr. 516,33*a*.
þar's flaut und niþ nýtum Sighv. sk. Hkr. 521,13*a*.
hafa láti mik heitan Sighv. sk. Hkr. 521,28*a*.
ljótu dreif á lypting utan Arn. jarl. Hkr. 529,20*a*.
flaut þá's feigir létu Þjóþ. sk. Hkr. 538,34*b*.
lézt eigi þú litla Þjóþ. sk. Hkr. 540,5*a*.
nefa Knúts vas þá nýtum Þjóþ. sk. Hkr. 540,9*a*.
hizig laut es heitir Þjóþ. sk. Hkr. 541,17*a*.
mætr hélt mǫrgu spjóti Þjóþ. sk. Hkr. 541,17*b*.
skýtra skeifum fóti Þjóþ. sk. Hkr. 542,15*b*.
bitu fíkula fjǫtrar Valg. Hkr. 560,14*b*.
ítr enn ǫnnur skreytir Þjóþ. sk. Hkr. 560,33*b*.
lét aldregi úti Grani Hkr. 571,1*a*.
lýtr folkstara feiti Þjóþ. sk. Hkr. 577,28*b*.
þat sem þú vili gotnum Þjóþ. sk. Hkr. 577,30*b*.
lýtendr kveþa lítit Har. harþr. Hkr. 586,34*b*.
út þars ekkjur líta Þjóþ. sk. Hkr. 592,10*a*.
sorgar veit áþr slíti Þjóþ. sk. Hkr. 592,16*a*.
út 's sem innan líti Þjóþ. sk. Hkr. 592,18*b*.
neytir þá til þrautar Þjóþ. sk. Hkr. 593,33*a*.
lét vingjafa veitir Þjóþ. sk. Hkr. 593,31*a*.
nýtr fyr Nizi útan Þjóþ. sk. Hkr. 594,3*b*.
hét á oss þá's úti Steinn Herd. Hkr. 594,8*a*.
heit blés und fyr útan Steinn Herd. Hkr. 595,3*b*.
nýtr baþ skjǫldungr skjóta Steinn Herd. Hkr. 595,7*a*.
þat brá feigra flotna Steinn Herd. Hkr. 595,9*b*.
hremsur lét á hvítar Þjóþ. sk. Hkr. 595,16*a*.
farskostr hlaut at fljóta Arn. jarl. Hkr. 596,1*b*.
út hefra liþ lítit Anon. Hkr. 602,17*b*.
láta þeir es þvæta Anon. Hkr. 602,33*b* (*þetta Fris.* 235,5*a*).
mót viþ marga knútu Trǫllk. Hkr. 612,32*a*.
hlautk þvít heima sátum Anon. Hkr. 613,23*a*.
hundraþ lét í heitum Þork. Skall. Hkr. 624,7*a*
ímleitum fekksk áta Þork. Skall. Hkr. 624,9*b*.
nýtr fekk nesjum útar Bjǫrn krepph. Hkr. 647,25*b*.
hvat's hér í heimi betra Magn. berf. Hkr. 654,25*a*.
skreytask menn á móti Magn. berf. Hkr. 654,27*b*.
ut frák yþr þar's heitir Halld. skv. Hkr. 664,3*a*.
getk þess's gramr fór vitja Ein. Skúl. Hkr. 667,8*a*.

hvat hefk heldr enn tǫtra Þór. stuttf. Hkr. 686,6*b* (*tǫttra* Fris. 299,10*b*).
þrim skútum tók þreytir Ein. Skúl. Hkr. 742,3*a*.
sveit varþ í rym rítar Ein. Skúl. Hkr. 766,18*b*.
Knútr verr grund sem gætir Þór. loft. Hkr. 440,16.
látum brýndan hjǫr bíta Blakkr Kgs. 111,10*a*.
vitum at vánir betri Blakkr Kgs. 120,31*b*.
ýtar reistu merki á móti Baglar Kgs. 111,27*b*.
ýtar reistu merki á móti Birkib. Kgs. 111,32*b*.
Gunnar skaut und gera fótar Snorri Sturl. Kgs. 281,23*b*.
Knútr réþ bág at brjóta Sturla Kgs. 320,11*b*.
vitr lét virki brjóta Sturla Kgs. 325,6*a*.
þat veitk at galt Gautum Sturla Kgs. 325,6*b*.
ǫþlings heit viþ allvald nýtan Ól. hvít. Kgs. 344,3*a* (*mætan* Fris. 485).
ýtar brugþusk jǫfri mætum Ól. hvít. Kgs. 344,3*b*.
nafnbótr jók sá's Nóregs gætir Ól. hvít. Kgs. 349,7*b*.
bjǫrtu heiti bǫþvar fljótan Ól. hvít. Kgs. 349,9*b*.
veitk at vart hefir Knúti Ól. hvít. Kgs. 374,13*b*.
þrútin lágu veþr á vatni Ól. hvít. Kgs. 380,6*b*.
ýtum þóttit leiþangr lítill Sturla Kgs. 426,19*a*.
eigi sátut jǫfra hneitir Sturla Kgs. 432,12*a*.
mætum hélt fyr Elfi útan Sturla Kgs. 432,12*b*.
Gautar spurþu leiþangr ljótan Sturla Kgs. 432,26*a*.
valgrammr sleit at vápna móti Sturla Kgs. 433,16*a*.
ýta rann af stórlig stræti Sturla Wis. 83; 11,7.
naþrs glóstrætis njótum Giz. Þorv. Kgs. 441,30.
víþa hrjóta veglig mæti Sturla Kgs. 461,30*b*.
báta baugnjótar Sturla Kgs. 472,3*a*.
sveit hinn sigrmæti Sturla Kgs. 473,13*a*.
leit at brynmóti Sturla Kgs. 474,30*b*.

tn : *tn*.

at veg jǫtna vitni Ein. Skál. Wis. 27; 8,5.
vatnørum hefik vitni Sighv. sk. Hkr. 521,28*b*.
vatn léztu vísi slitna Þjóþ. sk. Hkr. 562,25*a*.
vitnis fell meþ vatni Ein. Skúl. Hkr. 766,18*a*.

tr : *tr*.

gatat mar njótr enn neytri Eil. Guþr. Wis. 31; 7,3
setrs víkingar snotrir Eil. Guþr. Wis. 31; 8,3.
ítr munat ǫþlingr betri Ein. Skúl. Wis. 56; 21,3.
ágætr segiþ ítran Ein. Skúl. Wis. 62; 71,5.
teitr sák okkr í ítri Sighv. sk. Hkr. 252,27*a*.
Knútr hefr okkr hinn ítri Sighv. sk. Hkr. 377,17*a*.
Knútr spurþi mik mætra Sighv. sk. Hkr. 430,4*a*.

heitr vas hafsætra Sturla Kgs. 470,9*a.*
blár ok ljótr í ǫfundar eitri Eyst. Ásgr. Wis. 97; 77,3.

ts : ts (z : z).

ats viþ Útstein hizig Sighv. sk. Hkr. 445,5*b* (*sniallr : illa Flb* II, 310; *atz : hitri OHS* 183).

tst : tst (zt : zt).

vazt-rǫdd enn mér baztan Brage Wis. 118; 14,2 (*vatz rǫþla* Cod. *Reg., vazt Worm.* vgl. *Wis.* II, 310 *sub vǫzt).*
óztr ok ætt gat bezta Sighv. sk. Wis. 40; 15,7.
brauztu viþ bragning nýztan Bjarni gullbr. Hkr. 493,15*a.*
brauztu und Mikjál mæztan Jllugi Brynd. Hkr. 550,6*a.*
skauztu und farm hinn frízta Valg. Hkr. 559,7*a* (*fyrsta Pering* II, 74 D; *frídstom E).*

tstr : tstr (ztr : ztr).

jǫfra baztr til óztrar Ein. Skúl. Wis. 54; 5,3.

tt : tt.

svá lét æ þótt ætti Brage Wis. 2; 9,5.
flótta gekk til fréttar Ein. Skál. Wis. 28; 21,1.
knáttu Jólnis ættir Eil. Guþr. Wis. 31; 7,5.
hættr vas hersa dróttinn Hallfr. v. Wis. 34; 4,5.
átti eingadóttur Hallfr. v. Wis. 33; 5,3.
sótti herr þars hætti Hallfr. v. Wis. 35; 5,1.
gótt es gǫrva at fréttar Hallfr. v. Wis. 36; 17,1.
Surts ættar vinnk sléttan Hallfr. v. Wis. 36; 17,7 (*satt mun itr um slettan Flb* I, 493).
hætt's til hans at frétta Hallfr. v. Wis. 36; 19,7.
vættik virþa dróttins Hallfr. v. Wis. 37; 26,7.
hykk ætt at frétt Sighv. sk. Wis. 40; 2,2.
máttut dróttnar Sighv. sk. Wis. 40; 5,1 (*gátut Flb* II, 279; *OHS* 163; *Hkr.* 420; *Fms* IV, 358; *máttot Ohs* 49; *máttuat Fgrsk.* 81).
áttu sumt í sléttri Sighv. sk. Wis. 39; 6,7.
rétt hykk kjósa knáttu Sighv. sk. Wis. 42; 5,1.
háttu nemi hann rétt Ótt. sv. Wis. 43; 1,3.
haukr réttr es þú Hǫrþa dróttinn Arn. jarl Wis. 44; 1,5.
heppinn drótt af hlunni sléttum Arn. jarl. Wis. 45; 11,3.
ótti kunnuþ elgjum hætta Arn. jarl. Wis. 45; 7,1.
hers gnótt hǫlþa sléttum Hallarst. Wis. 46; 1,1.
allprútt éla Þróttar Hallarst. Wis. 46; 2,7.
háttu hilmir bótti Hallarst. Wis. 47; 11,7.
stétthrings stofnum veitti Hallarst. Wis. 47; 12,3.
húns nótt hverja knáttu Hallarst. Wis. 47; 13,1.

raunskjótt ræsir hitti Hallarst. Wis. 48; 16,1 (*mátti* Flb I, 479; Fms II, 316).
ættstórr ella mátti Hallarst. Wis. 48; 22,5.
dróttum lét í Danmǫrk settum Mark. Skeggj. Wis. 52; 27,1.
eitt vas sér þaz jafnask mátti Mark. Skeggj. Wis. 53; 29,7.
veitti dýrþardróttinn Ein. Skúl. Wis. 54; 6,1.
satt vas at siklingr bétti Ein. Skúl. Wis. 55; 15,3.
drótt nemi mærþ ef mættak Ein. Skúl. Wis. 55; 18,3.
greitt má gumnum létta Ein. Skúl. Wis. 55; 18,5 u. ö.
satt's at Sygna dróttin Ein. Skúl. Wis. 56; 22,5.
hrætt varþ folk á flótta Ein. Skúl. Wis. 57; 29,5.
satt's at silfri skreytta Ein. Skúl. Wis. 57; 34,1.
frétt hefk at sá sótti Ein. Skúl. Wis. 58; 38,1.
sótti skrín et skreyttá Ein. Skúl. Wis. 58; 41,1.
þátti sinn á sléttri Ein. Skúl. Wis. 59; 48,5 (*nytr gat sed a slettri* Flb I, 5).
hættr Þorketils dóttur Bjarni Kolb. Wis. 69; 14,8.
þátt helfarar veittar Bjarni Kolb. Wis. 71; 34,4.
sáttir á einni nóttu Bjarni Kolb. Wis. 72; 40,8.
hitt vas satt at sótti Haukr Vald. Wis. 80; 12,7.
ési-Þróttr ok átta Haukr Vald. Wis. 80; 15,3.
satt's at síþ mun Gretti Haukr Vald. Wis. 80; 17,1.
greitt enn Gizur sótti Haukr Vald. Wis. 81; 20,3
átti élbjóþr hrotta Haukr Vald. Wis. 81; 22,5.
almáttigr guþ allrar stéttar Eyst. Ásgr. Wis. 87; 1,1 u. 100; 100,1.
breytti guþ ok brá til hætti Eyst. Ásgr. Wis. 88; 11,1.
boþorþit eitt lét blíþr fram dróttinn Eyst. Ásgr. Wis. 89; 14,3.
léttliga fann sem ljósin vátta Eyst. Ásgr. Wis. 89; 17,1 (*þar svá ljósin váttar B, svá ljósan váttan A, fann sem ljósin vátta C* F.-J. 406, *þat sem ljósin vátta D*).
léttir hvárki ugg né ótta Eyst. Ásgr. Wis. 89; 20,5.
eitt er til þat er ek skal vátta Eyst. Ásgr. Wis. 90; 21,5.
attu sjálfr hinn dýri dróttinn Eyst. Ásgr. Wis. 90; 21,7 (*attú* Magnuss., *adþú* F.-J.).
veitt er líf þat er varþ ok mátti Eyst. Ásgr. Wis. 90; 23,1.
fréttir nú meþ hverjum hætti Eyst. Ásgr. Wis. 91; 30,1.
á þréttánda dag til dróttins Eyst. Ásgr. Wis. 92; 36,1.
máttinn þinn hinn mikli dróttinn Eyst. Ásgr. Wis. 92; 38,3.
feþrætt hans trúik fá munu hitta Eyst. Ásgr. Wis. 92; 42,1.
satt er at fæstir sjá viþ prettum Eyst. Ásgr. Wis. 93; 41,3.
frétt hefr ek at freistar dróttins Eyst. Ásgr. Wis. 93; 45,1.
þetta sér hann fjandi at fættist Eyst. Ásgr. Wis. 93; 47,1.
ættim vér á Jesúm dróttin Eyst. Ásgr. Wis. 93; 50,1.
mætti verþa at minna sótta Eyst. Ásgr. Wis. 94; 53,7.
sitt ein bernit sjálfan dróttin Eyst. Ásgr. Wis. 94; 56,3.

ek segi rétt at engi mætti Eyst. Ásgr. Wis. 95; 59,1.
þvít náttúran æpti af ótta Eyst. Ásgr. Wis. 95; 59,5.
eþa þóttist þú meiri at mætti Eyst. Ásgr. Wis. 95; 65,2.
maþr bannsettur allar ættir Eyst. Ásgr. Wis. 96; 66,3.
muntu þetta enn dýri dróttinn Eyst. Ásgr. Wis. 98; 85,1.
frammi stattu er fæddir dróttin Eyst. Ásgr. Wis. 99; 88,1.
ok sóknháttar setti Guth. s. Hkr. 89,3*a*.
þrott vas sýnt þar's settusk Þórþr Sjár. Hkr. 107,1*b*.
einn dróttin hefik áttan Eyv. sk. Hkr. 112,1*a*.
gott hlaut gumna sættir Glúmr Geir. Hkr. 121,7*b*.
setti jarl sá's átti Þórþr Kolb. Hkr. 156,1*a*.
ǫttuþ árum skreyttum Ótt. sv. Hkr. 220,10*a* (*skreytum OHS* 16).
neyttuþ segls ok settut Ótt. sv. Hkr. 220,14*a*.
máttiþ enskrar ættar Ótt. sv. Hkr. 227,16*a*.
hætt hafit ér í ótta Ótt. sv. Hkr. 234,14*a*.
neytt áþr Nóreg hittut Ótt. sv. Hkr. 234,19*b*.
skatti gnógþr meþ skreyttu Ótt. sv. Hkr. 235,18*a*.
veitti sókn þar's sótti Sighv. sk. Hkr. 252,5*a*.
áttu sín þar's sóttusk Sighv. sk. Hkr. 252,21*b*.
satt's at Sveini móttum Sighv. sk. Hkr. 255,21*a*.
átt þá's ossum dróttni Sighv. sk. Hkr. 276,16*a*.
átt hafa sér þeir sóttu Sighv. sk. Hkr. 309,1*a*.
rétt es ríkan hittak Sighv. sk. Hkr. 310,13*a*.
ætt sem áþr um hvatti Sighv. sk. Hkr. 310,13*b*.
þétt fengum svǫr sátta Sighv. sk. Hkr. 310,21*b*.
rétt segik þjóþ hverr sótti Arn. jarl. Hkr. 335,14*b*.
átti jarl at sætta Sighv. sk. Hkr. 417,3*a*.
átti Egþa dróttinn Þórþr Sjár. Hkr. 422,25*a*.
lítt sék lǫfþung óttask Sighv. sk. Hkr. 437,20*a*.
rautt enn ræsir neitti Sighv. sk. Hkr. 453,15*a*.
því's ýstéttar átti Jǫkull Hkr. 454,21*b* (*óstrætis Flb* II, 317).
áttu Engla dróttni Bjarni gullbr. Hkr. 456,29*a*.
satt's at sókn um veittir Bjarni gullbr. Hkr. 493,13*b*.
máttit hón viþ hættna Sighv. sk. Hkr. 516,18*b*.
heim sóttir þú hættinn Sighv. sk. Hkr. 522,17*a*.
ætti drengja dróttinn Sighv. sk. Hkr. 522,23*b*.
djarft neyttir þú dróttinn Þjóþ. sk. Hkr. 529,11*a*.
vitt lá Vinþa flótti Þjóþ. sk. Hkr. 535,21*a*.
neyttu mest sem máttu Þjóþ. sk. Hkr. 538,5*a*.
satt's at svá mǫrg átti Þjóþ. sk. Hkr. 539,27*a*.
títt bar týmargr flótti Þjóþ. sk. Hkr. 539,31*a*.
máttir Magnús hætta Þjóþ. sk. Hkr. 540,7*a*.
skjótt riþa nú skreyttar Þjóþ. sk. Hkr. 542,32*a*.
ungr hætti sér átta Þjóþ. sk. Hkr. 550,3*a*.
Serkjum hættr í sléttri Þjóþ. sk. Hkr. 550,3*b*.

vættik minnr at mótti Har. harþr. Hkr. 558,10*b*.
sáttu þás sjádrif létti Valg. Hkr. 559,9*b*.
sátt enn siþan vætti Bǫlv. Hkr. 565,17*b* (*sætt Flb* III, 311; *Fgrsk.* 117; *Mork.* 21).
autt varþ Falstr at fréttum Stúfr sk. Hkr. 571,18*a*.
lítt hyggr Sveinn á sáttir Þorl. f. Hkr. 572,3*b*.
sætt buþu seggja dróttni Þorl. f. Hkr. 574,18*a*.
náttar Nóregs dróttinn Þjóþ. sk. Hkr. 593,5*a*.
sitt enn seggir játtu Steinn Herd. Hkr. 594,10*b*.
hætti hersa dróttinn Steinn Herd. Hkr. 594,28*a*.
telja hátt es hittask Anon. Hkr. 602,33*a*.
hitt hefk heyrt at setti Anon. Hkr. 603,14*a*.
hátt baþ mik þar's møttusk Har. harþr. Hkr. 620,11*b*.
frétt's at síþ mun létta Þork. Skall. Hkr. 624,19*b*.
frétt's at fyrþar knáttu Þork. Skall. Hkr. 624,7*a*.
vitt lét Vǫrsa dróttinn Bjǫrn krepph. Hkr. 638,10*a*.
vitt var ferþ á flótta Bjǫrn krepph. Hkr. 646,30*a*.
grøtti Grenlands dróttinn Bjǫrn krepph. Hkr. 646,32*b*.
vitt bar snjallr á slétta Bjǫrn krepph. Hkr. 647,14*a*.
hætt vas hvert þat's átti Bjǫrn krepph. Hkr. 647,25*a*.
hitt's satt at býþk byttu Eldjárn Hkr. 652,1*b*.
prútt lét slengvir sóttan Halld. skv. Hkr. 663,20*a*.
grátt es gerva neittu Halld. skv. Hkr. 663,20*b*.
hitti herr á flótta Halld. skv. Hkr. 664,6*b*.
sætt frák døla dróttinn Ein. Skúl. Hkr. 668,4*a*.
áttut sókn viþ sléttan Ein. Skúl. Hkr. 717,18*a*.
greitt frák gumna dróttinn Þorbj. skakk. Hkr. 781,28*a*.
mettr vas krafn í Hrotti Blakkr Kgs. 111,31*b*.
vafþi lítt er virþum møtti Snorri Sturl. Kgs. 281,17*b*.
vitt hykk þegnum þóttu Sturla Kgs. 305,26*a*.
Gautr hvatti þrym þróttar Snorri Sturl. Kgs. 352,3*a*.
brátt mun bug þann rétta Ól. hvít. Kgs. 374,13*a*.
Sverris ætt fekk sigr at réttu Ól. hvít. Kgs. 387,19*b*.
aldri frétti jǫfra dróttins Sturla Kgs. 438,18*a*.
sætta báþu Sygna dróttinn Sturla Kgs. 442,6*b*.
veitti virþa dróttinn Sturla Kgs. 443,1*a*.
sóttu sóknhvattar Sturla Kgs. 464,21*a*.
møtti margfréttinn Sturla Kgs. 472,34*a*.

tt : *t*.

málunautr hvats mátti Þjóþ. hv. Wis. 10; 8,7.
brátt fló bjarga gæti Þjóþ. hv. Wis. 11; 17,1.
brautar liþs of beitti Eil. Guþr. Wis. 32; 18,7.
leitt hykk Leifa brautar Hallfr. v. Wis. 35; 9,1.
meþan itrs vinir áttu Hallfr. v. Wis. 36; 14,5.

þat frák víg at vítti Sighv. sk. Wis. 39; 11,5.
hætt's þaz allir ætla Sighv. sk. Wis. 43; 13,1.
Sighvats hugir, 's hittik Sighv. sk. Wis. 43; 17,1.
drótt hné dreyra þrútir Hallarst. Wis. 48; 20,3.
hept nýtask mér mætti Ein. Skúl. Wis. 56; 19,7.
drótt þó dýran sveita Ein. Skúl. Wis. 56; 22,1.
ætlar sér viþ dýran dróttin Eyst. Ásgr. Wis. 88; 8,7.
eplit eitt ek banna at bíta Eyst. Ásgr. Wis. 89; 14,5.
lítt kváþu þik láta Eyv. sk. Hkr. 111,5*a*.
frægt þótti þat flotnum Glúmr Geir. Hkr. 134,17*b*.
fátt bilar flestra ýta Þórþr Kolb. Hkr. 217,34*b*.
laut fyr yþr áþr létti Ótt. sv. Hkr. 226,18*b*.
látrs enn ek lánardróttinn Sighv. sk. Hkr. 248,34*b*.
vat at ek møttu Sighv. sk. Hkr. 307,34*a*.
vítt réþ gumna gætir Sighv. sk. Hkr. 343,3*a*.
friþr bøttisk svá fóta Sighv. sk. Hkr. 453,24*a*.
líf þitt esa lítit Bjarni gullbr. Hkr. 456,31*b*.
vítt vas fold und fótum Sighv. sk. Hkr. 490,8*a*.
slætt réþ sízt at bíta Sighv. sk. Hkr. 492,18*b*.
hrátt gafsk hold at slíta Sveinnflokkr Hkr. 513,20*b*.
Ólafs døtr es átti Sighv. sk. Hkr. 516,20*a*.
skotit frák skepti flettum Arn. jarl. Hkr. 538,1*a*.
ótt vas ǫrdríf látit Arn. jarl. Hkr. 538,7*b*.
vítt hefk heyrt at heiti Arn. jarl. Hkr. 541,10*a*.
rétt vas yþr um ætlat Valg. Hkr. 559,32*a*.
rétt kann røþi slíta Þjóþ. sk. Hkr. 592,8*b*.
vítt dró sínar sveitir Þork. ham. Hkr. 639,3*a*.
drótt sá er dalgauta Sturla Kgs. 473,13*b*.

v : *v* [1]).

torsoþinn þá vas tívum Þjóþ. hv. Wis. 9; 3,1, vgl. Wis. II, 349.
kom á tvíviþar Tývi Eil. Guþr. Wis 32; 18,5.
háva leyfir hverr maþr ævi Mark. Skeggj. Wis. 50; 3,3.
þvíe var kóngrinn hǫrþu heyvi Eyst. Ásgr. Wis. 91; 35,3.

þ : *þ*.

bauþa sú til bleyþi Brage Wis. 2; 9,1.
Randvés hǫfuþniþja Brage Wis. 2; 3,6.
fengeyþandi fljóþa Brage Wis. 3; 11,3.
fordæþa nam ráþa Brage Wis. 3; 11,4.
styþja Gjúka niþja Brage Wis. 2; 6,2.
enn af breiþum bjóþi Þjóþ. hv. Wis. 9; 5,5.

---

[1]) Doch lassen sich vielleicht diese Reime auch in die Kategorie der Reime von langem Vocal zu langem Vocal einreihen.

heyrþak svá-þat síþan Þjóþ. hv. Wis. 10; 12,1.
þar svá eþr í Óþins Þjóþ. hv. Wis. 11; 19,5.
áþr ór hneigihlíþum Þjóþ. hv. Wis. 11; 20,1.
reiþi-Týs et rauþa Þjóþ. hv. Wis. 11; 20,3.
hrjóþr lét hæstrar tíþar Þorbj. hornkl. Wis. 14; 1,1.
hilmir réþ á heiþi Þorbj. hornkl. Wis. 14; 2,1.
óþr viþ éskimeiþa Þorbj. hornkl. Wis. 14; 2,3.
háþi gramr þars gnúþu Þorbj. hornkl. Wis. 14; 5,1.
rauþ fnýstu ben blóþi Þorbj. hornkl. Wis. 15; 5,3.
áþr fyr eljunfróþum Þorbj. hornkl. Wis. 15; 8,5.
lǫgþis seiþs af láþi Þorbj. hornkl. Wis. 15; 8,7.
glaþféþandi Gríþar Korm. Ǫgm. Wis. 26; 4,3.
veþrgéþis stendr víþa Ein. Skál. Wis. 27; 10,3.
móþǫflugr ræþr méþra Ulfr Ugg. Wis. 29; 2,5.
fríþar vers til fljóþa Eil. Guþr. Wis. 30; 4,3.
bræþivændr á brúþi Eil. Guþr. Wis. 31; 4,7.
óþu fast enn fríþar Eil. Guþr. Wis. 31; 8,1.
háþu stáli stríþan Eil. Guþr. Wis. 31; 9,5 (*áþu* Codd.).
stríþkveþjǫndum stǫþvar Eil. Guþr. Wis. 31; 10,3.
áþr hylhríþar hæþi Eil. Guþr. Wis. 31; 11,5.
tráþusk þar viþ tróþi Eil. Guþr. Wis. 32; 13,3 (*heiþi* Codd.).
fátiþa nam fréþi Eil. Guþr. Wis. 32; 15,1.
Óþins afli soþnum Eil. Guþr. Wis. 32; 15,7.
til þrámóþnis Þrúþar Eil. Guþr. Wis. 32; 16,7.
hlóþu Hamþis klæþum Hallfr. v. Wis. 33; 1,5.
ráþ lukusk at sá síþan Hallfr. v. Wis. 33; 5,1.
vinhróþigr gaf víþa Hallfr. v. Wis. 34; 6,5.
gráþr þvarr geira hríþar Hallfr. v. Wis. 34; 9,7.
breiþleita gat brúþi Hallfr. v. Wis. 33; 4,1.
víþis veltireiþar Hallfr. v. Wis. 35; 7,7 (*meiþar Flb* I, 484; *Fms* II, 315).
hvars skríþr meþ liþ lyþa Hallfr. v. Wis. 35; 10,7.
bleyþifirþr viþ bráþan Hallfr. v. Wis. 36; 12,2.
óþusk malmþings meiþar Hallfr. v. Wis. 36; 13,3.
blóþ kom á þrǫm þíþan Hallfr. v. Wis. 36; 14,3.
áþr enn Ormi næþi Hallfr. v. Wis. 36; 15,5.
áþr óx umb gram góþan Hallfr. v. Wis. 36; 16,7.
ógréþir sá auþa Hallfr v. Wis. 36; 18,1.
dynsæþinga dauþan Hallfr. v. Wis. 36; 19,3.
lýþum firþr ok láþi Hallfr. v. Wis. 36; 20,3
frák meþ liþi lýþa Hallfr. v. Wis. 37; 23,3 (*lýþa liþi Fris.* 166,38*a*; *Hkr.* 217,4*a*; *Fms* III, 8; *lýþa lifi Fgrsk.* 67; vgl. *Thorkelss.* 63*f*).
grams dauþi brá góþi Hallfr. v. Wis. 37; 25,5 (vgl. *Wis.* 137; *grams brá gleþi dauþi Wis.* II, 349).
bíþa munk þess, 's breiþan Hallfr. v. Wis. 37; 27,5.

ápr enn glíkr at góþu Hallfr. v. Wis. 37; 28,5.
þjóþ ugþi sér síþan Sighv. sk. Wis. 38; 1,3.
stóþ Hringmaraheiþi Sighv. sk. Wis. 39; 7,5.
Aþalráþs eþa Sighv. sk. Wis. 40; 1,4.
gnúþi fyr gnoþ Sighv. sk. Wis. 40; 4,5 (*þar er graþr firir gnóð Ohs.* 49; *Fgrsk.* 81).
hlǫþr herjaþa Sighv. sk. Wis. 40; 5,7.
skreiþ vestan viþr Sighv. sk. Wis. 41; 6,5.
um leiþ liþu Sighv. sk. Wis. 41; 7,7.
skalat ráþgjǫfum reiþask Sighv. sk. Wis. 42; 8,1.
syni Óláfs biþsk snúþar Sighv. sk. Wis. 43; 15,1.
Magnús hlýþ til máttigs óþar Arn. jarl. Wis. 44; 1,1.
rauþar bárut randir síþan Arn. jarl. Wis. 44; 3,1.
breiþask vissu blágamms fóþir Arn. jarl. Wis. 44; 4,5.
síþan vas þaz suþr meþ láþi Arn. jarl. Wis. 45; 1,1.
skíþi vas þá skriþar auþit Arn. jarl. Wis. 45; 1,3.
eiþendr frák at elska þjóþir Arn. jarl. Wis. 45; 9,5.
þjóþum kunnr enn því tókt síþan Arn. jarl. Wis. 46; 14,7.
vellbjóþr vísar dáþir Hallarst. Wis. 46; 2,3.
heiþinn heiman flýþi Hallarst. Wis. 47; 7,5.
ápr enn Óláfs bíþa Hallarst. Wis. 47; 7,7.
haukjóþs harþa víþa Hallarst. Wis. 47; 8,1.
óráþ illri þjóþu Hallarst. Wis. 47; 8,5.
hafglóþ hilmir sáþi Hallarst. Wis. 47; 12,1.
víþfrægr velja tóþi Hallarst. Wis. 47; 13,5.
ormr skreiþ árar knýþi Hallarst. Wis. 48; 15,5.
hriþ óx hǫlþar flýþu Hallarst. Wis. 48; 17,7.
síþan sýnt nam eyþask Hallarst. Wis. 49; 23,3.
hjǫrflóþs hnykkimeiþum Hallarst. Wis. 49; 24,1.
iþvandr aþrar dáþir Hallarst. Wis. 49; 24,5.
gnýbjóþs geysitíþar Hallarst. Wis. 49; 24,7.
fleinrjóþr flestra dáþa Hallarst. Wis. 49; 25,7.
skýbjóþs skelfihríþar Hallarst. Wis. 49; 29,3.
ǫrrjóþr allra dáþa Hallarst. Wis. 49; 31,1.
hringskóþs herþimeiþar Hallarst. Wis. 50; 32,1.
herr prúþr hǫrvi kvæþa Hallarst. Wis. 50; 35,7.
fóþir sótti fremþar ráþa Mark. Skeggj. Wis. 50; 4,1.
auþi góddu allvald prúþan Mark. Skeggj. Wis. 50; 4,3.
hlýþu studdu borþ viþ breiþan Mark. Skeggj. Wis. 51; 5,5.
síþan knátti svikfolks eyþir Mark. Skeggj. Wis. 51; 5,7.
hróþigr átti brynþings beiþir Mark. Skeggj. Wis. 51; 9,1.
bróþir gekk í Bár út síþan Mark. Skeggj. Wis. 51; 10,1.
eyþisk hitt at jafnstórt ráþi Mark. Skeggj. Wis. 51; 14,1.
hlýþan skalf enn hristi gróþir Mark. Skeggj. Wis. 52; 16,3.
blóþi dreif á randgarþ rauþan Mark. Skeggj. Wis. 52; 20,1.

heiþinn vildi herr of siþir Mark. Skeggj. Wis. 52; 21,1.
heiþin váru hjǫrtu lýþa Mark. Skeggj. Wis. 52; 22,1.
víþa setti vísdóms grøþir Mark. Skeggj. Wis. 52; 25,1.
blíþan gøddi bjǫrtum auþi Mark. Skeggj. Wis. 52; 26,1.
alla leiþ áþr ǫþlingr náþi Mark. Skeggj. Wis. 53; 26,7.
áþan tók viþ allvalds skrúþi Mark. Skeggj. Wis. 53; 30,5.
síþan harma siklings dauþa Mark. Skeggj. Wis. 53; 31,5.
ógnin stóþ af jarla meiþi Mark. Skeggj. Wis. 53; 32,4.
mjǫk's fróþr sás getr greiþa Ein. Skúl. Wis. 53; 1,3.
frægr stóþ af því fløþar Ein. Skúl. Wis. 54; 2,7.
þjóþ vann hann und heiþa Ein. Skúl. Wis. 54; 7,5.
þjóþ né þengill føþisk Ein. Skúl. Wis. 55; 11,7.
réþ ok tólf sá's trúþi Ein. Skúl. Wis. 55; 13,1.
þjóþ muna þengill bíþa Ein. Skúl. Wis. 55; 13,3.
móþs vann margir dáþir Ein. Skúl. Wis. 55; 14,1.
náþit bjartr þá's beiþir Ein. Skúl. Wis. 56; 19,1.
áþr enn upp ór víþu Ein. Skúl. Wis. 56; 25,5.
áþr sá's orþa hlýþu Ein. Skúl. Wis. 56; 26,3 (*hlyru Flb* I, 3).
fǫþur skulu fulltings biþja Ein. Skúl. Wis. 56; 27,1.
møþir mart á láþi Ein. Skúl. Wis. 56; 27,3.
áþr á Hlýrskógsheiþi Ein. Skúl. Wis. 57; 28,5.
áþr hvat Óláfs téþu Ein. Skúl. Wis. 57; 31,3.
enn þás brúþr at brauþi Ein. Skúl. Wis. 57; 35,5.
auþar aumum beiþi Ein. Skúl. Wis. 58; 37,3.
auþskýfanda óþar Ein. Skúl. Wis. 58; 40,7.
háþisk hildr á víþum Ein. Skúl. Wis. 59; 52,1.
hríþ óx Hamþis klæþa Ein. Skúl. Wis. 59; 52,7.
rǫþuls bliku vápn í veþri Ein. Skúl. Wis. 60; 53,7.
stríþ svall ógn þás óþusk Ein. Skúl. Wis. 60; 54,3 (*strid stall ognar eydis Flb* I, 6).
nauþr í nýjum óþi Ein. Skúl. Wis. 60; 57,3.
nýta þjóþ ok nauþum Ein. Skúl. Wis. 61; 68,3.
gǫfugs óþar létt gøþi Ein. Skúl. Wis. 62; 70,7.
hljóþs at ferþar prýþi Bjarni Kolb. Wis. 68; 1,4 (*fnúþi* Cod. *AM* 61 fol.).
ættgóþir mér hlýþi Bjarni Kolb. Wis. 68; 1,8.
óhljóþ sǫgukvæþi Bjarni Kolb. Wis. 68; 5,8.
bǫþgjarnastir niþjar Bjarni Kolb. Wis. 68; 7,4.
rjóþendr skipum síþan Bjarni Kolb. Wis. 69; 10,4 (*sínum A*).
hugprúþr vesa síþan Bjarni Kolb. Wis. 69; 13,4.
ótrauþr á lǫg skeiþum Bjarni Kolb. Wis. 69; 15,2.
gøþings at mér stríþi Bjarni Kolb. Wis. 69; 15,8 u. ö.
hríþ kannaþi lýþi Bjarni Kolb. Wis. 69; 16,6.
eldr gnauþaþi viþa Bjarni Kolb. Wis. 70; 19,2.
hjalmaskóþs á víþum Bjarni Kolb. Wis. 70; 20,6.

ótrauþr verit rjóþa Bjarni Kolb. Wis. 70; 21,4.
Ármóþ vesa siþan Bjarni Kolb. Wis. 70; 21,6.
glaþr hǫfþingja enn þriþja Bjarni Kolb. Wis. 70; 21,8.
átróþr mikinn greiþa Bjarni Kolb. Wis. 70; 23,2 (*gniþu* A *greiþa* Gisl. om helr. 35).
hugprúþum Ármóþi Bjarni Kolb. Wis. 71; 29,8.
øþa Hǫlgabrúþi Bjarni Kolb. Wis. 71; 32,2.
hriþ fell byrr í váþir Bjarni Kolb. Wis. 71; 33,8.
ótrauþr á kaf réþi Bjarni Kolb. Wis. 72; 56,8.
óblauþr þar siþan Bjarni Kolb. Wis. 72; 37,6.
dauþr lá herr á skeiþum Bjarni Kolb. Wis. 72; 40,4.
bera skal liþ fyr lýþa Haukr Vald. Wis. 78; 1,1.
griþar Geitis blóþi Haukr Vald. Wis. 79; 4,3.
Helgi rauþ enn hriþar Haukr Vald. Wis. 79; 7,1.
vǫrþu hauþr þás háþu Haukr Vald. Wis. 79; 9,1.
rauþ Finnbogi friþa Haukr Vald. Wis. 80; 14,1.
frýþut fylgimeiþar Haukr Vald. Wis. 80; 16,1.
óþ sás jarli heiþnum Haukr Vald. Wis. 80; 18,3.
vega knáþu þul þjóþir Haukr Vald. Wis. 80; 18,5.
brøþr váru þar báþir Haukr Vald. Wis. 80; 18,7.
beiþi ek þik mær ok móþir Eyst. Ásgr. Wis. 87; 3,1.
skapan ok fæþing skírn ok prýþi Eyst. Ásgr. Wis. 87; 5,1.
áþr vas hann þó jafnt ok siþan Eyst. Ásgr. Wis. 88; 6,5.
skapaþr vas góþr ok skein í prýþi Eyst. Ásgr. Wis. 88; 7,3.
guþs eingetnum syni enn siþan Eyst. Ásgr. Wis. 88; 7,3.
áþr enn fengi alla prýþi Eyst. Ásgr. Wis. 88; 10,3.
leiþkunnandi um líkams æþar Eyst. Ásgr. Wis. 88; 11,7.
sjá'r líþandi maþr af móþur Eyst. Ásgr. Wis. 88; 12,1.
útleiþandi af Adáms siþu Eyst. Ásgr. Wis. 88; 13,1.
aþ ei fari vit lífs of leiþum Eyst. Ásgr. Wis. 89; 16,7.
auþgint mjǫk þvít Eva trúþi Eyst. Ásgr. Wis. 89; 17,1.
heimr er dauþr enn hvat er til ráþa Eyst. Ásgr. Wis. 90; 21,1.
nema hjálpræþi guþs hit góþa Eyst. Ásgr. Wis. 90; 22,7.
sé þér dýrþ meþ sannri prýþi Eyst. Ásgr. Wis. 90; 26,5 u. ö.
leiþ sigrandi páfugls prýþi Eyst. Ásgr. Wis. 90; 27,1.
fyrbjóþandi henni at hræþast Eyst. Ásgr. Wis. 91; 29,5.
guþ himnanna framm mun fæþast Eyst. Ásgr. Wis. 91; 29,7.
fimm mánuþum ok fjórum siþar Eyst. Ásgr. Wis. 91; 33,1.
bæþi senn þvít mey ok móþur Eyst. Ásgr. Wis. 91; 34,3.
umsniþningar Jesú prýþi Eyst. Ásgr. Wis. 91; 35,5.
kviþik at hans remming ráþa Eyst. Ásgr. Wis. 92; 40,7.
áþr ek sveik þau Evam bæþi Eyst. Ásgr. Wis. 92; 43,3.
augu græþing orþ at hlýþa Eyst. Ásgr. Wis. 93; 46,7.
dæmin góþ at vaxa viþa Eyst. Ásgr. Wis. 93; 47,3.
leiþan dreng at ljótum ráþum Eyst. Ásgr. Wis. 93; 48,1.

svá bjóþandi í sáran dauþa Eyst. Ásgr. Wis. 94; 52,7.
særþist bæþi sonr ok móþir Eyst. Ásgr. Wis. 94; 56,7.
hvat er tíþenda helgir leiþast Eyst. Ásgr. Wis. 95; 62,3.
hvat er tíþenda hjálpast lýþir Eyst. Ásgr. Wis. 95; 62,5.
hvat er tíþenda himnar bjóþast Eyst. Ásgr. Wis. 95; 62,7.
síþan reis meþ sigri af dauþa Eyst. Ásgr. Wis. 96; 67,1.
áþr enn upp yfir himna hæþir Eyst. Ásgr. Wis. 96; 67,7.
bjóþast hvárki blót né eiþar Eyst. Ásgr. Wis. 96; 71,7.
herrann bauþ meþ hæstri prýþi Eyst. Ásgr. Wis. 97; 74,3.
ungir glaþir frjálsir fríþir Eyst. Ásgr. Wis. 97; 74,5.
tvá hræþumst ek dóm ok dauþa Eyst. Ásgr. Wis. 97; 76,1.
hræþiliga meþ blindri blíþu Eyst. Ásgr. Wis. 97; 78,5.
beiþik nú fyr Márju móþur Eyst. Ásgr. Wis. 98; 82,1.
pín mik áþr enn detti á dauþinn Eyst. Ásgr. Wis. 98; 82,5.
at því miþur sék þá síþan Eyst. Ásgr. Wis. 98; 82,7.
hræþumst ek at sárt muni svíþa Eyst. Ásgr. Wis. 98; 84,1.
heitu ok rauþu hjartans blóþi Eyst. Ásgr. Wis. 98; 85,5.
þá'r mæþumst í nógum nauþum Eyst. Ásgr. Wis. 98; 86,5.
líknar æþr ok lífgan þjóþa Eyst. Ásgr. Wis. 99; 89,7.
máþar fyrr enn Márju prýþi Eyst. Ásgr. Wis. 99; 94,7 (*móþar* A, Magnuss. 94).
þér býþ ek ok þinni móþur Eyst. Ásgr. Wis. 100; 96,3.
svangœþir rak síþan Guth. s. Hkr. 87,33*b*.
Selund náþi þá síþan Guth. s. Hkr. 88,16*a*.
malmhríþar svall meiþum Guth. s. Hkr. 102,27*a*.
blóþǫxar tjá beiþa Eyv. skald. Hkr. 103,17*a*.
bulka skíþs ór báþum Eyv. skald. Hkr. 106,17*a*.
nú hefr folkstríþir Fróþa Eyv. skald. Hkr. 111,21*b*.
ráþ eru rammrar þjóþar Eyv. skald. Hkr. 111,28*b*.
réþat oss til auþar Glúmr Geir. Hkr. 136,31*a*.
þá's ríþloga reiþir Eyj. Daþ. Hkr. 140,12*a*.
af dynbeiþi dauþum Eyj. Daþ. Hkr. 140,14*b*.
áþr at yggjar brúþi Eyj. Daþ. Hkr. 140,22*b*.
stríþ um stála meiþa Þórþr Kolb. Hkr. 154,33*b*.
súþlǫngum frá sveiþa Þórþr Kolb. Hkr. 155,1*a*.
áþr vex skalds ok skeiþar Þórþr Kolb. Hkr. 155,10*a*.
hruþusk ríþmarar róþa Tindr Hallk. Hkr. 157,32*b*.
áþr hjǫrmeiþr hrjóþa Tindr Hallk. Hkr. 160,19*b*.
liþar langra skeiþa Tindr Hallk. Hkr. 160,21*b* (*leiþar* Fris., Fms. I, 183; Thork. 56).
þú hefr ǫþlinga Óþni Þorl. Rauþf. Hkr. 170,1*b*.
ljóþa litlu síþar Þórþr Kolb. Hkr. 170,27*a*.
auþs enn upp um kvæþi Þórþr Kolb. Hkr. 170,32*a*.
sótti reiþr at ráþum Þórþr Kolb. Hkr. 170,30*b*.

oddhríþar fór eyþa Eyj. Daþ. Hkr. 199,29*a*.
þriþja hauþrs á þjóþir Halld. ókr. Hkr. 216,15*a*.
skeiþr glæstu þá þjóþir Halld. ókr. Hkr. 215,15*a*.
áþr varþ egg at rjóþa Halld. ókr. Hkr. 217,15*b* (*aþr vox um gram godan Flb* I, 520).
svanbræþir namtú síþan Ótt. sv. Hkr. 220,12*b*.
réþ ættstuþill áþan Ótt. sv. Hkr. 226,1*b*.
rauþ Hringmaraheiþi Ótt. sv. Hkr. 226,20*a*.
blíþr hilmir tókt breiþa Ótt. sv. Hkr. 226,32*a*.
náþut ungr at eyþa Ótt. sv. Hkr. 229,1*a*.
næþi straumr ef stéþi Ótt. sv. Hkr. 234,12*b*.
blágjóþa tókt bræþir Ótt. sv. Hkr. 235,16*a*.
hlýþ mínum brag meiþir Sighv. sk. Hkr. 248,25*a*.
gjóþs ne gǫrrar hríþir Sighv. sk. Hkr. 252,21*a*.
mjǫþ fyr malma kveþju Sighv. sk. Hkr. 253,6*b*.
blóþs fekk sǫrr þar's slæþusk Sighv. sk. Hkr. 253,17*b*.
þá's til góþs enn gjóþi Sighv. sk. Hkr. 253,27*b*.
hróþrs baþt heilan líþa Bersi Hkr. 254,8*a*.
bríþr man heldr at háþi Sighv. sk. Hkr. 255,19*b*.
áþr hefik gott viþ góþu Sighv. sk. Hkr. 274,14*a*.
góþs megut gott um ráþa Sighv. sk. Hkr. 274,16*b*.
fljóþ sjá reyk hvar ríþum Sighv. sk. Hkr. 275,3*a*.
létk til Eiþs þvít óþumk Sighv. sk. Hkr. 307,27*a*.
hræþum ek viþ Óþins Sighv. sk. Hkr. 308,14*a*.
lítt reiþik þó lýþa Sighv. sk. Hkr. 308,31*a*.
yþr kveþk jǫrþ es náþut Sighv. sk. Hkr. 310,17*b*.
hringstríþi varþ hlýþa Arn. jarl. Hkr. 335,14*a*.
þjóþ galt ræsis reiþi Arn. jarl. Hkr. 364,25*a*.
konungs dauþa munk kviþa Sighv. sk. Hkr. 427,25*a*.
ráþit hefk at ríþa Hárekr Hkr. 427,25*a*.
láþ dynmari leiþar Hárekr Hkr. 427,27*a*.
suþr sæskiþum Þor. loft. Hkr. 440,30*b*.
þár's stóþ fyr Staþ Þor. loft. Hkr. 441,1*a* (*storr Flb* II, 306; *stór Fgrsk.* 84; *stórir Fms* V, 7; *stoþ Ohs* 59).
skeiþ hans lá svá síþan Sighv. sk. Hkr. 444,1*b*.
blóþ kom varmt í víþan Sighv. sk. Hkr. 444,10*b*.
bragningr rauþ fyr breiþan Sighv. sk. Hkr. 444,8*b*.
skeiþ vann skjǫldungr auþa Sighv. sk. Hkr. 444,19*a*.
biþrat betri dauþa Sighv. sk. Hkr. 446,5*a*.
þýþr lét þermlask bæþi Sighv. sk. Hkr. 453,22*a*.
sviþa sár af móþi Jǫkull Hkr. 455,1*a*.
rjóþum vér af reiþi Har. Sig. Hkr. 479,5*a* (*Þorm. Kolbr. Ohs* 67).
þá réþ í bǫþ bráþa Sighv. sk. Hkr. 490,10*a*.
rauþ í rekka blóþi Sighv. sk. Hkr. 491,7*a*.

emkat rjóþr enn rauþum Þorm. Kolbr. *Hkr.* 497,33*a*.
auþn at Engla stríþi Sighv. sk. Hkr. 499,9*a* (*ǫnd : sendi Flb* II, 366; *avnd : stríþi OHS* 223).
áþr vitu eigi meiþar Sighv. sk. Hkr. 499,12*a*.
þjóþ réþ þengils dauþa Sighv. sk. Hkr. 499,14*a*.
gǿþik hélzt í hróþri Sighv. sk. Hkr. 508,31*a*.
nú hykk rjóþanda réþu Arn. jarl. Hkr. 515,7*a* (vgl. *Thork.* 73).
hlóþu hirþmenn prúþir Þjóþ. sk. Hkr. 416,53*b*.
flýþi Sveinn enn síþan Þjóþ. sk. Hkr. 519,10*b*.
breiþ ok brynjur síþar Sighv. sk. Hkr. 520,30*a*.
þjóþ mætti fá fǿþask Sighv. sk. Hkr. 522,25*b*.
Ástríþi láttu ǿþri Sighv. sk. Hkr. 522,31*a*.
óþ meþ ǫxi breiþa Arn. jarl. Hkr. 535,11*a*.
suþr gnauþuþu súþir Þjóþ. sk. Hkr. 529,11*b*.
setti bjóþr at breiþu Arn. jarl. Hkr. 529,26*b*.
réþ Óláfs sonr eiþum Þjóþ. sk. Hkr. 532,1*b*.
valska rauþ fyr víþa Arn. jarl. Hkr. 536,25*b*.
lǫgþu grǿþis glóþa Þjóþ. sk. Hkr. 537,26*a*.
svá þykt flugu síþan Þjóþ. sk. Hkr. 538,5*b*.
skeiþr nam herr at hrjóþa Þjóþ. sk. Hkr. 538,28*b*.
þjóþ sǫkk niþr at nauþum Þjóþ. sk. Hkr. 538,36*b*.
hrauþ Ólafs mǫgr áþan Þjóþ. sk. Hkr. 539,3*a*.
staþar hefr stafn í miþju Þjóþ. sk. Hkr. 539,17*b*.
slóþ drap fram at flǿþi Þjóþ. sk. Hkr. 539,31*b* (*stoþ : flǿþi Fms* VI, 81).
náþi jarl at eyþa Þjóþ. sk. Hkr. 540,3*a*.
flýþi jarl af auþu Þjóþ. sk. Hkr. 541,25*a*.
réþ herkonungr hrjóþa Þjóþ. sk. Hkr. 541,25*b*.
skeiþr tók Bjarnar bróþur Arn. jarl. Hkr. 541,30*a*.
vápn gatk fríþ enn fljóþi Þjóþ. sk. Hkr. 542,1*b*.
bauþ Ólafs sonr áþan Þjóþ. sk. Hkr. 542,9*a*.
rauþr leikr um bǿ breiþan Þjóþ. sk. Hkr. 542,25*a*.
svíþr um seggja búþir Þjóþ. sk. Hkr. 542,21*b*.
eyþir bygþ sem bráþast Þjóþ. sk. Hkr. 542,23*b*.
móþr berr halr um heiþi Þjóþ. sk. Hkr. 542,25*b*.
hlóþ enn hála tǿþu Arn. jarl. Hkr. 543,12*b*.
háþisk heilli góþu Þjóþ. sk. Hkr. 544,7*a*.
þjóþ veit at hefr háþar Þjóþ. sk. Hkr. 555,7*a*.
stóþusk ráþ ok reiþi Stúfr sk. Hkr. 555,28*a*.
þjóþ fekk vísan váþa Stúfr sk. Hkr. 555,30*b*.
náþi gǫrr enn glóþum Þór. Skeggj. Hkr. 557,7*a*.
eyþir augun bæþi Þjóþ. sk. Hkr. 557,13*a*.
sneiþ fyr Sikiley víþa Har. harþr. Hkr. 558,10*a*.
Svíar tǿþu þér síþan Þjóþ. sk. Hkr. 559,24*a*.
skeiþr enn skelktu brúþir Valg. Hkr. 559,32*b*.

nú's valmeiþum viþis Þjóþ. sk. Hkr. 560,31*a.*
bauþ half viþ sik síþan Þjóþ. sk. Hkr. 562,25*b.*
siklings þjóþ enn síþan Oddr Kík. Hkr. 568,14*b.*
leiþangr bjóttu af láþi Bǫlv. Hkr. 570,13*a.*
gjalfr stóþum reistu grøþi Bǫlv. Hkr. 570,15*a.*
auþ varþ út at reiþa Grani Hkr. 571,3*b.*
førir reiþr sás rauþa Þorl. f. Hkr. 572,6*a.*
breiþ á Buþla slíþir Þorl. f. Hkr. 572,8*a.*
flýþu þeir á Þjóþu Stúfr sk. Hkr. 572,18*a.*
bauþ sás beztrar tíþar Þorl. f. Hkr. 573,7*a* (*Þjóþ. sk. Mork.* 57; *Flb* III, 341).
ok snarráþir síþan Þorl. f. Hkr. 574,18*b.*
rjóþandi mun ráþa Har. harþr. Hkr. 578,22*a.*
rauþ enn rýrt varþ síþan Arn. jarl. Hkr. 586,16*a.*
skeiþ sák framm at flóþi Þjóþ sk. Hkr. 592,1*a.*
róþr vas greiddr á grøþi Steinn Herd. Hkr. 594,10*a.*
bæþi fló þá's blóþi Steinn Herd. Hkr. 595,7*b* (*benja flóþ í blóþi Fms* VI, 316).
áþr enn ǫþlingr flýþi Arn. jarl. Hkr. 596,3*b.*
lífs báþu sér lýþir Þjóþ. sk. Hkr. 606,26*b.*
skøþ lætr skína rauþan Trǫllk. Hkr. 613,12*a.*
brúþr sér ǫrnis jóþa Trǫllk. Hkr. 613,14*a.*
bauþ þessa fǫr þjóþum Þjóþ. sk. Hkr. 621,19*a.*
áræþis naut eyþir Þjóþ. sk. Hkr. 626,5*a.*
af góþum byr gríþar Stúfr sk. Hkr. 630,24*a.*
þá's blóþstara bræþir Stúfr sk. Hkr. 630,22*b.*
þjóþ nýtr Ólafs auþar Steinn Herd. Hkr. 635,15*a.*
séþu hverr slíkt fé reiþir Steinn Herd. Hkr. 635,17*a.*
konungs prýþa þau klæþi Steinn Herd. Hkr. 635,21*a.*
syni Ólafs bauþ síþan Anon. Hkr. 636,19*b.*
svíþr bjartr logi breiþan Anon. Hkr. 640,3*b.*
beiþ ofmikit eyþir Þork. ham. Hkr. 641,3*b.*
þjóþ rann mylsk til møþi Bjǫrn krepph. Hkr. 646,34*b.*
sigrgøþir réþ síþan Bjǫrn krepph. Hkr. 647,16*b.*
framreiþar vas frauþi Anon. Hkr. 651,25*b.*
óþ at ensku láþi Ein. Skúl. Hkr. 662,18*a.*
náþi herr at hrjóþa Halld. skv. Hkr. 663,9*b.*
suþr vátt sigr hinn þriþja Halld. skv. Hkr. 663,29*a.*
áþr viþ einkar breiþa Ein. Skúl. Hkr. 667,3*b.*
borg heiþna tókt bræþir Halld. skv. Hkr. 668,1*a.*
háþisk hver viþ prýþi Halld. skv. Hkr. 668,1*b.*
fullvíþa hefr frøþum Þór. stuttf. Hkr. 687,1*a.*
gramr føþir val víþa Halld. skv. Hkr. 707,15*a.*
auþ gefr Eysteinn lýþum Ein. Skúl. Hkr. 738,8*a.*
rýþr bragnings kyn blóþi Ein. Skúl. Hkr. 738,10*b.*

eyþendr sá yþrar Þorbj. skakk. Hkr. 740,11*b.*
rauþ flugu stál í stríþri Ein. Skúl. Hkr. 766,14*b.*
áþr á grund af grøþis Ein. Skúl Hkr. 766,16*b.*
síþ af slíkum ráþi Ein. Skúl. Hkr. 755,28*b.*
trauþr esa tenn at rjóþa Þorbj. skakk. Hkr. 781,30*a.*
Óláfssúþ und auþi Hallr Sn. Kgs. 71,9*a.*
stál bruna rauþ á reyþar Hallr Sn. Kgs. 71,9*b.*
enn sigrgéþi síþan Sturla Kgs. 279,3*b.*
rjóþr sák hlækinn heþna Jatgeirr Kgs. 286,17*a.*
eptir dolgstríþi dauþan Sturla Kgs. 320,13*a.*
þjóþ fekk ræsis reiþi Sturla Kgs. 325,8*b.*
folkprúþr keyrþi flota breiþan Ól. hvít. Kgs. 339,18*a.*
eiþar rufusk viþ Jnga bróþur Anon. Kgs. 343,32*b.*
fláræþi kom framm um síþir Ól. hvít. Kgs. 356,32*a.*
víþa settu þínar þjóþir Sturla Kgs. 426,15*a.*
síþan héldut suþr meþ láþi Sturla Kgs. 426,15*b.*
nauþa vissu nýjar súþir Sturla Kgs. 432,14*b.*
síþan leit es seglum hlóþu Sturla Kgs. 432,24*b.*
sníþa létu þínar þjóþir Sturla Kgs. 432,24*a.*
prúþar náþu sveitir síþan Sturla Kgs. 433,5*a.*
viþa fór um búkarls búþir Sturla Kgs. 433,24*b.*
ríþa frák ór borgum breiþum Sturla Kgs. 445,10*a.*
víþa glǫddusk valskar þjóþir Sturla Kgs. 445,12*a.*
ǫþlings brøþr af yþru ráþi Sturla Kgs. 445,12*b.*
ok sókngéþir síþan Sturla Kgs. 458,4*b.*
leiþir langskíþum Sturla Kgs. 469,7*a.*
hlóþu hugprúþir Sturla Kgs. 474,15*a.*
stóþ af stórráþum Sturla Kgs. 469,10*a.*
suþr af sæskiþum Sturla Kgs. 470,9*b.*
bauþ hinn bǫþfróþi Sturla Kgs. 471,24*a.*
víþa vargføþis Sturla Kgs. 472,10*a.*
auþar úþjóþa Sturla Kgs. 472,36*a.*
áþr enn egghríþar Sturla Kgs. 474,34*b.*
áþr enn allvald prúþar Sturla Kgs. 482,15*a.*
lýþa grams yfir leiþi Sturla Kgs. 482,15*b.*

þg : *þg.*

græþgi drep meþ glæpum auþgum Eyst. Ásgr. Wis. 97; 78,3.

þl : *þl.*

buþlungr vildi bjart líf øþlask Mark. Skeggj. Wis. 53; 28,7.

þn : *þn.*

Hreþn á hǫlþum roþnar Ein. Skúl. Hkr. 717,15*b.*

þr : þr.

hveþru brynju Viþris Brage Wis. 3; 11,2.
vaþr lá Viþres arfa Brage Ger. 23; 16,1.
kømrat yþr né øþri Þorbj. hornkl. Wis. 15; 9,1.
glaþr í Gǫndlar veþrum Ein. Skál. Wis. 27; 4,7.
meiþr es mǫrgum øþri Korm. Ǫgm. Wis. 26; 2,1.
sukku niþr af Naþri Hallfr. v. Wis. 35; 10,1.
biþr allskonar óþri Ein. Skúl. Wis. 61; 62,1.
dauþr enn drengi aþra Haukr Vald. Wis. 79; 6,7.
fenris teþr í fóþri Haukr Vald. Wis. 79; 7,3.
sá vas vápnrjóþr Viþris Haukr Vald. Wis. 80; 16,3.
fiþrirjóþr enn fjandmenn yþra Arn. jarl. Wis. 44; 4,3.
glaþrar dvelst í jungfrú iþrum Eyst. Ásgr. Wis. 91; 31,7.
aþra sveit meþ hæstum heiþri Eyst. Ásgr. Wis. 96; 72,5.
suþr at sjávar naþri Eyj. Daþ. Hkr. 140,24*a*.
áþr frágum þat aþra Eyj. Daþ. Hkr. 199,8*a*.
Ulfs feþr vas þat aþra Sighv. sk. Hkr. 230,28*b*.
jarls niþr komtu yþra Bjarni gullbr. Hkr. 456,31*a*.
þér munk eþr unz ǫþrum Þorm. Kolbr. Hkr. 478,1*a* (vgl. *Thork.* 71).
skeiþr hefr hann fyr hauþri Þjóþ. sk. Hkr. 592,16*b*.
breþr í Bjarkey miþri Anon. Hkr. 640,1*a*.
meþr vituþ ǫþling óþra Ein. Skúl. Hkr. 667,10*a*.

Langer Vocal : langem Vocal.

meyjar hjóls enn mæri Brage Wis. 2: 2,3.
hinn's mjótygel máva Brage Ger. 26; 22,3.
fló meþ fróþgum tíva Þjóþ. hv. Wis. 8,1 (vgl. *Wis.* 183).
leiþiþir ok læva Þjóþ. hv. Wis. 10; 11,3.
þá's í Ǫngulseyjar Ein. Skúl. Wis. 57; 31,7.
fléja getr enn frýju Sighv. sk. Hkr. 437,30*a* (*fleira Ohs, Flb* II, 304; *fløra OHS* 178).
há þótti mér hlæja Sighv. sk. Hkr. 521,35*a*.
nú taka Norþmenn knýja Þjóþ. sk. Hkr. 542,15*a*.
hvé hefr til Heiþabéjar Þorl. f. Hkr. 572,28*a*.
þás til þengils béjar Þorl. f. Hkr. 572,28*b*.
há brynjaþar hlýja Þjóþ. sk. Hkr. 592,27*b*.
Hléseyjar lemr hávan Þjóþ. sk. Hkr. 592,31*a*.
svá lauk siklings ævi Þjóþ. sk. Hkr. 621,17*b*.
Jóan mun at frýja Anon. Hkr. 640,1*b*.
því vas nent at nýju Þorbj. skakk. Hkr. 740,13*a*.

B.

Aþalhendingar.

add : add.

naglskadds viþ trú stadda Ein. Skúl. Wis. 61; 68,4.
saddr varþ í gný nadda Haukr Vald. Wis. 79; 5,6.
Þórhadd viþu nadda Haukr Vald. Wis. 81; 23,8.
nadds hámána radda Guth. s. Hkr. 97,28*b*.
syni Maddaþar staddir Ein. Skúl. Hkr. 742,4*a*.
kvadda af engli dróttinn gladda Eyst. Ásgr. Wis. 94; 55,2.

af : af.

óstafr fǫþur hafþi Ein. Skál. Wis. 27; 6,2.
hafanda staf Sighv. sk. Wis. 41; 9,4.
hafa es landa krafþir Sighv. sk. Wis. 42; 6,6.
afskýfþr farit hafþi Ein. Skúl. Wis. 56; 26,4 (*afskurdr Flb* I, 3).
láþstafr vegit hafþi Þórþr Kolb. Hkr. 170,26*b*.

afl : afl.

aflfátt meþalkafla Sighv. sk. Hkr. 488,35*b*.
jarþar skafls af afli Eil. Guþr. Wis. 31; 8,7.

afn : afn.

heilags tafns ok hrafna Ulfr Ugg. Wis. 30; 7,7.
yþru nafni mannkyn hafna Arn. jarl. Wis. 45; 8,2.
tveir nafnar hræ jafnan Hallarst. Wis. 48; 17,4.
hrafna víns nema hafni Haukr Vald. Wis. 78; 1,3.
síns nafna lét hrafna Haukr Vald. Wis. 79; 7,8.
úlfs kom hrafn at tafni Haukr Vald. Wis. 79; 10,2.
jafnan hefr ek mæsta kafnat Eyst. Ásgr. Wis. 97; 77,4.
hafnit nefju nafna Hildr Hkr. 66,1*a (!)*.
stafns fletbalkar hrafna Eyj. Daþ Hkr. 140,13*b*.
hrafni skeiþar stafna Sighv. sk. Hkr. 253,30*b*.
valtafn frekum hrafni Þorm. Kolbr. Hkr. 478,2*b* (*valtamn : ramne Ohs* 344).
hrafni skeiþar stafna Sveinnflokkr Hkr. 513,21*b*.
hrafna sék til hafnar Sighv. sk. Hkr. 521,11*a (!)*.
grafnings und kló hrafni Arn. jarl. Hkr. 529,2*b*.
framstafn varar hrafni Þjóþ. sk. Hkr. 538,29*a* (*hramni Kph* III, 39; *Fris.* 186,28*a*).
jafnþarfr bláum hrafni Arn. jarl. Hkr. 543,20*b*.
skafnir snekkju stafnar Þjóþ. sk. Hkr. 592,26*a*.
hrafgrennir lýkr stafnum Anon. Hkr. 602,20*b*.
stafnrúm Haralds jafnan Trǫllk. Hkr. 612,33*b*.

bolum tafn und kló hrafni Blakkr Kgs. 111,11*a.*
fekk tafn bláum hrafni Sturla Kgs. 279,2*b.*
nafnkunnr jǫfurr skiþum stafna Ól. hvít. Kgs. 380,7*a.*
konungs nafn á þik jafnan Sturla Kgs. 458,7*a.*
hrafn á valtafni Sturla Kgs. 470,2*b.*

aft : aft.

aftr geirbrúar hafta Ein. Skál. Wis. 27; 9,6.
fara aftr vali krafta Hárekr Hkr. 428,31*b.*

afþ : afþ.

gramr svafþi bil hafþi Ein. Skál. Wis. 26; 1,4.
hafþi jarl um krafþa Halld. ókr. Hkr. 207,29*b.*
hafþi gulli vafþan Sighv. sk. Hkr. 488,33*a.*

ag : ag.

orþhags kyni sagþar Ein. Skál. Wis. 62; 70,2.

agl : agl.

gagls viþ strengjar hagli Hallfr. v. Wis. 33; 7,2.
haglig ráþ meþ Agli Þork. ham Hkr. 639,6*a.*
Baglar stóþu í brodda hagli Baglar Kgs. 161,29*b* (!).

agn : agn.

Ragnarr ok fjǫlþ sagna Brage Wis. 2; 7,4.
hagnaþr vas þat bragna Ein. Skál. Wis. 28; 16,6.
varþ ragna konr gagni Ein. Skál. Wis. 29; 23,2, } vgl. *Thork.* 51.
ragn Hákonar magna Ein. Skál. Wis. 29; 23,8, }
sagna galdrs enn Ragnir Eil. Guþr. Wis. 30; 3,4.
vá gagn faþir Magna Eil. Guþr. Wis. 32; 20,2.
Magnús alt í gagnum Sighv. sk. Wis. 42; 3,2.
Magnús konungr fagni Sighv. sk. Wis. 43; 17,4.
bragningi goþ fagni Hallarst. Wis. 50; 33,4.
hafi gagn enn ek þagna Hallarst. Wis. 50; 35,8.
bragningr vildi goþdóm magna Mark. Skeggj. Wis. 51; 11,2.
Magnúss hvatir bragnar Ein. Skúl. Wis. 56; 27,4.
Magnús Hugin fagna Ein. Skúl. Wis. 57; 29,4.
hagnaþr ór styr gagni Ein. Skúl. Wis. 57; 32,8.
vagnræfrs enn ek þagna Ein. Skúl. Wis. 62; 71,8.
vagnskreytir lét fagna Haukr Vald. Wis. 79; 4,2.
agnsvelgjandi á króki fagna Eyst. Ásgr. Wis. 95; 60,8.
rettu bragna konr gagni Ótt. sv. Hkr. 226,31*b.*
fim bragningar gagni Ótt. sv. Hkr. 284,29*b.*
bragna konr meþgagni Sighv. sk. Hkr. 446,6*a.*
Magnúss faþir gagni Sighv. sk. Hkr. 453,23*b.*
magni keyrþr í gagnum Þorm. Kolbr. Hkr. 498,10*b.*

feþr Magnús biþk fagna Sighv. sk. Hkr. 510,24*b*.
Magnús konungr fagna Sighv. sk. Hkr. 516,25*b*.
Magnús enn því fagnum Sighv. sk. Hkr. 516,27*a*.
Magnús konungr fagna Sighv. sk. Hkr. 522,20*a*.
Magnús at ek fagna Sighv. sk. Hkr. 522,24*a*.
jǫfur magnar guþ fagna Sighv. sk. Hkr. 523,19*a*.
Magnús kjalar vagna Þjóþ. sk. Hkr. 538,27*a*.
gagnsælan mér fagna Stúfr sk. Hkr. 630,25*a*.
bekksagnir lætr bragna Steinn Herd. Hkr. 635,13*b (!)*.
bragningr gjǫfum fagna Steinn Herd. Hkr. 635,14*b*.
bragningr skaut af magni Þork. ham. Hkr. 648,14*a*.
snjallr bragningr hlaut fagna Ein. Skúl. Hkr. 668,7*b*.
semr Magnús friþ bragna Ein. Skúl. Hkr. 738,11*a*.
gagn Sigurþar magni Ein. Skúl. Hkr. 744,6*a*.
snarir bragningar her at magna Ól. hvít. Kgs. 349,10*a*.
þungr magnaþisk agi bragna Ól. hvít. Kgs. 357,4.
bragningr ef vel hagnar Ól. hvít. Kgs. 374,14*a*.
bragna fjǫlþ af sinu magni Sturla Kgs. 445,11*a*.
bragna sigrmagnaþr Sturla Kgs. 471,25*a*.
bragna fjǫlmagnat Sturla Kgs. 473,3*a*.

agr : *agr*.

sjá bragr hinn hárfagra Jór. skaldm. Hkr. 77,23*b*.
dagr náþit lit fagrum Sighv. sk. Hkr. 491,31*b*.
dagr enn vífin fagru Magn. berf. Hkr. 654,28*a*.
heilagr konungr fagran Ein. Skúl. Wis. 54; 9,8.
lagraustaþar meþ á sjón fagri Eyst. Ásgr. Wis. 94; 52,6.

agþ : *agþ*.

bragþvíss at þat lagþi Þjóþ. hv. Wis. 9; 5,6.
hlífar flagþs ok lagþi Ein. Skál. Wis. 28; 15,6.
oddbragþs hinn's þat sagþi Hallfr. v. Wis. 37; 22,2.
brynflagþs reginn lagþi Halld. ókr. Hkr. 212,30*b*.
lagþisk suþr til Agþa Halld. ókr. Hkr. 217,35*a*.
Agþir nær um lagþan Sighv. sk. Hkr. 252,15*b*.

ak : *ak*.

vilge slakr es rakþesk Brage Ger. 23; 16,2.

akk : *akk*.

vágs blakkriþi ok Frakka Ein. Skál. Wis. 28; 19,8 (vgl. *Wis.* 132).
rakklyndr at því sprakka Haukr Vald. Wis. 79; 5,4.
blakkríþandi bakka Glúmr Geir. Hkr. 86,34*a (!)* (*blikkriðandi Fris.* 67,21*a*).
vigrakkr konungr blakka Ótt. sv. Hkr. 220,2*a*.

ógnrakkr gjafar þakka Bjarni gullbr. Hkr. 456,30*a*.
ǫlsblakk viþ hræ Frakka Þork. Skall. Hkr. 624,10*b*.
folkrakkr gefa nakkvat Þór. stuttf. Hkr. 686,21*a*.

akk : ak.

rak vegbrautar nakkva Þorbj. hornkl. Wis. 14; 3,8.

aks : aks (ax : ax).

haffaxa lét vaxa Ein. Skál. Wis. 27; 4,6.
salþaks megin vaxa Eil. Guþr. Wis. 31; 7,8.
ljótvaxinn hræ Saxa Hallfr. v. Wis. 34; 6,4.
vax eitt í ham faxa Anon. Hkr. 151,23*a*.

akks : aks.

marblakks á kaf saxi Ein. Skúl. Hkr. 766,13*a*.

al : al.

svalheims valar Þór. loft. Hkr. 441,10*a* (*suǫlheims vǫlur Fms* V, 7; *Flb* II, 307).
Áleinn lífdvalar Sturla Kgs. 472,11*b* (*Áleinn Wis.*).

ald : ald.

oft Þrívalda haldet Brage Ger. 24; 19,2.
hjalmfaldinn mun valda Þjóþ. hv. Wis. 9; 3,4.
Hǫrþa valdr of faldinn Ein. Skál. Wis. 28; 17,6.
skalmald hefr því valdit Hallfr. v. Wis. 37; 26,6.
allvaldr búendr gjalda Sighv. sk. Wis. 38; 2,8.
galdrs upphǫfum valda Sighv. sk. Wis. 38; 4,2.
ógnvaldr níu taldar Sighv. sk. Wis. 39; 9,6 (*ógndiarfar OHS* 4).
Haralds arfi lét haldask Sighv. sk. Wis. 42; 5,5 (!).
aldr ok herverk sjaldan Sighv. sk. Wis. 43; 16,6.
haldask biþk hans aldr Ótt. sv. Wis. 44; 2,3 (!).
aldar hefr allvaldr Ótt. sv. Wis. 44; 5,3 (!).
flestan aldr und drifnu tjaldi Arn. jarl. Wis. 45; 7,4.
aldri frák enn vísi valdiþ Arn. jarl. Wis. 45; 11,5.
aldrspelli frák valda Hallarst. Wis. 46; 5,8.
skjaldbúnum lét haldit Hallarst. Wis. 47; 7,4.
hjaldrríkr ok gaf skjaldu Hallarst. Wis. 47; 12,2.
Hyr-Baldr hvítra skjalda Hallarst. Wis. 49; 25,5.
sigrs valdari goþs lǫg halda Mark. Skeggj. Wis. 51; 8,8.
folkvaldr í dyn skjalda Ein. Skúl. Wis. 55; 13,6.
baugskjaldar lauk aldri Ein. Skúl. Wis. 56; 19,2.
hauþrtjalda brá aldri Ein. Skúl. Wis. 56; 19,6 (*bar dauda Flb* I, 3).
allsvald fyr hjǫr gjalda Ein. Skúl. Wis. 59; 50,1.
himnavalds þars aldri Ein. Skúl. Wis. 61; 63,6.

hald blóþugra skjalda Haukr Vald. Wis. 81; 25,6.
hjaldrǫrr ok vann sjaldan Haukr Vald. Wis. 81; 26,2.
staþi haldandi í kyrrleiks valdi Eyst. Ásgr. Wis. 87; 1,4; 100; 100,4.
allsvaldanda kóngi at gjalda Eyst. Asgr. Wis. 87; 4,8.
tvá jafnaldra í sinn valdi Eyst. Ásgr. Wis. 88; 6,8.
sæmd ok vald þitt minkist aldri Eyst. Ásgr. Wis. 90; 26,8 u. 6.
allsvaldandi kóngr at gjalda Eyst. Ásgr. Wis. 96; 70,2.
alda er þeim meþ virþing haldin Eyst. Ásgr. Wis. 97; 74,8.
margfaldaþan lofsǫng gjalda Eyst. Ásgr. Wis. 100; 95,4.
allvaldr sá's gaf skaldum Glúmr Geir. Hkr. 89,29*a*.
aldr Hákonar skaldum Eyv. sk. Hkr. 111,29*a*.
tveim skjaldum lékk aldri Eyv. sk. Hkr. 112,2*b*.
aldrbót ok Sigvalda Skúl. Þorst. Hkr. 211,24*a*.
aldrgipta Rǫgnvaldi Sighv. sk. Hkr. 230,29*b*.
allvaldr um getr aldar Ótt. sv. Hkr. 234,19*a* (!).
eitt skald drasils tjalda Sighv. sk. Hkr. 249,28*a*.
allvaldr lofi skalda Sighv. sk. Hkr. 248,27*b*.
skald biþr hins at haldi Sighv. sk. Hkr. 307,20*a*.
Rǫgnvald konungr haldit Sighv. sk. Hkr. 310,14*a*.
þar á hald und Rǫgnvaldi Sighv. sk. Hkr. 310,26*a*.
Rǫgnvald konungr halda Sighv. sk. Hkr. 311,13*a*.
allvaldr gefa skaldi Sighv. sk. Hkr. 431,32*b*.
allvalds enn fé gjalda Sighv. sk. Hkr. 437,33*a*.
aldr fullara at halda Sighv. sk. Hkr. 446,6*b*.
kald ef ek má valda Þorm. Kolbr. Hkr. 474,9*b*.
allvaldr náir skaldum Þorm. Kolbr. Hkr. 478,2*a*.
hjaldr á breiþa skjaldu Þjóþ. sk. Hkr. 538,4*a*.
aldþrúþr fyrir haldi Þjóþ. sk. Hkr. 539,28*b*.
minn skjǫld á hliþ sjaldan Þjóþ. sk. Hkr. 542,18*a*.
hjaldrs Danmarkar skjaldu Þjóþ. sk. Hkr. 542,26*b*.
allvaldr Dǫnum gjalda Arn. jarl. Hkr. 543,13*a*.
galdrs akkeri halda Har. harþr. Hkr. 570,6*b*.
kaldnefr furu halda Þjóþ. sk. Hkr. 570,10*b*.
allvalds skipum halda Anon. Hkr. 570,27*b*.
sjaldfestar guþ valda Þorl. f. Hkr. 572,4*b*.
liþbaldr af sér tjaldi Þjóþ. sk. Hkr. 592,9*a*.
skjald es dregr at hjaldri Trǫllk. Hkr. 613,13*a*.
haldorþ í bug skjaldar Har. harþr. Hkr. 620,14*a*.
haldi upp því's valda Þjóþ. sk. Hkr. 626,15*a*.
hjaldrs tilgerþir valda Þjóþ. sk. Hkr. 626,20*b*.
hyggr skald af þrjá sjaldan Magn. berf. Hkr. 654,26*a*.
hjaldrs lausmæli gjalda Ein. Skúl. Hkr. 662,25*b*.
hafkaldan lof skaldi Ein. Skúl. Hkr. 667,4*a*.
eykr hjaldr Sigurþar skjaldar Ein. Skúl. Hkr. 738,9*a*.
folktjald komit aldri Ein. Skúl. Hkr. 738,9*b*.

allvaldr skipum haldit Sturla Kgs. 277,18*a.*
Hǫrþa valdr um faldinn Sturla Kgs. 279,2*a.*
valdr fláræþi gjalda Ól. hvít. Kgs. 303,29*a.*
valdr norrønar aldar Sturla Kgs. 325,7*a.*
hjaldrs fýstu þeir sakar haldar Ól. hvít. Kgs. 340,31*a.*
aldir kváþu varla haldusk Ól. hvít. Kgs. 344,2*a.*
járnfaldit liþ saman hjaldri Ól. hvít. Kgs. 385,7.
aldar gramr af páfa valdi Sturla Kgs. 407,15*a.*
reiþivaldr meþ frægþum haldit Sturla Kgs. 407,15*b.*
hringa baldr af þínu valdi Sturla Kgs. 426,18*b.*
allvaldr griþum halda Giz. Þorv. Kgs. 441,29.
vald framm komit aldar Sturla Kgs. 458,7*b.*
yþvart vald um heiminn kalda Sturla Kgs. 459,4*a.*
allvaldr enn þú ríki haldit Sturla Kgs. 459,4*b.*
hjaldri járnfaldin Sturla Kgs. 474,36*a* (umzustellen mit 474,37*a*, vgl. S. 151).
aldir gunntjalda Sturla Kgs. 474,33*b.*

aldr : aldr.

hjaldrskíþs þrumu galdra Þorbj. hornkl. Wis. 14; 2,2.
hjaldrmǫgnuþr þér aldri Sighv. sk. Wis. 42; 10,8.
hjaldrs af vápna galdri Ein. Skúl. Wis 58; 43,2.
margfaldr ǫfund kaldri Ein. Skúl. Wis. 60; 58,4.
liþsvaldr numinn aldri Ein. Skúl. Wis. 61; 62,6.
fleingaldr vǫlu skjaldar Haukr Vald. Wis. 79; 7,4.
valdr himnanna á þrítugs aldri Eyst. Ásgr. Wis. 92; 37,2.
þrǫngþr ok kvaldr af mæþing taldri Eyst. Ásgr. Wis. 97; 79,6.
herbaldr lyki aldri Bjǫrn krepph. Hkr. 641,21*b.*
hjaldrs einskǫpuþr galdra Snorre Sturl. Kgs. 352,2*a.*

alf : alf.

sjalflofta kom Þjalfi Eil. Guþr. Wis. 31; 9,4.
undirjalfrs at alfi Eil. Guþr. Wis. 32; 19,3 (!).
Alfheims bliku kalfa Eil. Guþr. Wis. 32; 19,4.
halfa lest af harra sjalfum Mark. Skeggj. Wis. 53; 30,3 (!).
bengjalfrs ok þá sjalfa Ótt. sv. Hkr. 235,17*a.*
ek hef sjalfr krafit halfa Sighv. sk. Hkr. 249,11*b.*
halfger viþ Niþ sjalfa Klęngr Br. Hkr. 249,29*b* (*Þórþr Sjár. Fgrsk.* 74).
guþ sjalfr enn mér halfa Sighv. sk. Hkr. 377,20*b.*
upp hvalfa svik sjalfan Sighv. sk. Hkr. 437,32*b* (!) (*hvalfra : sjalfr OHS* 178).
Kalfr viþ Bókn austr sjalfa Bjarni gullbr. Hkr. 446,35*a.*
Jalfaþs nema gram sjalfan Þorm. Kolbr. Hkr. 497,19*b* (*almuedrs Flb* II, 364; *iolfaþrs Ohs* 72; *ialfoþs OHS* 222; *iálmflóds D*).

Alfhildr enn þik sjalfa Sighv. sk. Hkr. 522,32*a.*
gjalfr enn hlýþur skjalfa Anon. Hkr. 602,18*a.*
sjalfr upp Nóreg halfan Anon. Hkr. 636,20*b.*

alfr : alfr.

fjalfrs ólágra gjalfra Þjóþ. hv. Wis. 11; 18,2.

alk : alk.

galkn viþ randar balku Hallfr. v. Wis. 35; 8,4.

all : all.

ballfǫgr gǫtu allir Brage Wis. 2; 6,6 (*ball fann* Cod. 1 eβ, vgl. *Wis.* 117).
dólg ballastan vallar Þjóþ. hv. Wis. 9; 6,6.
svall þá's gekk meþ gjallan Korm. Ǫgm. Wis. 26; 4,1 (!).
valfalls of sæ allan Ein. Skál. Wis. 27; 8,6.
fjall-Gauts hnefa skjalla Ulfr Ugg. Wis. 29; 4,2.
Heimdallr at mǫg fallinn Ulfr Ugg. Wis. 30; 6,4.
gall manntælir halla Eil. Guþr. Wis. 30; 3,6.
hallands of sér falla Eil. Guþr. Wis. 31; 7,2.
stall viþ -rastar falli Eil. Guþr. Wis. 31; 10,4.
hall -fylvingum -vallar Eil. Guþr. Wis. 32; 14,2.
snjallráþr konungs spjalli Hallfr. v. Wis. 33; 5,2.
allvaldr í styr falla Hallfr. v. Wis. 34; 4,2 (*allvandliga falla Flb* I, 110).
allvaldi tváa snjalla Hallfr. v. Wis. 35; 3,6.
allr glepsk friþr af falli Hallfr. v. Wis. 37; 21,3 (!). 25,7 (!).
herfall vas þar alla Sighv. sk. Wis. 39; 7,6.
allan Nóreg gotna spjalli Arn. jarl. Wis. 44; 5,6.
allvaldr est þú óvægr kallaþr Arn. jarl. Wis. 46; 15,8.
allréttligum dómi halla Mark. Skeggj. Wis. 51; 8,6.
hallir náþu vítt at falla Mark. Skeggj. Wis. 52; 22,6.
harra spjalli laþmenn snjalla Mark. Skeggj. Wis. 53; 26,6.
alls stýrandi konung snjallan Mark. Skeggj. Wis. 53; 31,1.
snjallir menn of heimsbygþ alla Mark. Skeggj. Wis. 53; 31,6.
allsvaldanda ens snjalla Ein. Skúl. Wis. 53; 1,2.
veþr kallaþisk hallar Ein. Skúl. Wis. 54; 2,4.
allráþanda hallar Ein. Skúl. Wis. 54; 5,4.
goþs hallar vér allir Ein. Skúl. Wis. 56; 7,2.
dáþsnjalls verǫld alla Ein. Skúl. Wis. 56; 56,8.
Jóan kallak allrar Ein. Skúl. Wis. 54; 9,3.
vallrjóþanda allra Ein. Skúl. Wis. 55; 10,6.
hall ok Norþmenn allir Ein. Skúl. Wis. 55; 11,4.
alls heims fyr gram snjallum Ein. Skúl. Wis. 55; 16,8.
snjallr lausnara spjalli Ein. Skúl. Wis. 57; 30,2.
snjalls of Danmǫrk alla Ein. Skúl. Wis. 58; 36,4.

styrsnjallr roþins galla Ein. Skúl. Wis. 59; 48,4.
Skalla-Grims enn snjalli Haukr Vald. Wis. 79; 10,8.
Hallfreþr konung snjallan Haukr Vald. Wis. 80; 12,4.
Síþu-Hallr viþ alla Haukr Vald. Wis. 81; 22,4.
allir senn meþ gráti at kalla Eyst. Ásgr. Wis. 93; 50,4.
grams fall á sjá alla Glúmr Geir. Hkr. 102,28*b*.
fallsól brá vallar Eyv. sk. Hkr. 111,27*a*.
randvallar lét falla Eyj. Daþ. Hkr. 140,13*a*.
hall bilar hára fjalla Þórþr Kolb. Hkr. 214,25*b*.
allvalds nutu allir Þórþr Kolb. Hkr. 217,28*b* (!).
Hallands um gram snjallan Halld. ókr. Hkr. 215,6*b*.
allvalds liþi falla Sighv. sk. Hkr. 252,28*a*.
grams stallara alla Sighv. sk. Hkr. 274,15*a*.
snjallr unz gramr vas fallinn Bjarni gullbr. Hkr. 493,16*b*.
hall um Nóreg allan Sighv. sk. Hkr. 521,34*a*.
ballr Skánungum allar Arn. jarl. Hkr. 541,31*a*.
allitt Svía kallum Þjóþ. sk. Hkr. 543,2*b*.
snjallr landreki allir Þjóþ. sk. Hkr. 559,25*a*.
valfalls Selund alla Valg. Hkr. 560,7*a*.
allr enn þat má kalla Menn Har. harþr. Hkr. 572,23*a*.
allvaldr í sjá falla Þjóþ. sk. Hkr. 592,15*a*.
all vápn þveran falla Steinn Herd. Hkr. 593,27*b*.
grams stallari alla Steinn Herd. Hkr. 594,11*a*.
snjalls landreka spjalli Steinn Herd. Hkr. 594,11*b*.
Halland jǫfurs spjallar Steinn Herd. Hkr. 595,2*b*.
alla nótt hinn snjalli Þjóþ. sk. Hkr. 595,15*a*.
lofsnjallr Dana allra Anon. Hkr. 602,18*b*.
snjallr gramr Danir allir Anon. Hkr. 602,25*a*.
allmǫrg búendr snjallir Anon. Hkr. 602,36*a*.
niþrfall Halfs galla Þjóþ. sk. Hkr. 606,29*b*[1]).
heilagt fall til vallar Ól. hlg. Hkr. 613,24*a*.
falli sjalfr til vallar Þjóþ. sk. Hkr. 620,17*a*.
snjalls at vér rom allir Þjóþ. sk. Hkr. 621,18*b*.
falla liþsmenn allir Arn. jarl. Hkr. 621,30*b*.
allvalda til kalla Anon. Hkr. 628,5*b*; 633,4*b*.
málsjallr hafa allan Anon. Hkr. 636,22*b*.
snjallr viþ borg þá's kalla Halld. skv. Hkr. 663,30*a*.
austr um fjall meþ drengi snjalla Ól. hvít. Kgs. 344,4*b*.
snjallráþan þik Danir allir Sturla Kgs. 442,7*b*.
snjallmæltr hlutut allrar Sturla Kgs. 458,5*b*.
hallar lifgalli Sturla Kgs. 470,10*a*.

---

[1]) Hier will *Sievers*, Beitr. V, 516, *Háva* lesen, *Gísl. Njál.* II, 279 ff. dagegen *Háalfr.*

all : *al.*

styrjar valdi rauþu falla Snorri Sturl. Kgs. 281,18*a.*
hjaldrdrifs á Kýrfjalli Jatgeirr Kgs. 286,18*a.*

alm : *alm.*

Vilhjalms fyr bø hjalma Sighv. sk. Wis. 39; 11,6 (*malma Flb* II, 21).
falma kváþu øgishjalmi Arn. jarl. Wis. 44; 4,4.
gerzkum malmi Peitu hjalma Arn. jarl. Wis. 45; 6,8.
malmi skrýddr ok faldinn hjalmi Mark. Skeggj. Wis. 52; 18,4.
bugust almar geþ falma Eyv. sk. Hkr. 111,8*a.*
malmþings í dyn hjalma Skúli Þorst. Hkr. 211,22*b.*
jalmfreyr und sik malma Hallv. Hár. Hkr. 442,2*b.*
skalmǫld vex nú falma Þorm. Kolbr. Hkr. 476,10*a.*
alms meþ bjarta hjalma Sighv. sk. Hkr. 490,9*b.*
fjalmennr konungr hjalmum Valg. Hkr. 560,9*a.*
malmr kom harþr viþ hjalma Arn. jarl. Hkr. 596,3*a* (!).
hjalmstofn í gný malma Har. harþr. Hkr. 620,14*b.*
Vilhjalmr sá's rauþ malma Þork. skall. Hkr. 624,20*a.*
alm stǫkk blóþ á hjalma Bjǫrn krepph. Hkr. 648,16*a.*
alm sveigþi liþ hjalma Ein. Skúl. Hkr. 766,13*b.*
alm dynviþir malma Þorbj. skakk. Hkr. 781,31*b.*

alp : *alp.*

Símon skalpr of hjalpask Ein. Skúl. Hkr. 755,29*b.*

als : *als.*

sjávar bals at Halsi Glúmr Geir. Hkr. 134,22*b* (vgl. S. 59).

alsk : *alsk.*

falsk und hjalm hinn valska Sighv. sk. Hkr. 252,28*b.*
falsk riddarinn valski Magn. berf. Hkr. 651,23.

alt : *alt.*

alt meþ grønu salti Sighv. sk. Hkr. 311,15*b.*
alt hefr sá's fjǫrvaltan Sighv. sk. Hkr. 416,30*a.*
alt brimgaltar Þór. loft. Hkr. 440,29*b.*
einfalt í Griksalti Ein. Skúl. Hkr. 667,6*a.*

am : *am.*

samráþa þeir Hamþir Brage Wis. 2; 5,6.
upp lét gramr í gamla Sighv. sk. Wis. 39; 13,5.
namsk þat meþ gram Sighv. sk. Wis. 40; 3,2.
liþs gramr saman Sighv. sk. Wis. 40; 4,2.
gramr iþróttir framþi Hallarst. Wis. 49; 25,4.
hvárr lézk grams í hamri Hallarst. Wis. 49; 26,6.

allframr búendr gamla Sighv. sk. Hkr. 417,4*a.*
grams skip framt Þór. loft. Hkr. 440,35*a.*
emkak tamr at samna Bjarni gullbr. Hkr. 456,12*b.*
lastsamr ara hins gamla Þór. stuttf. Hkr. 687,4*a.*

amd : amd.

samdógris goþ framdi Ein. Skúl. Wis. 56; 20,8.

aml : aml.

hamljót regin gamlar Þjóþ. hv. Wis. 10; 10,8.
meinsamliga hamlaþr Ein. Skúl. Wis. 60; 60,8.
framligt Haraldr Gamla Glúmr Geir. Hkr. 110,21*a.*

amm : amm.

glamma ó-fyr-skammu Þjóþ. hv. Wis. 9; 2,4.
gammi náis und hramma Ein. Skál. Wis. 28; 16,2.
hrægamma sá ramma Ein. Skál. Wis. 29; 21,6.
gammleiþ Þóarr skammu Eil. Guþr. Wis. 30; 2,2 (vgl. *Njál.* II, 322 f.).
dolgs vamms firum glamma Eil. Guþr. Wis. 31; 10,2.
rammþing háit glamma Arn. jarl. Hkr. 536,26*a* (*ramþing : gamla Flb* III, 275; *gamma Fris* 184,25).
frammi valgammar Sturl. Kgs. 474,16*b.*
framm í vapna glammi Þjóþ. sk. Hkr. 540,26*b.*
framm haf Sleipni þramma Ulfr Ugg. Wis. 30; 8,2.
hart gekk framm enn rammi Haukr Vald. Wis. 80; 14,4[1]).

amm : am.

hildar rammr enn stillar framþi Mark. Skeggj. Wis. 51; 7,6.
þrekrammr stoþat framla Ein. Skúl. Wis. 62; 71,2.
gramr sjalfr meginrammir Sighv. sk. Hkr. 492,17*a.*
gramr ok jarl fyr skammu Þjóþ. sk. Hkr. 537,27*a.*

amr : amr.

gramr fyr skǫrpum hamri Þjóþ. hv. Wis. 11; 18,6.
gramr meþ dreyrgum hamri Eil. Guþr. Wis. 32; 18,2.
hugframr í bǫþ ramri Hallfr. v. Wis. 36; 18,6.
es framr Svía gramr Ótt. sv. Wis. 141; 6,4.
framr tók herr á ramri Steinn Herd. Hkr. 615,19*b.*

amþ : amþ.

gram‿þanns gunni framþi Hallfr. v. Wis. 35; 3,3.

---

[1]) Ebenso wie *enn* (vgl. S. 134) will *Sievers* auch *framm* lesen. Auch dies bestätigen die Reime. Wir haben keinen Reim zu *m*, aber drei *aþalhendingar* und eine *skothending* mit *mm*, ausserdem einen Endreim mit *mm.*

an : an.

Danmarkar þik vandan Ótt. sv. Hkr. 220,4*a.*
Damnǫrk svana Þór. loft. Hkr. 441,10*b.*
svans sigrlana Þór. loft. Hkr. 440,32*a (!) (svángs Fms* V, 6; *Flb* II, 307; *sigr vána Fgrsk.* 85).
Damnǫrk spanit Sighv. sk. Wis. 40; 5,2.

and : and.

saums andvanar standa Brage Wis. 2; 5,4.
landa vanr á sandi Brage Wis. 3; 10,2.
Ermengandr af sande Brage Ger. 23; 16,4
band ǫllu því randa Þjóþ. hv. Wis. 11; 17,2.
sandmens í bý randir Þorbj. hornkl. Wis. 15; 8,4.
austrland at mun banda Ein. Skál. Wis. 26; 3,2.
grandvarr und sik landi Ein. Skál. Wis. 27; 7,4.
hofs land ok vé banda Ein. Skál. Wis. 27; 8,4.
vandar dýr at landi Ein. Skál. Wis. 27; 11,8.
folklandum sá branda Ein. Skál. Wis. 28; 13,6.
sjau landrekar randa Ein. Skál. Wis. 28; 14,4.
andur -þǫrf at landi Ein. Skál. Wis. 28; 15,8.
andvígr saman randir Ein. Skál. Wis. 28; 20,4.
Gautland frá sæ randir Ein. Skál. Wis. 29; 22,8.
andóttr vinar banda Ulfr Ugg. Wis. 29; 3,2.
landvǫrþr fyr sæ handan Hallfr. v. Wis. 36; 20,4.
landfolk tekit handum Sighv. sk. Wis. 42; 6,8.
landsfolk sótti þér til handa Arn. jarl. Wis. 44; 3,4.
skeiþar brands fyr þér ór landi Arn. jarl. Wis. 44; 5,4.
brandr gall á Englandi Hallarst. Wis. 46; 5,6.
Skotland skǫrpum brandi Hallarst. Wis. 47; 6,5.
gall brandr viþ slǫg randa Hallarst. Wis. 48; 17,2.
handsǫxum lék vandla Hallarst. Wis. 49; 25,6.
elris grand í himni standa Mark. Skeggj. Wis. 52; 22,8.
dáþvandr gjafar anda Ein. Skúl. Wis. 54; 6,2.
orms landa vas blandinn Ein. Skúl. Wis. 56: 23,8.
landrauþs huliþr sandi Ein. Skúl. Wis. 56; 25,2.
grand altari standa Ein. Skúl. Wis. 59; 50,8.
brandél á Girklandi Ein. Skúl. Wis. 59; 51,2.
lífskínandi af helgum anda Eyst. Ásgr. Wis. 88; 11,8.
lífs andvani enn fullr af grandi Eyst. Ásgr. Wis. 89; 20,4.
ák grátandi frammi at standa Eyst. Ásgr. Wis. 90; 21,6.
bandi rétt hins neþsta fjanda Eyst. Ásgr. Wis. 90; 22,6.
lifanda víst ok kvaldar andir Eyst. Ásgr. Wis. 90; 23,6.
skapandi alt meþ syni ok anda Eyst. Ásgr. Wis. 90; 24,2.
logandi ǫll meþ skírleiks anda Eyst. Ásgr. Wis. 90; 25,6.
vandat fái nú stef til handa Eyst. Ásgr. Wis. 90; 26,4.

friþar samband á hverju landi Eyst. Ásgr. Wis. 92; 40,4.
fjandans brjóst í gegnum standa Eyst. Ásgr. Wis. 93; 45,8.
andir heilsu vizku at standa Eyst. Ásgr. Wis. 93; 46,8.
yfirvaldanda himins ok landa Eyst. Ásgr. Wis. 94; 52,2 (*yfirbjóþanda engla ok þjóþa* CD).
lifandi guþ meþ feþr ok anda Eyst. Ásgr. Wis. 94; 57,4.
fjandr í kring um búka standa Eyst. Ásgr. Wis. 96; 73,4.
þú ert hitnandi heilags anda Eyst. Ásgr. Wis. 99; 90,5 (!).
grǫs ilmandi dupt ok sandar Eyst. Ásgr. Wis. 99; 93,4.
vandak miþr enn þætti standa Eyst. Ásgr. Wis. 100; 97,4.
nú rekit gand ór landi Hildr Hkr. 66,2.
ráþvandr á Skotlandi Glúmr Geir. Hkr. 86,32*b*.
valbrands víþra landa Guth. s. Hkr. 97,29*b* (!).
bands jódraugar landa Þórþr Sjár. Hkr. 105,13*a*.
grandaþr Dana brandi Eyv. sk. Hkr. 106,18*b*.
dolgsbands fyr ver handar Glúmr Geir. Hkr. 110,19*b*.
landmens kiar sanda Eyj. Daþ. Hkr. 140,11*b*.
dregr land at mun banda Eyj. Daþ. Hkr. 140,15*b*.
bandum rækr í landi Anon. Hkr. 151,21*b*.
Gotlands vala strandar Eyj. Daþ. Hkr. 199,7*b*.
land Valdamars brandi Eyj. Daþ. Hkr. 199,32*a*.
landvǫrþr áskip randir Ótt. sv. Hkr. 220,13*a*.
þat land jǫfurr brandi Ótt. sv. Hkr. 226,19*b*.
rand á Túskalandi Ótt. sv. Hkr. 229,2*b*.
áttland fyr því standa Ótt. sv. Hkr. 235,19*b*.
andur þér til handa Bersi Hkr. 254,15*b* (*endr* Flb II, 45).
brand ok Vettaland Brynj. ulf. Hkr. 266,3*f* (wol mit *OHS* 49 *Vettalandir* zu lesen?).
andurt sumar landi Sighv. sk. Hkr. 274,22*b*.
landsráþundum branda Ótt. sv. Hkr. 284,23*a*.
branda rjóþr ór landi Ótt. sv. Hkr. 284,31*a*.
Guþbrandr hét sá landum Sighv. sk. Hkr. 343,4*a*.
fjandr leggr oss til handa Sighv. sk. Hkr. 473,31*b*.
rand 's í hlýtk standa Har. Sig. Hkr. 479,6*a* (*Þorm. Kolbr. Ohs* 67).
andþrútt hǫfuþ landi Sighv. sk. Hkr. 510,16*a*.
hand kristit liþ standa Sighv. sk. Hkr. 510,23*b*.
Jótlandi gramr branda Arn. jarl. Hkr. 529,29*b*.
Vestlandi gramr branda Arn. jarl. Hkr. 536,26*b*.
brandleikr saman randir Þjóþ. sk. Hkr. 537,29*a*.
strandhǫgg numit landi Þjóþ. sk. Hkr. 539,18*b*.
brand vá gramr til landa Þjóþ. sk. Hkr. 541,28*b*.
upp á land at standa Þjóþ. sk. Hkr. 542,10*a*.
snekkju brand fyr landi Bǫlv. sk. Hkr. 547,17*a*.
tandrauþs á Serklandi Þjóþ. sk. Hkr. 550,2*a*.
Grikklands jǫfurr handa Þór. Skeggj. Hkr. 557,9*a*.

fjanda grams til strandar Grani Hkr. 571,2*b*.
rand hefr oft fyr landi Þorl. f. Hkr. 572,7*a*.
randir Sveinn á landi Þorl. f. Hkr. 573,10*a* (*Þjóþ. sk. Mork.* 57; *Flb* III, 341).
dróttinvandr ok standa Þjóþ. sk. Hkr. 577,31*a*.
randabliks ór landi Har. harþr. Hkr. 578,23*a*.
friþvandr jǫfurr standa Þjóþ. sk. Hkr. 594,2*a*.
hallandi framm brandar Anon. Hkr. 602,20*a*.
vandmælt svát af standisk Þjóþ. sk. Hkr. 607,6*a*.
lífs grand í staþ vandum Þjóþ. sk. Hkr. 621,20*b*.
Halland farit brandi Bjǫrn. krepph. Hkr. 638,13*a*.
þýtr vandar bǫl standa Anon. Hkr. 640,4*a*.
Sandey konungr randir Bjǫrn. krepph. Hkr. 647,15*a*.
orþvandr á Serklandi Þór. stuttf. Hkr. 687,2*b*.
grandmeiþ Sigars fjanda Halld. skv. Hkr. 707,14*b* (*branda Fris.* 312,18*b*).
friþum land jǫfurs brandi Blakkr Kgs. 111,9*b*.
brand í Verma landi Sturla Kgs. 305,27*b*.
hallar gandr á sviþum landi Sturla Kgs. 433,27*a*.
landa útstrandir Sturla Kgs. 464,27*b*.
landa stýrandi Sturla Kgs. 466,18*a*.
brands á Skotlandi Sturla Kgs. 469,28*b*.
grand at Skotlandi Sturla Kgs. 473,5*b*.

ang : *ang*.

svangr vas þat fyr langu Þjóþ. hv. Wis. 9; 6,2.
herfangs ofan stangu Þjóþ. hv. Wis. 9; 6,8.
fangsæll of veg langan Þjóþ. hv. Wis. 9; 8,2.
fangsæll þaþan ganga Ein. Skál. Wis. 28; 16,8 (*fengsæll þaþan gengi Fris.* 107,28*b*).
angrþjóþ sega tangu Eil. Guþr. Wis. 32; 15,6.
langvinr síu Þrangvar Eil. Guþr. Wis. 32; 16,4.
þangs rauþbita tangar Eil. Guþr Wis. 32; 21,2.
heiftar strangr at ganga Sighv. sk. Wis. 42; 10,2.
ǫlna vang enn langi Hallarst. Wis. 48; 15,6.
gangr umb Orm enn langa Hallarst. Wis. 48; 19,4.
strangr á Orm enn langa Hallarst. Wis. 48; 22,4.
sóknstrangr Ormr enn langi Hallarst. Wis. 49; 23,4.
strangr í bjarg at ganga Hallarst. Wis. 49; 27,4.
langan veg til Róms at ganga Mark. Skeggj. Wis. 51; 10,2.
ǫldugangi skipum þangat Mark. Skeggj. Wis. 52; 16,2.
hjaldrganga vas snǫruþ þangat Mark. Skeggj. Wis. 52; 19,2.
vangi mest á hǫnd at ganga Mark. Skeggj. Wis. 52; 21,4.
langvinr frá kvǫl stangri Ein. Skúl. Wis. 61; 68,2.
sá hanganda á nǫglum stangast Eyst. Ásgr. Wis. 94; 56,4.

svanvangs liþi þangat Guth. s. Hkr. 89,6*b*.
gangr um Orminn langa Halld. ókr. Hkr. 212,22*a*.
tangar Ormr hinn langi Halld. ókr. Hkr. 212,32*a*.
þangat Ormr hinn langi Halld. ókr. Hkr. 217,16*a*.
allsvangr gǫtur langar Sighv. sk. Hkr. 274,30*a*.
svanvangs í fǫr langa Sighv. sk. Hkr. 310,9*b*.
langum heldr enn ganga Hárekr Hkr. 427,28*a*.
svangs mjǫk langar Þór. loft. Hkr. 441,6*a*.
þangs fjǫlmennan ganga Har. harþr. Hkr. 578,21*a*.
sjáfang í tvau gangi Þjóþ. sk. Hkr. 592,13*b*.
sjáfang ór mar strangum Þjóþ. sk. Hkr. 592,17*a*.
hugstrangr skipa langra Steinn Herd. Hkr. 594,29*a*.
sóknstrangr í kaupangi Steinn Herd. Hkr. 628,8*a*.
angr makligra at hanga Þork. ham. Hkr. 641,4*b*.
svangr flaug ǫrn til hanga Bjǫrn krepph. Hkr. 641,23*b*.
sangran ill ok þunt un stangir Anon. Kgs. 343,31*b* (*saungvan Flb* III, 112; *sángvan Fms* IX, 439; *sangvan Kph* V, 187).
sóknarstrangs á land at ganga Sturla Kgs. 433,6*a*.

angr : angr.

strangr kaupskipum angra Ótt. sv. Hkr. 234,13*b*.
dolgstrangr skipa langra Þjóþ. sk. Hkr. 529,12*a*.

ann : ann.

rǫstu vann í ranni Brage Wis. 2; 3,5.
brann upphiminn manna Þjóþ. hv. Wis. 10; 16,4.
mannsképs raddar tanna Þorbj. hornkl. Wis. 14; 3,6.
annarr konungmanna Þorbj. hornkl. Wis. 15; 9,2.
sannreynis fentanna Korm. Ǫgm. Wis. 26; 1,2.
vann síns fǫþur hranna Ein. Skál. Wis. 26; 3,8.
mannfall viþ styr annan Ein. Skál. Wis. 28; 15,4.
engi mannr und ranni Ein. Skál. Wis. 29; 22,2
vann fetrunar Nannu Eil. Guþr. Wis. 31; 5,2.
hann lét of sǫk sanna Hallfr. v. Wis. 36; 12,5.
kannkak margt viþ manna Hallfr. v. Wis. 37; 24,7 (!).
hann vas menskra manna Hallfr. v. Wis. 37; 28,3.
kannk til margs enn manna Sighv. sk. Wis. 38; 1,5.
fjǫrbann lagit mannum Sighv. sk. Wis. 39; 12,4 (*manna Hkr.* 228; *Fms* IV, 55).
þann jarl es varþ annarr Sighv. sk. Wis. 40; 15,6.
ætt manna fannsk Sighv. sk. Wis. 41; 8,2.
hann telk yfirmann Ótt. sv. Wis. 44; 2,4.
manngi veit ek fremra annan Arn. jarl. Wis. 44; 1,2.
manngi ryþr sér mildingr annarr Arn. jarl. Wis. 45; 5,7.
hann's ríkstr konungmanna Hallarst. Wis. 47; 9,8 u. ö.

hann sem Nóregs manna Hallarst. Wis. 47; 11,6.
annarr ǫþlings manna Hallarst. Wis. 49; 27,1 (!).
hann réþ prútt ept manni Hallarst. Wis. 49; 28,2.
hvar vitu þann es anni Hallarst. Wis. 50; 32,2.
annarr gramr til þurftar mannum Mark. Skeggj. Wis. 51; 14,2.
hann gerþi fǫr út at kanna Mark. Skeggj Wis. 53; 28,6.
berask mannr und skýranni Ein. Skúl. Wis. 54; 2,6 (*maþr:skýjaþri* Flb I, 1).
ranni fremþarmanna Ein. Skúl. Wis. 55; 10,8.
ranns ferr hvert á annat Ein. Skúl. Wis. 59; 46,8.
rann sex tigir manna Ein. Skúl. Wis. 60; 54,8.
hann gerir sér manna Ein. Skúl. Wis. 61; 66,8.
hann armviþu fannar Haukr Vald. Wis. 80; 12,6.
þann ok Óláf annan Haukr Vald. Wis. 80; 18,6.
hann ófáum manni Haukr Vald. Wis. 80; 19,8.
hǫfuþsmanna veg sannan Haukr Vald. Wis. 81; 22,8.
duldist hann fyr augsjón manna Eyst. Ásgr. Wis. 89; 15,6.
bannat lofat enn flest alt annat Eyst. Ásgr. Wis. 89; 16,4.
át hann nú þat er vissi bannat Eyst. Ásgr. Wis. 89; 18,4.
rann þá glæpr af hverjum til annars Eyst. Ásgr. Wis. 89; 20,2.
sannliga hverr at þyngir annan Eyst. Ásgr. Wis. 90; 21,4.
sannr hǫfþinginn engla ok manna Eyst. Ásgr. Wis. 90; 28,6.
mann ok guþ bauþ trúan at sanna Eyst. Ásgr. Wis. 91; 34,4.
ungan mann at prísa á þann veg Eyst. Ásgr. Wis. 92; 36,4.
meiri er hann enn gǫrvalt annat Eyst. Ásgr. Wis. 92; 38,4.
fæddan mann er skilja var bannat Eyst. Ásgr. Wis. 92; 39,2.
þanninn ferr þeim unga manni Eyst. Ásgr. Wis. 92; 41,6.
lokkar hann svá Jesú manna Eyst. Ásgr. Wis. 93; 48,2.
sannheilug fyr græþing manna Eyst. Ásgr. Wis. 94; 56,8.
hverr vann sigrinn skapari manna Eyst. Ásgr. Wis. 95; 62,2.
sannr lífgari dauþra manna Eyst. Ásgr. Wis. 95; 63,2.
Eva mann fyr epli bannat Eyst. Ásgr. Wis. 96; 66,2.
hann er guþs meþ virþing sannri Eyst. Ásgr. Wis. 96; 68,6.
manns náttúru ok líkam sannan Eyst. Ásgr. Wis. 96; 69,2.
eru kannaþar hvers sem annars Eyst. Ásgr. Wis. 96; 71,6.
sanna gipt er leysi ór banni Eyst. Ásgr. Wis. 98; 80,6.
leys mitt bann fyr iþran sanna Eyst. Ásgr. Wis. 98; 83,2.
Norþmanna gram þannig Eyv. sk. Hkr. 106,8b.
mannr lét ǫnd ok annar Þórþr Sjár. Hkr. 107,3b.
rann engi því manna Þórþr Kolb. Hkr. 170,31b.
hann þverþi friþ mannum Eyj. Daþ. Hkr. 200,6b.
hann yfir Nóregs mannum Þórþr Kolb. Hkr. 217,31b.
annar lendra manna Sighv. sk. Hkr. 231,8a.
hranna dýrra manni Bersi Hkr. 254,11b.
þann dag konungs mannum Sighv. sk. Hkr. 307,35b.

engr mannr und skýranni Arn. jarl. Hkr. 323,32*b*.
rann þess's fremstr vas manna Arn. jarl. Hkr. 364,26*a*.
hann engum svá manni Sighv. sk. Hkr. 378,4*b*.
mann veitk engi annan Sighv. sk. Hkr. 446,3*b* (!).
friþbann var þar mannum Sighv. sk. Hkr. 490,9*a*.
hann rauþ járn enn annan Hofgarþr Hkr. 491,26*b* (!).
gunnranns konungmanna Sighv. sk. Hkr. 492,26*b*.
hann verþungar mannum Bjarni gullbr. Hkr. 493,19*b*.
ræþr grann skǫgul manni Þorm. Kolbr. Hkr. 497,34*a*.
fannk ǫrva drif svanni Þorm. Kolbr. Hkr. 498,12*a*.
þann styrk búandmanna Sighv. sk. Hkr. 499,15*a*.
morgin þann sem manni Sveinnfl. Hkr. 513,20*a* (!).
annara þau manna Sighv. sk. Hkr. 521,31*b*.
hungrbann framast manna Þjóþ. sk. Hkr. 535,24*a*.
mann rǫskliga annan Þjóþ. sk. Hkr. 538,17*a*.
manna Sveins ok hanna Þjóþ. sk. Hkr. 540,20*b*.
rann þat svikum manna Stúfr sk. Hkr. 555,29*a*.
rann eldr um sjǫt manna Arn. jarl. Hkr. 586,17*a* (vgl. *Gísl. om helr.* 9).
annat Þingamanni Ulfr st. Hkr. 612,4*b*.
svanni holdi manna Trǫllk. Hkr. 613,13*b*.
Haraldr sannar þat manna Þjóþ. sk. Hkr. 626,6*b*.
sanns nýtr hverr viþ annan Þjóþ. sk. Hkr. 626,13*b*.
hann's ríkr jǫfurr banna Steinn Herd. Hkr. 628,10*a*.
hann vas nýztr at kanna Stúfr sk. Hkr. 630,23*a*.
hann's beztr alinn manna Anon. Hkr. 636,20*a*.
Lǫgmanni þar bannat Bjǫrn krepph. Hkr. 647,28*a*.
vasat hann kominn þannug Anon. Hkr. 651,28*a*.
falsk annat liþ manna Eldjárn Hkr. 652,13*a*.
þann harm es skalk svanna Magn. berf. Hkr. 654,26*b*.
annan vetr und ranni Ein. Skúl. Hkr. 662,27*a*.
þann jarl drasil hranna Ein. Skúl. Hkr. 742,4*b*.
þann ok Hilditanni Snorri Sturl. Kgs. 352,4*a*.
friþbann hóf þá ǫfund manna Ól. hvít. Kgs. 356,33*a*.
óztra manna gǫfugr svanni Sturla Kgs. 445,13*b*.

ann : an.

manndýrþir stef vanda Ein. Skúl. Wis. 55; 18,4.
manndráp á Englandi Þork. Skall. Hkr. 624,22*b*.

ans : ans.

folkit hans ok lízt þat vansi Eyst. Ásgr. Wis. 93; 47,2.
hans forvitni honum til vansa Eyst. Ásgr. Wis. 95; 60,6.

app : app.

happ Þórarinn kappi Haukr Vald. Wis. 81; 26,4.

apt : *apt.*

beygþist aptr i þína kjapta Eyst. Ásgr. Wis. 96; 66,8.
aptr geirbrúar hapta Anon. Kgs. 476,19*a.*

ar : *ar.*

snarir herfarir Sighv. sk. Wis. 40; 3,4.
var glæstr sá's bar Sighv. sk. Wis. 41; 6,6.
farlystir's bar Sighv. sk. Wis. 41; 9,2.
ari getr verþ þar Ótt. sv. Wis. 44; 3,4.
vura kostr fara Ein. Skúl. Hkr. 709,28*a.*

arf : *arf.*

ógndjarfan hlaut arfi Eil. Guþr. Wis. 31; 10,5 (!).
arfǫrþr Haralds starfi Sighv. sk. Wis. 39; 7,8.
vigdjarfs frǫmum arfa Ein. Skúl. Wis. 57; 30,4.
mannþarfr Haralds arfi Ein. Skúl. Wis. 59; 51,4.
ógndjarfs fyr kné hvarfa Sighv. sk. Hkr. 274,17*a.*
aftr hvarf dreginn karfa Sighv. sk. Hkr. 307,28*a.*
vápndjarfr Haralds arfi Bjarni gullbr. Hkr. 446,33*a.*
þingdjarfr um kné hvarfa Þorm. Kolbr. Hkr. 478,4*a.*
starf til króks at hvarfi Þjóþ. sk. Hkr. 607,2*b.*
innan þarf at hvarfa Ulfr st. Hkr. 612,4*a* (*hverfa Fris* 242,11*a Fms* 401).
Ulfs þarfa þar arfi Steinn Herd. Hkr. 628,9*b* (!).
hvarf Guþrǫþar arfi Bjǫrn krepph. Hkr. 647,26*a.*

arg : *arg.*

margspakr Niþarvarga Þorbj. hornkl. Wis. 15; 8,2.
barg óþyrmir varga Ein. Skál. Wis. 26; 2,6.
gunn vargs himintargu Eil. Guþr. Wis. 30; 4,2.
varghollr þrimu marga Hallfr. v. Wis. 35; 7,8.
gaf margan val vargi Sighv. sk. Wis. 41; 1,7 (!).
margs fýsa skǫp varga Þórþr Kolb. Hkr. 170,26*a.*
margr býr um þrek varga Ótt. sv. Hkr. 222,5*b.*
margdýrr konungr varga Sighv. sk. Hkr. 453,19*a.*
marg hvar sundr flaug targa Sighv. sk. Hkr. 520,29*a.*
vargteitir hrauþ marga Arn. jarl. Hkr. 541,13*a.*
teitr vargr í ben marga Bjǫrn krepph. Hkr. 646,31*b.*
deyr sá margr er engi bjargar Eyst. Ásgr. Wis. 97; 76,2.
hvar‿getr þann er sér megi bjarga Eyst. Ásgr. Wis. 90; 21,2.

ark : *ark.*

barklaust í Danmarku Hallfr. v. Wis. 34; 5,2.
hold barkaþra sarka Hallfr. v. Wis. 35; 6,8.

barkrjóþr ok Danmarku Hallv. Hár. Hkr. 442,4*a*.
hér er skark í Danmarku Þjóþ. sk. Hkr. 542,10*b*.

arl : *arl*.

hjarl Sigurþi jarli Korm. Qgm. Wis. 26; 2,4.
hjarl ok sextán jarla Ein. Skál. Wis. 29; 24,4.
farligs at vin jarla Hallfr. v. Wis. 35; 9,6.
tryggs jarl háit snarla Sighv. sk. Wis. 39; 11,8.
karlfolk ok svá jarla Sighv. sk. Wis. 42; 5,2.
farligt eiki Vísundr snarla Arn. jarl. Wis. 45; 7,8.
jarl af sínu hjarli Hallarst. Wis. 47; 7,8.
ítr jarl einkar snarla Hallarst. Wis. 48; 21,1.
undarlig svát skil ek þat varla Eyst. Ásgr. Wis. 92; 41,4.
farlig søing jarli Tindr Hallk. Hkr. 157,33*a*.
Sarla blés fyr jarli Tindr Hallk. Hkr. 157,35*a* (vgl. *Thork.* 55)[1]).
jarl goþ vorþu hjarli Eyj. Daþ. Hkr. 199,17*b*; 200,8*b*.
farlands vinir jarla Þórþr Kolb. Hkr. 217,31*a*.
hjarls dróttna boþ jarli Þórþr Kolb. Hkr. 232,14*a*.
karlhǫfþa lét jarli Sighv. sk. Hkr. 252,15*a*.
húskarl nefi jarla Sighv. sk. Hkr. 310,4*a*.
varla Knútr ok jarlar Sighv. sk. Hkr. 416,30*b*.
húskarlar þar jarli Sighv. sk. Hkr. 431,16*a*.
húskarla liþ jarli Þjóþ. sk. Hkr. 538,29*b*.
húskarlar grams varla Oddr Kik. Hkr. 568,13*b*.
húskarla liþ jarli Har. harþr. Hkr. 578,21*b*.
hjarlsókn banat jarli Þork. ham. Hkr. 648,16*b*.
snarlyndr frǫmum jarli Ein. Skúl. Hkr. 662,27*b*.
Sigurþr jarl meþ húskarla Anon. Hkr. 781,26*a*.
karl sá's vegr at jarli Anon. Kgs. 50,20.
Hákarlastrǫnd frǫmum jarli Ól. hvít. Kgs. 339,19*b*.
jarl veitti svǫr ræsi snarla Ól. hvít. Kgs. 340,29*a*.

arm : *arm*.

harma Erps of barmar Brage Wis. 2; 3,8.
farmr Sigynjar arma Þjóþ. hv. Wis. 9; 7,2.
farmr meinsvarans arma Eil. Guþr. Wis. 30; 3,2.
tollr karms sá es harmi Eil. Guþr. Wis. 32; 18,6 (*barms* Cod. *Sparfv.*).
barmfǫgr háum armi Bǫlv. sk. Hkr. 547,19*b*.
harm á borgar armi Menn Har. harþr. Hkr. 572,25*b*.
hnotgarmr búendr arma Þjóþ. sk. Hkr. 606,21*b*.
varma bráþ á Harmi Bjǫrn krepph. Hkr. 641,14*a*.
varmr fylkingararma Halld. skv. Hkr. 705,23*b*.
elris garmr í ræfrit varma Sturla Kgs. 437,7.

---

[1]) Vgl. *Nor. aisl. Gr.*[2] § 3 Anm.

armt : armt.

varmt ǫldr í men Ḳarmtar Ein. Skúl. Hkr. 766,19*a.*

arn : arn.

varnendr goþa farnir Þjóþ. hv. Wis. 9; 4,8.
arnsúg faþir Marna Þjóþ. hv. Wis. 10; 12,8.
þorns barna sér marnar Eil. Guþr. Wis. 31; 7,6.
hróþrargjarn ok Bjarni Hallarst. Wis. 50; 34,8.
gjarn hjálmþrimu Bjarni Haukr Vald. Wis. 79; 4,4.
veþrgjarn hugar Bjarna Haukr Vald. Wis. 80; 16,4.
þrætugjarn meþ klókar varnir Eyst. Ásgr. Wis. 96; 72,2.
Márja barn ok hjálpar varna Eyst. Ásgr. Wis. 98; 85,4.
barnungr þaþan farna Glúmr Geir. Hkr. 86,35*a.*
heiptgjarn konungr arnat Þorl. f. Hkr. 572,29*a*
arnar væng af jarni Þjóþ. sk. Hkr. 592,19*b* } vgl. S. 58.
arnar hungrs á jarnum Þorbj. Skakk. Hkr. 740,12*b*
illgjarn viþ tré Bjarni Þorbj. Skakk. Hkr. 795,8*b.*

arp : arp.

garp ókafra snarpan Haukr Vald. Wis. 81; 20,4.
gullvarpaþr snarpar Glúmr Geir. Hkr. 89,31*b.*

arr : arr.

varr sínn bana þarri Þjóþ. hv. Wis. 10; 16,8 (vgl. *Wis.* 121).
Varrandi sæ fjarri Sighv. sk. Wis. 40; 14,6.
fylkir snarr viþ Dana harra Mark. Skeggj. Wis. 53; 23,8.
gómsparra sér fjarri Ein. Skúl. Wis. 59; 48,8.
snarr hljómboþi darra Haukr Vald. Wis. 80; 19,4.
snarr hljómviþu darra Haukr Vald. Wis. 81; 20,6.
snarr Hólmgǫngu Starri Haukr Vald. Wis. 81; 27,2.
flugvarr konungr sparra Glúmr Geir. Hkr. 102,26*a.*
snarr búþegna harri Sighv. sk. Hkr. 230,27*b.*
snarr Skjalgs vinum fjarri Sighv. sk. Hkr. 444,18*b.*
snarr Skánunga harri Þjóþ. sk. Hkr. 539,26*b.*
snarr enn minn vas harri Þork. Skall. Hkr. 624,20*b.*
snarr rauþ Sygna harri Bjǫrn krepph. Hkr. 641,11*a (!).*
ógis marr und harra Ein. Skúl. Hkr. 662,19*a.*
varrar eld á móti svarra Sturla Kgs. 445,13*a.*
darra flugskjarrir Sturla Kgs. 472,2*a.*

arr : ar.

Ívarr ara Sighv. sk. Wis. 41; 11,3 (!).
bleyþiskjars á móti harra Mark. Skeggj. Wis. 53; 29,2.

art : *art.*

fullsnart frøkna hjarta Hallarst. Wis. 46; 5,1
jarteignir vann bjartar Hallarst. Wis. 49; 31,2.
bjartan auþ ok frøknligt hjarta Mark. Skeggj. Wis. 51; 9,2.
snart rekninga bjartar Bersi Sk. Hkr. 254,17*a*.
hart kolsvartir Þór. loft. Hkr. 440,27*b*.
hart kníþi svǫl svartan Bǫlv. sk. Hkr. 547,16*a* (!).
fljóþ mart hǫrundbjarta Valg. Hkr. 560,15*b* (vgl. S. 82).
vígbjartr snǫru hjarta Þjóþ. sk. Hkr. 596,20*b*.
bǫþsnart konungs hjarta Arn. jarl. Hkr. 621,6*a*.

artr : *artr.*

sá lét bjartr frá bjartri Ein. Skúl. Wis. 54; 2,5 (*bert Flb* I, 1).

arþ : *arþ.*

harþgeþr neþan starþe Brage Ger. 24; 18,4.
garþi þær of farþir Þjóþ. hv. Wis. 11; 20,6.
harþráþr skipa barþum Þorbj. hornkl. Wis. 14; 1,2.
harþr Lopts vinar barþa Ein. Skál. Wis. 27; 5,2.
garþs Hlórriþi farþi Ein. Skál. Wis. 27; 8,8.
Hagbarþa gram varþa Ein. Skál. Wis. 28; 18,8.
garþ-Rǫgnir styr harþan Ein. Skál. Wis. 28; 19,2.
garþ yrþjóþum varþi Ein. Skál. Wis. 28; 20,8.
loptvarþaþar barþa Ein. Skál. Wis. 29; 22,6.
Njarþ-ráþ fyr sér -gjarþar Eil. Guþr. Wis. 31; 7,4.
harþ-Gleipnis dyn barþi Eil. Guþr. Wis. 31; 11,4.
fjarþeplis kván jarþar Eil. Guþr. Wis. 32; 15,2.
barþi Brezkrar jarþar Hallfr. v. Wis. 34; 9,5.
harþfengr Dǫnum varþi Hallfr. v. Wis. 35; 5,4.
barþmána vann skarþan Hallfr. v. Wis. 37; 27,6.
Harþa Knúts í garþi Sighv. sk. Wis. 43; 17,2.
meingarþr margra jarþa Hallarst. Wis. 49; 30,3 (!).
harþla ríkr í Miklagarþi Mark. Skeggj. Wis. 53; 30,4.
harþfengr jǫfurr barþisk Ein. Skúl. Wis. 57; 28,6.
Miklagarþs ok jarþar Ein. Skúl. Wis. 60; 53,2.
barþraukns fáir harþa Ein. Skúl. Wis. 60; 53,6.
barþisk hann viþ harþa Haukr Vald. Wis. 79; 6,3.
sem blývarþa í djúpleik jarþar Eyst. Ásgr. Wis. 88; 9,4.
garþs Eylimafjarþar Glúmr Geir. Hkr. 134,24*a*.
harþa ríkr þá's barþisk Eyj. Daþ. Hkr. 140,9*b*.
harþ komt austr í Garþa Eyj. Daþ. Hkr. 199,32*b*.
harþa langt at garþi Sighv. sk. Hkr. 275,2*b*.
geþharþr konungr jarþar Sighv. sk. Hkr. 307,21*b*.
vandar garþs ens harþa Þorl. m. Hkr. 476,3*a*.
varþr at þér í Garþa Sighv. sk. Hkr. 522,18*b*.

varþ þar's Magnús barþisk Þjóþ. sk. Hkr. 535,22*b.*
harþéls viþir barþusk Þjóþ. sk. Hkr. 538,35*a.*
jarþ muna Sveinn um varþa Þjóþ. sk. Hkr. 539,16*b.*
harþfengr Dani barþi Þjóþ. sk. Hkr. 542,4*b.*
Miklagarþs fyr barþi Bǫlv. sk. Hkr. 547,17*b.*
borinn varþ und miþgarþi Þorl. f. Hkr. 573,8*a* (*Þjóþ. sk. Mork.* 57; *Flb* III, 341).
hryngarþ konungr barþi Þjóþ. sk. Hkr. 592,32*a.*
Giparþr þar's liþ barþisk Anon. Hkr. 651,26*a.*
hvaljarþar Giparþi Eldjárn Hkr. 652,4*b.*
Giparþr í hel barþir Eldjárn Hkr. 652,15*b.*
harþa austan fjarþar Anon. Kgs. 279,18*a.*
roþnu barþi austan fjarþar Snorre Sturl. Kgs. 281,20*a.*
harþr ok ranngarþi Sturla Kgs. 464,29*b.*
jarþir vestrgarþa Sturla Kgs. 469,13*a.*

ask : ask.

vask til Rúms í haska Sighv. sk. Hkr. 521,29*b* (vgl. S. 58).

ass : ass.

Alkasse styr hvassan Halld. skv. Hkr 664,4*a.*

ast : ast.

lasta vinds í bylja kasti Eyst. Ásgr. Wis. 98; 81,2.
gleþinnar past ok eyþing lasta Eyst. Ásgr. Wis. 99; 89,6.
rastar varþ at kasta Tindr Hallk. Hkr. 157,33*b.*
last ef sjá's hinn bazti Sighv. sk. Hkr. 308,32*a* (vgl. S. 79).
fast harþliga kastat Þjóþ. sk. Hkr. 539,18*a.*
blés kastar hel fasta Bjǫrn krepph. Hkr. 638,11*b.*

at : at.

at lét hinn's sat Sighv. sk. Wis. 41; 11,2.
hvatlyndum Þorkatli Hallarst. Wis. 49; 29,6.
hvatir feldu gram skatnar Ein. Skúl. Wis. 55; 17,6.
hvatum norréna skatna Haukr Vald. Wis. 80; 13,6.
flatvǫllr héþan batnar Þjóþ. hv. Hkr. 75,27*a.*
hygg þú at jǫfurr skatna Sighv. sk. Hkr. 429,28*a.*
þat vildi guþ batni Sighv. sk. Hkr. 522,32*b.*
sat oft hnípin vatni Oddr Kik. Hkr. 568,15*b.*
þat sá herr at skatna Arn. jarl. Hkr. 621,6*b.*
þat líkar vel skatnum Steinn Herd. Hkr. 629,13*a.*
hvatir guldut þess skatnar Blakkr Kgs. 111,30*a.*
hvatir fundu þat skatnar Sturla Kgs. 443,2*b.*

atl : atl.

hvatlyndum Þorkatli Hallarst. Wis. 49; 29,6.
hraun Atla Þorkatli Haukr Vald. Wis. 79; 5,2.

atn : atn.

hás batnaþar vatni Ein. Skúl. Wis. 56; 22,4.
vatni herskatnar Sturla Kgs. 472,4*b*.

atr : atr.

hvatr Jordánar vatri Ein. Skúl. Hkr. 667,11*b* (*vatni Jǫfrask. Pering.* II, 241; *hvatt : vatni Fms* VII, 88).

ats : ats (az : az).

Hildar fats ok Þjaza Þjóþ. hv. Wis. 9; 1,8.
faz véltu goþ Þjaza Korm. Ǫgm. Wis. 26; 5,4.

att : att.

flaust hratt af sér brattum Ótt. sv. Hkr. 234,18*b*.
satt einarþar latta Þork. ham. Hkr. 641,4*a*.

att : at.

Sighvatr hefr gramr lattan Sighv. sk. Wis. 42; 9,2.

auf : auf.

vallrauf fjǫgur haufoþ Brage Ger. 26; 24,8 (vgl. *Ger.* S. 8).

aug : aug.

baug ørlygis draugi Brage Wis. 2; 8,8.
mundlaug fǫþor augom Brage Ger. 25; 20,4.
haugs-Grjótúna baugi Þjóþ. hv. Wis. 10; 14,4.
brodda flaug áþr bauga Hallfr. v. Wis. 35; 4,3.
Droplaugar sun bauga Haukr Vald. Wis. 79; 6,8.
fagnaþarlaug af hvers manns augum Eyst. Ásgr. Wis. 91; 32,2.
éldraugr skarar hauga Eyv. skald. Hkr. 106,16*b*.
flaugar dǫrr um hauga Þjóþ. sk. Hkr. 539,32*b*.
baugum grimmr at Haugi Stúfr sk. Hkr. 630,23*b*.

auk : auk.

rauk Danmarkar auka Brage Ger. 26; 24,4.
hauks flaug bjalfa aukinn Þjóþ. hv. Wis. 10; 12,4.
hauka nú mun kvæþit aukask Arn. jarl. Wis. 46; 15,4.
Gaukr Trandils sun hauka Haukr Vald. Wis. 80; 19,6.
í munlauks á hauka Eyv. sk. Hkr. 111,22*a*.
lauki gæft til auka Har. harþr. Hkr. 587,35*b*.

aum : aum.

draum í sverþa flaumi Brage Wis. 2; 3,4.
draum sínn konungr Rauma Ein. Skúl. Wis. 55; 15,4.
sólar straums í drauma Ein. Skúl. Wis. 57; 28,2.
harþan taum viþ Rauma Þjóþ. sk. Hkr. 606,19*a*.
glaum rak ná fyr straumi Ein. Skúl. Hkr. 766,15*a*.

aun : aun.

afl raun vas þat skaunar Eil. Guþr. Wis. 31; 9,2.
raundýrliga launaþr Ein. Skúl. Wis. 61; 69,4.

aup : aup.

hlaupár of vér gaupu Eil. Guþr. Wis. 31; 5,4.
hlaupsildr Egils gaupna Eyv. sk. Hkr. 123,34*b*.
úthlaupum gram kaupask Sighv. sk. Hkr. 453,14*a*.

aus : aus.

haus enn vægþarlausi Haukr Vald. Wis. 80; 16,6.
haus úfalan lausa Sighv. sk. Hkr. 431,6*a*.
lausn Valdamar hausi Sighv. sk. Hkr. 508,32*b*.
hausa friþlausir Sturla Kgs. 469,11*b*.

auss : aus.

ólauss burar hausi Þjóþ. hv. Wis. 11; 19,6.

aust : aust.

austr at miklu trausti Hallfr. v. Wis. 33; 1,2.
austr í malma gnaustan Hallfr. v. Wis. 37; 24,2.
þat haust es komt austan Sighv. sk. Wis. 42; 6,2.
víst austr munarlaust Ótt. sv. Wis. 44; 5,2.
gnaust sex tegum flausta Hallarst Wis. 48; 18,4.
vegligt flaustr ór Gǫrþum austan Mark. Skeggj. Wis. 51; 5,2.
hraustir menn af trausti Ein. Skúl. Wis. 60; 54,2.
flausta einkar hraustum Haukr Vald. Wis. 80; 16,2.
ifunarlaust meþ fullu trausti Eyst. Ásgr. Wis. 93; 50,2.
austr geþbéti hraustan Guth. s. Hkr. 89,6*a*.
austr í Salt meþ flaustum Ótt. sv. Hkr. 220,11*a*.
austr svafk fátt á hausti Sighv. sk. Hkr. 310,7*b*.
ifla flausts á hausti Hárekr Hkr. 428,29*b*.
austr bragningi at trausti Giz. g. Hkr. 475,33*b*.
hraustr þjóþkonungr austan Arn. jarl. Hkr. 515,14*b*.
hraustr í Nóreg austan Þjóþ. sk. Hkr. 519,13*a*.
vestr sjau tigu flausta Þjóþ. sk. Hkr. 529,14*a*.
austr á bragning hraustan Þjóþ. sk. Hkr. 557,12*b*.
grunlaust Haraldr austan Valg. Hkr. 559,10*a*.

flaust í Danmǫrk austan Þjóþ. sk. Hkr. 562,28*a.*
þarflaust Haraldr austan Þorl. f. Hkr. 572,29*b.*
Austmenn á veg flausta Þorl. f. Hkr. 574,11*a.*
saklaust hinn forhrausti Arn. jarl. Hkr. 596,2*a.*
þarflaust Haraldr austan Þjóþ. sk. Hkr. 621,20*a.*
bǫþhraustr viþ gram traustan Sturla Kgs. 320,12*b.*
bǫþhraustr fregit austan Ól. hvít. Kgs. 374,12*a.*
vægþarlaust fyr Geitkjǫrr austan Sturla Kgs. 433,6*b.*
austan sigrflaustan Sturla Kgs. 464,22*b.*

aut : aut.

hlaut andskoti Gauta Þorbj. hornkl. Wis. 15; 7,6.
teinhlautar fjǫr Gauta Ein. Skál. Wis. 28; 21,8.
Gauts herþrumu brautir Eil. Guþr. Wis. 30; 1,6.
flaut eiþsvara Gauta Eil. Guþr. Wis. 31; 8,2.
sigr hlaut arin brauti Eil. Guþr. Wis. 32; 18,4.
braut enn breki þaut Ótt. sv. Wis. 44; 4,1 (!).
sverþbautinn her Gauti Glúmr Geir. Hkr. 86,35*b.*
skautjalfaþar Gauta Guth. s. Hkr. 88,24*a.*
sverþgautr fǫrunautar Þjóþ. sk. Hkr. 539,7*a.*
braut háskrautum Ein. Skúl. Hkr. 709,28*b.*
laut hrafn í ben Gauta Kolli Hkr. 726,31*a.*

autsk : autsk (zk : zk).

hlauzk mér til þess gauzkan Þjóþ. sk. Hkr. 542,2*a.*

auþ : auþ.

hauþrs runn kykva nauþar Eil. Guþr. Wis. 31; 8,6.
Auþs-systur mjǫk trauþan Hallfr. v. Wis. 33; 6,4.
auþ lǫnd at gram dauþan Hallfr. v. Wis. 37; 21,2.
ótrauþr skarar rauþar Sighv. sk. Wis. 39; 21,2.
sauþungs konungr nauþir Sighv. sk. Wis. 40; 15,2.
lauþri bifþisk goll et rauþa Arn. jarl. Wis. 45; 10,2.
auþit vas þá flotnum dauþa Arn. jarl. Wis. 45; 12,2.
auþig skrín meþ golli rauþu Mark. Skeggj. Wis. 51; 12,4.
hǫfgan auþ í golli rauþu Mark. Skeggj. Wis. 53; 30,2.
ónauþigr tók dauþa Ein. Skúl. Wis. 54; 3,8.
auþarmildr frá hauþri Ein. Skúl. Wis. 54; 5,2.
lætrauþr konungr nauþum Ein. Skúl. Wis. 57; 33,4.
metins auþar fekk dauþum Haukr Vald. Wis. 80; 11,8.
snauþ ok nǫkt í myrkr ok dauþa Eyst. Ásgr. Wis. 89; 19,4.
bauþ sik fram viþ hvers manns dauþa Eyst. Ásgr. Wis. 89; 20,8.
ærusnauþ í myrkr ok dauþa Eyst. Ásgr. Wis. 93; 43,4.
bifaþist hauþr í þínum dauþa Eyst. Ásgr. Wis. 95; 59,8.
fremdarsnauþr á Jésú dauþa Eyst. Ásgr. Wis. 95; 65,2.

eilíf nauþ enn kvikr er dauþinn Eyst. Ásgr. Wis. 97; 73,8.
auþmjúkligast ok firrast dauþa Eyst. Ásgr. Wis. 97; 79,4.
ǫllum bauþ til lífs frá dauþa Eyst. Ásgr. Wis. 98; 85,8.
auþván Haralds dauþi Glúmr Geir. Hkr. 136,32a.
sagþr es dauþr enn auþir Þórþr Kolb. Hkr. 217,33b.
auþsætt vas þat rauþa Sighv. sk. Hkr. 253,16a.
úthauþrs boþa trauþir Bersi Hkr. 254,13a.
lætrauþr skipi auþu Sighv. sk. Hkr. 444,20b.
útrauþ legi rauþum Jǫk. Hkr. 455,4a.
hróþrauþigs sá dauþi Bjarni gullbr. Hkr. 493,21b.
harmdauþa mér rauþu Sighv. sk. Hkr. 523,21b.
auþtróþu varþ auþit Þjóþ. sk. Hkr. 539,29a (!) (*aur tráđo vɛr áđan* Kph III, 41).
trauþr viþ Ólaf dauþan Þjóþ. sk. Hkr. 546,10b.
brandr hrauþ af sér rauþu Steinn Herd. Hkr. 595,8b.
ónauþigr fæk auþar Ulfr st. Hkr. 612,3a (!).
auþligr konungs dauþi Arn. jarl. Hkr. 621,28a.
rauþan lífs ok auþar Bjǫrn krepph. Hkr. 646,35a.
fulltrauþr á jó rauþum Anon. Hkr. 651,26b.
auþgrimms búin rauþu Hallr Sn. Kgs. 71,10a.
auþit léztu flotnum dauþa Sturla Kgs. 432,13b.
auþar glóþrauþum Sturla Kgs. 466,20b.

auþr : auþr.

hauþr Eydana skjaldborg rauþri Mark. Skeggj. Wis. 52; 24,8.
auþr frá verþung dauþri Arn. jarl. Hkr. 596,4b.

aþ : aþ.

leikblaþs Reginn *fjaþrar* Þjóþ. hv. Wis. 10; 12,6.
vaþs af fránum naþri Ulfr Ugg. Wis. 29; 4,6.
Aþalráþs þaþan Sighv. sk. Wis. 41; 6,8.
glaþmæltr þegi aþrir Ein. Skúl. Hkr. 744,6b.

aþn : aþn.

hlaþnar illa staþnir Bǫlv. Hkr. 570,16b.

aþr : aþr.

maþr und sólar jaþri Hallfr. v. Wis. 36; 13,4.
glaþr ok báþa Naþra Hallfr. v. Wis. 36; 18,4.
glaþr vísi drakk þaþra Hallfr. v. Wis. 47; 13,4.
risnumaþr svát hver tók aþra Mark. Skeggj. Wis. 52; 17,2.
glaþr vettrimar naþri Ein. Skúl. Wis. 59; 47,4.
glaþr tók jarl viþ naþri Halld. ókr. Hkr. 217,14b.
saþr vas engr fyr þaþra Sighv. sk. Hkr. 308,30b.
glaþr í nótt á Jaþri Ól. heil. Hkr. 446,26a.

glaþr hvártveggi aþrum Anon. Hkr. 603,17*a.*
heiptglaþr ok vas þaþra Ein. Skúl. Hkr. 662,17*b.*
þaþra alt meþ Blálands jaþri Sturla Kgs. 461,33*a.*
naþr svát hverr tók aþra Þjóþ. sk. Hkr. 594,4*b.*
maþr es hann fór þaþra Þorbj. skakk. Hkr. 795,8*a.*

áf : áf.

Óláfar friþ gáfu Sighv. sk. Wis. 42; 5,4.

ág : ág.

endilág fyr mági Þjóþ. hv. Wis. 10; 15,2.
bág sefgrímnis mága Eil. Guþr. Wis. 31; 4,8.
vér frágum þat vága Eyj. Daþ. Hkr. 200,7*a (!).*
bág þat kveþk mik frágu Bjarni gullbr. Hkr. 493,16*a.*
mágum heim sem frágum Jllugi Brynd. Hkr. 550,7*a.*

ál : ál.

hróþrmál sunar báli Ulfr Ugg. Wis. 30; 7,4.
stála ríkismálum Hallfr. v. Wis. 33; 4,4.
Áláf[1]) *kominn stála Hallfr. v. Wis.* 37; 22,6.
Áláfr né svik fálusk Sighv. sk. Wis. 38; 2,2.
Áláfr sem ferk máli Sighv. sk. Wis. 39; 7,4.
þunn stál á bak málum Sighv. sk. Wis. 42; 10,4.
alt's háligt svá mála Sighv. sk. Wis. 43; 15,4.
stálum bifþusk fyrir álar Arn. jarl. Wis. 45; 10,6.
Áláfs gervik slíkt at málum Arn. jarl. Wis. 46; 15,2.
Áláfr ok klauf stálum Hallarst. Wis. 46; 4,8.
Áláfr of galt dála Hallarst. Wis. 47; 8,6.
válaust muninn máli Ein. Skúl. Wis. 58; 37,6.
Áláf í gný stála Ein. Skúl. Wis. 60; 54,4.
taki af mál enn þurftug sálin Eyst. Ásgr. Wis. 97; 75,2.
nálæg vertu minni sálu Eyst. Ásgr. Wis. 98; 86,6.
bæna mál fyr kristnum sálum Eyst. Ásgr. Wis. 99; 88,6.
Áláfr konungr mála Sighv. sk. Hkr. 307,19*a.*
Áláfr hugat málum Sighv. sk. Hkr. 310,12*a.*
Áláfr tekit málum Sighv. sk. Hkr. 310,20*b.*
Áláfr búinn hála Sighv. sk. Hkr. 414,9*b.*
Áláf af því mála Sighv. sk. Hkr. 417,6*a.*
Áláfr þrimu stála Þórþr Sjár. Hkr. 422,26*a.*
hálikt fyr því máli Sighv. sk. Hkr. 431,16*b.*
Áláf um tók málum Sighv. sk. Hkr. 445,6*b.*
útála haf stáli Bjarni gullbr. Hkr. 456,12*a.*

---

[1]) Über die verschiedenen Formen dieses Namens vgl. *Gislason AnO.* 1860 S. 331 ff.

útála vel máli Bjarni gullbr. Hkr. 456,32*a.*
gall bál Hárs stála Hofgarþr Hkr. 491,25*a.*
Áláfs sonar málum Sighv. sk. Hkr. 516,25*a.*
Áláfs í þeim málum Bjarni gullbr. Hkr. 526,7*b.*
sonr Áláfs þér hála Þjóþ. sk. Hkr. 526,26*b.*
mál ǫll vega í skálum Anon. Hkr. 603,4*a.*
Áláfr ok friþmálum Anon. Hkr. 628,5*a* u. 633,3*a.*
Áláfr konungr hála Steinn Herd. Hkr. 628,8*b.*
þrályndr til friþmála Steinn Herd. Hkr. 629,13*b.*
hála røktar málum Magn. berf. Hkr. 654,36*b.*
hrannbáls glǫtuþr mála Halld. skv. Hkr. 707,16*b.*
sitt mál í kné lituþr stála Ól. hvít. Kgs. 340,31*b.*
varbáls hǫtuþr kardináli Sturla Kgs. 407,13*a.*
liþbáls at veþmáli Sturla Kgs. 427,28*b.*

álf : *álf.*

Þórálfr Hnikars bjálfa Haukr Vald. Wis. 80; 13,4.
Jesús sjálfr í musteris hválfi Eyst. Ásgr. Wis. 92; 36,8.
ǫll skjálfandi enn himnar sjálfir Eyst. Ásgr. Wis. 95; 59,6.

álm : *álm.*

jurtir málmr sem laufgir pálmar Eyst. Ásgr. Wis. 99; 94,4.
frægra málma ægishjálmi Sturla Kgs. 433,12*b.*

ám : *ám.*

forn Adám í Jesú kvámu Eyst. Ásgr. Wis. 95; 64,4.

án : *án.*

Mána vegr und hánum Þjóþ. hv. Wis. 10; 14,8.
grán hǫtt Fenris kvánar Eil. Guþr. Wis. 32; 13,8.
fráneygjum sunr gránum Sighv. sk. Wis. 41; 1,6.
fimtán fjǫrnis mána Hallarst. Wis. 48; 16,5 (!).
grán ok skinn á hánum Hallarst. Wis. 49; 30,6.
ossa ván meþ hánum Ein. Skúl. Wis. 54; 4,8.
Óþs kvánar byr mána Guth. s. Hkr. 102,6*b.*
folk ránar þér mána Þorl. Rauþf. Hkr. 170,4*a.*
slíks vas ván at hánum Þórþr Kolb. Hkr. 170,31*a.*
fráns leggbita hánum Halld. ókr. Hkr. 212,20*b.*
mitt rán gefisk hánum Ól. heil. Hkr. 446,26*b.*
auþván róit hánum Sighv. sk. Hkr. 253,30*a.*
Skánunga gramr hánum Þórþr Sjár. Hkr. 422,26*b.*
segi ván Heþins kvánar Giz. g. Hkr. 475,31*b.*
ormfrán séa hánum Sighv. sk. Hkr. 491,4*b.*
fímtán á því láni Sighv. sk. Hkr. 510,18*a.*
Skánunga gramr hánum Þjóþ. sk. Hkr. 532,4*b.*

Skáney yfir sláni Þjóþ. sk. Hkr. 543,16*b*.
Skánunga lokvánir Þjóþ. sk. Hkr. 542,24*a*.
ráns galt herr frá hánum Arn. jarl. Hkr. 543,21*a (!)*.
Skáney Dǫnum nánar Valg. Hkr. 559,33*b*.
fráns sízt ýtt vas hánum Þjóþ. sk. Hkr. 592,2*b*.
þrotna ván frá hánum Steinn Herd. Hkr. 593,27*a*.
afls ván þaþan hánum Þjóþ. sk. Hkr. 605,13*b*.
vánar dags á Spáni Halld. skv. Hkr. 663,19*a*.
rán gekk slíkt at vánum Sturla Kgs. 325,9*b*.

áp : áp.

hryngráp Egils vápna Hallfr. v. Wis. 33; 8,4.
hjǫrgráps hugþa drápu Hallarst. Wis. 50; 34,7 (!).

ár : ár.

ár-Gefnar mat báru Þjóþ. hv. Wis. 9; 2,6.
már valkastar báru Þjóþ. hv. Wis. 9; 3,6 (vgl. *Gísl. Ark.* VIII, 52).
Fárbauta mǫg Várar Þjóþ. hv. Wis. 9; 5,2.
váru heldr ok hárar Þjóþ. hv. Wis. 10; 10,7 (!).
hárs ǫl-Gefjon sára Þjóþ. hv. Wis. 11; 20,2.
Fárbauta mǫg vári Ulfr Ugg. Wis. 29; 2,4.
randfárs brumaþr hári Hallfr. v. Wis. 33; 1,4.
lognárungum váru Hallfr. v. Wis. 35; 9,2.
naddfárs í bǫþ sárir Hallfr. v. Wis. 35; 10,2.
fár beiþ ór staþ sára Sighv. sk. Wis. 38; 2,6.
frár ok gekk at árum Hallarst. Wis. 49; 25,8.
ár grimmliga skáru Ein. Skúl. Wis. 58; 40,8.
undbáru flug váru Ein. Skúl. Wis. 60; 54,6.
blárǫst konungr árum Guth. s. Hkr. 87,34*a*.
ófár búendr sárir Þórþr Sjár. Hkr. 107,4*b*.
sárgamms blǫþum ára Þórþr Kolb. Hkr. 156,4*b*.
már fekk á sjá sára Halld. ókr. Hkr. 206,8*b (!)*.
sárlauk roþinn bárum Skúli Þorst. Hkr. 211,24*b*.
ár at hersar váru Þórþr Kolb. Hkr. 217,29*a*.
fár hans býir váru Þórþr Kolb. Hkr. 217,35*b*.
mǫrg ár und þér báru Ótt. sv. Hkr. 220,11*b*.
ófár búendr sárir Sighv. sk. Hkr. 253,13*b*.
sára linns í ári Bersi Sk. Hkr. 254,13*b*.
fell sár á il hvára Sighv. sk. Hkr. 307,33*b*.
sárs leyfum vér árar Sighv. sk. Hkr. 431,30*a*.
hvárungi frák váru Sighv. sk. Hkr. 488,35*b*.
árstrauma vann sáran Hofgerþ. Hkr. 491,27*b*.
hyggr fár um mik sáran Þorm. Kolbr. Hkr. 497,34*b*.
hárvǫxt konungs áru Sighv. sk. Hkr. 508,32*a*.
vígtár konungs árum Sighv. sk. Hkr. 521,6*b*.

nár á hverri báru Þjóþ. sk. Hkr. 538,37*b*.
sjár þýtr auþs um árum Þjóþ. sk. Hkr. 539,8*b* (!).
mǫrg tár í grǫf báru Oddr Kík. Hkr. 568,13*a*.
Danir váru þá báru Bǫlv. Hkr. 570,14*b*.
hvert ár Danir váru Stúfr sk. Hkr. 571,19*b*.
hár sjau tigum ára Þjóþ. sk. Hkr. 592,19*a*.
ófár Mǫrukára Steinn Herd. Hkr. 615,21*a*.
knár riddarinn hári Eldjárn Hkr. 652,4*a*.
hár þar's staddir várut Eldjárn Hkr. 652,13*b*.
már drekkr suþr ór sárum Magn. berf. Hkr. 654,22*a* (!).
eljunþrár und hári Ein. Skúl. Hkr. 717,16*a*.
váru sogns meþ sára Ein. Skúl. Hkr. 742,3*a* (!).
kapps hár logi sára Ól. hvít. Kgs. 303,29*b*.
fár eldingar meginsára Ól. hvít. Kgs. 386,35*b*.
ógnarbáru hǫfuþsára Sturla Kgs. 433,15*b*.
feþgin vár meþ nógu dari Eyst. Ásgr. Wis. 89; 18,8.
Márja hlýþ nú orþum várum Eyst. Ásgr. Wis. 90; 28,2.
geislinn brár fyr augum várum Eyst. Ásgr. Wis. 91; 33,4.
fyr Máríu grát hinn sára Eyst. Ásgr. Wis. 94; 57,2.
son Máríu er naglar skáru Eyst. Ásgr. Wis. 98; 87,4.
Márja léttu syndafári Eyst. Ásgr. Wis. 99; 91,4.
Márja líttu klǫkk á tárin Eyst. Ásgr. Wis. 99; 91,6.
Márja ber þú smyrsl í sárin Eyst. Ásgr. Wis. 99; 91,8.

árr : ár.

sárr mun gramr at hváru Hallfr. v. Wis. 36; 19,6.
Márja lífþu sœmd í hárri Eyst. Ásgr. Wis. 99; 91,2.

ársk : ársk.

árskaptan grun vinir hvárskis Ól. hvít. Kgs. 344,4*a*.

ás : ás.

hrafnásar viþ blása Þjóþ. hv. Wis. 9; 4,4.
þás ellilyf Ása Þjóþ. hv. Wis. 10; 9,3 (!).
atblásendr því vási Þjóþ. sk. Hkr. 542,28*a*.
hrás þaut vargr í ási Bǫlv. sk. Hkr. 547,4*a*.

ásk : ásk.

sásk vítt búendr háska Þórþr Kolb. Hkr. 154,34*a* (*sázt vík búendr ríkir Fris.* 120,14*a*).

áss : ás.

áss hretviþri blásin Eil. Guþr. Wis. 31; 8,8 (vgl. *Gísl. Ark.* VIII, 57).

át : át.

firrist hlátr enn kann at gráta Eyst. Ásgr. Wis. 92; 42,2.
ógrátandi vǫrrum láta Eyst. Ásgr. Wis. 95; 59,2.
fyrlátiþ mér ek vil gráta Eyst. Ásgr. Wis. 97; 79,1.
vátr til gløps á báti Sighv. sk. Hkr. 307,30*a*.
oflátinn skal gráta Sighv. sk. Hkr. 521,6*a*.
lítt kátr meþ brá váta Sturla Kgs. 482,16*b*.

átt : átt.

vátt sinn bana þátti Þjóþ. hv. Wis. 10; 16,8.
átta mærþar þáttum Ulfr Ugg. Wis. 29; 2,8.
Vinþum háttr enn átta Sighv. sk. Wis. 39; 8,2.
hátt 's víkingar áttu Sighv. sk. Wis. 39; 10,6.
brátt réþ hann þeims átti Hallarst. Wis. 46; 2,6.
hljómváttandi knátti Hallarst. Wis. 46; 3,6.
hátt fjall hvártki mátti Hallarst. Wis. 49; 27,5 (!).
slíkr háttr svá munk vátta Hallarst. Wis. 50; 35,5 (!).
sátta rof þaz buþlungr átti Mark. Skeggj. Wis. 52; 15,4.
hersa máttir sex ok átta Mark. Skeggj. Wis. 53; 30,8.
máttigs framir váttar Ein. Skúl. Wis. 54; 6,4.
máttigt hǫfuþ áttar Ein. Skúl. Wis. 54; 8,8.
Evam brátt sem Moises váttar Eyst. Ásgr. Wis. 88; 13,2.
náttúran sér ekki mátti Eyst. Ásgr. Wis. 91; 31,4.
átti dagr af fæþing váttar Eyst. Ásgr. Wis. 91; 35,6.
er nú váttr er þann dag mátti Eyst. Ásgr. Wis. 92; 37,6.
sjálf náttúran manndóm váttar Eyst. Ásgr. Wis. 96; 65,4.
fátt er þat er siþuna váttar Eyst. Ásgr. Wis. 97; 76,8.
átt er skjǫldungr máttit Sighv. sk. Hkr. 230,27*a*.
máttit jarl þau's áttuþ Ótt. sv Hkr. 235,18*b (!)*.
hátt vápna brak knátti Sighv. sk. Hkr. 253,11*a*.
þǫrf nátt ok dag sáttum Sighv. sk. Hkr. 311,15*a*.
áttungr í sal knátti Sighv. sk. Hkr. 416,23*b*.
eigi smátt er máttit Sighv. sk. Hkr. 491,31*a*.
átt leifþ Haralds knátti Sighv. sk. Hkr. 516,23*b*.
átt hafa þeira sáttir Þjóþ. sk. Hkr. 532,2*b*.
áttján Haraldr sáttir Þjóþ. sk. Hkr. 555,10*a*.
fátt's til nema játta Þjóþ. sk. Hkr. 577,29*b*.
eigi brátt viþ sáttum Anon. Hkr. 602,36*b*.
sátt lauksk þar meþ váttum Anon. Hkr. 603,15*b*.
fráttu hve fylkir mátti Bjǫrn krepph. Hkr. 641,11*b (!)*.
fátt liþ galeiþr átta Halld. skv. Hkr. 663,12*b*.
knátti enn hin átta Halld. skv. Hkr. 666,1*a (!)*.
máttigr tigir átta Ein. Skúl. Hkr. 742,6*a*.

átt : át.

látr valrugar máttu Eil. Guþr. Wis. 32; 19,6.
látr minn faþir átti Eyv. sk. Hkr. 112,13*b*.
allbrátt at fjǫrláti Sighv. sk. Hkr. 446,4*b*.

áv : áv (doch vgl. S. 21).

þá vá Þorsteinn hávan Haukr Vald. Wis. 81; 23,7 (!).
sá vas hjǫrr ens háva Ein. Skúl. Wis. 59; 44,5.

áv : áf (doch vgl. S. 21).

svá frák hitt át háva Hallfr. v. Wis. 34; 3,1 (!).

áþ : áþ.

ráþalfs af mar bráþum Brage Wis. 3; 11,8 (vgl. *Wis.* 117).
dagráþ Heþins váþa Ein. Skál. Wis. 28; 21,4.
háþi jarl þars áþan Ein. Skál. Wis. 29; 22,1 (!).
heiptbráþr umb sik váþir Hallfr. v. Wis. 33; 2,4.
dáþ ǫflgan gram kváþu Hallfr. v. Wis. 34; 2,4.
randláþs viþir kváþu Hallfr. v. Wis. 36; 17,6.
áþr bragningi ráþit Sighv. sk. Wis. 43; 11,6.
áþr skalt viþ því ráþa Sighv. sk. Wis. 43; 13,2.
ulfa gráþar þeira ráþi Arn. jarl. Wis. 44; 5,2.
sóknbráþr sigri ráþa Hallarst. Wis. 46; 3,7 (!) (*sannfróþr Flb* I, 94; *Fms* I, 105).
sóknbráþs jǫfurs dáþir Ein. Skúl. Wis. 55; 12,2.
tírbráþr á goþ láþi Ein. Skúl. Wis. 55; 13,2.
dáþmilds koma láþi Ein. Skúl. Wis. 56; 25,8.
happsdáþir því ráþi Ein. Skúl. Wis. 62; 70,4.
láþvǫrþr Aþalráþi Ótt. sv. Hkr. 225,34*a*.
hǫfum ráþit vel báþir Sighv. sk. Hkr. 248,33*b*.
áþr at slíku láþi Ótt. sv. Hkr. 284,33*b*.
ógnbráþr áþr þér náþum Ótt. sv. Hkr. 334,22*b*.
ormláþs hati báþa Sighv. sk. Hkr. 343,2*b*.
áþr var stýrt til váþa Arn. jarl. Hkr. 364,24*b*.
alldáþgǫfugr báþum Sighv. sk. Hkr. 377,18*a*.
hvatráþr ertu láþi Ótt. sv. Hkr. 422,21*b*.
sá var áþr búinn ráþa Sighv. sk. Hkr. 445,6*b*.
ráþinn varþ frá láþi Bjarni gullbr. Hkr. 447,1*b*.
framráþr tjogu háþi Sighv. sk. Hkr. 510,25*a*.
sannráþinn frá láþi Þjóþ. sk. Hkr. 519,11*b*.
bráþ fekk hrafn's háþum Þjóþ. sk. Hkr. 538,3*a (!)*.
bráþr at váru ráþi Þjóþ. sk. Hkr. 542,26*a*.
hvatráþr konungr láþi Þorl. f. Hkr. 573,8*b* (*Þjóþ. sk. Mork.* 57; *Flb* III, 341).
ráþandi manndáþa Þjóþ. sk. Hkr. 594,2*b*.

snarráþs enn þá báþa Þjóþ. sk. Hkr. 620,17*b*.
leyft ráþ vas þat náþi Ein. Skúl. Hkr. 667,9*b*.
folkbráþr konungr háþi Hallr Sn. Kgs. 71,12*b*.
geþbráþir landráþa Sturla Kgs. 320,14*b*.
ógnarbráþs at fylkis láþi Sturla Kgs. 433,4*a*.
varma bráþ at þinu ráþi Sturla Kgs. 433,17*a*.

ef : *ef*.

rekstefju tekk hefja Hallarst. Wis. 46; 1,4.
hefk þar lokit stefjum Hallarst. Wis. 49; 24,4.
gefit á jǫrþ mik leystan hefþi Eyst. Ásgr. Wis. 90; 22,8.

efl : *efl*.

steflig orþ megi tungan efla Eyst. Ásgr. Wis. 94; 51,4.

efn : *efn*.

hefnir fenguþ yrkis efni Arn. jarl. Wis. 46; 15,1.
sóknefnandi at hefna Haukr Vald. Wis. 80; 17,6.
Júþas nefndr er óvænt stefndi Eyst. Ásgr. Wis. 93; 48,4.
hefnendr setuefni Eyv. skald. Hkr. 103,20*a*.
Gefnar sinni stefnu Eyv. skald. Hkr. 106,8*a*.
Skjalgs hefnir sér nefna Sighv. sk. Hkr. 444,32*a*.
vefgefn þriar stefnur Þjóþ. sk. Hkr. 540,22*b*.
efni mæltrar stefnu Anon. Hkr. 602,27*a*.
hefnendr konungs efni Þjóþ. sk. Hkr. 620,19*b*.

efnd : *efnd*.

hefnd sins fǫþur efnda Hallarst. Wis. 46; 5,4.

efr : *efr*.

hefr hann langt yfir spheras efri Eyst. Ásgr. Wis. 96; 72,6.

efs : *efs*.

refsing firum efsa Sighv. sk. Hkr. 453,16*b* (*hnefsa Flb* II, 316; *ofsa OHS* 190).

eft : *eft*.

heftuþ ér enn eftir Ótt. sv. Hkr. 284,24*b*.

eg : *eg*.

hegju hilmis segja Hallarst Wis. 49; 23,7.
hás vegs megi segja Ein. Skúl. Wis. 61; 64,2.
veg þinn konungr segja Eyv. skald. Hkr. 103,18*b*.
segik þat megi Þór. loft. Hkr. 441,8*b*.

þegi seimbrotar segja Arn. jarl. Hkr. 515,9*a* (!) (*sic OHS* 234; *Flb* III, 262; *Fris* 168,3*a*; *Kph.* III, 1; *Fms.* VI, 22; *þeigi* : *seigja Pering.* II, 1; *þe(y)gi Hkr.* 515; vgl. *Thork.* 73).
hvatt segir hinn's þat fegrir Þjóþ. sk. Hkr. 605,15*b*.

egg : *egg*.

gunnvegjar brú leggja Þjóþ. hv. Wis. 9; 1,2.
hreggs dǫgling tveggja Þorbj. hornkl. Wis. 14; 4,4.
geira hregg viþ seggi Þorbj. hornkl. Wis. 14; 5,2.
réþ egglituþr seggir Þorbj. hornkl. Wis. 14; 5,6 (*red egghrǫdr leggia Flb* I, 572; *egghróþr Fms* X, 187,18; vgl. *Njál.* II, 115).
eggþings Heþins veggjar Ein. Skál. Wis. 28; 14,6.
hreggs vafreyþa tveggja Eil. Guþr. Wis. 32; 14,6.
fótlegg þurnis veggjar Eil. Guþr. Wis. 32; 17,4.
hnitregg meþ fjǫlþ seggja Hallfr. v. Wis. 35; 7,6.
hvárttveggja mér seggir Hallfr. v. Wis. 36; 19,8.
folksveggs drífar hreggi Sighv. sk. Wis. 39; 10,2.
óskeggjaþr þá beggju Sighv. sk. Wis. 43; 17,8.
myrkt hregg mækis eggja Hallarst. Wis. 48; 20,1 (!).
armleggjar rǫf dýrum seggjum Mark. Skeggj. Wis. 51; 7,4.
eggjar týndan lífi seggja Mark. Skeggj. Wis. 52; 19,6.
frán beit egg at leggja Ein. Skúl. Wis. 57; 29,6.
seggs marglitendr eggja Ein. Skúl. Wis. 60; 59,2.
seggr dǫglinga tveggja Haukr Vald. Wis. 80; 12,2.
eggdjarfr fyrir seggi Haukr Vald. Wis. 80; 15,6.
hregg Miþfjarþar Skeggi Haukr Vald. Wis. 81; 21,2.
seggir blandit gall meþ drengjum Eyst. Ásgr. Wis. 95; 58,2.
ráþlauss seggr at ýmsum veggjum Eyst. Ásgr. Wis. 99; 92,6.
seggi mækis eggjar Glúmr Geir. Hkr. 87,4*b*.
sóknheggr und sik leggja Glúmr Geir. Hkr. 136,32*b*.
sverþs eggja spor leggja Tindr Hallk. Hkr. 160,22*a* (*leggi Kph.* I, 241; *Pering* I, 258; *Thork.* 56; doch vgl. *Wimmer, navneord. böjn.* S. 57).
seggir hvárirtveggju Sighv. sk. Hkr. 252,22*b*.
skeggi aþrartveggju Sighv. sk. Hkr. 255,22*b*.
beggja kost á veggjum Sighv. sk. Hkr. 310,4*a*.
sakar leggit þit beggja Sighv. sk. Hkr. 310,22*b*.
þess eggjumk vér hreggi Þorf. m. Hkr. 476,5*b*.
seggr hné margr und eggjar Sveinfl. Hkr. 513,19*a*.
seggjum hneitis eggja Arn. jarl. Hkr. 515,10*a*.
hreggi óst ok leggi Þjóþ. sk. Hkr. 539,7*b*.
hregg af eikiveggjum Þjóþ. sk. Hkr. 540,20*a*.
reggbuss saman leggja Arn. jarl. Hkr. 541,11*b*.
eggdjarfr und sik leggja Stúfr sk. Hkr. 555,18*a*.
eggjumk vígs ok tveggja Har. harþr. Hkr. 586,33*a*.

skeleggjaþr framm leggja Steinn Herd. Hkr. 594,9*b*.
hvárstveggja mjǫk seggir Anon. Hkr. 602,34*a*.
eggjask vestr at leggja Trǫllk. Hkr. 612,31*a*.
eggdjarfr í friþ leggja Steinn Herd. Hkr. 629,15*a*.
seggja kind und eggjar Bjǫrn krepph. Hkr. 647,15*b*.
hvártveggja Breiþskeggi Blakkr Kgs. 121,5*a*.
hreggmildr jǫfurr leggja Guþm. Odds. Kgs. 274,19*a*.
stála hregg þvít æ mun beggja Ól. hvít. Kgs. 356,33*b*.

egl : *egl*.

veglig flaust und búnu segli Sturla Kgs. 441,12*b*.

eglþ : *eglþ*.

neglþum straum hinn heglþa Þjóþ. sk. Hkr. 592,17*b*.

egn : *egn*.

þegns gnótt mëilregni Ein. Skál. Wis. 27; 4,4.
sverþregns lofi þegna Ulfr Ugg. Wis. 30; 9,4.
fjǫlgegn ok réþ hegna Sighv. sk. Wis. 42; 4,2.
hjaldrgegnir bú þegna Sighv. sk. Wis. 42; 11,2.
dvergs regn dreyra megnum Hallarst. Wis. 50; 31,3 (*dverg regns dýrþar magnat Fms* II, 282; *dyggregns dyrdar mággnut Flb* I, 468).
þegnum kunni ósiþ hegna Mark. Skeggj. Wis. 51; 8,4.
rógs hegnir drap ótal þegna Mark. Skeggj. Wis. 52; 20,2.
hvargegnan má Ǫzur fregna Mark. Skeggj. Wis. 53; 27,6.
liþgegn snara þegna Ein. Skúl. Wis. 55; 14,6.
regn dreif stáls í gegnum Ein. Skúl. Wis. 60; 55,2 (*regn dreif staal á þegna Flb* I, 6).
friþgegns af jartegnum Ein. Skúl. Wis. 61; 67,2.
naddregns hvǫtum þegni Eyv. sk. Hkr. 103,34*a*.
gegn eru þér at þegnum Ótt. sv. Hkr. 334,21*a* (!).
þegns dóttir mik fregna Giz. g. Hkr. 475,33*a*.
regndjarfr tváa þegna Hofgarþ. Hkr. 491,27*a*.
regni haust nótt gegnum Arn. jarl. Hkr 541,13*b*.
fegnir lǫnd ok þegna Þjóþ. sk. Hkr. 562,28*b*.
þegnar alt í gegnum Anon. Hkr. 602,34*b*.
gram fregn at þvi gegnan Guþm. Odds. Kgs. 274,20*a* (!).
gegn létuþ kyr hegna Ól. hvít. Kgs. 303,30*b* (!).
hyggju gegn enn líf gaf þegnum Ól. hvít. Kgs. 373,6*b*.
vegnat brǫgþum fegnir Ól. hvít. Kgs. 374,14*b*.
grár regnbogi Hnikars þegna Ól. hvít. Kgs. 386,33*b*.
yþrir þegnar rána hegnir Sturla Kgs. 426,18*a*.
þegnar úfegnir Sturla Kgs. 471,25*b*.

egr : egr.

fár vegr es mér fegri Þjóþ. sk. Hkr. 542,17*b (!).*

eidd : eidd.

greiddr sárliga meiddu Ein. Skúl. Wis. 58; 40,4.
leiddr af móþur faþminn breiddi Eyst. Ásgr. Wis. 94; 55,6.
lamdr ok meiddr er valdit beiddi Eyst. Ásgr. Wis. 95; 61,8.

eif : eif.

raddsveif at Þorleifi Þjóþ. hv. Wis. 9; 1,4 *(raddkleif W).*
bifkleif at Þorleifi Þjóþ. hv. Wis. 10; 13,8 u. 11; 20,8.
hugreifum Óleifi Ulfr Ugg. Wis. 29; 1,2.
folkreifum Óleifi Hallfr. v. Wis. 35; 11,4.
benkneif fyr Óleifi Hallfr. v. Wis. 36; 15,8.
hugreifum Óleifi Hallfr. v. Wis. 37; 28,2.
portgreifar Óleifi Sighv. sk. Wis. 39; 8,8.
dreif mest at Óleifi Sighv. sk. Wis. 39; 9,8.
fǫþurleifþ konungs greifum Sighv. sk. Wis. 43; 14,8 (*fulleiþ : reiþi Fms* VI, 44; *fulleidr : greifum Flb* III, 269).
ǫrn reifir Óleifi Ótt. sv. Wis. 141; 6,3 (!)
hugreifr meþ Óleifi Halld. ókr. Hkr. 215,6*a.*
gunnreifum Óleifi Sighv. sk. Hkr. 252,22*a.*
hugreifum Óleifi Sighv. sk. Hkr. 430,7*a.*
Óleifr funa kleifar Jǫk. Hkr. 454,22*b.*
gunnreifr meþ Óleifi Þorm. Kolbr. Hkr. 476,10*b.*
þreifsk sókn meþ Óleifi Sighv. sk. Hkr. 480,21*a.*
gunnreifum Óleifi Sighv. sk. Hkr. 491,2*a.*
vígreifr fyr Óleifi Bjarni gullbr. Hkr. 493,14*a.*
fjǫruskeifr á her veifat Þór. stuttf. Hkr. 687,2*a.*

eifþ : eifþ.

ættleifþir svan reifþan Guþm. Odds. Kgs. 274,21*b.*

eig : eig.

geigurþing at eiga Hallfr. v. Wis. 35; 9,4.
ódeigr Skota feiga Hallarst. Wis. 47; 6,8.
hneigendr Dvalins veigum Haukr Vąld. Wis. 78; 1,4.
krýpk eigi svá sveigir Bersi Hkr. 254,12*b (!).*
feigr eþa Danmǫrk eiga Arn. jarl. Hkr. 529,4*b.*
valteigs brakan eigi Har. harþr. Hkr. 620,12*a.*
hyrsveigir mér eigi Guþm. Odds. Kgs. 274,19*b.*
geigurþing viþ yþr at eiga Sturla Kgs. 442,9*a.*
feigir svanteigar Sturla Kgs. 470,8*b.*

eigþ : eigþ.

Vísundr hneigþi þrǫm sveigþan Þjóþ. sk. Hkr. 529,14*b.*

eik : *eik*.

sveik opt Ása leikum Þjóþ. hv. Wis. 10; 12,2.
folkleikr Heþins reikar Ein. Skál. Wis. 29; 24,6.
skáleik Heþins reikar Eil. Guþr. Wis. 31; 11,8.
illbleikum gaf steikar Ein. Skúl. Wis. 58; 43,4.
léttleikann í svaranna reikan Eyst. Ásgr. Wis. 89; 17,2.
eik sá's rauþ hin bleika Sighv. sk. Hkr. 444,2*a*.
eik hví vér 'rom bleikir Þorm. Kolbr. Hkr. 498,10*a*.
bleikr verþungar leiki Sighv. sk. Hkr. 521,24*a*.

eil : *eil*.

feþr Meila sér deila Þjóþ. hv. Wis. 9; 4,2.
þrymseilar hval deila Þjóþ. hv. Wis. 9; 5,4.
heilagr á því deili Ein. Skúl. Wis. 58; 41,8.
geþ deilisk mér seilar Haukr Vald. Wis. 78; 2,8.
heilagt viþ þau deila Sighv. sk. Hkr. 308,8*b*.
heilráþ Svía deila Sighv. sk. Hkr. 516,19*b*.

eim : *eim*.

reimuþ Jǫtunheima Þjóþ. hv. Wis. 9; 7,6.
lǫgseims faþir heiman Eil. Guþr. Wis. 30; 1,4.
þeim skævaþar geima Hallfr. v. Wis. 35; 5,6.
geima vals í þessum heimi Arn. jarl. Wis. 45; 9,8.
þeim es fremstr varþ heima Hallarst. Wis. 46; 1,8.
þeim bauþ Kristr af heimi Hallarst. Wis. 50; 33,2.
þeirar heims í heimi Ein. Skúl. Wis. 54; 2,1 (!).
heims myrkrum brá þeima Ein. Skúl. Wis. 54; 2,2.
heims læknir gram þeima Ein. Skúl. Wis. 60; 57,8.
þeim sárjǫkuls geima Haukr Vald. Wis. 80; 14,8.
þeim í gegn enn seima Haukr Vald. Wis. 81; 26,6.
nálgist heim ok ættir heima Eyst. Ásgr. Wis. 92; 39,6.
heimleiþar þvít verþa heimar Eyst. Ásgr. Wis. 97; 74,4.
heimkvámu styr þeima Sighv. sk. Hkr. 255,18*a*.
ýgr tveim viþ kyn heima Ótt. sv. Hkr. 422,23*b*.
seims þjóþkonungr heimum Sighv. sk. Hkr. 429,28*b*.
seims enn þat veitk heiman Sighv. sk. Hkr. 492,24*a*.
heimkvámu fyr heima Þjóþ. sk. Hkr. 539,9*a*.
þeim's hann gaf seima Oddr Kik. Hkr. 568,15*a*.
þeim markar bǫl sveima Bjǫrn krepph. Hkr. 641,23*a*; Sturla Kgs. 305,27*a*.

ein : *ein*.

hvé hreingróit steini Brage Wis. 2; 1,2.
myrk hreins loka reinar Þjóþ. hv. Wis. 10; 16,6.
hein at Grundar sveini Þjóþ. hv. Wis. 11; 19,4.
morþteins í dyn fleina Korm. Qgm. Wis. 26; 2,2 (*morþreins* Codd.).

rein at Singasteini Ulfr Ugg. Wis. 29; 2,2.
friþsein vas þar hreini Eil. Guþr. Wis. 32; 13,6.
mein þótt smátt sé und einum Hallfr. v. Wis. 37; 26,4.
Aþalsteins búendr seinir Sighv. sk. Wis. 42; 4,8.
meinilla gekk Sveini Hallarst. Wis. 48; 20,2.
hreins ok flokka eina Hallarst. Wis. 50; 34,4.
einart lá þat fyrr und Sveini Mark. Skeggj. Wis. 52; 23,8.
hrein musteri fimm at steini Mark. Skeggj. Wis. 52; 25,4.
sín mein goþi einum Ein. Skúl. Wis. 55; 14,4.
hreins grimmligra meina Ein. Skúl. Wis. 61; 61,6.
fleinglygg Aþalsteini Haukr Vald. Wis. 79; 9,4.
Aþalsteins dunu fleina Haukr Vald. Wis. 80; 13,2.
einvígis til hreina Haukr Vald. Wis. 80; 15,2.
ǫllbeinir hlaust fleini Haukr Vald. Wis. 80; 16,8.
fleins at morni einum Haukr Vald. Wis. 81; 23,6.
Steinars syni fleina Haukr Vald. Wis. 81; 26,8.
eining sǫnn í þrennum greinum Eyst. Ásgr. Wis. 87; 1,8; 100; 100,8.
einfalt boþ meþ dyggleik hreinum Eyst. Ásgr. Wis. 89; 14,8.
svá'r greinanda at húsi einu Eyst. Ásgr. Wis. 90; 27,6.
hold ok bein af líkam hreinum Eyst. Ásgr. Wis. 91; 30,8.
ein persóna þrennrar greinar Eyst. Ásgr. Wis. 91; 31,8.
hreinferþugastra meydómsgreina Eyst. Ásgr. Wis. 91; 33,8.
sex daga grein ok fjórum einum Eyst. Ásgr. Wis. 92; 36,6.
flein ódygþar honum at meini Eyst. Ásgr. Wis. 92; 42,8.
sex daga grein ok fjórum einum Eyst. Ásgr. Wis. 96; 68,2.
hreinferþugastan lærisveinum Eyst. Ásgr. Wis. 96; 68,4.
tveim einum selmeina Guth. s. Hkr. 88,10*a*.
rein í hǫfn at Sveini Sighv. sk. Hkr. 252,8*a*.
meinum tolf ok eina Sighv. sk. Hkr. 307,35*a*.
eins þat's tókt af Sveini Sighv. sk. Hkr. 310,16*b*.
gein hauss firir steini Þjóþ. sk. Hkr. 539,16*a*.
steinblindr aþalmeini Þór. Skeggj. Hkr. 557,9*b*.
meinfért þaþan Sveini Þjóþ. sk. Hkr. 541,28*a*.
segik eina spá fleini Þjóþ. sk. Hkr. 570,10*a*.
Sveins fagrdrifin steini Þorl. f. Hkr. 572,7*b*.
Einar þann's kann skeina Har. harþr. Hkr. 578,19*a*.
þar's eindagaþr Sveini Þjóþ. sk. Hkr. 593,4*b*.
meinfért Haraldr Sveini Steinn Herd. Hkr. 595,2*a*.
Heina illum steini Þjoþ. sk. Hkr. 606,29*a*.
hrein skulu tveir fyr einum Ulfr. st. Hkr. 612,2*b*.
mein um afl sér steini Þork. ham. Hkr. 639,6*b*.
ein es sú's mér meinan Magn. berf. Hkr. 654,20*a (!)*.
vísa grein á sumri einu Ól. hvít. Kgs. 259,20.
einart viþ guþ hreinan Sturla Kgs. 458,12*b*.
fleins í staþ einum Sturla Kgs. 464,29*a*.

einn : einn.

Eysteinn konungr beinna Ein. Skúl. Wis. 54; 8,2.
fæþist sveinn af meyju hreinni Eyst. Ásgr. Wis. 91; 33,2.
einn er dróttinn Márju hreinni Eyst. Ásgr. Wis. 100; 95,8.
einn hefsk friþr at beinni Hallv. Hár. Hkr. 442,2*a*.
Sveinn at Danmǫrk einni Bjarni gullbr. Hkr. 519,18*a*.
Sveinn rómǫldu einnar Bǫlv. Hkr. 565,18*b*.

einn : ein.

tálhreinn meþal beina Þjóþ. hv. Wis. 9; 3,2.
Sveinn harþliga skeina Sighv. sk. Hkr. 253,28*a*.
Haraldr ok Sveinn viþ meinum Anon. Hkr. 603,15*a*.

eip : eip.

sveipr varþ í fǫr Greipar Þjóþ. hv. Wis. 10; 13,4.
ógnsveipinni blóþgum greipum Ól. hvít. Kgs. 387,18*a*.

eir : eir.

meir Hákonar fleira Korm. Ǫgm. Wis. 26; 3,2 (*meirr Sigrǫðar fleira SnE* I, 466; *fleina* Cod. 1 eβ).
meir hollvinir fleiri Hallfr. v. Wis. 35; 5,8.
Eiríkr eþr hlut meira Hallfr. v. Wis. 36; 15,6.
geirar upp at Leiru Sighv. sk. Wis. 40; 14,4.
meiri verþi þinn enn þeira Arn. jarl. Wis. 44; 1,7 (!).
fleiri skip til óþals þeira Arn. jarl. Wis. 45; 11,8.
þeira flaust viþ sigri meira Arn. jarl. Wis. 46; 14,8.
Eiríkr í dyn geira Hallarst. Wis. 48; 22,6.
geira hóti fleira Hallarst. Wis. 49; 24,8.
Eiríkr vas sás mátti meira Mark. Skeggj. Wis. 51; 9,7 (!).
Eiríkr vas til Róms í þeiri Mark. Skeggj. Wis. 51; 12,8.
Eiríkr brendi sali þeira Mark. Skeggj. Wis. 52; 22,6.
Eiríkr þótt vas gefit fleira Mark. Skeggj. Wis. 53; 30,6.
meir jarteigna þeira Ein. Skúl. Wis. 57; 34,6.
hykk meir geta þeira Haukr Vald. Wis. 79; 7,2.
atgeirs í fǫr þeiri Haukr Vald. Wis. 79; 9,6.
geirveþr í fǫr þeiri Guth. s. Hkr. 88,24*b*.
Eiríks of rak geira Glúmr Geir. Hkr. 102,26*b*.
geirveþr í fǫr þeiri Glúmr Geir. Hkr. 121,8*b*.
Eiríkr í hug meira Þórþr Kolb. Hkr. 170,33*a*.
Eiríkr und sik geira Eyj. Daþ. Hkr. 199,9*a* u. 200,4*a*.
Eiríkr koma þeira Þórþr Kolb. Hkr. 232,14*b*.
eirlaust konungr þeira Sighv. sk. Hkr. 252,6*b*.
þeir áttu flug þeira Sighv. sk. Hkr. 255,26*b*.
meir fannsk þinn enn þeira Ótt. sv. Hkr. 284,32*a*.
meir kunnum skil fleiri Sighv. sk. Hkr. 307,17*b*.

Eiríks svika þeira Sighv. sk. Hkr. 310,14*b*.
framt's Eiríks kyn meira Sighv. sk. Hkr. 417,4*b*.
geirs ofrhugi meiri Sighv. sk. Hkr. 444,32*b*.
liþ þeira frák meira Bjarni gullbr. Hkr. 447,4*b*.
þeir at halfu fleiri Sighv. sk. Hkr. 488,33*b*.
geirs orrostu meiri Þjóþ. sk. Hkr. 537,29*b*.
þeir létu skip fleiri Þorl. f. Hkr. 574,11*b*.
drepum meira hlut þeira Blakkr Kgs. 111,11*b*.
meir hǫfþingi þeira Blakkr Kgs. 120,34*a*.
herrar tveir af drengskap meira Ól. hvít. Kgs. 384,20*a*.
eiransamt viþ brúþfǫr þeiri Sturla Kgs. 422,4*b*.

eir : eirr.

geirrasár her þeira Ein. Skál. Wis. 28; 19,4.
meir skyldumst enn nǫkkurr þeirra Eyst. Ásgr. Wis. 87; 4,6.

eis : eis.

svá geisar þá eldr ok eisa Eyst. Ásgr. Wis. 96; 70,5 (!) *(æsir A, F.-J.; æstist C).*

eist : eist.

iarþar vreist of freista Brage Ger. 23; 19,4.
reist gerþut þess jǫfrar freista Mark. Skeggj. Wis. 53; 32,4.
hreistr ok ull sem dropar ok gneistar Eyst. Ásgr. Wis. 99; 93,8.

eit : eit.

veitkat hitt hvárt Heita Hallfr. v. Wis. 36; 19,1.
bør heitir svá Peitu Sighv. sk. Wis. 40; 14,8.
sverþ beit enn fló peita Hallarst. Wis. 48; 17,6.
sveiti fell á valkost heitan Mark. Skeggj. Wis. 52; 19,8.
brenn heitu tók leita Ein. Skúl. Wis. 57; 35,6.
veitk son Hugins teiti Ein. Skúl. Wis. 58; 41,6.
heitfastr jǫfurr veitir Ein. Skúl. Wis. 61; 64,6.
þǫgn veiti hlyn peitu Haukr Vald. Wis. 78; 2,6.
Geitir réþ at beita Haukr Vald. Wis. 79; 3,6.
hrægeitunga feitir Halld. ókr. Hkr. 206,7*b*.
sleit ǫrn gera beitu Halld. ókr. Hkr. 216,13*b*.
ógnteitir jǫfurr Peitu Ótt. sv. Hkr. 229,2*a*.
gammteitǫndum heita Sighv. sk. Hkr. 249,9*a*.
ulfs beitu fekk heitir Ótt. sv. Hkr. 422,23*a*.
ǫlum teitan má sveita Þorf. m. Hkr. 476,3*b*.
hneitis egg í sveita Þjóþ. sk. Hkr. 541,26*b*.
frami veitisk þér beiti Valg. Hkr. 559,8*a*.
fylkis sveit hinn's veitat Þorl. f. Hkr. 572,31*a*.
ógnteitum liþ veita Þjóþ. sk. Hkr. 605,13*a*.
veit ørna sér beitu Trǫllk. Hkr. 612,31*b*.

beit dǫglinga hneitis Arn. jarl. Hkr. 621,8*b*.
sveita leik ok teiti Magn. berf. Hkr. 654,23*a*.
eitrkǫld roþin heitu Ein. Skúl. Hkr. 766,17*a*.
jǫfra sveit þóat ráþug heiti Ól. hvít. Kgs. 356,35*a*.
sveitir háleitan Sturla Kgs. 464,22*a*.

eitr : *eitr*.

fránleitr ok blés eitri Ulfr Ugg. Wis. 29; 3,8.

eitt : *eitt*.

veitt er líf þat er Adám neitti Eyst. Ásgr. Wis. 90; 23,2.
eitt hans barn er miskunn veitti Eyst. Ásgr. Wis. 95; 64,8.

eitt : *eit*.

eitt kveld meginsveitum Sturla Kgs. 312,11.

eiþ : *eiþ*.

reiþr at Reifnis skeiþi Brage Wis. 3; 11,7 (!).
Veiþr mælti svá leiþir Þjóþ. sk. Wis. 10; 11,6.
heiþ sitr Þórr í reiþu Korm. Qgm. Wis. 26; 3,4.
eiþvandr flota breiþan Ein. Skál. Wis. 26; 1,2.
stikleiþar veg breiþan Eil. Guþr. Wis. 30; 5,7.
heiþrekr of kom breiþu Eil. Guþr. Wis. 32; 17,2.
hleypimeiþr fyr Heiþa Hallfr. v. Wis. 34; 5,3 (!).
hann gekk reiþr of skeiþar Hallfr. v. Wis. 35; 6,2.
sæmeiþr konungs reiþi Sighv. sk. Wis. 38; 1,4.
leiþ víkinga skeiþar Sighv. sk. Wis. 38; 3,6.
reiþ herr ofan skeiþum Sighv. sk. Wis. 39; 5,6.
reiþr's herr konungr leiþask Sighv. sk. Wis. 43; 11,8.
skeiþarhúf meþ Gerzku reiþi Arn. jarl. Wis. 44; 2,4.
reiþar búningr upp í heiþi Arn. jarl. Wis. 45; 8,6.
heiþit folk í virki breiþi Arn. jarl. Wis. 45; 12,6.
baþ hann heiþin goþ meiþa Hallarst. Wis. 47; 9,4.
hvessimeiþr á skeiþum Hallarst. Wis. 47; 14,4.
heiþar manns í lofi reiþa Mark. Skeggj. Wis. 51; 4,8.
hristimeiþar konungs reiþi Mark. Skeggj. Wis. 53; 32,2.
heiþbjartrar lof greiþir Ein. Skúl. Wis. 61; 67,8.
fólkmeiþa vá beiþir Haukr Vald. Wis. 79; 4,6.
heiþinn unz varþ meiþir Haukr Vald. Wis. 79; 6,6.
eldmeiþir tók reiþa Haukr Vald. Wis. 80; 15,8.
heiþingjar sem Júþar leiþir Eyst. Ásgr. Wis. 94; 53,2.
leiþa mik í dróttins reiþi Eyst. Ásgr. Wis. 97; 76,4.
allreiþr Dana skeiþar Guth. s. Hkr. 88,8*b*.
rymleiþ flota breiþan Eyv. sk. Hkr. 103,34*b* (*rimseiþ Fris* 80,31*b*).
viggmeiþr Dana skeiþum Þórþr Kolb. Hkr. 155,2*b*.

leiþangr Dana skeiþum Þórþr Kolb. Hkr. 157,15*a*.
folkmeiþar Dana skeiþar Eyj. Daþ. Hkr. 200,6*a*.
meiþr sjau tigum skeiþa Halld. ókr. Hkr. 207,31*a*.
vápneiþr lokit skeiþum Halld. ókr. Hkr. 215,8*b* (*vapneirþ* Ólafss. Oddii 59; *vápnreiþ* Fgrsk. 65).
skeiþ Hákonar reiþi Ótt. sv. Hkr. 235,19*a*.
greiþendr á skip reiþir Sighv. sk. Hkr. 253,7*a*.
reiþir upp á skeiþar Sighv. sk. Hkr. 253,13*a*.
heiþmildr eþa þá leiþumk Bersi Hkr. 254,17*b*.
breiþ eru austr til Eiþa Ótt. sv. Hkr. 284,30*b* (!).
reiþr um skóg frá Eiþum Sighv. sk. Hkr. 307,33*a*.
erum heiþnir vér reiþi Sighv. sk. Hkr. 308,15*a*.
Eiþaskóg á leiþu Sighv. sk. Hkr. 308,26*b*.
Eiþaskógr á leiþu Sighv. sk. Hkr. 309,4*b*.
heiþmanns tǫlu greiþri Sighv. sk. Hkr. 310,18*a*.
reiþr gekk hann um skeiþar Sighv. sk. Hkr. 444,8*a*.
ekk gekk reiþr um skeiþar Ól. heil. Hkr. 446,24*b*.
heiþsær á mik reiþi Jǫk. Hkr. 455,4*b*.
meiþr þess konungs leiþi Sighv. sk. Hkr. 523,12*b*.
heiþi rastar breiþa Þjóþ. sk. Hkr. 535,24*b*.
reiþr þorþir þú meiþa Þjóþ. sk. Hkr. 540,4*b*.
Magnús reiþr af skeiþum Þjóþ. sk. Hkr. 542,12*a*.
skreiþask lítils heiþar Har. harþr. Hkr. 546,19*a*.
skeiþr brynjaþar reiþi Bǫlv. sk. Hkr. 547,19*a*.
Haralds skeiþ und vef breiþum Þjóþ. sk. Hkr. 559,25*b*.
leiþ fyr yþr til skeiþa Valg. Hkr. 560,13*b*.
Heiþabér af reiþi Menn Har. harþr. Hkr. 572,25*a*.
eiþ láta sér skeiþar Þjóþ. sk. Hkr. 592,26*b*.
eiþfastr Haraldr skeiþum Anon. Hkr. 602,14*b*.
greiþ dróttinssvik leiþa Bjǫrn krepph. Hkr. 641,14*b*.
ofanreiþ hinn þjóbreiþi Anon. Hkr. 650,13.
breiþ húfum þér reiþa Eldjarn Hkr. 652,2*b*.
reiþorþr tǫlur greiþir Ein. Skúl. Hkr. 744,4*b*.
breiþskeggs yfir leiþi Blakkr Kgs. 120,32*a*.
reiþr á land af skeiþum Sturla Kgs. 277,20*b*.
eiþvandr konungs reiþi Sturla Kgs. 305,25*b*.
þunnar skeiþr und búnu reiþi Sturla Kgs. 432,25*a*.
hlaþnar skeiþr á vatnit breiþa Sturla Kgs. 438,26*b*.
alla leiþ af flota breiþum Sturla Kgs. 441,17*a*.
skeiþum brynreiþar Sturla Kgs. 464,34*b*.
breiþa guþleiþum Sturla Kgs. 470,4*a*.
breiþar strandleiþir Sturla Kgs. 472,4*a*.

eiþr : eiþr.

reiþr atseti Hleiþrar Steinn Herd. Hkr. 594,29*b*.

ek : ek.

drekar landreka Sighv. sk. Wis. 41; 7,4.
þrekr dǫglinga rekna Ótt. sv. Hkr. 284,33*a*.
frændsekju styr vekja Sighv. sk. Hkr. 446,11*a*.

ekk : ekk.

hekk Vǫlsunga drekko Brage Ger. 25; 21,4.
seþr gekk Svǫlnis ekkja Þjóþ. hv. Wis. 10; 15,7.
straum hrekk-Mímis ekkjur Eil. Guþr. Wis. 31; 9,6.
bekk falljǫtuns rekka Eil. Guþr. Wis. 32; 18,8.
hugrekki sér þekkja Hallfr. v. Wis. 34; 1,4.
hnekkir sinna rekka Hallfr. v. Wis. 35; 2,6.
bekkdóm Heþins rekka Hallfr. v. Wis. 36; 12,4.
gekk hilmis liþ rekkum Sighv. sk. Wis. 39; 5,8.
stillir fekk ok ekki Hallarst. Wis. 47; 12,6.
hrekkvibaugs ens dekkva Ein. Skúl. Wis. 55; 16,2 (vgl. S. 45).
haslrekka mjǫþ drekki Haukr Vald. Wis. 78; 1,8.
hrekkjum vǫn í synd at blekkja Eyst. Ásgr. Wis. 93; 45,4.
flekklausastan vann til ekki Eyst. Ásgr. Wis. 96; 65,8.
gekk næst hugins drekka Þórþr Sjár. Hkr. 107,8*b*.
fekk regnþorins rekka Þórþr Kolb. Hkr. 232,24*b* (!).
þat's ekkju munr nekkvat Har. Sg. Hkr. 479,4*a* (!) (Þorm. Kolbr. Ohs 67; *noccur* Ohs 67; Flb II, 344).
þróask ekki mér rekka Sighv. sk. Hkr. 521,22*a*.
ek hefi ekki at drekka Þjóþ. sk. Hkr. 543,1*a* (!).
gekk á Fjón enn fekkat Valg. Hkr. 560,8*a* (!).
gekk at Sveinn af snekkju Arn. jarl. Hkr. 596,1*a* (!).
gekk sjalfr á mik drekka Stúfr sk. Hkr. 630,25*b*.
gekk hátt Skota stekkvir Bjǫrn krepph. Hkr. 646,33*b*.
gekk eldr um sjǫt rekka Ól. hvít. Kgs. 303,31*a*.
fekk sætt af því stilli rekka Ól. hvít. Kgs. 340,29*b*.

ekk : ek.

Eireks á haf snekkjum Guth. s. Hkr. 98,4*b*.
folkreks enn ǫl drekka Sighv. sk. Hkr. 255,27*b*.
hnektumk heiþnir rekkar Sighv. sk. Hkr. 308,7*b* (!).
úþekk sú's mér hnekti Sighv. sk. Hkr. 308,13*b*.
hnekt dýrloga bekkjar Sighv. sk. Hkr. 309,8*b*.
ekin dúþisk rá snekkju Þjóþ. sk. Hkr. 516,32*a*.
vekjandi mér snekkju Þjóþ. sk. Hkr. 626,20*a*.
Frireks ofar nekkvi Þorbj. skakk. Hkr. 795,6*b*.

ekn : ekn.

teknir menn ok dǫrrin reknu Arn. jarl. Wis. 44; 3,8.

eks : eks (ex : ex).

sex þeim es hvǫt vexa Þjóþ. sk. *Hkr.* 596,20*a*.

el : el.

selr út í því telja Sighv. sk. *Wis.* 43; 14,6 (*dvelja Flb* III, 269; *Fms* VI, 44).
veljendr glaþir telja Ein. Skúl. *Wis.* 61; 68,6.
velr svá mǫrg í kvæþi at selja Eyst. Ásgr. *Wis.* 100; 98,2 (*fela AB*).
tel ek þenna svá skilning dvelja Eyst. Ásgr. *Wis.* 100; 98,4.
veljandi þér selja Eyv. sk. *Hkr.* 112,11*b*.
Steinkels gefin helju Þjóþ. sk. *Hkr.* 605,15*a* (*Steinkel Fms* VI, 336).

eld : eld.

Gauts eld hinn's styr beldi Korm. Ǫgm. *Wis.* 26; 4,2.
hjalmelda mar feldu Ulfr Ugg. *Wis.* 30; 8,4.
elds þeim svikum beldi Hallfr. v. *Wis.* 36; 20,6.
eldi glík í Danaveldi Arn. jarl. *Wis.* 45; 10,8.
heldr ok niþr í feldi Sighv. sk. *Wis.* 43; 13,6.
heldr náliga at kveldi Ein. Skúl. *Wis.* 59; 47,2.
lagar eldbrota veldi Ein. Skúl. *Wis.* 60; 53,4.
feikt ofbeldit kvelr í eldi Eyst. Ásgr. *Wis.* 88; 9,6.
váru ofbeldit lǫngum feldan Eyst. Ásgr. *Wis.* 97; 77,2 (*hreldan Magnuss.*).
eldr ok reykr at beldir Ótt. sv. *Hkr.* 226,33*b*.
eld ef nú biþk felda Sighv. sk. *Hkr.* 249,11*a*.
eldr hykk at sal feldi Klengr B. *Hkr.* 249,22*a* (Þórþr Sjár. *Fgrsk.* 74).
orþ seldum þau elda Bersi Sk. *Hkr.* 254,12*a* (!).
hás elds svikum beldu Sighv. sk. *Hkr.* 499,13*b*.
enn helzk þeim's sun seldi Sighv. sk. *Hkr.* 508,29*b* (!).
hyrfeld gefa eldi Þjóþ. sk. *Hkr.* 540,6*b*.
bjartr eldr Danaveldi Þjóþ. sk. *Hkr.* 542,24*b*.
bjartr eldr Hróiskeldu Valg. *Hkr.* 560,5*b*.
sviþukveld vas þat eldi Þork. Skall. *Hkr.* 624,10*a*.
elds né ráns es kveldar Anon. *Hkr.* 640,2*b*.
veldr því karl í feldi Sig. Jors. *Hkr.* 686,2.
heldr í stuttum feldi Þór. stuttf. *Hkr.* 686,5*a*.
metumk heldr at val feldan Nefari *Kgs.* 110,10*b*.
hljóp eldr í sal feldan Sturla *Kgs.* 205,25*a*.
heitan eld á Danaveldi Sturla *Kgs.* 433,25*a*.
harþa sveld ór Nóregs veldi Sturla *Kgs.* 437,19*b*.
himna eldr í Danaveldi Sturla *Kgs.* 441,19*a*.

eldr : eldr.

hitt veldr mér at meldrar Þorm. Kolbr. *Hkr.* 498,1*a* (!) (*þat velldr mér en mæra Ohs* 73).

elf : elf.

helfing sinn at Elfi Þjóþ. sk. Hkr. 593,4*a.*

elg : elg.

elgreynir Brodd-Helga Haukr Vald. Wis. 79; 3,4.
elgs fenviþu Helgi Haukr Vald. Wis. 79; 6,2.
elgs í gegnum Helga Haukr Vald. Wis. 79; 8,8.
Helganes þar's elgi Arn. jarl. Hkr. 541,11*a.*

ell : ell.

herr fell of gram velli Ein. Skál. Wis. 27; 12,8.
felli-Njǫrþr á velli Ein. Skál. Wis. 28; 21,2.
Ellu steins of bella Eil. Guþr. Wis. 32; 19,8.
ellifta styr fellu Sighv. sk. Wis. 39; 11,2.
rógsvellir baþ fella Hallarst. Wis. 48; 22,2.
vellum grims enn ellri Ein. Skúl. Wis. 61; 69,8.
bellir bragningr elli Eyv. sk. Hkr. 112,3*a (!).*
fellr á hendr mér elli Eyv. sk. Hkr. 112,4*b.*
hví bellit því stellir Hildr Hkr. 66,4*a* (vgl. *Thork.* 43).
reykvell ofan fella Valg. Hkr. 560,7*b.*
bleikir fellu menn at velli Ól. hvít. Kgs. 385,9.
felli gunnspelli Sturla Kgs. 472,9*b.*

els : els.

ló hels sumum frelsi Valg. Hkr. 560,9*b* (*hel Eirsp., Fgrsk.* 114; *Mork.* 18; *Fris.* 203,17*b*; *Fms.* VI, 75).

elt : elt.

veltilig um sjóvarbelti Eyst. Ásgr. Wis. 88; 10,2.

emr : emr.

skemr landreki fremri Sighv. sk. Hkr. 510,18*b.*

en : en.

men dreyrugra benja Brage Wis. 2; 9,4.
fens vá gramr til menja Korm. Ǫgm. Wis. 26; 6,4.
Feneyjar liþ dýrþ at venja Mark. Sk. Wis. 51; 10,4.
beni ték viþ þrek venjask Jǫk. Hkr. 455,2*b.*
morþvenjandi Fenju Þorm. Kolbr. Hkr. 498,2*a* (*mot æggiaþra spiota Ohs* 73).

end : end.

ende seiþs of kende Brage Ger. 24; 17,4.
hendr sem fótr of kendu Brage Wis. 2; 4,4.
hendr viþ stangar enda Þjóþ. hv. Wis. 9; 7,8.
lofkendr himins endum Ein. Skál. Wis. 29; 24,8.

endr bark mærþ af hendi Ulfr Ugg. Wis. 30; 9,2.
Endils á mó spendi Eil. Guþr. Wis. 30; 3,8.
hendi flotna sendis Sighv. sk. Wis. 43; 16,8.
Venda sorg at dǫglingr spendi Arn. jarl. Wis. 45; 11,6.
endr fíkular brendar Hallarst. Wis. 47; 6,5.
fleygjendr at gram rendu Hallarst. Wis. 48; 16,6.
endr fimm skipum rendi Hallarst. Wis. 48; 12,2.
þat vas endr und hendi Hallarst. Wis. 49; 28,6.
snilli kendr viþ Danmǫrk lenda Mark. Sk. Wis. 51; 5,8.
sendist fram af Adáms lendum Eyst. Ásgr. Wis. 89; 19,8.
sendist fram af guþdóms hendi Eyst. Ásgr. Wis. 90; 23,4.
tendrat brjóst mest líknar vendi Eyst. Ásgr. Wis. 98; 81,4.
endr ór þinni hendi Eyv. sk. Hkr. 111,6*b*.
oss lendingar sendu Eyv. sk. Hkr. 123,34*a*.
viþlendr níu senda Þorl. Rauþf. Hkr. 170,4*b*.
lofkenda frák sendu Þórþr Kolb. Hkr. 232,12*a*.
Upplendingar sendi Sighv. sk. Hkr. 255,25*a*.
sendimenn fyr hendi Sighv. sk. Hkr. 309,2*a*.
Hjaltlendingar hendir Ótt. sv. Hkr. 334,24*a*.
Upplendinga brendi Arn. jarl. Hkr. 364,24*a*.
vask endr meþ þér sendi Sighv. sk. Hkr. 431,30*b*.
endr stallarum kendu Bjarni gullbr. Hkr. 493,19*a*.
heims enda sér kendan Sighv. sk. Hkr. 510,16*b*.
endr þeir er Óláfr grendi Sighv. sk. Hkr. 521,13*b* (!).
hendr tvær jǫfurs spendu Sighv. sk. Hkr. 535,14*b*.
brendr vas upp meþ endum Menn Har. harþr. Hkr. 572,22*a* (!).
endr býrskipum rendi Þorl. f. Hkr. 572,31*b*.
Upplendingum kendi Þjóþ. sk. Hkr. 607,8*a*.
endr Skjálgs vinum lendir Þork. ham. Hkr. 639,4*b*.
afrendr konungr viþa lendum Ól. hvít. Kgs. 339,17*a*.

eng : eng.

hraundrengr þaþan lengi Þjóþ. hv. Wis. 11; 17,6[1]).
gengis Þrénzkra drengja Hallfr. v. Wis. 35; 3,4.
lengi slíkra drengja Hallfr. v. Wis. 35; 10,8.
nú's þengill framgenginn Hallfr. v. Wis. 37; 25,2.
snarr þengill bauþ Englum Hallfr. v. Wis. 39; 6,2.
gengit jarl of fenginn Hallfr. v. Wis. 39; 13,8.
engla fylki himnaþengils Arn. jarl. Wis. 45; 9,4.
þengils á bý gengu Hallarst. Wis. 47; 8,4.
engi kann svá lengi Hallarst. Wis. 49; 23,6.

[1]) Von *Nor. aisl. Gr.*[2] § 66,3 als frühester Beleg angeführt für die Periode, in welcher *i*-Umlaut zum zweiten Mal auftritt, bewirkt durch erhaltenes *i*.

sinn dreng ok gekk lengra Hallarst. Wis. 49; 28,8.
engi maþr veit fremra þengil Mark. Skeggj. Wis. 50; 2,2.
stengr báru fram vísi drengir Mark. Skeggj. Wis. 52; 17,2.
engi maþr viþ Dana þengil Mark. Skeggj. Wis. 53; 29,8.
engi þorþi kapp at strengja Mark. Skeggj. Wis. 53; 32,6.
gǫfugr þengill baþ drengjum Ein. Skúl Wis. 60; 56,2.
engr brimloga slengvir Ein. Skúl. Wis. 60; 56,6 (*øngr* : *sløngvir Wis.*, *ungr* : *slungins Flb* I, 6; vgl. S. 46).
engill mekt þá'r hafþi fengit Eyst. Ásgr. Wis. 88; 7,6.
engill bann þat er hafþi fengit Eyst. Ásgr. Wis. 89; 15,2.
hǫfuþ engillinn talaþi lengra Eyst. Ásgr. Wis. 91; 29,6.
hér samtengþust menn ok englar Eyst. Ásgr. Wis. 91; 34,8.
engi kvǫl megi dróttna lengi Eyst. Ásgr. Wis. 98; 87,6.
strengir himna lopt ok englar Eyst. Ásgr. Wis. 99; 94,2.
slitu drengir friþ lengi Halld. ókr. Hkr. 212,20*a*.
þengill sína drengi Halld. ókr. Hkr. 215,8*a*.
engi nýtri drengi Ótt. sv. Hkr. 234,20*a*.
þengils á jó strengjar Sighv. sk. Hkr. 253,5*b*.
búin fengusk skip gengu Sighv. sk. Hkr. 253,11*b*.
drjúggenginn vas drengjum Sighv. sk. Hkr. 309,1*b* (!).
drengr magnar lof þengils Sighv. sk. Hkr. 309,2*b*.
fulldrengila gengit Sighv. sk. Hkr. 309,15*b*.
þengill þinna drengja Sighv. sk. Hkr. 310,25*a* (!).
Englands enn vér fengum Sighv. sk. Hkr. 437,19*a*.
þengils vina gengi Sighv. sk. Hkr. 437,31*b*.
Erlengr sá's vel lengi Sighv. sk. Hkr. 445,4*a*.
saman tengja baþ drengi Sveinnflokkr Hkr. 513,19*b*.
geng um þvert frá þengils Sighv. sk. Hkr. 521,21*a* (!).
snarfengjan bar þengil Arn. jarl. Hkr. 529,27*a*.
þengils enn óx fengi Þjóþ. sk. Hkr. 538,27*b*.
vengis hjǫrtr und drengjum Har. harþr. Hkr. 558,13*a*.
fengr varþ Þrønda þengils Þorl. f. Hkr. 574,10*b* (!).
þengill snekkju strengja Þjóþ. sk. Hkr. 592,34*a*.
þengils hǫfuþ fengit Þjóþ. sk. Hkr. 607,8*b*.
ráþgegn konungr þegnum Þjóþ. sk. Hkr. 626,13*a*.
þengill af sér drengi Steinn Herd. Hkr. 635,20*b*.
hlaut drengja vinr fengi Halld. skv. Hkr. 663,10*b*.
þengill ef stef fengak Þór. stuttf. Hkr. 686,19*a*.
margs gengis naut lengri Halld. skv. Hkr. 705,23*a*.
margar stengr enn bǫrþusk lengi Baglar Kys. 161,28*b*; *Birkibein. Kys.* 161,33*b*.
engi vildi fylgja lengra Anon. Kys. 343,33*b*.
engi maþr var Jóta þengils Sturla Kys. 426,19 (!).
herskips stengr í kyrþum lengi Sturla Kys. 432,15*a*.
snarfengr konungr yþrir drengir Sturla Kys. 432,25*b*.

hraustr þengils sonr fengit Sturla Kgs. 458,10*a.*
þengill hefr þar annarr engi Sturla Kgs. 459,3*b (!).*
Engus herfengna Sturla Kgs. 469,6*b.*
drengja lof þengils Sturla Kgs. 473,12*b.*

engr : engr.

armi drengr enn lengra Sighv. sk. Hkr. 308,13*a.*

enn : enn.

salpenningi kenna Brage Wis. 3; 11,2.
menn ǫlteiti kenna Eil. Guþr. Wis. 32; 15,4.
menn at vápna sennu Hallfr. v. Wis. 34; 2,2.
enn þeir's víþa nenna Hallfr. v. Wis. 35; 11,2.
enn segir auþar kenni Hallfr. v. Wis. 37; 24,1 (!).
hlenna dolgr eþr vitar brenni Arn. jarl. Wis. 45; 8,8.
þrenn kristnaþi ok tvenna Hallarst. Wis. 47; 10,2.
hirþmenn konungs spenna Hallarst. Wis. 47; 13,2.
senn dǫglinga þrenna Hallarst. Wis. 48; 16,4.
viti menn at frák tvenna Hallarst. Wis. 49; 26,2.
goþs þrenning mér kenna Ein. Skúl. Wis. 53; 1,4.
hǫfuþsmenn í staþ þenna Ein. Skúl. Wis. 61; 65,2.
allnennins brag þenna Ein. Skúl. Wis. 61; 68,8.
yfirspennanda heima þrennra Eyst. Ásgr. Wis. 90; 22,4.
henni bæri til fǫgnuþ þenna Eyst. Ásgr. Wis. 91; 30,2.
guþs þrenning meþ lýþum kennast Eyst. Ásgr. Wis. 92; 37,8.
svá mun enn um Jesúm þenna Eyst. Ásgr. Wis. 92; 43,6.
son menniligr guþs ok hennar Eyst. Ásgr. Wis. 93; 44,2 *(minniligr B, ynniligr A, eingetinn D).*
kenning tók um bygþ at renna Eyst. Ásgr. Wis. 93; 46,2.
þenna leik er hafþan kennir Eyst. Ásgr. Wis. 93; 47,6.
þessi spenna um blessat ennit Eyst. Ásgr. Wis. 93; 49,6.
fylgþarmenn viþ storminn þenna Eyst. Ásgr. Wis. 94; 53,4.
helga menn er fjǫtrar spenna Eyst. Ásgr. Wis. 95; 61,6.
dreifast menn í flokka tvenna Eyst. Ásgr. Wis. 96; 72,4.
drepnir menn er þar skulu brenna Eyst. Ásgr. Wis. 96; 73,2.
viþrkennandi mjúkleik þenna Eyst. Ásgr. Wis. 98; 83,4.
brennanda sák renna Glúmr Geir. Hkr. 121,10*a.*
sønska menn at sennu Halld. ókr. Hkr. 212,21*b (!).*
enn brauztu éla kennir Ótt. sv. Hkr. 225,28*a (!).*
hagkennanda þenna Bersi Sk. Hkr. 254,9*a.*
hirþmenn þeir's svan grenna Sighv. sk. Hkr. 310,2*a.*
landsmenn konung þenna Sighv. sk. Hkr. 437,19*b.*
enn þeir's austan nenna Sighv. sk. Hkr. 480,31*b (!).*
snargnenninn son hennar Sighv. sk. Hkr. 516,21*b.*
menn at vápna sennu Þjóþ. sk. Hkr. 538,6*a.*

Norþmenn sali brenna Þjóþ. sk. Hkr. 540,26*a*.
menn Sveins þeir's nú renna Þjóþ. sk. Hkr. 542,30*b*.
Sveins menn fyrir renna Þjóþ. sk. Hkr. 542,28*b*.
hirþmenn ara grenni Arn. jarl. Hkr. 543,13*b*.
enn Bolgara brennir Þjóþ. sk. Hkr. 546,9*a (!)*.
muni enn þinnig nenna Har. harþr. Hkr. 558,11*b*.
hirþmenn jǫfurs brenna Þork. Skall. Hkr. 624,8*a*.
allvalds menn á brennur Bjǫrn krepph. Hkr. 647,17*a*.
viti menn at hykk hennar Magn. berf. Hkr. 654,35*b (!)*.
hernenninn fjǫlmennum Halld. skv. Hkr. 665,18*b*.
bǿjarmenn viþ rennu Þorbj. skakk. Hkr. 781,29*b*.
menn drifu hart til vápna sennu Baglar Kgs. 161,28*a*; *Birkibein. Kgs.* 161,33*a*.
menn báru þá ávǫxt tvennan Ól. hvít. Kgs. 259,18*a*.
menn seldusk þar gisla tvenna Ól. hvít. Kgs. 349,8*a*.

ent : *ent*.

pentat innan firmamentum Eyst. Ásgr. Wis. 90; 27,2.

er : *er*.

ferk ef þó skulum berjask Sighv. sk. Wis. 42; 9,4.
verfákum lét herjat Hallarst. Wis. 46; 4,6.
hverjum þræl er lysti at berja Eyst. Ásgr. Wis. 94; 52,4.
verit meþ oss unz verþi Þjóþ. hv. Hkr. 75,28*b (!)*.
herland skal svá verja Þorm. Kolb. Hkr. 474,9*a*.
Verdǿla liþ berjask Þorf. m. Hkr. 476,5*a*.
hverja vík í skerjum Þjóþ. sk. Hkr. 592,28*b*.
hermǫnnum gram berjask Halld. skv. Hkr. 663,19*b*.
berjask útverja Sturla Kgs. 471,27*b*.

erf : *erf*.

erfþir fram at hverfa Sighv. sk. Wis. 42; 3,8.
erfþ sem til réþ hverfa Bjarni gullbr. Hkr. 519,16*a*.
grams erfingjum hverfa Þjóþ. sk. Hkr. 620,19*a*.

erg : *erg*.

dvergranns í Túnsbergi Jatg. Kgs. 286,20*b*.

erk : *erk*.

verkendr meginserkjar Hallfr. v. Wis 35; 10,4 (*Heþins serkjar Fms* II, 319; *Flb* I, 486; *Fgrsk.* 65; *Ólafss. Oddii* 58).
merki fremþar verka Hallarst. Wis. 47; 10,6.
sterkligt jǫfurs merki Hallarst. Wis. 48; 19,2.
erkistól umb Saxa merki Mark. Skeggj. Wis. 51; 13,2.
merki blés umb hilmi sterkan Mark. Skeggj. Wis. 52; 19,4.

sóknsterkr hvé ferk verka Ein. Skúl. Wis. 54; 8,4.
folksterks af því verki Ein. Skúl. Wis. 56; 26,6.
tírarsterks ór hverkum Ein. Skúl. Wis. 58; 40,6.
verk fyr þjóþ at merkja Ein. Skúl. Wis. 60; 57,2.
berserk at því verki Haukr Vald. Wis. 80; 18,8.
fǫgr stórmerkin dróttins verka Eyst. Ásgr. Wis. 88; 5,8.
ráþsterkr framar merkjum Guth. s. Hkr. 102,4*a*.
serk hringofinn merki Tindr Hallk. Hkr. 157,35*b*.
gǫndlar serks und merkjum Sighv. sk. Hkr. 253,5*a*.
þess verks búendr merki Sighv. sk. Hkr. 490,15*b*.
stórverk enn óþ merki Bjarni gullbr. Hkr. 493,14*b*.
merkendr Heþins serkjar Þjóþ. sk. Hkr. 537,27*b*.
merki jarls hins sterka Þjóþ. sk. Hkr. 539,30*b*.
berkak Magnús merki Þjóþ. sk. Hkr. 542,17*a (!)*.
merki stórra verka Þjóþ. sk. Hkr. 542,32*b*.
hringserks litaþr merki Arn. jarl. Hkr. 543,22*a*.
bragnings verk á Serkjum Halld. skv. Hkr. 665,18*a*.
serkrjóþr Háva merki Ein. Skúl. Hkr. 717,19*a*.
Skǫglar serks fyr Skúla merkjum Snorri Sturl. Kgs. 281,20*b*.
hildar serki framar merkjum Ól. hvít. Kgs. 386,35*a*.

ern : *ern*.

þjóf hvern konungr ernan Sighv. sk. Hkr. 453,23*a*.
hvern dag frekir ernir Sighv. sk. Hkr. 521,12*b*.
hernaþr á Foxerni Eldjárn Hkr. 652,15*a*.

err : *err*.

allr herr Skota þverri Þorbj. hornkl. Wis. 15; 8,6.
ferr jǫrþ und menþverri Hallfr. v. Wis. 33; 6,2.
mjǫk es verr enn svá ferri Hallfr. v. Wis. 37; 22,8.
oft þverri stóþk ferri Hallfr. v. Wis. 37; 26,2.
landherr búendr verri Sighv. sk. Wis. 42; 8,6.
hverr gramr es þér stórum verri Arn. jarl. Wis. 44; 1,6.
verri brǫgþ ok lýtin þverra Eyst. Ásgr. Wis. 93; 47,4.
maþrinn hverr enn glœpir þverri Eyst. Ásgr. Wis. 99; 88,4.
herr fyr málma þverri Guth. s. Hkr. 102,4*a* (*mána Thork.* 44).
gerra gramr í snerru Guth. s. Hkr. 102,3*b* (*geyrra Fris.* 79,13*b*).
þinn herr skipum ferri Ótt. sv. Hkr. 226,19*a* (*herskipum Flb* I, 20).
erringar liþ verra Ótt. sv. Hkr. 252,20*b*.
berr mik Dǫnum ferri Ótt. sv. Hkr. 274,30*b* (*fjarri Flb* II, 58).
þér hverr konungr ferri Ótt. sv. Hkr. 284,23*b*.
herr sákak far verra Sighv. sk. Hkr. 307,28*b*.
hverr skal þegn þót þverri Sighv. sk Hkr. 437,30*b (!)* (*hvarr Kph.* II, 294; *herr Pering.* II, 709; *þo at kynni Flb* II, 304).
herr gekk snart at snerru Þjóþ. sk. Hkr. 538,36*a (!)*.

ræsis herr ór verri Þjóþ. sk. Hkr. 592,9*b*.
ferr Magnúsi ok Sverri Anon. Kgs. 51,12*b*.
beri Sverrir hlut verra Nefari Kgs. 110,10*a*.
hverr mun hringþverris Sturla Kgs. 474,17*b*.

err : er.

her Sénskan ferr Sighv. sk. Wis. 40; 3,8.
herr frá Þursaserkjum Arn. jarl. Hkr. 335,15*a*.
hverr veitk nema verþa Haraldr harþr. Hkr. 546,18*b* (!).
hungrþverrir lét herjat Bjǫrn krepph. Hkr. 646,28*b* (!).

ers : ers.

vers Hólmgǫngu Bersi Haukr Vald. Wis. 81; 24,4.
útvers frǫmum hersi Eyj. Daþ. Hkr. 140,11*a*.
ógnar skers né hersa Sighv. sk. Hkr. 499,13*a*.
hersar gunnversum Sturla Kgs. 474,33*a*.

erst : erst.

gerstr þá's illr hinn versti Sighv. sk. Hkr. 308,30*a* (*gestr Flb* II, 114).

erþ : erþ.

sverþ þjóþkonungs ferþar Þorbj. hornkl. Wis. 15; 7,4.
sóknherþir lét sverþa Ein. Skál. Wis. 27; 11,3.
sverþs liþhatar gerþu Eil. Guþr. Wis. 31; 11,2.
sverþleik í Mǫn skerþir Hallfr. v. Wis. 34; 8,8.
sverþjalmr óx þar verþa Hallfr. v. Wis. 36; 12,6.
verþung jǫfurs sverþum Hallfr. v. Wis. 36; 14,8.
holms verþa Týr sverþa Hallfr. v. Wis. 36; 15,2.
landherþar skǫp verþa Hallfr. v. Wis. 37; 23,4.
sverþþing háit verþa Sighv. sk. Wis. 39; 7,2.
verþung konungs sverþum Sighv. sk. Wis. 41; 1,8.
snjallri ferþ áþr berþisk Ein. Skúl. Wis. 55; 15,2.
harmskerþanda ferþum Ein. Skúl. Wis. 58; 38,4.
verþr bragi af því skerþi Ein. Skúl. Wis. 58; 40,2.
ferþ himneska verþan Ein. Skúl. Wis. 58; 42,4.
herþendr þrimu sverþa Haukr Vald. Wis. 79; 6,4.
verþ meþ brugþnu sverþi Haukr Vald. Wis. 79; 10,4.
sverþs rǫskvari verþa Haukr Vald. Wis. 80; 17,2.
dugi nú ferþ svát lífguþ verþi Eyst. Ásgr. Wis. 90; 21,8.
sverþi nist í bringu ok herþar Eyst. Ásgr. Wis. 94; 56,2.
sverþleiks reginferþir Glúmr Geir. Hkr. 89,29*b*.
eldgerþr falar verþi Eyv. sk. Hkr. 123,26*b*.
verþung Haraldr sverþum Glúmr Geir. Hkr. 134,16*b*.
oddherþir fat gerþa Þórþr Kolb. Hkr. 155,9*b*.
gerþr bjúglimum herþa Tindr Hallk. Hkr. 157,31*a*.

verþbjóþr hugins ferþar Tindr Hallk. Hkr. 160,20*a.*
eitt es sverþ þat's sverþa Hallfr. v. Hkr. 194,26*a (!).*
sverþ auþgan mik gerþi Hallfr. v. Hkr. 194,27*a.*
sverþótt mun nú verþa Hallfr. v. Hkr. 194,29*a.*
mana vansverþat verþa Hallfr. v. Hkr. 194,26*b (!).*
verþr emk þriggja sverþa Hallfr. v. Hkr. 194,27*b.*
umgerþ at því sverþi Hallfr. v. Hkr. 194,29*b.*
fúrherþir styr gerþi Eyj. Daþ. Hkr. 200,2*a.*
gerþisk harþr um herþar Sighv. sk. Hkr. 252,29*a (!) (gørþisk Hkr.)*
sverþ upp í skip gerþu Sighv. sk. Hkr. 253,18*b.*
verþung um fǫr gerþak Sighv. sk. Hkr. 310,9*a.*
ferþ liþ þrota verþa Sighv. sk. Hkr. 437,21*b.*
sverþi laust um herþar Sighv. sk. Hkr. 492,19*b.*
þess gerþuzk þér verþir Bjarni gullbr. Hkr. 526,5*a.*
gerþum þar svát þverþi Þjóþ. sk. Hkr. 538,26*b (!).*
Sveins ferþ bana verþir Þjóþ. sk. Hkr. 541,20*a.*
friþskerþi þér verþa Bǫlv. sk. Hkr. 547,2*b.*
ferþ at hvárgi skerþi Anon. Hkr. 603,17*b* (*fylld at hvárgi skyldi Fms* VI, 333).
verþung Háva gerþar Steinn Herd. Hkr. 635,22*b* (*Hárs Mork.* 135; *Hálfs Hkr., Háva Sievers,* Beitr. V, 516).
sverþ á úthlaups ferþum Bjǫrn krepph. Hkr. 641,12*a.*
hné ferþ enn lét verþa Þork. ham. Hkr. 648,14*b.*
grams ferþ Manork verþa Halld. skv. Hkr. 666,2*b.*
hrafns verþar liþ sverþum Kolli Hkr. 726,4*b.*
glaum herþundum sverþa Kolli Hkr. 726,31*b.*
ýta ferþar hringa skerþir Snorri Sturl. Kgs. 281,22*a.*
lá ferþ vegin skǫrpum sverþum Ól. hvít. Kgs. 373,6*a.*
málma skerþir Svía ferþar Sturla Kgs. 422,2*b.*
øþri ferþ af heimangerþum Sturla Kgs. 438,19*a.*
ferþ var friþskerþis Sturla Kgs. 465,18*b (!).*
herþi bǫþgerþir Sturla Kgs. 467,10*b.*
ferþ vann friþskerþis Sturla Kgs. 470,1*a (!).*
herþu herferþir Sturla Kgs. 472,8*a (!).*
sverþa bliþskerþir Sturla Kgs. 473,12*a.*

es : es.

flesdrótt Ívu nesja Eil. Guþr. Wis. 31; 12,4.
Helganes fyr kesjum Þjóþ. sk. Hkr. 541,18*a.*

ess : ess.

þess lifa þjóþar sessa Hallfr. v. Wis. 35; 2,7 (!).
jǫfra sess í verǫld þessi Mark. Skeggj. Wis. 50; 2,4.
eljunhress í þessu Ein. Skúl. Wis. 61; 11,6.
baugness vesa þessi Ein. Skúl. Wis. 61; 69,2.

goþs blessun liþs þessa Ein. Skúl. Wis. 62; 70,8.
hennar vess á diktan þessa Eyst. Ásgr. Wis. 100; 99,4.
þess hefr seggja sessi Tindr Hallk. Hkr. 157,34*a (!)*.
hressfǿrs jǫfurs þessar Sighv. sk. Hkr. 310,7*a*.

est : est.

mest bifgyrþil nestu Eil. Guþr. Wis. 32; 17,8.
leiknar hest á lesti Hallfr. v. Wis. 34; 6,3.
vil's mest ok dul flestum Eil. Guþr. Wis. 37; 26,8.
mest gótt í tvau bresta Eil. Guþr. Wis. 37; 28,4.
vestr hernaþ rak mestan Hallarst. Wis. 46; 3,4.
mest fylgþu því hvergi lestir Mark. Skeggj. Wis. 51; 9,4.
mestr ofrhugi jǫfri flestum Mark. Skeggj. Wis. 51; 9,8.
vas hann mestr konungr flestar Ein. Skúl. Wis. 55; 18,2.
mest of heims bygþ flesta Ein. Skul. Wis. 58; 39,4.
auk prest þeirs lǫg lestu Ein. Skúl. Wis. 60; 59,5 (!).
alls mest vini flesta Ein. Skúl. Wis. 61; 63,2.
eitt er mest er þó'r at lesti Eyst. Ásgr. Wis. 89; 20,6.
vignestr saman bresta Guth. s. Hkr. 97,28*a*.
valkesti hrauþ flestar Þórþr Kolb. Hkr. 157,15*b*.
mest enn ór á lesti Sighv. sk. Hkr. 231,10*b*.
grǿþis hests fyr vestan Þórþr Kolb. Hkr. 232,25*a*.
alls mest konungr flestra Sighv. sk. Hkr. 307,19*b*.
alls mest reka gesti Sighv. sk. Hkr. 308,21*b*.
flest es ek kom vestan Sighv. sk. Hkr. 310,12*b*.
fest viþ arm hinn vestra Sighv. sk. Hkr. 416,13*b*.
frest urþu þess vestan Bjarni gullbr. Hkr. 456,30*b*.
hestr um Skáney vestan Þjóþ. sk. Hkr. 542,12*b*.
vestr helmingi mestum Ein. Skúl. Hkr. 662,17*a*.
ulfnestir skip festi Ein. Skúl. Hkr. 667,4*b*.
úlestr ok meþ veg mestum Sturla Kgs. 443,4*b*.
gestils skeiþlestum Sturla Kgs. 464,34*a*.
flestum bauglestis Sturla Kgs. 472,37*b*.
úlest fyr haf vestan Anon. Kgs. 476,19*b*.

et : et.

etjulund at setja Ein. Skál. Wis. 26; 1,8.
fjǫrnets goþa at hvetja Eil. Guþr. Wis. 30; 1,2 *(Fornjóts R, fiornatz W)*.
fetum suþr metinn Sighv. sk. Wis. 41; 10,2.
setbergs gamall vetra Eyj. Daþ. Hkr. 140,25*a*.
élhvetjandi setja Eyj. Daþ. Hkr. 140,23*b*.
etr hrafn af ná getnum Þorl. Rauþf. Hkr. 170,2*b*.
hrafn etr af ná getnum Ól. heil. Hkr. 446,24*a*.
setit hefk oft viþ betra Jǫk. Hkr. 455,2*a*.

etr : *etr.*

ýsetrs hati vetra Hallfr. v. Wis. 33; 1,2.
reyrar setrs á einum vetri Arn. jarl. Wis. 46; 15,6.
setr vas þat fyr betra Ein. Skúl. Wis. 54; 3,2
þrjá vetr konungs betra Ein. Skúl. Wis. 55; 13,4.
linnsetrs es telsk betri Sighv. sk. Hkr. 343,4*b*.
ormsetrs hati vetra Arn. jarl. Hkr. 515,8*b*.
hjalmsetr gamall vetra Þjóþ. sk. Hkr. 546,8*b*.
vetrlengis stígr betri Ein. Skúl. Hkr. 662,19*b*.

ett : *ett.*

málhvettan byr settu Eil. Guþr. Wis. 31; 6,2.
flærþum settr ok talar meþ prettum Eyst. Ásgr. Wis. 89; 17,7.
fyrstan prett ok manndráp settir Eyst. Ásgr. Wis. 96; 66.6 (*manndráp þyrstan F.-J.* 430).
þetta verk er í einn staþ settik Eyst. Ásgr. Wis. 100; 96,4.
grimsetta il hjarna kletti Snorri Sturl. Kgs. 281,24*b*.

ett : *et.*

heinflets viþ mér settu Sighv. sk. Hkr. 308,19*a*.
geirnets sumar þetta Guþm. Odds. Kgs. 274,21*a*.

eyf : *eyf.*

hungrdreyfi skalk leyfa Hallfr. v. Wis. 36; 19,2.
ferkleyf á þat leyfi Þjóþ. sk. Hkr. 592,15*b*.

eyfþ : *eyfþ.*

hreyfþi hjǫr kleyfþan Sturla Kgs. 470,1*b* (!).

eyg : *eyg.*

báleygs at sér teygja Hallfr. v. Wis. 33; 4,2.

eyg : *eyj.*

leygs í Suþreyjum Sturla Kgs. 469,8*a*.
fleygr í Suþreyjum Sturla Kgs. 470,4*b*.

eyr : *eyr.*

reyrar leggs viþ eyra Ulfr Ugg. Wis. 29; 4,4.
frumseyris kom dreyra Eil. Guþr. Wis. 31; 4,4.
almreyrs lituþr dreyra Ein. Skúl. Wis. 55; 17,4.
sverþa Freyr í dreyra Haukr Vald. Wis. 79; 10,6.
keyra járn svát stǫkk um dreyrinn Eyst. Ásgr. Wis. 93; 49,8.
freyr í manna dreyra Glúmr Geir. Hkr. 87,2*b*.
reyr Hákonar dreyra Glúmr Geir. Hkr. 110,21*b*.
hnitu reyr saman dreyra Halld. ókr. Hkr. 212,30*a*.
keyrum hnoss svát heyri Sighv. sk. Hkr. 275,1*b* (!).

eyst : *eyst*.

hlunni geyst í salt et eystra Arn. jarl. Wis. 44; 2,2.
Eysteinn hvé brag leystak Ein. Skúl. Wis. 62; 71,6 (*æztann : leysta Flb* I, 7).
hana leystir ok því mák treysta Eyst. Ásgr. Wis. 98; 85,6.

eyt : *eyt*.

þreyta fyrr at skeytum Þjóþ. sk. Hkr. 538,4*b*.

eyþ : *eyþ*.

bleyþivandr á seyþi Þjóþ. hv. Wis. 9; 2,8.
eyþi dalreyþar Sturl. Kgs. 469,8*b*.

eþ : *eþ*.

geþjarþar lá kveþja Ulfr Ugg. Wis. 29; 1,4.
feþju þaut meþ steþja Eil. Guþr. Wis. 31; 6,8.
marbeþjum meþ Sighv. sk. Wis. 40; 4,3 (*marbiðiom Ohs* 49).
hirþmeþr konungs veþja Hallarst. Wis. 49; 26,4.
ítrgeþs lofi kveþja Ein. Skúl. Wis. 54; 10,4.
dyljat meþr þess gleþja Ein. Skúl. Wis. 56; 21,2 (*dylezt menn viþ þat gleþja B., dragisk mærþ þannig hrærþa Flb* I, 3; *dyljask meþr viþ þat geþja Cedersch.*).
gleþiligur í lopt hin neþri Eyst. Ásgr. Wis. 90; 27,4.
meþr þvílíkri tignarkveþju Eyst. Ásgr. Wis. 91; 29,4.

eþr : *eþr*.

meþr fengu mikit veþr Ótt. sv. Wis. 44; 4,3 (!).
veþr nú's brim fyr eþri Þjóþ. hv. Hkr. 75,29*b* (vgl. *Hoffory Ark. f. n. F.* I, 45 ff.)

ék : *ék*.

vist ef léki Dominus tecum Eyst. Ásgr. Wis. 100; 99,8.

él : *él*.

þú skalt véltr nema vélum Þjóþ. hv. Wis. 10; 11,5 (*vellt W, vælum R*).
hélug borþ í stefjaméli Arn. jarl. Wis. 45; 11,4.
hjaldréls frǫmuþr vélar Ól. hvít. Kgs. 303,31*b*.

élt : *élt*.

hélt í trygþ um véltan Þork. Skall. Hkr. 624,22*a*.

és : *és*.

Hléseyjar þrǫm blésu Ein. Skúl. Hkr. 717,19*b*.

ét : *ét*.

lézt at Hákon héti Þór. stuttf. Hkr. 686,18*b*.

étt : étt.

rétt's atsókn enn sétta Sighv. sk. Wis. 39; 6,1.
gat rétt viþ þrǫm sléttan Ein. Skúl. Wis. 57; 31,2.
réttferþugast í vísum sléttum Eyst. Ásgr. Wis. 87; 3,4.
þat er rétt trúa mín englastéttum Eyst. Ásgr. Wis. 88; 6,4.
léttliga hrǫþum í dauþans stéttir Eyst. Ásgr. Wis. 89; 16,8.
rétt á stag fyr slétta Valg. Hkr. 559,31*b*.

éþ : éþ.

gramr réþ enn þá téþi Þjóþ. sk. Hkr. 606,19*b*.

if : if.

háklifs jǫfurr lifþi Hallfr. v. Wis. 36; 20,8.
stafnklifs drifu Þór. loft. Hkr. 441,2*a*.
klif meþan Ólafr lifþi Sighv. sk. Hkr. 521,36*a*.
drifu þeir's eft lifþu Valg. Hkr. 560,13*a*.

ifn : ifn.

þrifnuþr allr unz himinn rifnar Arn. jarl. Wis. 44; 1,8.

ift : ift.

skrift þjóþkonungr niftar Sighv. sk. Hkr. 522,20*b*.

ig : ig.

hnigu fjǫrvanir sigri Þorbj. hornkl. Wis. 15; 5,8.
Sigtún enn skip hnigþu Valg. Hkr. 559,10*b*.

igg : igg (vgl. S. 47 ff.)[1]).

trigglaust of far þriggja Þjóþ. hv. Wis. 9; 1,6.
jarþbiggvi svá liggja Ein. Skál. Wis. 29; 24,2.
viggs Geirrǫþar liggja Eil. Guþr. Wis. 30; 1,8.
snarr þiggjandi viggjar Hallfr. v. Wis. 33; 3,2.
seimþiggjandi liggja Ein. Skúl. Wis. 59; 48,6.
viggjum hollr at liggja Glúmr Geir. Hkr. 134,22*a*.
stafnviggs hǫfuþ liggja Eyj. Daþ. Hkr. 199,15*a*.
viggruþr eþa hér liggjum Þorm. Kolbr. Hkr. 478,4*b*.
Falstrbiggva liþ tiggi Arn. jarl. Hkr. 543,15*a*.
tiggi tolf ok þriggja Þjóþ. sk. Hkr. 546,9*b* (!).
gligg fell ótt um tiggja Þjóþ. sk. Hkr. 559,23*b*.
hniggu þú andskotum tiggi Valg. Hkr. 560,5*a*.
Fjónbiggva liþ tiggi Arn. jarl. Hkr. 586,17*b*.
flagþviggs und kló liggja Þork. Skall. Hkr. 624,8*b*.

---

[1]) Von den Wörtern, welche nach späterem, allgemeinem Sprachgebrauch *y* haben, sind hier nur diejenigen eingereiht, deren *i* ich durch den Reim für gesichert halte.

igr : *igr*.

sigr flugbeiddra vigra Þorbj. hornkl. Wis. 15; 7,8.
vas þér sigr skaftr grams ens digra Arn. jarl. Wis. 45; 13,6.
oft vas sá sigr hinn digri Sighv. sk. Hkr. 378,2*b*.
flestan sigr hins digra Sighv. sk. Hkr. 453,25*b*.
sigri rœntr hinn digri Jǫk. Hkr. 454,24*b*.
ǫflgan sigr hinn digri Sighv. sk. Hkr. 480,32*a*.
jǫfurr sigr hvatastr digri Sighv. sk. Hkr. 516,21*a*.
jǫfurr vá sigr hins digra Þjóþ. sk. Hkr. 539,4*a*.
flestan sigr hinn digri Ól. hlg. Hkr. 613,22*a*.

ik : *ik*.

dýrbliks eþr þó kvikvan Hallfr. v. Wis. 36; 19,4.
blikruþr brigþa miklum Hallarst. Wis. 46; 2,5 (!).
sik jarteignir miklar Ein. Skúl. Wis. 56; 20,4.
unnar bliks frá miklum Ein. Skúl. Wis. 57; 33,2.
gunnbliks liþi miklu Halld. ókr. Hkr. 206,9*a*.
þik remmir guþ miklu Ótt. sv. Hkr. 284,27*b*.
bliks vildastan miklu Sighv. sk. Hkr. 308,28*a*.
þik beztan vin miklu Sighv. sk. Hkr. 311,15*b*.
sik lengst hafa miklu Sighv. sk. Hkr. 437,33*b*.
mikill varþ á staþ Stikla Sighv. sk. Hkr. 490,10*b*.
sik beztan gram miklu Steinn Herd. Hkr. 635,18*a*.
hjaldrbliks enn sik miklu Þork. ham. Hkr. 641,2*b*.

ikk : *ikk*.

stikka vápn ok skikkjur Hallarst. Wis. 47; 12,4.

ikk : *ik*.

mikit dýrligri skikkju Hallarst. Wis 49; 30,4.
mik vildir þú skikkju Þór. stuttf. Hkr. 686,5*b*.

ikl : *ikl*.

siklings ór styr miklum Hallfr. v. Wis. 37; 24,6.
siklingr ýtti flota miklum Arn. jarl. Wis. 45; 6,2.
siklingr numin miklu Ein. Skúl. Wis. 61; 63,4.
siklings þess's goþ miklar Ein. Skúl. Wis. 61; 67,6.
ætt siklinga mikla Ótt. sv. Hkr. 226,31*a*.
siklingr fírum mikla Sighv. sk. Hkr. 252,6*a*.
siklinga fǫr mikla Sighv. sk. Hkr. 309,4*a*.
siklingr ǫrr enn mikla Þórþr Sjár. Hkr. 422,21*a*.
siklings í her miklum Sighv. sk. Hkr. 444,2*b*.
ǫrstiklandi miklu Þorm. Kolbr. Hkr. 476,8*a*.
siklingr í her miklum Þjóþ. sk. Hkr. 542,22*b*.
siklings vinir mikla Þorl. f. Hkr. 574,19*a*.

seima stiklir flota miklum Sturla Kgs. 426,16*b*.
miklum framstiklir Sturla Kgs. 472,35*a*.

il : *il*.

Silunds kilir Sighv. sk. Wis. 40; 3,4 (*Selunz Flb* II, 277; *Sælunz Fgrsk.* 81; *Fms* IV, 351).
kilir vestan til Sighv. sk. Wis. 41; 7,6.
til hvat búmen vilja Sighv. sk. Wis. 43; 12,8.
svá'r skiljanda dróttins vilja Eyst. Ásgr. Wis. 88; 11,6.
skili þjóþir minn ljósan vilja Eyst. Ásgr. Wis. 100; 98,6.
vil ek at drápan heiti Lilja Eyst. Ásgr. Wis. 100; 99,8.
skilk hvat gramr lézk vilja Þórþr Kolb. Hkr. 232,12*b*.
þilblakks konungs vilja Sighv. sk. Hkr. 255,27*a*.
þú ert til borinn vilja Sighv. sk. Hkr. 307,23*b*.
til Hringstaþa iljar Þjóþ. sk. Hkr. 539,32*a* (*illra Fms* VI, 80).
bilstyggr Haraldr vilja Þorl. f. Hkr. 573,10*b* (*Þjóþ. sk. Mork.* 57; *Flb* III, 341).
vili girndar því skiljask Anon. Hkr. 603,4*b*.

ild : *ild*.

fémildr konungr vildi Ein. Skál. Wis. 27; 12,2 u. 28; 18,2.
hoddmildum ték hildar Ulfr Ugg. Wis. 29; 1,1 (*hialdrgegnis U*).
Hildr en Hropts of gildar Ulfr Ugg. Wis. 30; 8,3.
bragþmildr Loka vildi Eil. Guþr. Wis. 31; 4,6.
fémildum gramr vildi Sighv. sk. Wis. 41; 2,2.
vildak meþ þér mildum Sighv. sk. Wis. 43; 15,6.
hildings und gram mildum Hallarst. Wis. 46; 4,4.
hildingr né þar vildi Hallarst. Wis. 47; 7,6.
fémildr fylkingr vildi Hallarst. Wis. 47; 9,1.
hildings høfþi mildi Hallarst. Wis. 47; 12,7 (!).
ómildr baka vildi Ein. Skúl. Wis. 57; 35,4.
leikmildr Sigurþr Hildar Ein. Skúl. Wis. 61; 69,6.
hildfrøkn Kraka ens milda Haukr Vald. Wis. 81; 21,8.
orþasnild þótt prófa vildi Eyst. Ásgr. Wis. 95; 64,2.
mildin sjálf þótt deyja vildi Eyst. Ásgr. Wis. 96; 67,4.
mildin sjálf þvít gjarna vildak Eyst. Ásgr. Wis. 100; 95,2.
hlymmildingum gildir Guth. s. Hkr. 97,30*a*.
hoddmildingar vildu Eyj. Daþ. Hkr. 140,25*b*.
veþrmildr ok semr hildi Eyj. Daþ. Hkr. 199,9*b*; 200,8*a*.
herskildi fór hildar Eyj. Daþ. Hkr. 200,5*b* (!).
hildr óx viþ þat skildir Ótt. sv. Hkr. 225,29*b*.
mildr ef konum vildak Sighv. sk. Hkr. 430,5*a*.
óx hildr meþ gram mildum Sighv. sk. Hkr. 480,32*b*.
hildr sem Magnús vildi Þjóþ. sk. Hkr. 544,8*a*.
hildar leik und skildi Þjóþ. sk. Hkr. 550,2*b*.

ógnar mildr þá's vildi Stúfr sk. Hkr. 594,4*a*.
hildings vinir skilda Þjóþ. sk. Hkr. 594,4*a* (*skjalda Fms* VI, 314).
mildings enn griþ vildi Arn. jarl. Hkr. 621,28*b*.
mildr enn Magnús vildi Anon. Hkr. 636,21*b* (!).
Mathildr ok vekr hildi Magn. berf. Hkr. 654,21*a*.
hildr enn gaft af mildi Halld. skv. Hkr. 668,2*b*.
hildingr muni vildri Þór. stuttf. Hkr. 686,7*b*.
hildingr hinn fémildi Þór. stuttf. Hkr. 686,19*b*.
hringmildr fara vildi Kolli Hkr. 726,7*a*.
auþmildr sakar gildi Sturla Kgs. 279,4*a*.
ógnmildr friþask vildi Sturla Kgs. 320,12*a*.
hildar tungl meþ skata mildum Ól. hvít. Kgs. 385,5.
svá vildi guþ framiþr mildi Ól. hvít. Kgs. 387,20*b*.
snildar brúþr þann er eiga vildi Sturla Kgs. 445,11*b*.

ill : ill.

villan gerþisk þeim at illu Mark. Skeggj. Wis. 52; 15,2.
illr gerisk hugr af villu Ein. Skúl. Wis. 60; 58,2.
sem engillinn tók at spillast Eyst. Ásgr. Wis. 88; 9,2.
faþma vill enn siþnum spilla Eyst. Ásgr. Wis. 88; 9,8.
andspilli fekk stillis Sighv. sk. Hkr. 416,23*a*.
illa sát í milli Þjóþ. sk. Hkr. 538,8*b*.
illa galt frá stilli Stúfr sk. Hkr. 555,29*b*.
gǫtu illa fór stillir Þjóþ. sk. Hkr. 557,14*b*.
illa hélt viþ stilli Halld. skv. Hkr. 707,14*a*.
margillr ok sveik stilli Ein. Skúl. Hkr. 755,29*a*.

ilt : ilt.

ilt nú kveþk her stiltan Þjóþ. sk. Hkr. 621,18*a*.

im : im.

þreifsk brims þrima Sighv. sk. Wis. 40; 4,7 (*þoru hæims þrimu Ohs* 49; *þornheims þrimu Fgrsk.* 81).
Limafjarþar brim Hallarst. Wis. 41; 7,8.
eljunfimr á himnum Hallarst. Wis. 50; 33,6.
styrjafimr til himna Ein. Skúl. Wis. 55; 15,6.
ógnfimr berum himni Ein. Skúl. Wis. 59; 47,8.
lim salkonungs himna Ein. Skúl. Wis. 61; 66,6.
gimsteinn brúþa ok dróttning himna Eyst. Ásgr. Wis. 99; 89,4.
fimr gramr Lima Þór. loft. Hkr. 440,28*a* (*fira Flb* II, 306; *Fms* V, 6).
brimdýr fyr Stim Þór. loft. Hkr. 441,8*a*.
limsorg nær himni Bjǫrn krepph. Hkr. 646,29*a*.
vígfimr konungr himni Kolli Hkr. 726,7*b*.
brims á bjarthimna Sturla Kgs. 465,20*a* (!).

imm : imm.

végrimmr á þat snimma Hallfr. v. Wis. 34; 4,4.
malmgrimmu háiþ rimma Oddr Kík. Hkr. 543,28*a* (*marggrim Þjóþ. sk. Flb* III, 284).
hvar grimmligar rimmu Þjóþ. sk. Hkr. 555,8*a*.

imm : im.

grimmum stóþ á Gǫndlar himni Ól. hvít. Kgs. 386,32*b* (!).

imt : imt.

hjalmum grimt et fimta Sighv. sk. Wis. 39; 5,2.
dimt í sinn et fimta Hallarst. Wis. 50; 31,4.

ind : ind.

Vindversk of hræ gindu Ein. Skúl. Wis. 57; 29,8 (*gindu Cedersch.*).
baþat valgrindar vinda Eyv. sk. Hkr. 106,5*a* (!).
Vinda skeiþr ok gindu Halld. ókr. Hkr. 216,14*a* (*sic Thork.* 62; *ginðo Fris.* 166,13*a*).
vindblásit skóf Strindar Sighv. sk. Hkr. 274,22*a*.

ing : ing.

hringa þeir of fingu Brage Wis. 3; 10,8 (vgl. S. 3 f. u. 54 f.).
Jngifreys at þingi Þjóþ. hv. Wis. 10; 10,6 (vgl. S. 49).
heimþingaþar Vingnis Þjóþ. hv. Wis. 11; 19,2.
afspring meþ þér þingat Korm. Qgm. Wis. 26; 5,2.
hringbalkar fram gingu Eil. Guþr. Wis. 33; 13,4.
hringskyrtur fram gingu Hallfr. v. Wis. 35; 9,8.
Hringsfirþi liþ þingat Sighv. sk. Wis. 39; 10,4.
þingmenn nǫsum stinga Sighv. sk. Wis. 43; 13,8.
dróttins þing meþ hringum Sighv. sk. Wis. 43; 16,4.
hildingr ór lyptingu Hallarst. Wis. 49; 23,2.
hringvarpaþar gjalfri kringþum Mark. Skeggj. Wis. 50; 3,4.
ǫþlinga hnígr þingat Ein. Skúl. Wis. 54; 5,6.
mildings þess's gaf hringa Ein. Skúl. Wis. 59; 46,2.
þingdjarfs firar inga Ein. Skúl. Wis. 59; 49,6.
heiþingja liþ gingi Ein. Skúl. Wis. 60; 55,4.
hrings fell á því þingi Haukr Vald. Wis. 79; 9,7 (!).
erfingja fram gingu Haukr Vald. Wis. 80; 13,8.
hrings ófáir gingu Haukr Vald. Wis. 80; 14,6.
þing allsnarpra hringa Haukr Vald. Wis. 80; 18,2.
brynþings fetilstinga Eyv. skald. Hkr. 103,18*a*.
hrings at miklu þingi Halld. ókr. Hkr. 217,13*a*.
gunnþinga jarnhringar Ótt. sv. Hkr. 225,31*b* (vgl. *SnE* II, 26[12]; *Gísl. AnO.* 1863, 406 Anm. 3 u. *Njál.* II, 318; *Sievers,* Beitr. V, 515).

þings mágrennir hingat Ótt. sv. *Hkr.* 235,17*b.*
hringmiþlǫndum þingat Sighv. sk. *Hkr.* 253,18*a.*
ǫþling þann's klauf hringa Þórþr Sjár. *Hkr.* 422,28*a.*
Erlingr vas þá finginn Bjarni gullbr. *Hkr.* 447,2*a.*
hrings's blindr kom þingat Sighv. sk. *Hkr.* 523,14*b.*
brynþings fetilstinga Arn. jarl. *Hkr.* 529,27*b.*
þingat gramr meþ hringum Arn. jarl. *Hkr.* 541,31*b.*
þing akkeris hringa Anon. *Hkr.* 570,27*a.*
fylking Haralds gingu Þjóþ. sk. *Hkr.* 606,21*a.*
logi þingaþi Hringum Þjóþ. sk. *Hkr.* 606,27*b.*
maþr brings tǫpuþ finginn Bjǫrn krepph. *Hkr.* 647,26*b.*
Erlingr at víkingum Þorbj. skakk. *Hkr.* 795,6*a.*
siklingr kominn hingat Hallr Sn. *Kgs.* 71,14*a.*
dǫglingr kominn hingat Hallr Sn. *Kgs.* 71,14*b.*
ǫrþingaþr víkinga Sturla *Kgs.* 277,18*b.*
hingat skelk í bringu Anon. *Kgs.* 279,18*b.*
dáþfinginn hǫfþingja Sturla *Kgs.* 320,14*a.*
þingfrøkn jǫfurr vǫlum stinga Ól. hvít. *Kgs.* 373,4*b.*
hringa eldingum Sturla *Kgs.* 465,21*b.*
Hringa viþþingaþr Sturla *Kgs.* 469,5*a.*
Jnga gerningum Sturla *Kgs.* 472,37*a.*
hrings í brynþingi Sturla *Kgs.* 474,16*a.*

inn : inn.

skǫpt ginnregin brinna Þjóþ. hv. *Wis.* 10; 13,2.
Finns ilja brú minni Þjóþ. hv. *Wis.* 10; 13,6.
ginnungavé brinna Þjóþ. hv. *Wis.* 10; 15,4.
hlaut innan svá minnum Ulfr Ugg. *Wis.* 30; 4,8 u. 7,8.
minni fyrsta sinni Sighv. sk. *Wis.* 38; 1,6.
vinnask fjórþa sinni Sighv. sk. *Wis.* 38; 4,4.
innanlands at vinna Sighv. sk. *Wis.* 42; 11,4.
hollvinr minn í lypting innan Arn. jarl. *Wis.* 45; 7,6.
inndrótt þín es hǫfþ at minnum Arn. jarl. *Wis.* 45; 9,6 (*en : minom* *Flb* III, 322).
fǫrnuþr þinn viþ helming minna Arn. jarl. *Wis.* 45; 13,4.
hrælinns hverju sinni Hallarst. *Wis.* 46; 3,5 (!) (*hrænadrs* *Flb* I, 94).
morþlinns mǫrgu sinni Hallarst. *Wis.* 47; 14,1 (!) (*morþbrands* Cod. *Berg.*).
efsta sinn ok þrinnum Hallarst. *Wis.* 48; 15,2.
annat sinn at linna Hallarst. *Wis.* 48; 18,2.
oflinn aldri vinna Hallarst. *Wis.* 49; 22,7 (!) (*olinn* Cod. *Berg. ǫflinn* *Fms* II, 329; *jtrann* *Flb* I, 491).
dólgminnigs skalk inna Hallarst. *Wis.* 49; 29,2.
linns þrimr hlutum minna Ein. Skúl. *Wis.* 57; 32,2.
innendr megu finna Ein. Skúl. *Wis.* 59; 51,6.

gekk inn at Frey linna Haukr Vald. Wis. 79; 8,2.
minn dróttinn í holdgan þinni Eyst. Ásgr. Wis. 91; 32,4.
lagast minnilig tár af kinnum Eyst. Ásgr. Wis. 91; 35,8.
skapari minn fyr á sjó þinni Eyst. Ásgr. Wis. 94; 51,8 u. 6.
mildast vildi eitthvert þinni Eyst. Ásgr. Wis. 94; 53,8.
grefst hér inn meþ krókum stinnum Eyst. Ásgr. Wis. 97; 78,4.
linna eitr um hjartat innan Eyst. Ásgr. Wis. 97; 80,4.
sinni rétt fyr hjálp ok minni Eyst. Ásgr. Wis. 100; 99,2.
optsinn enn þess minnumk Guth. s. Hkr. 98,2*a*.
sigrminnigr vilt finna Eyv. sk. Hkr. 106,6*b*.
sinn róþrs viþ þrǫm stinnan Þórþr Sjár. Hkr. 107,2*b*.
þinn góþan byr finna Eyv. sk. Hkr. 112,13*a*.
svá hǫfum inn sem Finnar Eyv. sk. Hkr. 123,12*a*.
finns ǫlknarar linna Eyj. Daþ. Hkr. 140,23*a*.
dolglinns at fǫr þinni Ótt. sv. Hkr. 220,13*b* (*dǫglings Flb* II, 15).
linns hefr lǫnd at vinna Ótt. sv. Hkr. 225,30*a* (!).
sinn þvít fyrst gekk innan Sighv. sk. Hkr. 231,8*b*.
Jnnþrénsk þót liþ minna Sighv. sk. Hkr. 255,16*b*.
hrælinns megu vinna Sighv. sk. Hkr. 255,25*b*.
hugsvinn kona innan Sighv. sk. Hkr. 275,4*b*.
hér finnumk meir þinnar Sighv. sk. Hkr. 307,17*a*.
inni fjórum sinnum Sighv. sk. Hkr. 308,32*b*.
minn dróttin komk finna Sighv. sk. Hkr. 309,6*b*.
Þorfinns til Dýflinnar Arn. jarl. Hkr. 335,15*b*.
þinn skáli mér innan Sighv. sk. Hkr. 429,30*b*.
sinn helvíti innan Sighv. sk. Hkr. 431,6*b*.
minn vinr þinnig Þór. loft. Hkr. 440,25*a*.
Jnney þau's vér finnum Þorm. Kolbr. Hkr. 474,7*a*.
Jnnþréndir kol sinna Þorm. Kolbr. Hkr. 474,7*b*.
Jnnþréndum lét finnask Sighv. sk. Hkr. 491,8*b* (*Jnnþrændir sokun stinna Flb* II, 355).
hræs minnask þeir sinna Sighv. sk. Hkr. 521,12*a*.
innan mǫrgu sinni Sighv. sk. Hkr. 521,14*b*.
minn dróttinn lék sinna Sighv. sk. Hkr. 521,22*b*.
Jnnþrénda liþ finni Þorl. f. Hkr. 572,4*a*.
hugstinnir liþ minna Þorl. f. Hkr. 574,21*a*.
finnk oft at drífr minna Har. harþr. Hkr. 578,19*b*.
ginn enn gráleik inna Har. harþr. Hkr. 586,32*b* (!).
hugi minn's þat sinni Arn. jarl. Hkr. 596,4*a*.
svinns at æ mun vinnask Þjóþ. sk. Hkr. 607,6*b*.
minn aldregi finna Magn. berf. Hkr. 654,28*b*.
fjorþa sinn at vinna Halld. skv. Hkr. 664,4*b*.
drengr minnisk þess vinna Ein. Skúl. Hkr. 668,5*a*.
sinni ferþ at hjaldri stinnum Ól. hvít. Kgs. 380,9*b*.
innan lands viþ dóttur þinni Sturla Kgs. 438,19*b*.

innan lands svát dómi finnisk Sturla Kgs. 441,17*b*.
innan lands af mildi sinni Sturla Kgs. 461,31*a*.

inn : in.

inndæll skaþi lindis Þjóþ. sk. Hkr. 592,32*b*.
vindsamt Harald finna Anon. Hkr. 602,27*b*.
Sintre konungs inna Halld. skv. Hkr. 663,21*a*.

ip : ip.

sjau skip konur hnipnar Þjóþ. sk. Hkr. 539,4*b (sic Kph* III, 40; vgl. *Thork.* 75; *hnipnar Hkr.).*

ipt : ipt.

vinda ript né gramr baþ svipta Ól. hvít. Kgs. 380,7*b*.
sviptilundr á dýrþar skriptum Sturla Kgs. 439,16*a*.
gullsviptir hlaut giptu Sturla Kgs. 443,3*a (!).*

irk : irk.

virki skrýddar hǫfuþkirkjur Mark. Skeggj. Wis. 52; 25,2.
virk Jórsali ok Girkjum Stúfr sk. Hkr. 555,20*a*.

irr : irr.

emk skirr um þat firrask Sighv. sk. Hkr. 521,31*a* (*sic Kph.* III, 12; vgl. S. 57).

irþ : irþ.

veþrhirþir baþ stirþan Ein. Skál. Wis. 28; 18,6.
geþstirþir konungs firþa Sighv. sk. Hkr. 444,30*a*.
hirþ svát engis virþir Steinn Herd. Hkr. 635,20*a*.
hirþmanni geþstirþum Eldjárn Hkr. 652,2*a*.
virþar geþstirþir Sturla Kgs. 472,11*a*.
virþar baugnirþi Sturla Kgs. 474,18*a*

iss : iss.

jarl vissi sik foldar missa Arn. jarl. Wis. 46; 14,6.

ist : ist.

ítr lista vann kristnat Hallarst. Wis. 47; 11,2.
himinsvistar til kristni Ein. Skúl. Wis. 54; 6,8.
ulfnistanda kistu Ein. Skúl. Wis. 56; 25,6.
fái þar vist er sjálfr hann misti Eyst. Ásgr. Wis. 99; 15,4.
ættir Krist er spjótit nisti Eyst. Ásgr. Wis. 96; 66,4.
listuligrar móþur Kristi Eyst. Ásgr. Wis. 100; 95,6.
Kristr er fjórir broddar nistu Eyst. Ásgr. Wis. 100; 96,2.
kilir ristu men Listu Sighv. sk. Hkr. 274,24*a*.
ókristinn hal vistar Sighv. sk. Hkr. 308,28*b*.

jafnvist er þat Lista Sighv. sk. Hkr. 310,24*a.*
vist um aldr meþ Kristi Stúfr sk. Hkr. 555,31*b.*
Jvist búendr mistu Bjǫrn krepph. Hkr. 646,33*a.*

it : it.

harþa vitr á Fitjum Haukr Vald. Wis. 80; 11,6.
slitinn af fjandans króki bitrum Eyst. Ásgr. Wis. 98; 82,8.
hnits í Storþ á Fitjum Þórþr Sjár. Hkr. 105,15*a.*
hjaldvitjaþar sitja Þjóþ. sk. Hkr. 577,29*a.*

itr : itr.

margvitr ok hjǫr bitran Sighv. sk. Hkr. 377,18*b.*

its : its.

friþlits til Jvizu Halld. skv. Hkr. 665,31*b.*

iþ : iþ.

óniþraþan þriþja Brage Wis. 3; 14,4.
mildings friþar biþja Þjóþ. hv. Wis. 10; 8,10.
enn sunr biþils sviþnar Þjóþ. hv. Wis. 10; 13,3.
Yggs niþr friþar biþja Ein. Skál. Wis. 27; 12,4.
leikmiþjungr þriþja Ein. Skál. Wis. 28; 20,2.
þorns niþjum sik biþja Eil. Guþr. Wis. 30; 2,4.
Jþja setrs frá þriþja Eil. Guþr. Wis. 30; 2,8.
meina niþr í miþjan Eil. Guþr. Wis. 32; 17,7.
biþkván und sik Þriþja Hallfr. v. Wis. 33; 3,4.
liþsuþr ór Niþ Sighv. sk. Wis. 40; 2,6.
fylkis niþs enn þriþja Sighv. sk. Wis. 38; 3,4.
jǫfra liþs á miþli Sighv. sk. Wis. 38; 4,6.
hliþ þars stóþk í miþjum Sighv. sk. Wis. 42; 2,6.
upp eþr niþr frá miþju Hallarst. Wis. 49; 27,8.
liþhraustr konungr sár enn iþri Mark. Skeggj. Wis. 53; 28,2.
iþvandr of dag þriþja Ein. Skúl. Wis. 54; 4,2.
heilagr viþr sem biþjum Ein. Skúl. Wis. 61; 65,6.
uppi ok niþri ok þar í miþju Eyst. Ásgr. Wis. 87; 1,6 u. 100; 100,6.
upp ok niþr af himni þriþja Eyst. Ásgr. Wis. 92; 40,2.
ǫþrum niþr í fjandann miþjan Eyst. Ásgr. Wis. 96; 72,8.
biþkak mér hins þriþja Tindr Hallk. Hkr. 160,22*b.*
friþlands á vit niþja Ótt. sv. Hkr. 226,2*a.*
niþjungr Haralds miþjan Ótt. sv. Hkr. 234,20*b.*
friþkaup vas þat miþjo Sighv. sk. Hkr. 378,4*a.*
siþ nœmr meþ liþ Þór. loft. Hkr. 440,23*a* (*hliþnœmr Fgrsk.* 85).
liþu framm viþir Þór. loft. Hkr. 440,25*b.*
friþmenn liþu Þór. loft. Hkr. 440,33*b.*
grein varþ liþs á miþli Sighv. sk. Hkr. 510,23*a.*

fylkis niþs á miþli Sighv. sk. Hkr. 522,12*b* (*liþz Fris.* 173,31*b*).
iþula róg á miþlum Bjarni gullbr. Hkr. 526,5*b* (vgl. *Gisl. Aarb.* 1886, 227).
liþs skjǫldunga á miþli Þjóþ. sk. Hkr. 542,32*a*.
liþs oddr vas þat miþju Þjóþ. sk. Hkr. 593,32*b*.
viþrnám friþar biþja Steinn Herd. Hkr. 595,4*a*.
skamt vas liþs á miþli Steinn Herd. Hkr. 595,8*a*.
friþr namsk ár hit þriþja Þjóþ. sk. Hkr. 607,2*a*.

iþl : iþl.

allfriþliga á miþli Bǫlv. Hkr. 565,16*b*.

iþr : iþr.

siþr ok jarl enn þriþja Hallfr. v. Wis. 35; 3,8.
friþr gekk sundr í sliþri Sighv. sk. Wis. 38; 4,7 (!).
friþr fylkis niþr Sighv. sk. Wis. 40; 6,3 (!).
viþr þeims nú ferr hiþra Sighv. sk. Wis. 43; 12,2 (*heþra* Codd., *héþra Hkr.* 527,18*b*; vgl. *Thork.* 74; *Njál.* II, 604; *Sievers PBB.* XVI, 241).
viþr Helganes blóþugt fiþri Arn. jarl. Wis. 46; 14,4.
konungs niþr gaf þat miþri Ein. Skúl. Wis. 57; 34,8 (*viþr Flb* I, 4).
sviþrar mér um blásin iþrir Eyst. Ásgr. Wis. 97; 77,6.
framm iþrask nú miþri Þjóþ. sk. Hkr. 490,15*a*.
Fiþr Árnason miþri Þjóþ. sk. Hkr. 596,22*b* (*Finnr Hkr.*, *Fiþr Kph* III, 127; *Mork.* 81; *Fgrsk.* 130).

íf : íf.

oddavífs né drífu Ein. Skál. Wis. 26; 2,2.
lífkǫld Hávars drífu Ein. Skál. Wis. 27; 4,8.
líf skjótt firum hlífa Hallfr. v. Wis. 35; 8,2.
Óska víf gótt líf Ótt. sv. Wis. 44; 6,4.
hans líf v(a)s þrotit klífa Hallarst. Wis. 49; 27,6.
baugdríf numinn lífi Ein. Skúl. Wis. 55; 17,8.
viþrlíf skorin knífi Ein. Skúl. Wis. 60; 60,4.
sjálft hreinlífit gimsteinn vífa Eyst. Ásgr. Wis. 90; 27,8.
mistar vífs í drífu Guth. s. Hkr. 87,36*a*.
geirvífa sér hlífa Guth. s. Hkr. 102,4*b*.
gífrs hlémána drífu Þórþr Sjár. Hkr. 105,13*b*.
hjǫrdrífa brá lífi Glúmr Geir. Hkr. 136,30*a*.
hjálmdrífu viþr lífi Sighv. sk. Hkr. 307,21*a*.
fleindrífu sér hlífa Þorm. Kolbr. Hkr. 497,22*b*.
hlíf raufsk fyr gram lífi Sighv. sk. Hkr. 499,8*a*.
ífs sem kykvir tífar Sighv. sk. Hkr. 508,30*a* (vgl. *Kph.* II, 390; *yss Flb* II, 376; *ys OHS* 230).
Álfífu son drífa Þjóþ. sk. Hkr. 519,13*b*.

þingdrifu vel lifi Sighv. sk. Hkr. 522,26*a*.
hlífél á gram drífa Þjóþ. sk. Hkr. 546,8*a*.
úsvífr Kraka drífu Grani Hkr. 571,2*a*.
hlífar landreki drífa Steinn Herd. Hkr. 595,17*a*.
heiþins vif at drífa Halld. skv. Hkr. 664,7*b*.
sóknar gifr í fleina drífu Sturla Kys. 433,10*a* (*gaugl:kofa Flb* III, 192).

ig : ig.

vigfrekr ofan sigask Þjóþ. hv. Wis. 9; 4,6.
himna stig til biskups vigþan Mark. Skeggj. Wis. 53; 27,8.
snáka stigs af vigi Haukr Vald. Wis. 79; 8,6.
vigs á rakna stigum Þorl. f. Hkr. 572,2*a*.
gagnstig ofan siga Halld. skv. Hkr. 665,20*a*.
vigs í Sarp at stiga Halld. skv. Hkr. 707,16*a*.

ík : ík.

jarls ríki fram slíku Ein. Skál. Wis. 27; 6,8.
ríkr ásmagni slíku Ein. Skál. Wis. 27; 9,4.
vík Hákonar ríki Ein. Skál. Wis. 27; 10,4.
geirbríkar friþ slíkan Ein. Skál. Wis. 27; 10,8.
gunnríkr hinn's hvǫt líkar Hallfr. v. Wis. 33; 2,2.
ríkr valkera líki Hallfr. v. Wis. 34; 7,2.
læsiks und gram ríkjum Hallfr. v. Wis. 36; 14,2.
glíkligs ór styr slíkum Hallfr. v. Wis. 37; 23,8.
heiptfíknum varþ ríkri Hallfr. v. Wis. 37; 27,2.
víkingar þar díki Sighv. sk. Wis. 39; 6,6.
víkingum hlut slíkan Hallarst. Wis. 47; 8,8.
hans ríki frák slíkum Hallarst. Wis. 47; 10,4.
gunnfíkinn lét blíkja Hallarst. Wis. 48; 14,6 (*gunnfílinu:blíkra* Cod. *Berg.*).
óþríkr frama slíkum Hallarst. Wis. 50; 32,4.
víkingum gramr hepti fíkjum Mark. Skeggj. Wis. 51; 8,2.
ríks keisara gjafara líka Mark. Skeggj. Wis. 52; 26,4.
jǫfra ríkir metnaþ slíkan Mark. Skeggj. Wis. 53; 29,6.
þvílíkr konungs ríki Ein. Skúl. Wis. 55; 11,8.
líknsamr himinríki Ein. Skúl. Wis. 55; 16,6.
dǫglings ríks af líki Ein. Skúl. Wis. 56; 22,2.
ǫþlings rík af slíku Ein. Skúl. Wis. 58; 39,2.
ríkr bendingar slíkar Ein. Skúl. Wis. 59; 49,4.
slík verk á jarþríki Ein. Skúl. Wis. 61; 62,8.
hræsiks þrimu líkar Ein. Skúl. Wis. 62; 70,6.
at viþrlíkjast yfrit ríkjum Eyst. Ásgr. Wis. 88; 8,2.
hǫrsk ok rík viþ guþdóm líkjast Eyst. Ásgr. Wis. 89; 17,8.
ríkr herra fyr ódygþ slíka Eyst. Ásgr. Wis. 89; 19,2.
guþi líkjandi í dygþum slíkum Eyst. Ásgr. Wis. 90; 25,8.

líkam tók hann meyjar ríkrar Eyst. Ásgr. Wis. 96; 65,6.
merkin slík um himnaríki Eyst. Ásgr. Wis. 98; 87,8.
Yggs valbríkar slíkan Hildr Hkr. 66,2*b*.
bensíks vita ríkis Guth. s. Hkr. 98,4*a*.
allríkr í styr slíkum Þórþr Sjár. Hkr. 107,6*b*.
rík í móþur líki Eyv. sk. Hkr. 111,29*b*.
úríkr fyrir líki Anon. Hkr. 151,23*b*.
una líkar vel slíku Þórþr Kolb. Hkr. 217,29*b*.
ríki efldr at slíku Ótt. sv. Hkr. 225,34*b*.
fast skalt ríkr viþ ríkan Ótt. sv. Hkr. 311,12*a* (!).
jalks bríktǫpuþ líkan Sighv. sk. Hkr. 343,2*a*.
slíks ríkari Þór. loft. Hkr. 440,23*b*.
víkingum skǫr ríkis Sighv. sk. Hkr. 453,21*b*.
feþr líkr konung slíkan Sighv. sk. Hkr. 522,26*b*.
hafi ríks þars vel líkar Stúfr sk. Hkr. 555,20*b*.
slíkt alt es her líkar Anon. Hkr. 603,2*b*.
ríks veldra guþ slíku Ól. hlg. Hkr. 613,24*b*.
víkingar gram ríkum Halld. skv. Hkr. 663,12*a*.
benja tíkr af ríki Halld. skv. Hkr. 668,1*a*.
ríkiláts meþ afla slíkan Sturla Kgs. 441,19*b*.
víkelds gjafir ríkjum Sturla Kgs. 443,2*a*.

íkr : *íkr*.

Gandvíkr skǫtum ríkri Eil. Guþr. Wis. 30; 2,6.
nú'st ríkr af hvǫt slíkri Ótt. sv. Hkr. 220,2*b*.
allríkr skipan slíkri Sighv. sk. Hkr. 446,4*a*.

ím : *ím*.

hrími stokkin búin gríma Arn. jarl. Wis. 44; 2,8.

ín : *ín*.

jast-Rín Haralds mína Korm. Qgm. Wis. 26; 1,4.
vínheims fiandr sína Ein. Skál. Wis. 27; 5,4.
feþr sínum vel mína Sighv. sk. Wis. 41; 2,4.
fjandmenn þínir vesǫld sína Arn. jarl. Wis. 44; 4,8.
vín húskǫrlum sínum Hallarst. Wis. 47; 13,6.
Rínar sól á marfjǫll skína Mark. Skeggj. Wis. 51; 6,2.
mín jarteignum skína Ein. Skúl. Wis. 54; 7,8.
sín tákn rǫþull skína Ein. Skúl. Wis. 56; 19,4.
skrín dýrþarvin þínum Ein. Skúl. Wis. 60; 64,8.
mínum at fyr umsjá þína Eyst. Ásgr. Wis. 87; 3,2.
í náttúruskærleik sínum Eyst. Ásgr. Wis. 88; 7,2.
tunga mín af herra þínum Eyst. Ásgr. Wis. 90; 22,2.
frúin skínandi af holdi þínu Eyst. Ásgr. Wis. 91; 29,8.
sína ǫnd fyr nauþsyn mína Eyst. Ásgr. Wis. 94; 52,8.

hví nú því lét Jesús pínast Eyst. Ásgr. Wis. 95; 62,6.
bǫrn sín ǫll í dauþans pínu Eyst. Ásgr. Wis. 95; 64,6
mín dróttinn í ríki þínu Eyst. Ásgr. Wis. 96; 69,4.
þína vægþ í nauþum mínum Eyst. Ásgr. Wis. 97; 79,8.
faþir skínandi krjúpak þínum Eyst. Ásgr. Wis. 98; 81,6.
sína eign á hjarta mínu Eyst. Ásgr. Wis. 98; 85,4.
mín dróttning fyr barni þínu Eyst. Ásgr. Wis. 98; 87,2.
fyr skínanda barni þínu Eyst. Ásgr. Wis. 99; 88,2.
mín dróttning af heiþri þínum Eyst. Ásgr. Wis. 99; 92,4.
ǫndin mín at furþist pínu Eyst. Ásgr. Wis. 100; 96,8.
mín þá'r ligg ek kvaldr í pínum Eyst. Ásgr. Wis. 100; 99,6.
hraf víns at mun sínum Guth. s. Hkr. 87,36*b*.
unnsvín vinnum mínum Eyv. sk. Hkr. 123,28*b* (*vnn sinn* Fris. 95,38*b*).
ótvín í bé sínum Sighv. sk. Hkr. 308,15*b* (vgl. *Gísl. Njál.* II, 371 ff.; *Thork.* 66 f.).
mín ókunnar þínum Sighv. sk. Hkr. 309,13*b*.
rínleygs héþan mínum Hárekr Hkr. 427,26*a*.
mín stallarar þínir Sighv. sk. Hkr. 429,30*a*.
gullit skrín at mínum Sighv. sk. Hkr. 523,12*a*.
sínar hendr at skríni Þjóþ. sk. Hkr. 532,4*a*.
ótvín skipi sínu Þjóþ. sk. Hkr. 541,26*a*.
líneik veri sínum Har. harþr. Hkr. 570,6*a*.
ermlín á glæ sínum Magn. berf. Hkr. 654,34*a* (*armlinnz : sinnom* Eirsp., Fris. 276,13*a*; *ormlinnz : sinom* Mork. 152; *ormlína : sínum* Fms. VII, 62).
sína dóttur arfa þínum Sturla Kgs. 422,4*a*.
hirþmenn þínir frelsi sínu Sturla Kgs. 433,4*b*.
Rínar logs of dreka þínum Sturla Kgs. 439,18*a*.
fjandmenn þínir lífi sínu Sturla Kgs. 442,9*b*.
þína dýrþ enn rauþull skíni Sturla Kgs. 459,6*b*.
hnossir þínar mærþar tínir Sturla Kgs. 461,33*b*.

inn : ín.

faþir sinn liþi sínu Sighv. sk. Wis. 42; 3,4.
minn dróttinn leggr sína Sighv. sk. Wis. 43; 14,2.
línhjartaþr af pínu þinni Eyst. Ásgr. Wis. 95; 59,4 (*sic Magnuss.* 60; *af píslum þínum* Wis.).
sá's minn vili þínu Sighv. sk. Hkr. 248,35*a*.
þinn hollvini mína Bersi sk. Hkr. 254,19*b*.
sinn halda vel Rínar Sighv. sk. Hkr. 310,20*a*.
minn dróttin fram sínum Sighv. sk. Hkr. 490,30*a*.

ins : íns.

hróþrs míns bragar síns Ótt. sv. Wis. 43; 1,4.

íp : íp.

ríþ í bratta gnípu Hallarst. Wis. 49; 28,4.

ír : ír.

þrír jarlssynir tírar Ein. Skál. Wis. 27; 5,8.
tírar gjarn ok Jra Hallfr. v. Wis. 34; 9,4.
þrír samnafnar tíri Sighv. sk. Hkr. 308,21*a*.
eru vír um svik skírir Sighv. sk. Hkr. 431,18*b* (*vær : skærir Kph.* II, 285; vgl. S. 86).

ís : ís.

Brísings goþa dísi Þjóþ. hv. Wis. 10; 9,6.
vísi margra Frísa Hallfr. v. Wis. 34; 6,6.
vísu gaf þeim paradísar Eyst. Ásgr. Wis. 88; 13,4.
lýkk vísu nú þvísa Sighv. sk. Hkr. 307,23*a*.
íslenzk konan vísat Sighv. sk. Hkr. 309,13*a*.
ískǫld á liþ vísa Þjóþ. sk. Hkr. 542,22*a*.
sárísa rauþ vísi Kolli Hkr. 726,33*a*.

íss : ís.

íss vildu svá dísir Þjóþ. hv. Wis. 10; 17,4.
íss fyr mér at vísa Sighv. sk. Hkr. 274,15*b*.

ít : ít.

rít vasa friþr at líta Hallarst. Wis. 48; 16,2.
ítrir menn es hneggvi slíta Mark. Skeggj. Wis. 51; 4,4.
hvítings of sǫk lítla Ein. Skúl. Wis. 58; 37,2 (vgl. *Aarb.* 1866, 304 f.).
annlits hvít þótt eplit bítiþ Eyst. Ásgr. Wis. 89; 17,6.
bíta kremja rífa ok slíta Eyst. Ásgr. Wis. 98; 84,8.
hlít annara nítiþ Sighv. sk. Hkr. 248,28*b*.
hǫfum lítinn dag slíta Sighv. sk. Hkr. 274,32*a*.
á líti þeir níta Sighv. sk. Hkr. 446,9*b*.
Hvítakristr at víti Sighv. sk. Hkr. 521,29*b*.
óhlítulig lítlu Oddr Kík. Hkr. 543,28*b* (*Þjóþ. sk. Flb* III, 284).
rít erfiþi lítit Valg. Hkr. 560,11*a*.
hlítstyggr fyr sér lítit Arn. jarl. Hkr. 621,8*a*.
hvítjarpr sofa lítit Magn. berf. Hkr. 654,23*b*.

ítt : ít.

vítt svá skal friþ slíta Þórþr Sjár. Hkr. 107,2*a*.
lítt mun halr hinn hvíti Ól. hlg. Hkr. 446,22*a* (!).
vítt nam vargr at slíta Bjǫrn krepph. Hkr. 641,13*a* (!).

íþ : íþ.

ok slíþrliga síþan Þjóþ. hv. Wis. 9; 6,1.
grjót-Níþaþar síþan Þjóþ. hv. Wis. 10; 9,8.

tiþr fjǫrlama at biþa Þjóþ. hv. Wis. 11; 17,8.
riþviggs lagar skiþum Þorbj. hornkl. Wis. 14; 2,8.
hriþremmis fjǫr viþa Ein. Skál. Wis. 27; 4,2.
folkskiþs ne mun siþan Ein. Skál. Wis. 27; 6,6.
viþfrægt enn gramr siþan Ein. Skál. Wis. 28; 15,2.
riþr at vilgi viþu Ulfr Ugg. Wis. 30; 7,1 (!).
viþfrægr enn mér liþa Ulfr Ugg. Wis. 30; 7,2.
striþlundr meþ vǫl Griþar Eil. Guþr. Wis. 31; 9,8.
ógnbliþr Skotum viþa Hallfr. v. Wis. 34; 8,6.
viþ lǫnd Breta striþir Hallfr. v. Wis. 36; 12,2.
munuma striþ of biþa Hallfr. v. Wis. 36; 20,2.
hriþ varþ stáls i striþri Sighv. sk. Wis. 38; 3,1.
brimskiþum lá siþa Sighv. sk. Wis. 38; 3,8.
hriþ Kinnlima siþu Sighv. sk. Wis. 39; 5,4.
siþ kveþa aptans biþa Sighv. sk. Wis. 43; 15,2.
meita hliþir sævar skiþi Arn. jarl. Wis. 45; 9,2.
skalk friþum lof smiþa Hallarst. Wis. 46; 1,6.
friþr þengill lét siþan Hallarst. Wis. 46; 5,2.
ókviþinn lét siþan Hallarst. Wis. 47; 6,2.
friþr til Nóregs siþan Hallarst. Wis. 47; 7,2.
brynskiþs viþum sviþa Hallarst. Wis. 48; 21,6.
ókviþinn réþ siþan Hallarst. Wis. 49; 27,2.
siþan jǫfn eþr friþri Hallarst. Wis. 49; 30,8.
hriþǫflgum vann smiþat Hallarst. Wis. 50; 34,6.
einkar tiþr enn mærþar bliþi Mark. Skeggj. Wis. 51; 4,6.
foldar siþu brimi kniþa Mark. Skeggj. Wis. 52; 24,2.
tiþa flaustr es gramr lét smiþa Mark. Skeggj. Wis. 52; 25,6.
aldrstriþ þat es fregit viþa Mark. Skeggj. Wis. 53; 31,4.
hriþblásnum sal viþa Ein. Skúl. Wis. 54; 7,6.
látrstriþandi siþan Ein. Skúl. Wis. 55; 16,4.
viþlendr stǫþum siþan Ein. Skúl. Wis. 55; 17,2.
goþs riþari striþum Ein. Skúl. Wis. 55; 18,6.
lǫgskiþs yfir siþan Ein. Skúl. Wis. 56; 20,6.
bliþ verk muni siþar Ein. Skúl. Wis. 56; 23,2.
margfriþr jǫfurr siþan Ein. Skúl. Wis. 56; 26,2.
hátiþ verit siþan Ein. Skúl. Wis. 58; 36,2.
hliþ fám vikum siþar Ein. Skúl. Wis. 58; 37,8.
siþan málmastriþir Ein. Skúl. Wis. 58; 38,2.
skiþrennandi siþan Ein. Skúl. Wis. 58; 41,2.
harmstriþanda siþan Ein. Skúl. Wis. 59; 44,6.
oddhriþar þar siþan Ein. Skúl. Wis. 59; 50,6.
hjaldrstriþr skapi bliþu Ein. Skúl. Wis. 60; 58,8.
ófriþan réþ smiþa Haukr Vald. Wis. 80; 18,4.
þat er bliþan mest lifþi siþan Eyst. Ásgr. Wis. 89; 13,6.
viþa lands þar er nær ǫll siþan Eyst. Ásgr. Wis. 89; 19,6.

jungfrú blíþ þá'r sveinn er smíþaþr Eyst. Ásgr. Wis. 91; 30,6.
jǫfu tíþendin fyrr né síþar Eyst. Ásgr. Wis. 91; 34,2.
ríþi mér at báþum síþum Eyst. Ásgr. Wis. 92; 40,8.
dróttinn blíþr ok halt mér síþan Eyst. Ásgr. Wis. 95; 63,4.
svíþur brjóst ok hefndum kvíþir Eyst. Ásgr. Wis. 97; 76,6.
víþfrægr héþan bíþa Þjóþ. hv. Hkr. 75,27*b*.
víþfrægr at þat síþan Guth. s. Hkr. 88,10*b*.
víþ Skáneyjar síþu Guth. s. Hkr. 88,66 (*síþa* Fris. 68,33; vgl. Aarb. 1866, 244 ff.).
íþvandr um kom síþan Guth. s. Hkr. 89,4*b* (vgl. Aarb. 1866, 277; Thork. 43).
skíþrennandi síþan Eyv. sk. Hkr. 112,11*a*.
tíþum hallinskíþa Glúmr Geir. Hkr. 112,31*a*.
mjǫk síþ um dag skíþi Eyj. Daþ. Hkr. 140,9*a*.
malmhríþ jǫfurr síþan Eyj. Daþ. Hkr. 199,7*a*.
gunnblíþr ok réþ síþan Eyj. Daþ. Hkr. 199,17*a* u. 200,4*b*.
óx hríþ at þat síþan Eyj. Daþ. Hkr. 199,30*a*.
hríþ viþ Fáfnis síþu Halld. ókr. Hkr. 212,32*b*.
leyfþ íþ er þat síþan Sighv. sk. Hkr. 248,33*a* (vgl. Aarb. 1866, 276).
út hríþboþa síþan Bersi Sk. Hkr. 254,9*b*.
íþir hlýtk at ríþa Sighv. sk Hkr. 274,26*b* (*iðir* Kph. II, 82; *iðnir* Flb II, 58; vgl. Aarb. 1866, 276; Thork. 78).
hafskíþs muni síþan Sighv. sk. Hkr. 308,19*b*.
friþs vættak mér síþan Sighv. sk. Hkr. 308,26*a* (vgl. Thork. 78).
víþbotn ne kemr síþan Sighv. sk. Hkr. 444,30*b*.
síþ fregn at ek kvíþa Jǫk. Hkr. 454,22*a*.
gunnblíþr þar's slǫg ríþa Har. Sig. Hkr. 479,4*b* (Þorm. Kolbr. Ohs. 67).
Dags hríþar spor svíþa Þorm. Kolbr. Hkr. 498,2*b*.
víþlendan Ástríþi Sighv. sk. Hkr. 516,29*a*.
þann tíþ í haf skríþa Þjóþ. sk. Hkr. 516,34*a*.
mitt stríþ er svá hlíþir Sighv. sk. Hkr. 521,31*b* (*mitt stríþ vera síþan* Fris. 173,16*b*).
óblíþari síþan Sighv. sk. Hkr. 521,36*b*.
víþ Skáneyjar síþa Þjóþ. sk. Hkr. 543,4*b*.
berr íþula síþan Þjóþ. sk. Hkr. 544,8*b* (vgl. Aarb. 1866, 277; Thork. 78).
víþa frægr um síþir Haraldr harþr. Hkr. 546,19*b*.
ógnblíþr í haf síþan Valg. Hkr. 559,31*a*.
hoddstríþir þér síþan Bolv. Hkr. 565,16*a*.
víþs mǫrg herǫþ síþan Bjǫrn krepph. Hkr. 638,13*b*.
hríþar gagls á Skíþi Bjǫrn krepph. Hkr. 646,29*b*.
oddhríþ vakiþ síþan Halld. skv. Hkr. 666,2*a*.
ógnblíþr und sal víþum Ein. Skúl. Hkr. 667,11*a*.
hríþ valslǫngur ríþa Ein. Skúl. Hkr. 668,7*a*.
oddhríþ ok brátt síþan Kolli Hkr. 726,4*a*.
gríþar fáks í víþu Þorbj. skakk. Hkr. 781,29*a*.

ríþa hart ok tíþum Nefari Kgs. 110,12*a*.
gerum hríþ þá's þann svíþi Nefari Kgs. 110,12*b*.
blíþs hertuga gjǫfum fríþum Ól. hvít. Kgs. 349,10*b*.
brodda hríþ fyr Nóregs síþu Ól. hvít. Kgs. 380,9*a*.
rógstríþr Dǫnum síþar Sturla Kgs. 427,26*a*.
gullstríþi þá síþan Sturla Kgs. 427,26*b*.
ógnar stríþr á Hallands síþu Sturla Wis. 83; 11,6.
hríþar herskíþum Sturla Kgs. 464,28*b* (!).
hríþar brimskíþum Sturla Kgs. 473,5*a*.
síþ til brynhríþar Sturla Kgs. 473,14*a*.
mikit stríþ vas þat síþan Sturla Kgs. 482,14*b*.

odd : *odd*.

helmings oddr í sumars broddi Mark. Skeggj. Wis. 51; 5,4.
hoddum roþnir oddar Arn. jarl. Hkr. 621,30*a* (*reknir broddar Fms.* VI, 420).
hoddǫrr sá's rýþr odda Steinn Herd. Hkr. 635,12*b*.

of : *of*.

ofrask mun konungs lof Ótt. sv. Wis. 43; 1,2.

ofn : *ofn*.

dagr rofnaþisk sofna Ein. Skúl. Wis. 59; 47,6.

oft : *oft*.

oft blóþvǫlum Skofta Eyj. Daþ. Hkr. 140,15*a*.
Hrofts viþ dreyrgar toftir Þórþr Kolb. Hkr. 214,25*a* (vgl. *Gísl. Aarb.* 1866, 258; *Cl.-Vgf.* 636).
oft skjǫldunga þofti Ótt. sv. Hkr. 234,15*a* } (vgl. *Aarb.* 1866, 259; *Thorkels.* 78).
oft guþvefjar þoftu Magn. berf. Hkr. 654,34*b* }
oft á óþaltoftum Sighv. sk. Hkr. 521,23*b* (!).

og : *og*.

bogmenn at hǫr tognum Þjóþ. sk. Hkr. 538,2*b*.

okk : *okk*.

hers flokki viþ þjokkva Sighv. sk. Wis. 41; 2,8.
flokka áþokkuþ Sturla Kgs. 465,19*b*.

old : *old*.

hold Flæmingja goldit Hallfr. v. Wis. 34; 7,4.
blóþ ok hold af vatni ok moldu Eyst. Ásgr. Wis. 88; 11,2.
moldu þó'r meþ skæru holdi Eyst. Ásgr. Wis. 88; 12,2.
ifla folds um goldit Ótt. sv. Hkr. 284,25*a*.

olg : olg.

berg solgnum þar dolgi Þjóþ. hv. Wis. 10; 16,2.
dolg Sviþjóþar kolgu Eil. Guþr. Wis. 31; 12,2.
folgin jǫfurs dolga Sighv. sk. Wis. 42; 7,2.
benja kolgu yþrir dolgar Arn. jarl. Wis. 44; 4,6.
mellu dolgs um folginn Eyv. sk. Hkr. 111,24*b*.
jǫtna dolgs um folginn Eyv. sk. Hkr. 111,27*b*.

oll : oll.

hollr af fornum þolli Þjóþ. hv. Wis. 9; 3,8.
þollr í Grislupollum Sighv. sk. Wis. 39; 11,4.
goll bauþ dróttinhollum Sighv. sk. Wis. 41; 1,2.
trolls marr trýni sollinn Hallarst. Wis. 48; 17,3 (!) (*travllan trúr var sollinn Fms.* II, 316; *trǫll maar tryne sollinn Flb* I, 484).
seggjum holls ok golli Ein. Skúl. Wis. 57; 34,2.
úlfum hollr þás ollu Haukr Vald. Wis. 79; 4,7 (!).
goll dǫglingi hollum Ótt. sv Hkr. 227,17*b* (*gull : þollar Flb* II, 21; *gull : hollost OHS* 22; *gǫll : holloz Kph.* II. 15).
þollr gazt húskarl hollan Sighv. sk. Hkr. 248,32*b* (!).
hollan selr viþ golli Sighv. sk. Hkr. 431,4*b*.
hollust búin golli Sighv. sk. Hkr. 431,32*a*.
skollaust þess's bjó golli Sighv. sk. Hkr. 523,19*b* (*scvllaust OHS* 253; *scull-laust Pering.* II, 15; *skuldlaust Eirsp.*).
gollhrings viþ mér skolla Har. harþr. Hkr. 558,12*b*.
golls es ferr meþ skolli Har. harþr. Hkr. 586,33*b*.
varghollr dreka skolla Þjóþ. sk. Hkr. 539,32*a*.

olm : olm.

holm á randar holmi Þjóþ. hv. Wis. 11; 18,4.
holmreyþar lét olman Þorbj. hornkl. Wis. 15; 6,6.

om : om.

somr eþr brott of komnum Hallfr. v. Wis. 37; 24,4 (vgl. *Thorkels.* 64).

opt : opt.

vundin opt enn snerust á lopti Eyst. Ásgr. Wis. 93; 45,6.
optar spjótskoptum Sturla Kgs. 471,27*a*.

org : org.

borg Kantara sorgar Sighv. sk. Wis. 39; 8,6.
Gunnvaldsborg of morgin Sighv. sk. Wis. 39; 13,6.
Skotborgar á Venþa sorgum Arn. jarl. Wis. 45; 13,2.
morginn vas þá borgar Ein. Skúl. Wis. 59; 48,2.
borg Kantara um morgin Ótt. sv. Hkr. 226,33*a*.
morgun Rúþuborgar Sighv. sk. Hkr. 416,13*a*.

borgum nær um morgin Sighv. sk. Hkr. 520,31*a.*
ormtorgs hǫtuþr borga Þjóþ. sk. Hkr. 550,4*a.*
eyddri borg til sorga Halld. skv. Hkr. 664,7*a.*
Akrsborg fegins morgin Ein. Skúl. Hkr. 667,6*b.*
ár morgin til Sverris borgar Baglar Kgs. 161,30*a.*
þann morgin til Sverris borgar Birkib. Kgs. 161,35*a.*

orm : orm.

vanr mun Ormr þótt Ormi Hallfr. v. Wis. 35; 10,5.
þremja storms at Ormi Hallarst. Wis. 48; 21,4.
storms fyr borþ af Ormi Hallarst. Wis. 49; 29,8.
ormi tók hann mál at forma Eyst. Ásgr. Wis. 89; 15,8.

orn : orn.

þornranns hugum bornir Eil. Guþr. Wis. 32; 13,2.
hagþorns á mó sporna Sighv. sk. Hkr. 274,24*b.*
dýrshorn Visund sporna Sighv. sk. Hkr. 414,11*b.*
bornir mál hin fornu Sighv. sk. Hkr. 446,11*b.*
forntraddan mó spornat Þjóþ. sk. Hkr. 542,30*a.*
Hornskógi brá þorna Grani Hkr. 571,4*a.*

orr : orr.

orrostur stoþþorrinn Sighv. sk. Hkr. 231,10*a.*

orr : or.

Þorroþr konung forþum Sighv. sk. Hkr. 520,31*b.*

orþ : orþ.

borþhǫlkvi rak norþan Þorbj. hornkl. Wis. 14; 4,2.
orþalaust at morþi Þorbj. hornkl. Wis. 14; 4,6.
í munbǫrþs fyr norþan Ein. Skál. Wis. 27; 10,2.
jarl borþmǫrum norþan Ein. Skál. Wis. 27; 11,2.
morþfíkinn lét norþan Ein. Skál. Wis. 27; 13,2.
aurborþs á vit norþan Ein. Skál. Wis. 28; 17,2.
morþ alfs þess's kom norþan Ein. Skál. Wis. 28; 18,4.
orþsæll á men storþar Ulfr Ugg. Wis. 29; 3,4.
storþar leggs fyr borþi Ulfr Ugg. Wis. 29; 3,6.
Norþimbra því morþi Hallfr. v. Wis. 34; 8,4 (*Nordimbra þar timbre Flb* I, 120).
innan borþs at morþi Hallfr. v. Wis. 36; 14,6.
orþsæll jǫfurr norþan Hallfr. v. Wis. 36; 16,2.
norþr eru ǫll of orþin Hallfr. v. Wis. 37; 21,1 (!).
morþ veifanar orþi Hallfr. v. Wis. 37; 24,8.
norþr goþfǫþur orþinn Hallfr. v. Wis. 37; 27,4.
borþ óx viþar morþ Ótt. sv. Wis. 44; 4,2.

skorþu rendi Visundr norþan Arn. jarl. Wis. 45; 6,4.
Skǫglar borþs enn fjorþu Hallarst. Wis. 49; 29,4.
hingat norþr at skjǫldungs orþum Mark. Skeggj. Wis. 51; 13,4.
borþi merkþ fyr Saxa norþan Mark. Skeggj. Wis. 52; 25,8.
Norþmanna val þorþi Ein. Skúl. Wis. 60; 55,8.
orþs hans fǫþur morþi Haukr Vald. Wis. 79; 4,8.
borþs hálfan teg fjorþa Haukr Vald. Wis. 81; 24,8.
líflig orþ í stuþla skorþum Eyst. Ásgr. Wis. 87; 2,6.
vorþin svá at mætti orþin Eyst. Ásgr. Wis. 87; 3,5.
svá vorþinna spádómsorþa Eyst. Ásgr. Wis. 88; 12,8.
orþin slík af tungu forþum Eyst. Ásgr. Wis. 92; 39,4.
forþum hefr ek slægvitr orþit Eyst. Ásgr. Wis. 93; 43,8.
orþum hyggst í kvæþi at skorþa Eyst. Ásgr. Wis. 99; 92,2.
þrǫngskorþaþra kvæþisorþa Eyst. Ásgr. Wis. 100; 96,6.
Norþmanna gram þorþi Þórþr Sjár. Hkr. 105,15*b*.
orþrakkr fyr bý norþan Glúmr Geir. Hkr. 121,8*a*.
orþ á Vínu borþi Glúmr Geir. Hkr. 121,10*b*.
sporþfjǫþruþum norþan Eyv. sk. Hkr. 123,28*a*.
þróttarorþ es þorþi Glúmr Geir. Hkr. 134,17*a* (!).
fylkis orþ at morþi Glúmr Geir. Hkr. 134,18*b*.
orþ heppinn þvi morþi Glúmr Geir. Hkr. 134,24*b*.
velk orþ at styr norþan Þórþr Kolb. Hkr. 217,33*a*.
morþárr sá's fór norþan Sighv. sk. Hkr. 255,16*a*.
herskorþandi forþum Ótt. sv. Hkr. 284,27*a*.
orþ reyr þess's sat norþast Ótt. sv. Hkr. 284,25*b*.
orþsnjallr Visund norþan Sighv. sk. Hkr. 414,29*a*.
borþvǫll Jaþar norþan Sighv. sk. Hkr. 444,9*b*.
borþ fyr Útstein norþan Bjarni gullbr. Hkr. 447,4*a*.
orþ fregni þat borþa Giz. g. Hkr. 475,31*a* (*skorþa Ohs* 69 *B*; vgl. *Thork.* 70).
seggr skyli orþ um forþask Þorm. Kolbr. Hkr. 476,8*b*.
tóksk morþ af þvi norþan Tryggvafl. Hkr. 513,13*a*.
Norþmanna skip forþum Sighv. sk. Hkr. 521,14*a*.
orþsæll ok vér forþum Sighv. sk. Hkr. 521,24*b*.
hléborþs Visundr norþan Arn. jarl. Hkr. 529,29*a*.
orþ Jórdanar borþum Stúfr sk. Hkr. 555,31*a*.
morþs hlunngotum norþan Valg. Hkr. 560,32*b*.
borþrǫkn Haraldr norþan Þorl. f. Hkr. 572,9*a*.
morþ ráþbani orþinn Har. harþr. Hkr. 586,35*a*.
menskorþ bera forþum Har. harþr. Hkr. 620,12*b*.
Norþmenn í kaf borþi Þorbj. Skakk. Hkr. 740,14*a*.
flugu borþ um haf stillir norþan Ól. hvít. Kgs. 339,13*a*.
hildar borþs á Upplǫnd norþan Ól. hvít. Kgs. 373,4*a*.
Norþmanna gramr fyri borþum Sturla Kgs. 432,15*b*.
storþar ulfr fyr Glymstein norþan Sturla Wis. 83; 11,8.

storþar gandr fyr Elfi norþan Sturla Kgs. 438,28*b*.
inn um borþ á legi norþan Sturla Kgs. 441,12*a*.

oss : *oss*.

hnossum gǫfguþ skrín ok krossa Mark. Skeggj. Wis. 53; 29,4.
oss þás líf á krossi Ein. Skúl. Wis. 54; 3,6.
oss píningarkrossi Ein. Skúl. Wis. 61; 65,8.
fossum blóþit niþr á krossum Eyst. Ásgr. Wis. 94; 54,4.
oss var flutt at gægzt á krossinn Eyst. Ásgr. Wis. 95; 60,2.
hverjum oss vér prísum krossinn Eyst. Ásgr. Wis. 95; 62,8.
hnossfjǫlþ lofi ossu Sighv. sk. Hkr. 516,19*a*.

ost : *ost*.

frost ágirni mér í brjosti Eyst. Ásgr. Wis. 97; 78,2.
kostalausu í glæþa frosti Eyst. Ásgr. Wis. 98; 81,8.
viþ orrostu kosta Anon. Hkr. 781,24*a*.

ot : *ot*.

otrheims flota Þór. loft. Hkr. 440,29*a*.
snotran úþrotlig Sturla Kgs. 464,36*b*.

otn : *otn*.

flotna randar botni Brage Wis. 2; 7,2.
slíks skotnaþar brotna Sighv. sk. Wis. 39; 10,8.
flotna vǫrþr á élkers botni Mark. Skeggj. Wis. 50; 3,2.
gotneskum her flotna Ótt. sv. Hkr. 222,5*a* (*gottuerskum herflotta Flb* II, 17).

ots : *os* (*oz* : *os*) vgl. S. 79.

skozkir alþroskins Sturla Kgs. 474,37*b*.

oþ : *oþ*.

goþ rétti sér boþnum Halld. skv. Hkr. 663,21*b*.

óf : *óf*.

hófu skjótt enn skófu Þjóþ. hv. Wis. 10; 13,1 (!).
hóf skotnaþra sófu Eil. Guþr. Wis. 31; 6,4, doch vgl. *Gísl. Ark.* VIII, 57 (*háf* : *sváfu*).
þjófs skal hǫnd í hófi Sighv. sk. Wis. 43; 12,3 (!).
ófs dýnviþir grófu Sturla Kgs. 482,16*a*.

óf : *óv* (vgl. S. 69).

óvarliga sem ritning prófar Eyst. Ásgr. Wis. 88; 8,6.

óg : *óg*.

hógreiþar framm drógu Þjóþ. hv. Wis. 10; 15,6.
rógsegl Heþins bóga Ein. Skál. Wis. 26; 1,6.

hógbrotningi skógar Eil. Guþr. Wis. 32; 19,2.
hoddlógendr byr gnógan Haukr Vald. Wis. 78; 2,4.
Ormr skógarnef rógi Haukr Vald. Wis. 80; 19,2.
fagran plóg sem aldinskóga Eyst. Ásgr. Wis. 88; 10,8.
hógr ef renn til skógar Hildr Hkr. 66,4*b* (vgl. *Thork.* 43).
yfir um skóg at spróga Þjóþ. sk. Hkr. 539,30*a*.
nú lætk skóg af skógi Haraldr harþr. Hkr. 546,18*a* (!).
róg á Krókaskógi Kolli Hkr. 726,33*b*.
drógusk lítt um fjǫll ok skóga Anon. Kgs. 343,33*a*.

ók : ók.

forn ok klók á heiþnum bókum Eyst. Ásgr. Wis. 87; 4,2.
sókn er orþum tókusk Þorl. f. Hkr. 574,19*b*.
snóka dúnbróka Sturla Kgs. 469,26*b* (*dýn bróka Fris.*, *dýnkróka Flb* III, *dýnflóka Fms* X).

ókn : ókn.

skipsókn viþ þrǫm Bóknar Sighv. sk. Hkr. 444,20*a*.

ól : ól.

gnapstól Haraldr sólar Þorbj. hornkl. Wis. 15; 9,4.
Óláfr skipa stóli Hallarst. Wis. 46; 2,8.
Óláfr und veg sólar Hallarst. Wis. 47; 10,8 u. ö.
ítrbóls meþ gram sólar Hallarst. Wis. 50; 33,8.
Óláfi brag sólar Ein. Skúl. Wis. 54; 1,8.
dagbóls konungr stóli Ein. Skúl. Wis. 54; 5,8.
Óláfr af gram sólar Ein. Skúl. Wis. 55; 18,8 u. ö.
máltól skíni sólar Ein. Skúl. Wis. 56; 19,8.
Óláfs dreka bóli Ein. Skúl. Wis. 58; 41,4.
Óláfr bragar tólum Ein. Skúl. Wis. 59; 50,4.
sólar erkistóli Ein. Skúl. Wis. 61; 65,4.
Óláfs bragarstóli Ein. Skúl. Wis. 61; 67,4.
bóls taki seggr hverr's sólar Ein. Skúl. Wis. 61; 67,5 (!).
gólig fǫng til jóla Bjarni gullbr. Hkr. 446,33*b*.
Óláfr borinn sólu Steinn Herd. Hkr. 629,15*b* u. 635,18*b*.
ból þat's ek veit gólast Anon. Hkr. 640,2*a*.
ól þjóþkonungr sólar Ein. Skúl. Hkr. 662,25*a*.
morþhjóls skipa stóli Halld. skv. Hkr. 665,31*a*.

óm : óm.

hljóms lof toginn skjóma Ein. Skál. Wis. 26; 3,6.
hyrjar ljóma suþr á Jómi Arn. jarl. Wis. 45; 12,4.
Svǫlnis dóms í rómu Hallarst. Wis. 46; 3,8.
helga dóma út frá Rómi Mark. Skeggj. Wis. 51; 12,2.
heims dómari sóma Ein. Skúl. Wis. 58; 42,2.

át hón blóm enn tapaþi sóma Eyst. Ásgr. Wis. 89; 18,2.
mektar blóm enn full af sóma Eyst. Ásgr. Wis. 90; 25,2.
sóma-ǫrr á efsta dómi Eyst. Ásgr. Wis. 96; 70,4.
Márju blómi fyr yþvarn sóma Eyst. Ásgr. Wis. 98; 80,8.
hljóms þá's hvítir kómu Sighv. sk. Hkr. 253,17*a* (!).
hjǫrdóm vǫlundr rómu Snorri Sturl. Kgs. 352,4*b*.

ón : ón.

Ónars viþi gróna Hallfr. v. Wis. 33; 5,4.
Jón baptista dróttni þjónar Eyst. Ásgr. Wis. 92; 37,4.
lóns í hvassar sjónir Sighv. sk. Hkr. 491,4*a*.
hjónum nær á Fjóni Þjóþ. sk. Hkr. 540,24*a*.
Lizibón at fróni Halld. skv. Hkr. 663,30*b*.

óp : óp.

hóps tvískelfþa drópu Hallarst. Wis. 50; 35,4 (vgl. *Gísl. om helr.* 41).

ór : ór.

mórar skar for Þóre Brage Ger. 26; 22,4.
upp þjórhluti fjóri Þjóþ. hv. Wis. 9; 5,8.
Nóregr saman fóru Ein. Skál. Wis. 28; 14,8.
ór á svik hvé fóru Sighv. sk. Wis. 42; 7,4.
Þórólfr enn hugstóri Haukr Vald. Wis. 79; 9,8.
Ormr Stórolfs sun fjórum Haukr Vald. Wis. 80; 15,4.
stórhersǫgur fóru Þórþr Kolb. Hkr. 154,34*b*.
stór þing ofan fóru Ótt. sv. Hkr. 227,19*b*.
ér fórut sjá stóran Ótt. sv. Hkr. 234,18*a*.
saman fóru vit stórar Bersi Sk. Hkr. 254,19*a*.
Nóregs þinnig fórum Sighv. sk. Hkr. 309,8*a*.
fullstórum barg Þóri Sighv. sk. Hkr. 492,19*a*.
hugstórs es frýr Þóri Sighv. sk. Hkr. 492,26*a*.
Nóregs konungr stórum Steinn Herd. Hkr. 635,16*b*.
fór meþ Steigarþóri Anon. Hkr. 636,22*a*.
saman stórhugaþr Þórir Þork. ham. Hkr. 639,4*a*.
stórfjarri mér Þóri Jatg. Kgs. 286,20*a*.
hilmir fór meþ herskap stóran Ól. hvít. Kgs. 373,3*a* (!).

ós : ós.

ómjós rǫþuls ljósi Ein. Skúl. Wis. 54; 3,4.
Þrós hné þar til drósar Haukr Vald. Wis. 80; 17,7 (!).
ljósum valdrósar Sturla Kgs. 465,19*a*.

óst : óst.

þjóst af Greipar brjósti Eil. Guþr. Wis. 32; 16,8.
grenjaþi þjóstr í þeirra brjóstum Eyst. Ásgr. Wis. 93; 48,8.

ót : ót.

snótar ulfr at móti Þjóþ. hv. Wis. 9; 2,2.
brjótr viþ jormunþrjóti Þjóþ. hv. Wis. 11; 18,8.
Hlakkar móts til blóta Ein. Skál. Wis. 27; 9,2.
jótrs vegtaugar þrjóti Eil. Guþr. Wis. 32; 17,6.
brjótendr skyti spjótum Hallfr. v. Wis. 35; 4,4.
snót Eiriki á móti Hallfr. v. Wis. 36; 16,4.
armgrjóts Tronu fljóta Hallfr. v. Wis. 36; 18,2.
mót aldrigi bóta Hallfr. v. Wis. 37; 27,8.
ulfs fót viþ sker Sóta Sighv. sk. Wis. 38; 1,8.
hót skjoldungi at móti Sighv. sk. Wis. 43; 13,4.
Jóta gramr í kvæþi fljótu Arn. jarl. Wis. 44; 1,4.
spjótrunns staþa bótir Hallarst. Wis. 49; 30,2.
grjóti danskrar snótar Ein. Skúl. Wis. 58; 35,8.
fót aldrtrega rótum Ein. Skúl. Wis. 60; 59,4.
lamiþs fótar gramr rjóta Ein. Skúl. Wis. 60; 61,2.
synda brjót at drepa sem skjótast Eyst. Ásgr. Wis. 93; 47,8.
logsóta ver fótum Eyv. sk. Hkr. 123,26*a*.
hót Sigvalda at móti Þórþr Kolb. Hkr. 156,4*a*.
njótr veg Jóta Þór. loft. Hkr. 441,6*b*.
arnarfót at móti Þór. loft. Hkr. 444,4*a*.
flettugrjóts ok spjóta Bjarni gullbr. Hkr. 446,35*b*.
mót á hæl fyr spjótum Har. Sig. Hkr. 479,6*b* (*Þorm. Kolbr. Ohs* 67).
Jótlands hafi fljóta Þorl. f. Hkr. 574,13*b*.
grjót ok veþr hin ljótu Þjóþ. sk. Hkr. 592,34*b*.
fljótmælts vinar Jóta Arn. jarl. Hkr. 593,2*b*.
hljótendr es sér brjóta Þjóþ. sk. Hkr. 626,15*b*.
Fjolnis hróts at móti Halld. skv. Hkr. 663,10*a*.
hóts annan veg þjóta Blakkr Kgs. 111,32*b*.
Bót af baugnjótum Sturla Kgs. 470,3*a* (!).

ótt : ótt.

þróttig Heþins sóttu Brage Wis. 3; 10,6.
fljótt baþ foldar dróttinn Þjóþ. hv. Wis. 9; 5,1 (!).
ótti lét of sóttan Þjóþ. hv. Wis. 10; 14,2.
gný-Þróttar joru dróttar Þorbj. hornkl. Wis. 14; 3,2.
dróttinn fund of sótti Ein. Skál. Wis. 28; 17,8.
søki-Þróttr á flótta Ein. Skál. Wis. 28; 20,6.
Þróttarsteinn viþ ótta Eil. Guþr. Wis. 31; 10,8 u. 32; 20,4.
sótti ferþ á flótta Eil. Guþr. Wis. 31; 12,3 (!).
þróttar orþ á flótta Hallfr. v. Wis. 35; 2,8.
morg kom drótt á flótta Hallfr. v. Wis. 35; 3,2.
minn dróttinn framm sótti Hallfr. v. Wis. 35; 4,8.
þróttharþan gramr sóttu Hallfr. v. Wis. 37; 23,2.
dróttin und lok sóttan Hallfr. v. Wis. 37; 25,4.

þat v's flótta bǫl dróttinn Sighv. sk. Wis. 39; 13,2.
ótta lánardróttni Sighv. sk. Wis. 42; 7,8.
hótt Norrønar dróttir Hallarst. Wis. 47; 8,2.
drótt hné mǫrg þars sótti Hallarst. Wis. 48; 18,6.
óttu leiþ enn uppi þótti Mark. Sk. Wis. 52; 22,7 (!).
orþgnóttar biþk dróttin Ein. Skúl. Wis. 54; 10,2.
Óttar of gram dróttar Ein. Skúl. Wis. 55; 12,4.
gnótt viþ heiþnar dróttir Ein. Skúl. Wis. 57; 28,8.
margþróttar leizk sá dróttum Haukr Vald. Wis. 81; 24,2.
annat gótt enn af þér dróttinn Eyst. Ásgr. Wis. 87; 2,4[1]).
svara mér skjótt enn hví hefr dróttinn Eyst. Ásgr. Wis. 89; 16,2.
grimmilig sótt í myrkri ok ótta Eyst. Ásgr. Wis. 97; 73,6.
biþ ek óttandi hjálp mér dróttinn Eyst. Ásgr. Wis. 97; 75,4.
dróttinn minn í kvǫlum ok sóttum Eyst. Ásgr. Wis. 98; 82,6.
dóttir guþs ok lækning sótta Eyst. Ásgr. Wis. 99; 89,2.
drótt kom mǫrg á flótta Glúmr Geir. Hkr. 87,2*a*.
skjótt Jalfaþar flótta Guth. s. Hkr. 87,34*b*.
fljótt hersǫgn dróttni Eyv. sk. Hkr. 103,20*b*.
ótta vanr á flótta Þórþr Sjár. Hkr. 107,6.
íþróttir framm sótti Glúmr Geir. Hkr. 112,31*b*.
drótt kom mǫrg á flótta Halld. ókr. Hkr. 216,16*b*.
drótt vas drjúgligr ótti Ótt. sv. Hkr. 220,12*b (!)*.
ótt enn mǫrg á flótta Ótt. sv. Hkr. 226,21*b*.
ungr sóttir þú Þróttar Ótt. sv. Hkr. 235,16*b (!)*.
hafa drótt þá's fram sótti Sighv. sk. Hkr. 255,20*b*.
svara þóttumk dróttin Sighv. sk. Hkr. 430,5*b*.
dróttinrækt um sóttu Sighv. sk. Hkr. 431,9*a*.
skjótt lézt Knútum sóttan Bjarni gullbr. Hkr. 456,14*b*.
þótti hersa dróttinn Sighv. sk. Hkr. 491,2*b*.
drótt þjóþkonung sótti Sighv. sk. Hkr. 491,10*a*.
þróttr hinn's framm um sótti Sighv. sk. Hkr. 492,24*b*.
hann sótti framm dróttin Bjarni gullbr. Hkr. 493,21*b*.
drótt sem Óláfr þótti Sighv. sk. Hkr. 499,15*b*.
fljótt-skǫrum guþ dróttinn Þjóþ. sk. Hkr. 516,32*b*.
fljóttstyggr sá's varþ dróttin Sighv. sk. Hkr. 521,4*b*.
hann sótti guþ dróttni Sighv. sk. Hkr. 523,14*a*.
orþgnótt sú's hlaut dróttinn Arn. jarl. Hkr. 529,2*a*.
fold sótti gramr dróttar Arn. jarl. Hkr. 543,20*a*.
gnótt ok bragnings dóttur Stúfr Hkr. 559,2*b*.
hljótt í skóg á flótta Valg. Hkr. 560,11*b*.

---

[1]) So ist mit *Gisl. Aarb.* 1866, 298 zu lesen, und nicht wie *Wisén* hat *gott : drottinn,* denn sonst braucht, wie die Reime zeigen, *Eysteinn* immer *dróttinn,* also liegt kein Grund vor, hier Kürzung des langen Vocals vor Geminata anzunehmen.

veit drótt mikinn ótta Þjóþ. sk. Hkr. 560,32*a*.
fila dróttinn rak flótta Grani Hkr. 571,1*b* (!).
allskjótt faþir Dóttu Grani Hkr. 571,4*b*.
fekk drótt mikinn ótta Stúfr sk. Hkr. 571,19*a*.
vask í nótt fyr óttu Menn Har. harþr. Hkr. 572,23*b*[1]).
fíra dróttinn rak flótta Steinn Herd. Hkr. 615,18*b*.
varþ skjótt rekinn flótti Bjǫrn krepph. Hkr. 638,11*a*.
Þrénzka drótt es þótti Bjǫrn krepph. Hkr. 641,22*a* (!).
gnýþróttr neþan sóttir Halld. skv. Hkr. 665,20*b*.
óttalauss viþ Nóregs dróttin Sturla Kgs. 426,20*b*.
vígadrótt í reknum flótta Sturla Kgs. 433,10*b*.
birkisótt enn hræddar dróttir Sturla Kgs. 433,25*b*.
gnótt þjóþkonungs dóttur Sturla Kgs. 458,12*a*.
ótti vígdróttir Sturla Kgs. 464,27*a*.
ótta rándróttar Sturla Kgs. 469,13*b*.
sóttir herdróttum Sturla Kgs. 470,10*b*.
skjótt af skozkum dróttum Anon. Kgs. 476,20*a* (!).

ótt : ót.

sótt Ragnfreþi at móti Ein. Skál. Wis. 27; 11,4.
óttlaust ok nam brjóta Hallarst. Wis. 46; 3,2.
ótrautt Enskrar dróttar Hallarst. Wis. 46; 5,7 (!).
þat bar skjótt at móti Tryggvafl. Hkr. 513,13*b*.
skjótt ok mǫrgu spjóti Þjóþ. sk. Hkr. 538,2*a*.

óþ : óþ.

móþr svall Meila bróþur Þjóþ. hv. Wis. 10; 14,7 (!).
stóþ Eindriþa blóþi Þjóþ. hv. Wis. 11; 19,8.
ættum góþr nema Fróþi Ein. Skál. Wis. 27; 10,6.
hlaut Óþinn val Tróþa Ein. Skál. Wis. 29; 23,4.
bǫþfróþr sunar Óþins Ulfr Ugg. Wis. 30; 5,2.
kynfróþs þeims goþ hlóþu Ulfr Ugg. Wis. 30; 6,2.
hrjóþendr fjǫru þjóþar Eil. Guþr. Wis. 31; 11,6.
flóþrifs Danir stóþu Eil. Guþr. Wis. 31; 12,6.
vreiþr stóþ Vrǫsku bróþir Eil. Guþr. Wis. 32; 20,1.
rjóþask bjǫrt í blóþi Hallfr. v. Wis. 33; 8,7.
hræskóþ roþin blóþi Hallfr. v. Wis. 34; 2,2 *(Óláfsdrápa)*.
hlóþ valkǫstu blóþi Hallfr. v. Wis. 34; 3,4.
blóþ kveldriþu stóþi Hallfr. v. Wis. 34; 6,8.
gjóþi Kumbrskar þjóþir Hallfr. v. Wis. 34; 9,8.
skóþ mær roþin blóþi Hallfr. v. Wis. 36; 12,8.
þjóþ varliga hrjóþa Hallfr. v. Wis. 36; 14,4.
mǫrg óþ bitr í blóþi Hallfr. v. Wis. 36; 15,7 (!).

---

[1]) Vgl. *Nor. aisl. Gr.*² § 73,2, *Gísl. Ark.* VIII, 69.

góþs ófárar þjóþar Hallfr. v. Wis. 37; 25,6.
blóþ í Nýjamóþu Sighv. sk. Wis. 39; 9,4.
hljóþs kveþk mér at óþi Hallarst. Wis. 46; 1,2.
blóþugr bragnings þjóþar Hallarst. Wis. 46; 5,5 (!).
sannfróþr trúu góþa Hallarst. Wis. 47; 9,6.
bróþir Knúts í veþri óþu Mark. Skeggj. Wis. 51; 5,6.
Fróþa stóls af hánum góþir Mark. Skeggj. Wis. 51; 7,8.
broddrjóþr viþ kyn þjóþar Ein. Skúl. Wis. 56; 20,2.
fjǫlgóþr konungs blóþi Ein. Skúl. Wis. 56; 24,4.
fremdarþjóþ enn góþa Ein. Skúl. Wis. 56; 27,2.
arnar jóþs enn góþi Ein. Skúl. Wis. 57; 29,2.
hǫnum tjóþi vel móþur Ein. Skúl. Wis. 57; 32,6.
grams hróþr es þat róþu Ein. Skúl. Wis. 57; 34,4.
þjóþknýtr Haralds bróþir Ein. Skúl. Wis. 59; 49,2.
Lóþurs vinar glóþa Haukr Vald. Wis. 78; 1,2.
fróþr vaskliga bróþur Haukr Vald. Wis. 79; 8,4.
Fjǫlnis glóþ í blóþi Haukr Vald. Wis. 80; 14,2.
harþglóþar sté Móþi Haukr Vald. Wis. 81; 24,6 (*steinóþi* Cod. *AM* 748).
yfirbjóþandinn engla ok þjóþa Eyst. Ásgr. Wis. 87; 1,2 u. 100; 100,2.
góþu ok huldist Márju blóþi Eyst. Ásgr. Wis. 91; 31,6.
gleþiligt jóþit skinn af móþur Eyst. Ásgr. Wis. 91; 33,6.
ríkust móþir ætti góþa Eyst. Ásgr. Wis. 91; 35,2.
finnst móþernit hér meþ þjóþum Eyst. Ásgr. Wis. 92; 41,2.
Jesús góþr er lífgar þjóþir Eyst. Ásgr. Wis. 94; 51,2.
móþir guþs í tárum flóþi Eyst. Ásgr. Wis. 94; 53,6.
dǫpr ok móþ í tára flóþi Eyst. Ásgr. Wis. 94; 54,8.
hæfi blóþ þat er tók af móþur Eyst. Ásgr. Wis. 96; 67,8.
hold ok blóþ þat er tókt af móþur Eyst. Ásgr. Wis. 98; 83,6.
móþir guþs ok lækning þjóþa Eyst. Ásgr. Wis. 98; 86,4.
fróþr Skáneyjar góþa Glúmr Geir. Hkr. 86,33*a*.
gjóþum írskrar þjóþar Glúmr Geir. Hkr. 87,4*a*.
svellrjóþr at því fljóþi Guth. s. Hkr. 102,28*a*.
málmóþinn sá blóþi Glúmr Geir. Hkr. 134,16*a*.
þjóþum vall at rjóþa Glúmr Geir. Hkr. 134,18*a*.
hans bróþir mér góþu Glúmr Geir. Hkr. 136,30*b*.
ógnfróþr á lǫg stóþi Þórþr Kolb. Hkr. 156,2*a*.
élmóþr af Svíþjóþu Halld. ókr. Hkr. 206,7*a*.
ættgóþr Hæmings bróþir Halld. ókr. Hkr. 217,16*b*.
Svíþjóþar nes rjóþa Ótt. sv. Hkr. 220,15*b*.
hlóþ valkǫstu blóþi Ótt. sv. Hkr. 226,21*b*.
linns blóþa mér góþan Sighv. sk. Hkr. 248,35*b*.
blóþ fell rautt á róþa Sighv. sk. Hkr. 252,7*a*.
Ulfs bróþurliþ stóþusk Sighv. sk. Hkr. 310,18*b*.
þjóþskjǫldunga góþra Ótt. sv. Hkr. 334,22*a*.

á flatslóþir Tróþa Hárekr Hkr. 428,30*b*.
þjóþ býþr oft meþ sjóþa Sighv. sk. Hkr. 431,4*a*.
óþu blǫkk í blóþi Bjarni gullbr. Hkr. 447,3*a (!)*.
vígmóþr Haralds bróþir Bjarni gullbr. Hkr. 456,14*a*.
hjaldrmóþum gram bróþir Sighv. sk. Hkr. 480,21*b*.
blóþrǫst Svíar óþu Sighv. sk. Hkr. 481,34*b*.
óþ framm konungr blóþi Þorm. Kolbr. Hkr. 497,20*a*.
eggrjóþandi þjóþum Arn. jarl. Hkr. 515,14*a*.
ílrjóþr af Svíþjóþu Þjóþ. sk. Hkr. 519,11*a*.
Haralds bróþurson góþan Bjarni gullbr. Hkr. 526,7*a*.
Haralds bróþurson stóþu Þjóþ. sk. Hkr. 535,22*a*.
óþr í loft upp glóþum Þjóþ. sk. Hkr. 540,22*a*.
fljóþs dugir vápn at rjóþa Þjóþ. sk. Hkr. 540,24*b*.
vápn hljóþi mjǫk þjóþir Oddr Kik. Hkr. 543,30*a*.
hróþigr konungr blóþi Þjóþ. sk. Hkr. 555,8*b*.
óþal frá Svíþjóþu Valg. Hkr. 559,33*a*.
ríkri þjóþ at rjóþa Þorl. f. Hkr. 573,9*a* (*Þjóþ. sk. Mork.* 57; *Flb* III, 341).
þjóþ ǫll konungr bjóþa Steinn Herd. Hkr. 595,4*b*.
blóþugr oddr þar's stóþu Þjóþ. sk. Hkr. 595,15*b*.
Sveins þjóþar skip hrjóþa Þjóþ. sk. Hkr. 596,14*b*.
glóþ varþ fǫst í tróþi Þjóþ. sk. Hkr. 606,27*a*.
óþlát kona blóþi Trollk. Hkr. 613,15*b*.
þjóþ fórsk mǫrg í móþu Hallarst. Herd. Hkr. 615,18*a (!)*.
góþ um skald í hljóþi Magn. berf. Hkr. 654,36*a*.
yþr tjóþi guþ rjóþu Halld. skv. Hkr. 664,15*a*.
sárflóþs þess's rýþr blóþi Ein. Skúl. Hkr. 744,4*a*.
stafn blóþug skip móþu Ein. Skúl. Hkr. 766,15*b*.
góþ er stillis fǫr róþa Hallr Sn. Kgs. 71,8*a*.
óþusk allar þjóþir Sturla Kgs. 305,24*a (!)*.
ramri þjóþ meþan jǫrþ heldr flóþi Ól. hvít. Kgs. 356,35*b*.
óþa straumr meþ heitu blóþi Ól. hvít. Kgs. 386,33*a*.
hilmis þjóþ hins mærþan fróþa Sturla Kgs. 426,14*b*.
ǿrnu blóþi danskrar þjóþar Sturla Kgs. 433,12*a*.
grimmrar þjóþar meginblóþi Sturla Kgs. 433,17*b*.
fróþr af Nesþjóþum Sturla Kgs. 467,8*a*.

ug : ug.

hug vel duga Sighv. sk. Wis. 40; 2,4.
hug þvít eigi brugþumk Sighv. sk Wis. 42; 7,6.
smugul er ástar fuglar Sighv. sk. Hkr. 522,10*b*.

ugg : ugg.

ugglauss vera þótt miskunn huggi Eyst. Ásgr. Wis. 97; 78,8.
ugglaust hvatir glugga Þorbj. Skakk. Hkr. 740,12*a*.

ugg : ug.

huggendr bana ugþu Þórþr Kolb. Hkr. 156,2*b*.

ugþ : ugþ.

sem marg brugþinn fjandinn hugþi Eyst. Ásgr. Wis. 89; 16,6.

ukk : ukk.

hrukku litt meþan full var skrukka Anon. Kgs. 343,31*a*.

ukk : uk.

menn druknuþu sukknir Steinn Herd. Hkr. 615,19*a (sokknir Hkr.).*

uld : uld.

huldr at mætti firrast kulda Eyst. Ásgr. Wis. 91; 35,4.
duldr em ek þvít ferr af kuldu Eyst. Ásgr. Wis. 92; 39,8.

ulf : ulf.

Ulfkell blár skulfu Þórþr Kolb. Hkr. 232,27*b* (vgl. S. 63; entweder *Ulfketill* oder *bláar* zu lesen, vgl. *Sievers,* Beitr. V, 515 u. ebd. Anm. 2).
Ulfr hákesjur skulfu Hallarst. Herd. Hkr. 594,9*a*.

ull : ull.

itr gulli laust Ullar Eil. Guþr. Wis. 32; 17,5 (!).
skynsemd full at betri er gulli Eyst. Ásgr. Wis. 87; 5,2.
fullegg Haraldr gullu Eyv. sk. Hkr. 111,8*b*.
ullar fars af slegnu gulli Sturla Kgs. 439,16*b*[1]).

um : um.

brums at miþju sumri Eyv. sk. Hkr. 123,12*b*.

umn : umn.

gumnar váru sigri numnir Mark. Skeggj. Wis. 52; 23,4.
oss numnask skilgumna Eyj. Daþ. Hkr. 199,30*b* (*nunnaz : gunna Kph.* I, 296).

und : und.

sundr Ulfs faþir mundi Þjóþ. hv. Wis. 10; 8,4.
hund ǫl-Gefnar fundu Þjóþ. hv. Wis. 10; 11,2.
lund ǫl-Gefnar bundu Þjóþ. hv. Wis. 10; 11,4.
grund vas grápi hrundin Þjóþ. hv. Wis. 10; 15,3 (!).

---

[1]) Die älteren Skalden brauchen ausschliesslich den Stamm *golla-*, nach *Gisl. om helr.* 44 wäre *Snorre* der Erste, welcher *gulla-* hat. Vielleicht ist also, in dem an ungerader Stelle stehenden Vers des *Eil. Guþr.* daher auch in *golli* zu ändern.

sundr at Hrungnis fundi Þjóþ. hv. Wis. 10; 15,8.
lundprúþr viþ stik bundinn Þorbj. hornkl. Wis. 10; 6,8.
þrimlundr of jók Þundi Ein. Skál. Wis. 27; 4,3 (*þverlyndr Fris.* 90,8*b*).
hraut unda fjǫlþ Þundar Ein. Skál. Wis. 10; 11,6.
þrimr hundruþum lunda Ein. Skál. Wis. 28; 16,4.
hundfornan kjǫl sprundi Eil. Guþr. Wis. 32; 14,8.
hundmargr drasil sunda Hallfr. v. Wis. 35; 5,2.
sunds Þorketill undan Hallfr. v. Wis. 36; 18,8.
jǫfra kund at sundi Sighv. sk. Wis. 38; 1,2.
fund Hákonar sundi Sighv. sk. Wis. 40; 15,4.
hans grund til þess fundar Sighv. sk. Wis. 42; 9,8.
hilmis kundr til Venda grundar Arn. jarl. Wis. 45; 11,2.
Danir skunduþu undan Hallarst. Wis. 48; 20,4.
sjaldstundum verþr fundinn Hallarst. Wis. 50; 35,6.
hauklundaþan Danagrundar Mark. Skeggj. Wis. 50; 1,2.
undan flýþu Vindr af stundu Mark. Skeggj. Wis. 52; 23,2.
Jóta grundar Cesars fundi Mark. Skeggj. Wis. 53; 26,8.
dǫglingr grundar skamt frá Lundi Mark. Skeggj. Wis. 53; 27,2.
undreyr bitu sundi Ein. Skúl. Wis. 57; 31,8.
harþr fundr vas sjá grundar Ein. Skúl. Wis. 57; 32,4.
fylkis kundr til grundar Ein. Skúl. Wis. 58; 44,2.
gunndjarfs liþi fundinn Ein. Skúl. Wis. 59; 44,8.
þúsundum laut undan Ein. Skúl. Wis. 59; 52,6.
hundraþ brimis sunda Ein. Skúl. Wis. 60; 55,6.
vápnsundruþ hræ fundu Ein. Skúl. Wis. 60; 56,4.
Hundings á snægrundu Haukr Vald. Wis. 79; 3,2.
leik-Þundr á Snægrundu Haukr Vald. Wis. 80; 17,4.
legir á grundu stóþu ok undrast Eyst. Ásgr. Wis. 91; 31,2.
fundinn hrǫktu lǫmdu ok bundu Eyst. Ásgr. Wis. 93; 49,2.
fundu þeir enn heimrinn stundi Eyst. Ásgr. Wis. 95; 58,4.
mundu at eigi skiljumst undan Eyst. Ásgr. Wis. 99; 88,8.
undirstaþan sé réttlig fundin Eyst. Ásgr. Wis. 100; 97,6.
undan hljóti at víkja stundum Eyst. Ásgr. Wis. 100; 97,8.
vápnundudum sunda Glúmr Geir. Hkr. 97,30*b*.
þars í sundr á sundi Tindr Hallk. Hkr. 157,34*a* (!) (*sanndi Fris.* 122,31*b*).
sundr Skánunga fundar Halld. ókr. Hkr. 207,31*b*.
sundvarpaþi stundum Ótt. sv. Hkr. 220,15*a*.
Jatmundar þar grundu Ótt. sv. Hkr. 226,2*b*.
Lundún saman bundit Þórþr Kolb. Hkr. 232,27*a*.
saman bundusk skip fundi Sighv. sk. Hkr. 252,8*b*.
undan skeiþr at sundi Sighv. sk. Hkr. 274,26*a*.
fundi ef sjalfr kemsk undan Sighv. sk. Hkr. 416,32*b*.
lundr í Eyrarsundi Hárekr Hkr. 427,26*b*.
sund Eikunda Þór. loft. Hkr. 440,31*b*.

ríklunduþum undan Sighv. sk. *Hkr.* 453,16*a*.
hundmǫrgum lét grundar Sighv. sk. *Hkr.* 453,19*b*.
Lundúna gramr fundna Bjarni gullbr. *Hkr.* 456,32*b*.
framlundaþr Ǫgmundar Sighv. sk. *Hkr.* 480,23*b*.
fund enn Dagr hélt undan Sighv. sk. *Hkr.* 499,10*b*.
hundmargr Svía grundar Sighv. sk. *Hkr.* 516,23*a*.
mundak þann es undi Sighv. sk. *Hkr.* 520,28*a* (!) (*munþa*:*unþi* *OHS* 237; *varþi* *Fris.* 172,15*b*).
undr's nema allvaldr Lundar Þjóþ. sk. *Hkr.* 539,3*b* (!) (*verþr*:*yrþi* *Fris.* 187,23*b*; *vátr sem veigþu skauti* *Fms* VI, 80).
fundinn suþr til Lundar Þjóþ. sk. *Hkr.* 542,18*b*.
fǫgr sprund Danir undan Valg. *Hkr.* 560,15*a*.
grund es Magnús fundut Bǫlv. *Hkr.* 565,18*a*.
þengils fund af stundu Stúfr sk. *Hkr.* 572,19*a*.
snar lundaþr hélt undan Þorl. f. *Hkr.* 574,13*a*.
fagrt sprund í á hrundit Þjóþ. sk. *Hkr.* 592,2*a*.
hans fundr Danir undan Þjóþ. sk. *Hkr.* 593,6*b*.
hundraþ Dana fundar Steinn Herd. *Hkr.* 594,31*a*.
þrimr hundruþum sunda Steinn Herd. *Hkr.* 594,31*b*.
grund frá Eyrarsundi Anon. *Hkr.* 602,14*a*.
eysund konungs fundar Anon. *Hkr.* 602,16*b*.
ríklundaþr veit undir Steinn Herd. *Hkr* 615,21*b*.
lundr í Ǫngulssundi Bjǫrn krepph. *Hkr.* 648,11*a*.
Nǫrvasund til unda Halld. skv. *Hkr.* 664,15*b*.
Ǫnundr kvaþsk eigi mundu Anon. *Hkr.* 781,23*a*.
hart skunduþu undan Anon *Hkr.* 781,26*b*.
sumir skunduþu undan Sturla *Kgs.* 279,4*b*.
heila grundar meginundir Snorre Sturl. *Kgs.* 281,24*a*.
lunda vǫll Mustrarsundi Sturla *Kgs.* 432,27*a*.
malma lunds á viþri grundu Sturla *Kgs.* 433,15*a*.
ógnar lundr á þinni grundu Sturla *Kgs.* 437,17*b*.
auþar lundr viþ þik til fundar Sturla *Kgs.* 438,26*a*.
hilmis kundr til jǫrmungrundar Sturla *Kgs.* 441,14*a*.
grundar vǫrþr at Eyrasundi Sturla *Kgs.* 441,14*b*.
grundar gjalfrundit Sturla *Kgs.* 473,4*b* (!).
undan víglundum Sturla *Kgs.* 474,35*b*.
skundu skýþundar Sturla *Kgs.* 474,36*b* (!) (*skyndo* *Kph* V, 373; *Fms* X, 141).

ung:*ung*.

lung Vafaþar gungnes Brage *Ger.* 26; 23,2.
þungr vas Loftr of sprunginn Þjóþ. hv. *Wis.* 10; 8,8.
barnungr á lǫg þrungit Þorbj. hornkl. *Wis.* 14; 1,4.
tungls brá sólar þungu Eil. Guþr. *Wis.* 32; 14,4.
ungr á Danska tungu Sighv. sk. *Wis.* 40; 15,8.
fekk mér ungum tunga Sighv. sk. *Wis.* 43; 17,6.

ungr of nam hann margar tungur Mark. Skeggj. Wis. 51; 9,6.
fylkir ungr enn brynjur sprungu Mark. Skeggj. Wis. 52; 20,4.
eljunþungr á Danska tungu Mark. Skeggj. Wis. 53; 27,4.
ungs á Danska tungu Ein. Skúl. Wis. 56; 26,8.
ungs manns skera tungu Ein. Skúl. Wis. 58; 37,4.
slungins mál ok tungu Ein. Skúl. Wis. 58; 38,8.
lofþungs vinar tungla Ein. Skúl Wis. 59; 46,6.
hungr sløkþi vel þungan Ein. Skúl. Wis. 59; 52,2.
himintungl þegar stungu Ein. Skúl. Wis. 60; 59,8.
útstunginna tungu Ein. Skúl. Wis. 60; 61,4.
lofþungs gjafar tunga Ein. Skúl. Wis. 60; 64,4.
sungu lof meþ Danskri tungu Eyst. Ásgr. Wis. 87; 4,4.
sunginn heiþr af ǫllum tungum Eyst. Ásgr. Wis. 90; 26,6 u. ö.
fekk ungr þar's spjǫr sungu Skúli Þorst. Hkr. 211,22*a*.
þar's svaltungur sungu Bersi Sk. Hkr. 254,18*a* (!).
hungr Nóregi þrungit Hallv. Hár. Hkr. 442,4*b*.
þung vas sókn fyr Tungum Sighv. sk. Hkr. 444,11*a*.
ungr fyr norþan Tungur Sighv. sk. Hkr. 444,18*a*.
ungr valkǫstu þunga Arn. jarl. Hkr. 543,15*b*.
ungr vettrima tungur Bjǫrn krepph. Hkr. 647,28*b*.
verum þungir Kuflungum Blakkr Kgs. 111,9*a*.
foraþstungur Kuflunga Blakkr Kgs. 111,32*a*.
Ribbunga hlut þungan Sturla Kgs. 277,20*a*.
skýþrungnum Foldungum Anon. Kgs. 279,16*b*.
Ribbungum skóp bana þungan Snorri Sturl. Kgs. 281,22*b*.
lungtorgs viþ Ribbunga Jatg. Kgs. 286,18*b* (*lyngtorgs* Flb III, 51).
herþrungit Ribbungum Sturla Kgs. 312,10.
gyltar sungu hjalta tungur Ól. hvít. Kgs. 385,11.

unn : unn.

brunn ǫlskakki runna Brage Wis. 2; 4,6.
áttrunnr Hýmis kunni Þjóþ. hv. Wis. 10; 9,4.
-unn nýkomin sunnan Þjóþ. hv. Wis. 10; 10,4.
gunnmás fyr haf sunnan Þorbj. hornkl. Wis. 15; 6,2.
gunnr komsk Urþr at brunni Korm. Ǫgm. Wis. 26; 4,4.
sunnr Danmarkar runnu Ein. Skál. Wis. 28; 17,4.
fór gunn-Viþurr sunnan Ein. Skál. Wis. 28; 19,6.
strǫng varþ gunnr áþr gunnar Ein. Skál. Wis. 28; 16,1.
svarþ runnar fen gunnar Eil. Guþr. Wis. 31; 8,4.
hrapmunnum svalg gunnar Eil. Guþr. Wis. 32; 16,2.
unndýrs frǫmum runnum Hallfr. v. Wis. 33; 8,2.
hlunnviggja bø sunnan Hallfr. v. Wis 34; 5,4.
hvarkunnr fyr lǫg sunnan Hallfr. v. Wis. 35; 4,6.
sunnr eldviþum kunnum Hallfr. v. Wis. 35; 6,5 (!).
gunnþings á hjǫr þunnum Hallfr. v. Wis. 35; 6,6.

gunnr Hákonar sunnan Hallfr. v. Wis. 36; 16,8.
gunnr óx fyr haf sunnan Hallfr. v. Wis. 36; 17,2.
sunnarla styr kunnan Sighv. sk. Wis. 39; 13,4.
munnrjóþr es kom sunnan Sighv. sk. Wis. 40; 14,2.
virþum kunn enn víþa runnin Arn. jarl. Wis. 45; 13,7 (!).
vígrunnr velja kunni Hallarst. Wis. 47; 8,7 (!).
unnelds yppirunnum Hallarst. Wis. 49; 23,5.
gunnelds geymirunnum Hallarst. Wis. 50; 32,5.
Krists unnandi pávi sunnan Mark. Skeggj. Wis. 51; 14,4.
gunnǫflugr miskunnar Ein. Skúl. Wis. 53; 1,6.
kunn réttlætis sunna Ein. Skúl. Wis. 54; 4,4.
munnrjóþr Hugins kunna Ein. Skúl. Wis. 55; 14,2 (*gunna Flb* I, 2).
seggium kunns í brunni Ein. Skúl. Wis. 56; 23,6.
sunnr Skáneyjum kunnir Ein. Skúl. Wis. 57; 35,2.
þunnvaxin ský Gunnar Ein. Skúl. Wis. 58; 43,6.
tírkunn numin munni Ein. Skúl. Wis. 60; 60,2.
unnit mærþ sem kunnum Ein. Skúl. Wis. 62; 71,4.
runnar hlustar munnum Haukr Vald. Wis. 78; 1,6.
áþr grunnungi Gunnar Haukr Vald. Wis. 79; 3,5 (!).
Gunnhildar bǫr kunnu Haukr Vald. Wis. 79; 11,4.
Gunnarr snǫrum runnum Haukr Vald. Wis. 81; 20,2.
úlfr mun fyr haf sunnan Haukr Vald. Wis. 81; 21,4.
fúrrunna lǫg kunni Haukr Vald. Wis. 81; 22,2.
vunnin yþr af þessum munni Eyst. Ásgr. Wis. 87; 2,8.
runnin upp viþ lifandi brunna Eyst. Ásgr. Wis. 90; 25,4.
full miskunnar sætleiks brunna Eyst. Ásgr. Wis. 90; 28,4.
kunnigt lof þar er hirþar runnu Eyst. Ásgr. Wis. 91; 34,6.
fjǫlkunnigan enn þér at unna Eyst. Ásgr. Wis. 93; 44,4.
sunnudag ok gǫrþi kunnan Eyst. Ásgr. Wis. 96; 67,2.
óbrunnit ok niþr at grunnum Eyst. Ásgr. Wis. 96; 70,8.
samvizkunnar bygþ af grumnum Eyst. Ásgr. Wis. 98; 84,2.
élrunnr mǫrum sunnar Guth. s. Hkr. 88,8*a*.
gunnborþ Haraldr sunnan Eyv. sk. Hkr. 103,36*b*.
Gunnhildar kom sunnan Þórþr Sjár. Hkr. 107,8*a*.
morþkunnr Haraldr sunnan Anon. Hkr. 151,21*a*.
sunnr af dregnum hlunni Þórþr Kolb. Hkr. 155,2*a*.
hafizk hefir runnr af gunni Þorl. Rauþf. Hkr. 170,2*a*.
hlunnvigs í bé runnu Eyj. Daþ. Hkr. 200,2*b*.
sunnr hélt gramr til gumnar Halld. ókr. Hkr. 206,8*a (!)*.
unnviggs konungr sunnan Halld. ókr. Hkr. 207,29*a*.
sunnr ok danska runna Halld. ókr. Hkr. 212,22*b*.
þunn galkn ísarnmunnum Halld. ókr. Hkr. 216,16*a* (vgl. *Njál.* II, 319 f.; *Sievers* Beitr. V, 515; *Mork.* 62).
enn sunnr at gný gunnar Halld. ókr. Hkr. 217,12*b (!) (en sneri.. Flb* I, 520).

svarat unnum vér gunnar Bersi Sk. Hkr. 254,11*a*.
sunnu margr til grunna Sighv. sk. Hkr. 255,20*a*.
gunnrjóþr alls vel kunnut Sighv. sk. Hkr. 274,17*b*.
hlunns af hilmis runnum Sighv. sk. Hkr. 309,7*b (!)*.
unnheim dreka sunnan Sighv. sk. Hkr. 414,29*b*.
vér unnum gný Gunnar Ól. hlg. Hkr. 446,25*a (!)*.
sunnan ferþ at gunni Tryggvafl. Hkr. 513,15*a*.
sunnudag um unnin Þjóþ. sk. Hkr. 538,37*a*.
unnr á sanda grunni Þjóþ. sk. Hkr. 539,9*b*.
sunnr leikr eldr um unnin Þjóþ. sk. Hkr. 540,21*a (!)*.
gunnr fyr Árós sunnan Oddr Kik. Hkr. 543,30*b* (*Þjóþ. sk. Flb* III, 284).
munn es létzt af gunni Bǫlv. sk. Hkr. 547,2*a*.
úbrunnin kom gunnar Stúfr sk. Hkr. 555,18*b*.
unnvigg Haraldr sunnan Valg. Hkr. 560,34*b*.
gullmunnuþ rýþr sunnan Þorl. f. Hkr. 572,9*b*.
ǫxar munn hinn þunna Har. harþr. Hkr. 578,23*b*.
brunnit goll af hlunni Þjóþ. sk. Hkr. 592,4*b*.
unnar dags á munni Þork. ham. Hkr. 641,2*a*.
vals munnlitaþr gunnar Ein. Skúl. Hkr. 668,5*b*.
hrafns munnlitaþr þunnar Ein. Skúl. Hkr. 717,16*b*.
munnfagra Jórunni Anon. Hkr. 51,12*a* (*Jngunni Flb* II, 575; *Fms* VIII, 118; *Kph* IV, 83).
brunnu skip þá's kappar runnu Baglar Kgs. 161,30*b*, *Birkib.* 161,35*b*.
þunnum reiþ til Þrándheims sunnan Ól. hvít. Kgs. 373,3*b (!)*.
unnviggs skipuþr Dǫnum sunnan Sturla Kgs. 426,14*a*.
þunnar skeiþr af fyrihlunnum Sturla Kgs. 426,16*a*.
brunnit land til skógar runnu Sturla Kgs. 433,27*b*.
unnar meiþ ór dregnum hlunni Sturla Kgs. 437,19*a*.
unnartams fyr lægi sunnan Sturla Kgs. 438,17*b*.
gunnar logs fyr grøþi sunnan Sturla Kgs. 442,8*a (!)*.
sunnan logrunnar Sturla Kgs. 469,28*a*.

unn : un.

kunleggs alinmunni Eil. Guþr. Wis. 32; 21,4.
Hákun firar unnu Sighv. sk. Wis. 42; 4,4.

unnr : unnr.

viþkunnr um skǫr þunnri Þjóþ. sk. Hkr. 562,26*a*.

urþ : urþ.

mjúkhurþum fram þurþu Ein. Skál. Wis. 28; 14,2.
hurþ vas aftr enn spurþumk Sighv. sk. Hkr. 308,6*a*.
atburþ konungs furþa Sighv. sk. Hkr. 491,32*b*.

óraburþ sem furþr Þjóþ. sk. Hkr. 591,11*b*.
furþa gramr at jǫfnum burþum Ól. hvít. Kgs. 387,18*b (fyrþa Kgs)*.

ust : ust.

stálgustr ofan þustu Sighv. sk. Hkr. 490,10*b*.

uþr : uþr.

áttruþr í gin Suþra Eil. Guþr. Wis. 32; 15,8.
suþrvík Dǫnum kuþri Sighv. sk. Wis. 38; 4,8.

úf : úf.

fellr húfr í svig dúfu Hallr Sn. Kgs. 71,12*a*.
húfum bládúfur Sturla Kgs. 466,20*a*.

úg : úg.

drjúgr vas Loftr at ljúga Eil. Guþr. Wis. 30; 1,3 (!).

úk : úk.

járnstúkur vel lúka Sighv. sk. Hkr. 416,25*b*.
úmjúk konung sjúkan Sighv. sk. Hkr. 499,10*a*.
búk reiþir lá sjúkan Blakkr Kgs. 111,30*b*.

ún : ún.

snúnaþr vas þat brúna Ein. Skál. Wis. 27; 7,2 (*snúdadr C. Kph; suarr : barma Flb* I, 86).
Lundúna þér snúnat Ótt. sv. Hkr. 225,31*a* (*snuþat OHS* 21).
rauþ brúnan hjǫr túnum Sighv. sk. Hkr. 491,10*b*.
húna gulli búnu Sighv. sk. Hkr. 492,17*b*.
brún veþr á Sigtúnum Arn. jarl. Hkr. 515,16*b*.
húnskrift í Sigtúnum Þjóþ. sk. Hkr. 516,34*b*.
Túnsbergi þér snúna Þorbj. skakk. Hkr. 781,31*a*.
brún í rauþtúnum Sturla Kgs. 474,31*b*.

únn : ún.

húnn skrautliga búnar Sighv. sk. Hkr. 377,20*a*.

úp : úp.

djúpráþ kona stjúpi Sighv. sk. Hkr. 516,29*b*.

úr : úr.

fúrs í Þróttar skúrum Ein. Skál. Wis. 27; 5,6.
benfúr meilskúrum Hallfr. v. Wis. 33; 8,8.

ús : ús.

Klúspetrúsi Sighv. sk. Wis. 41; 9,8.
kappfúsum Magnúsi Bjarni gullbr. Hkr. 519,16*b*.

Magnús fǫþur húsi Sighv. sk. Hkr. 523,21*a.*
fús gaus eldr ór húsum Bjǫrn krepph. Hkr. 646,31*a* (*fúss Kph.* III, 209).
ógnfúsir Ljóþhúsa Sturla Kgs. 325,9*a.*

úss : ús.

dýrþar fúss í húsi Hallarst. Wis. 50; 31,8.
fúss í braut ór vǫlundarhúsi Eyst. Ásgr. Wis. 99; 92,8.

út : út.

útvés fyrir lúta Eil. Guþr. Wis. 31; 12,8.
út flæmþi Knútr Sighv. sk. Wis. 40; 4,4.
hrafns sút í gras lúta Haukr Vald. Wis. 81; 25,4.
samknúta vers úti Sighv. sk. Hkr. 255,22*a.*
út sín hǫfuþ Knúti Sighv. sk. Hkr. 378,2*a.*
Knútr ok Hákon úti Sighv. sk. Hkr. 416,32*a.*
Knútr herskipum úti Hárekr Hkr. 427,28*b.*
út heiþingja sútar Þjóþ. sk. Hkr. 557,14*a.*
út í lǫnd á geima þrútinn Sturla Kgs. 438,17*a.*

útt : út.

niþrlútt fyrir útan Sighv. sk. Hkr. 308,8*a* (*utan Hkr.* vgl. *Nor. aisl. Gr.* § 127).

úþ : úþ.

Súþvirki liþ búþir Sighv. sk. Wis. 39; 6,8.
húþlendinga búþar Haukr Vald. Wis. 78; 2,2.
hugprúþr á sik trúþi Haukr Vald. Wis. 81; 25,8.
allsnúþula prúþar Sighv. sk. Hkr. 275,2*a.*
súþ várum þá prúþir Har. harþr. Hkr. 558,11*a.*
lǫng súþ drekans prúþa Þjóþ. sk. Hkr. 592,4*a.*
orms súþ ór bé prúþar Þjóþ. sk. Hkr. 592,11*a.*
minn snúþr es þat prúþa Trollk. Hkr. 612,33*a.*
snúþigt Hugans prúþa Bjǫrn krepph. Hkr. 648,11*b.*

ygg : ygg (doch vgl. auch *igg : igg*).

byggvendr at þat hryggvir Þjóþ. sk. Wis. 10; 10,2.
óhryggva vé byggva Ein. Skál. Wis. 27; 9,8.
Tryggva sunr fyrstyggvan Hallfr. v. Wis. 34; 6,2.
byggvendr ok hjó tyggi Hallfr. v. Wis. 34; 9,6.
hugdyggvan sun Tryggva Hallfr. v. Wis. 36; 13,2.
flugstyggs sunar Tryggva Hallfr. v. Wis. 37; 21,4 u. 25,8.
læstyggs sunar Tryggva Hallfr. v. Wis. 37; 22,4.
Yggs Lundúna bryggjur Sighv. sk. Wis. 39; 6,4.
hvar dyggr ok sunr Tryggva Sighv. sk. Wis. 42; 5,6.
Yggjar veþr meþan heimrinn byggvisk Arn. jarl. Wis. 46; 14,2.

alldyggr arfi Tryggva Hallarst. Wis. 46; 4,7 (!).
hrygg arfþegi Tryggva Hallarst. Wis. 50; 32,8.
hugdyggs of sun Tryggva Hallarst. Wis. 50; 34,2.
dyggvan þat tér verǫld hryggva Mark. Skeggj. Wis. 53; 31,8.
hygg vin rǫþuls tyggja Ein. Skúl. Wis. 54; 9,6.
dyggr enn þjóþ of hyggi Ein. Skúl. Wis. 61; 62,4.
í byggurum viþ dóminn hryggva Eyst. Ásgr. Wis. 96; 71,2.
byggving meþaldyggvan Eyv. sk. Hkr. 106,16*a*.
hygg kómu son Tryggva Þórþr Kolb. Hkr. 170,28*b*.
yggs gunnþorinn bryggjur Ótt. sv. Hkr. 225,29*a*.
aldyggs sonar Tryggva Sighv. sk. Hkr. 230,29*a*.
ygglaust es þat dyggra Sighv. sk. Hkr. 310,2*b* (vgl. *Thork.* 68).
flugstyggs sonar Tryggva Sighv. sk. Hkr. 414,9*a*.
hvardyggr jǫfurr glyggvi Valg. Hkr. 559,8*b*.
aldyggr Selund byggja Þjóþ. sk. Hkr. 626,6*a*.

ygg : yg.

hvatt tortrygþar hyggju Hallfr. v. Wis. 35; 2,5 (!).
rimmu-Yggr af Sénskar bygþir Arn. jarl. Wis. 44; 3,2.
Yggjar más í Þrénda bygþir Arn. jarl. Wis. 44; 4,2.
hlífar styggr í bygþum Bjǫrn krepph. Wis. 641,21*a*.
glyggs Jórsala bygþar Ein. Skúl Hkr. 667,9*a*.
glyggs ór Finnbygþum Sturla Kgs. 464,24*a*.
hryggs í stórbygþir Sturla Kgs. 472,9*a*.

ygþ : ygþ.

hrygþafull í Vinþa bygþum Mark. Skeggj. Wis. 52; 22,2.
bygþ Jórsala friþi trygþa Mark. Skeggj. Wis. 53; 28,8.
hrygþin jarþar neþstu bygþar Eyst. Ásgr. Wis. 88; 5,6.
bygþ geymandi hreinleiks dygþa Eyst. Ásgr. Wis. 91; 30,4.
háleit bygþin allra dygþa Eyst. Ásgr. Wis. 98; 86.2.
hrygþar folk í Dana bygþum Sturla Kgs. 432,27*b*.
hrygþar stund í Dana bygþum Sturla Kgs. 434,9.
dygþar menn ór Finna bygþum Sturla Kgs. 438,28*a*.
bygþir údygþar Sturla Kgs. 470,8*a*.

ykk : ykk.

ykkr kveþk jafna þykkja Sighv. sk. Hkr. 343,1*b* (!).

yld : yld.

herskyldir tøg fyldi Arn. jarl. Hkr. 543,22*b*.

ylg : ylg.

sylgs valkyrjur fylgja Ulfr Ugg. Wis. 30; 7,6.
sylg Óláfi fylgja Hallfr. v. Wis. 36; 17,8.

tirfylgjandi ylgjar Sighv. sk. Wis. 39; 12,2.
fylgþak þeim es fylgju Sighv. sk. Wis. 41; 2,1.
ylgr fær at hræm sylg Ótt. sv. Wis. 44; 3,2.
ylgr saddisk vel fylgju Haukr Vald. Wis. 79; 11,2.
sylg Eiríki fylgja Halld. ókr. Hkr. 206,9*b*.
gunn sylg es vér fylgþum Sighv. sk. Hkr. 253,16*b*.
jarls fylgjurum dylgjur Þjóþ. sk. Hkr. 540,10*b*.
sylg es jǫfri fylgik Þjóþ. sk. Hkr. 543,4*a*.

ym : ym.

hlymræks of trǫþ glymja Þorbj. hornkl. Wis. 14; 3,4.
rymr knáttu spjǫr glymja Þorbj. hornkl. Wis. 15; 7,2.
hlymþél viþ mǫl glymja Eil. Guþr. Wis. 31; 6,6.
rymr knáttu spjǫr glymja Hallfr. v. Wis. 35; 7,4.

yms : yms.

vápnglyms Finna ymsir Ól. hvít. Kgs. 734,12*b* (vgl. S. 58).

yn : yn.

kynstirr viþum brynju Haukr Vald. Wis. 81; 25,2.
skjaldhlynr á brim dynja Þórþr Kolb. Hkr. 155,11*a*.
hrynserk Viþurr brynju Tindr Hallk. Hkr. 157,31*b*.
hjǫrdynr svalar brynjur Sighv. sk. Hkr. 252,30*a*.
kynstórs at viþ brynju Bersi Sk. Hkr. 254,15*a*.
synjor framm í brynju Sighv. sk. Hkr. 480,34*a* (*sinjor Hkr.*, *sinnior Kph* II, 353; *sinior OHS* 210; *syniur Flb* II, 346)[1]).
brynjat folk at dynja Sighv. sk. Hkr. 490,11*a*.
hjǫrdynr enn varp brynju Arn. jarl. Hkr. 535,14*a*.
sverþdynr ok þó brynju Þjóþ. sk. Hkr. 542,4*a*.
hábrynjuþ skip synja Steinn Herd. Hkr. 635,14*a*.
kynstórr fírum brynjur Steinn Herd. Hkr. 635,22*a*.
þinghlynr til Bjǫrgynjar Sturla Kgs. 482,14*a*.

ynd : ynd.

framlyndum gram myndu Ein. Skúl. Wis. 57; 28,4.
syndalíkn ok dagligt yndi Eyst. Ásgr. Wis. 88; 5,4.
synda líkn at þeirra myndir Eyst. Ásgr. Wis. 97; 80,2.
hauklyndr vesa myndu Steinn Herd. Hkr. 593,25*a* (*hauklundr : mundu Flb* III, 361).

yng : yng.

ynglingr und sik þryngvi Ótt. sv. Hkr. 334,24*b*.

---

[1]) Andererseits ist, gleichfalls bei *Sighv.*, die Form *sinjor* gesichert, im Reim auf *þinna, SnE.* I, 514.

ynn : ynn.

brynn ór Þrándheims mynni Hallarst. Wis. 48; 15,4 (vgl. S. 57).

yr : yr.

yrþjóþ Heþins byrjar Ein. Skál. Wis. 28; 13,8.
hyr né malm í broddi styrjar Arn. jarl. Wis. 45; 8,4.
hyr gǫllungum styrjar Haukr Vald. Wis. 81; 23,2.
oft byrjuþ lof spyrja Sighv. sk. Hkr. 522,12*a*.
styrjǫld vas þá byrjuþ Þjóþ. sk. Hkr. 557,12*a*.

yrk : yrk.

allstyrkan vel dyrka Ein. Skúl. Wis. 54; 7,4 (vgl. S. 58).
styrkjan vant at yrkja Ein. Skúl. Wis. 59; 46,4.
geþstyrks lofi dyrka Ein. Skúl. Wis. 60; 57,6 (vgl. S. 58).
harþan styrk í súta myrkri Eyst. Ásgr. Wis. 97; 77,8.
myrkblás þvít hauk yrkja Sighv. sk. Hkr. 248,26*a*.

yrkr : yrkr.

undrast myrkr er ljós er styrkra Eyst. Ásgr. Wis. 95; 61,2.

yrn : yrn.

Hyrningr áþr þat fyrnisk Þórþr Kolb. Hkr. 214,26*b*.

yrr : yrr.

jǫfurr dyrr enn þik fyrri Eyv. sk. Hkr. 112,2*a* (vgl. S. 57).
gnógr styrr var þar fyrri Sighv. sk. Hkr. 490,30*b*.
fyrr sagþak þat kyrru Þjóþ. sk. Hkr. 542,2*b*.
jungfrú kyrr þvít vissi fyrri Eyst. Ásgr. Wis. 91; 29,2.

yrr : yr.

húsdyrr fyrir spyrjask Sighv. sk. Hkr. 416,25*a*.

yrst : yrst.

fyrstr enum golli byrsta Ulfr Ugg. Wis. 30; 5,4.

yrþ : yrþ (vgl. S. 58 f.).

sú dyrþ muna fyrþum Ein. Skúl. Wis. 56; 24,2.
gǫfug dyrþ konungs fyrþa Ein. Skúl. Wis. 59; 45,2.
vyrþi sǫk til himnadyrþar Eyst. Ásgr. Wis. 89; 14,2.
fyrþa laþar til himna dyrþar Eyst. Ásgr. Wis. 96; 68,8.
fyrþa hverr's lil sinnar dyrþar Eyst. Ásgr. Wis. 97; 74,2.
síbyrþ viþ skip fyrþar Sighv. sk. Hkr. 444,4*b*.
dyrþar son ef yrþi Sighv. sk. Hkr. 522,24*b*.

yst : yst.

vel tyst konung lystir Sighv. sk. Wis. 42; 9,6.

ytt : *ytt.*

hǫlþa kytt of stytta Sighv. sk. Wis. 43; 12,4.

yþ : *yþ.*

skjaldfryþr of nam ryþja Hallarst. Wis. 47; 6,6 (*skiot froþr* : *rioda Flb* I, 120; *skjaldrjóþr* : *hrjóþa Njál.* II, 55).
yþvarrar biþk styþja Ein. Skúl. Wis. 54; 8,6.

yþr : *yþr.*

ryþr þat konung yþrum Sighv. sk. Wis. 42; 8,2.

ýdd : *ýdd.*

sénn vas skrýddr meþ prýddum Hallarst. Wis. 50; 31,6.
niþjum prýddr ok siklings skrýddi Ól. hvít. Kgs. 349,8*b.*
kynprýddr jǫfurr yþr um skrýdda Sturla Kgs. 407,13*b.*

ýfþ : *ýfþ.*

hann stýfþi svá þýfþir Sighv. sk. Hkr. 453,22*a.*

ýn : *ýn.*

friþarsýn glepi týnisk Ein. Skúl. Wis. 61; 63,8.

ýnd : *ýnd.*

segl hýnd viþ stag rýndu Þjóþ. sk. Hkr. 529,12*b* (*hund* : *rundo Kph.* III, 25).

ýr : *ýr.*

ættrýri goþ stýra Ein. Skál. Wis. 29; 23,6.
hlýrvigg enn mól stýri Hallfr. v. Wis. 33; 1,8.
hlýrs þeim gota stýrþi Hallfr. v. Wis. 36; 16,6.
hvártki flýr þú hlenna rýrir Arn. jarl. Wis. 45; 8,3 (!) (*þreytir Flb* III, 322; *Mork.* 32; *Fms.* VI, 197; vgl. *Gísl. om helr.* 56).
fýris garmr um skeiþar stýri Arn. jarl. Wis. 45; 10,4 (*fyris Hkr.* 529,23*a*; *fýris Kph.* III, 25; *Wis.*).
Bjarnar hlýra Frakklands stýrir Mark. Skeggj. Wis. 52; 26,2.
hlýrar tveir meþ dýrum Haukr Vald. Wis. 79; 9,2.
heimsstýranda fekk hann skýra Eyst. Ásgr. Wis. 86; 12,6.
fiskar dýr sem holt ok mýrar Eyst. Ásgr. Wis. 99; 93,6.
hlýrvangs skipi stýra Jǫk. Hkr. 454,24*a.*
sólrýrandi hinn dýri Þjóþ. sk. Hkr. 538,31*a.*
nýri skeiþ at stýra Þjóþ. sk. Hkr. 592,13*a.*
rýr Hákonar dýrum Ein. Skúl. Hkr. 766,19*b.*
hlýrs fagngota stýrir Hallr Sn. Kgs. 71,8*b.*
Gauta stýrir megindýrum Sturla Kgs. 422,2*a.*
stýri brimdýra Sturla Kgs. 469,11*a.*

ýrr : ýr.

Týr vas tjǫrva dýrra Hallfr. v. Wis. 34; 9,3 (!).
alldýrr konungr stýri Hallfr. v. Wis. 35; 10,6.
margdýrr koma stýrir Hallfr. v. Wis. 37; 23,6.
órýrr framast dýrþar Sighv. sk. Wis. 43; 16,2.
alldýrr konungr stýra Sturla Kgs. 458,10*b*.

ýrþ : ýrþ.

jǫfurs dýrþ hǫfum skýrþa Ein. Skúl. Wis. 61; 66,2.
dýrþ englanna slíku stýrþi Eyst. Ásgr. Wis. 90; 23,8.
dýrþarmenn er ríkjum stýrþu Eyst. Ásgr. Wis. 92; 36,2.

ýs : ýs.

vígskýs enn þat lýsisk Hallfr. v. Wis. 35; 7,2 (*vígskyrs Flb* I, 484).
ek fýsumk nú lýsa Hallarst. Wis. 49; 24,6.

ýst : ýst.

fýstusk þeir at þrýsta Eil. Guþr. Wis. 30; 2,3 (!).
gǫndlar fýst sem lýstak Hallarst. Wis. 50; 32,6.
lýst skal hitt es lofþungr fýstisk Mark. Skeggj. Wis. 51; 10,1 (!).
lýst skal hitt es læknask fýstisk Mark. Skeggj. Wis. 53; 28,1 (!).
því's sýst frama lýstan Ein. Skúl. Wis. 55; 12,6.

ýt : ýt.

nýtr herflýtir Þór. loft. Hkr. 441,2*b*.

ýtr : ýtr.

harþla nýtr of landet ýtra Mark. Skeggj. Wis. 52; 24,6.
brýtr stundum friþ nýtra Ein. Skúl. Wis. 60; 58,6.

ýþ : ýþ.

hlýþut járni sýþar Hallfr. v. Wis. 33; 7,4 (*hlǫþur : sǫþur W., seþar R,* vgl. *Wis.* 135).
vǫrnuþ býþr enn hlýþiþ Sighv. sk. Wis. 43; 12,6.
alþýþa varþ stilli at hlýþa Mark. Skeggj. Wis. 52; 23,6.
alþýþ goþi hlýþir Ein. Skúl. Wis. 54; 6,6.
alþýþu brag hlýþa Ein. Skúl. Wis. 54; 9,4.
þegnprýþis brag hlýþa Ein. Skúl. Wis. 55; 11,2.
sóknþýþr jǫfurr prýþask Ein. Skúl. Wis. 57; 31,6.
býþr þeim í skyldu at hlýþa Eyst. Ásgr. Wis. 89; 14,4.
erendi býþr enn þessi hlýþir Eyst. Ásgr. Wis. 90; 24,4.
hlýþinnar vill bjǫrtu skrýþast Eyst. Ásgr. Wis. 90; 24,8.
gagnprýþanda hlýþa Arn. jarl. Hkr. 364,26*b*.
óprýþi mér hlýþa Þór. stuttf. Hkr. 686,7*a*.

ædd : ædd.

fæddr maþr er ek næsta hræddumst Eyst. Ásgr. Wis. 92; 41,8.
mjólku fæddr enn reifum klæddist Eyst. Ásgr. Wis. 92; 42,4.
hæddan rægþan slógu afklæddan Eyst. Ásgr. Wis. 93; 49,4.
fæddan sveinin reifum klæddi Eyst. Ásgr. Wis. 94; 55,4.
græddi oss er helstriþ mæddi Eyst. Ásgr. Wis. 94; 55,8.
hræddr varliga brædda Þór. stuttf. Hkr. 687,4*b*.
hrædd viþ herklæddan Sturla Kgs. 467,9*b* (!).

æf : æv.

ævinliga ok þakkir gæfi Eyst. Ásgr. Wis. 89; 13,8.

æfr : æfr.

dagræfrs konung hæfra Ein. Skúl. Wis. 59; 51,8.
ræfr þola nauþ ok næfrar Þjóþ. sk. Hkr. 540,25*a* (!).

æg : æg.

vægja kind of bægjask Korm. Qgm. Wis. 26; 6,2.
óvægr konungr vægja Hallfr. v. Wis. 34; 8,2.
frægr aldrigi vægja Hallfr. v. Wis. 34; 1,2.
sér nægjandist engum vægja Eyst. Ásgr. Wis. 88; 8,4.
tíu dægranna rásir hægar Eyst. Ásgr. Wis. 96; 67,6.
viþfrægr viþ sér bægja Ótt. sv. Hkr. 227,19*a*.
ofvægir fé þægi Sighv. sk. Hkr. 431,18*a*.
vá frægr konungr ægi Sighv. sk. Hkr. 444,11*b* (vgl. *Thork.* 69).
hilmir frægr enn vægja Steinn Herd. Hkr. 593,25*b*.
hilmir frægr á saltan ægi Sturla Kgs. 437,17*a*.
ægiligt hinn viþa frægi Sturla Kgs. 442,7*a* (*ógiligt Wis.* 84!).
ægis nafn frægjum Sturla Kgs. 464,36*a*.
fræg ok úvægin Sturla Kgs. 470,2*a*.

ægr : ægr.

ægr viþ vigslu frægri Sturla Kgs. 458,5*a*.

ægþ : ægþ.

yþra vægþ er týndum nægþist Eyst. Ásgr. Wis. 98; 82,4.
vægþarlaust af yþrum frægþum Sturla Kgs. 461,30*b*.

æl : æl.

goþs þræl qfugmæli Ein. Skúl. Wis. 61; 61,8.
øruggt mælik þat sælu Ein. Skúl. Wis. 61; 62,2.
illmælis rak tælir Haukr Vald. Wis. 81; 23,4.
angrtælir réþ mæla Arn. jarl. Hkr. 529,4*a*.

æm : æm.

eru æminnilig eptirdæmi Eyst. Ásgr. Wis. 94; 52,1 (!).
ódæmin þeir sǫgþu at kæmi Eyst. Ásgr. Wis. 95; 61,4.

æn : æn.

mjúka bæn ok fagran tænaþ Eyst. Ásgr. Wis. 98; 82,2.

ær : ær.

nær vasa trauþr at særa Hallarst. Wis. 48; 19,6.
telk þærs ek veit færi Hallarst. Wis. 49; 25,2.
særendr goþi kæran Ein. Skúl. Wis. 56; 22,6.
Væringjar framm bæri Ein. Skúl. Wis. 60; 53,8.
guþi værik þau skyldr at færa Eyst. Ásgr. Wis. 87; 3,8.
ærinn sér enn skepnan væri Eyst. Ásgr. Wis. 88; 6,6.
færaglǫggr ef nǫkkur væri Eyst. Ásgr. Wis. 95; 60,4.
súthrærandi ok píslarfæri Eyst. Ásgr. Wis. 96; 71,4.
færir máttkir vitrir skærir Eyst. Ásgr. Wis. 97; 74,6.
færast at meþ ópi ok kæru Eyst. Ásgr. Wis. 98; 84,6.
blessuþ mær þú ert dróttni kærust Eyst. Ásgr. Wis. 99; 90,4.
allar þær af fyrnsku væri Eyst. Ásgr. Wis. 99; 94,6.
mær heiþ þegnum bæri Sighv. sk. Hkr. 253,7*b*.
snotr mær konungs væri Sighv. sk. Hkr. 255,18*b*.
þær sem engar væri Sighv. sk. Hkr. 310,24*b*.
liþ færa ok skip smæri Sighv. sk. Hkr. 437,21*b*.
mær lauk eþr ǫlbæri Sveinnfl. Hkr. 513,21*a*.
Selunds mær hverr ve bæri Þjóþ. sk. Hkr. 539,28*a*.
mær hlær at því færi Anon. Hkr. 570,25*b*.
nær at landamæri Þjóþ. sk. Hkr. 593,6*a*.
nær til landamæris Anon. Hkr. 602,25*b*.
værir mildr ef mæra Þór. stuttf. Hkr. 686,4*b (!)*.
hæra nafn enn mundang væri Ól. hvít. Kgs. 357,2.
kæris Norþmæra Sturla Kgs. 474,31*a*.

ærr : ær.

blessuþ mær þú ert sprundum hærri Eyst. Ásgr. Wis. 91; 28,8.
loflig mær þú ert englum hærri Eyst. Ásgr. Wis. 99; 89,8.

ærþ : ærþ.

upp's mærþ kominn lærþrar Ein. Skúl. Wis. 54; 9,2.

æs : æs.

ódæsinn framm ræsir Arn. jarl. Hkr. 535,12*a*.

æst : æst.

næst ríþra þat smæstum Ein. Skúl. Wis. 60; 57,4.
skapara næstr í vegsemd hæstri Eyst. Ásgr. Wis. 88; 7,4.

glæstum ár it næsta Bǫlv. Hkr. 570,16*a.*
glæst sjautigi hit fæsta Þjóþ. sk. Hkr. 596,14*a.*
fæst gott ok dul hæsta Blakkr Kgs. 121,3*b.*

æt : æt.

fimm nætr vala strætis Ein. Skúl. Wis. 56; 25,4.
ágætr sunu mæta Haukr Vald. Wis. 81; 22,6.
mætri þeirri'r ek skal gæta Eyst. Ásgr. Wis. 90; 24,6.
mætr guþi hann Adám sæti Eyst. Ásgr. Wis. 92; 43,2.
hvert ágæt i tignarsæti Eyst. Ásgr. Wis. 95; 62,4.
ágætust fyr litillæti Eyst. Ásgr. Wis. 99; 90,2.
mætir upp á stræti Anon. Hkr. 781,24*b.*
nætr sex ok friþ gæta Giz. Þorv. Kgs. 441,31.
gætis hásæti Sturla Kgs. 464,24*b.*
gætir norþsætra Sturla Kgs. 467,10*a.*
gætis vegmæta Sturla Kgs. 469,26*a* (*geitis vegmeita Flb* III, 222).
gætis hásæta Sturla Kgs. 474,35*a.*

ætt : ætt.

varga ætt of klífa mætti Arn. jarl. Wis. 45; 13,8.
ættgóþr skǫrungr mætti Haukr Vald. Wis. 79; 5,8.
brjóst er mætt af þessum hætti Eyst. Ásgr. Wis. 94; 56,6.
fættust orþ enn þurru mættir Eyst. Ásgr. Wis. 95; 58,6.
mætti skýra fullum hætti Eyst. Ásgr. Wis. 99; 94,8.
vættisk þess i kvæþis hætti Eyst. Ásgr. Wis. 100; 97,2.
hætting vas þat mætti Tindr Hallk. Hkr. 160,20*b.*
sætt gekk seggja ættar Halld. ókr. Hkr. 207,30*b* (!).
hætt fórsk betr enn vættak Sighv. sk. Hkr. 307,30*b.*
hættlig járn es vættik Þorm. Kolbr. Hkr. 498,12*b* (*hetligt : ætla Flb* II, 365; *hætlect : vænte Ohs* 73).
hætt góþs friþar vætta Þjóþ. sk. Hkr. 560,34*a.*
allhætt ef skal sættask Anon. Hkr. 603,2*a.*
úsætt enn vel mætti Snorri Sturl. Kgs. 352,2*b.*
ættum góþr at rofna sættir Sturla Kgs. 432,13*a.*

ætt : æt.

mætr gramr viþ þik sættu Ótt. sv. Hkr. 284,29*a.*

æþ : æþ.

hræþask menn viþ ættar klæþi Arn. jarl. Wis. 45; 6,6.
hátt kvæþi skal bæþi Ein. Skúl. Wis. 58; 38,6.
æþra sess ok virþing bæþi Eyst. Ásgr. Wis. 88; 7,8.
mæþist þegar er um skal ræþa Eyst. Ásgr. Wis. 92; 38,2.
lofræþandi á kné sin bæþi Eyst. Ásgr. Wis. 94; 51,6 u. ö.
hervæþr ara bræþis Arn. jarl. Hkr. 515,16*a.*

ók : ók.

rókilundr of tóki Ein. Skál. Wis. 26; 3,4.
geþfrókn ok til sókja Arn. jarl. Hkr. 323,32*b*.
vegrókjandi framat sókja Snorri Sturl. Kgs. 281,18*b*.

ól : ól.

ryþs hólibǫl góli Þjóþ. hv. Wis. 11; 20,4 (*heyli : gǫli SnE* I, 284; *heili : giæli W; heile : gǫle S*).

óm : óm.

her's of slóm at dóma Hallarst. Wis. 49; 24,2.
goþ dómi mér sóma Sighv. sk. Hkr. 430,7*b*.

ómd : ómd.

dómdi herr sómda Sturla Kgs. 473,14*b*.

ón : ón.

allhóns viþ goþ bónir Ein. Skúl. Wis. 57; 31,4.
sónskr maþr af gram þrónzkinn Ein. Skúl. Wis. 58; 44,4[1].
þrónzkr jarl konung sónskan Þórþr Kolb. Hkr. 170,33*b*[1].

ór : ór.

gnýstórandi fóri Þorbj. hornkl. Wis. 14; 2,6.
sorgóra mey fóra Þjóþ. hv. Wis. 10; 9,2.
Móra gramr til landa óri Arn. jarl. Wis. 45; 5,8 (vgl. *Gísl. om helr.* 47).
borþmórar skæ fórar Eyv. sk. Hkr. 103,36*a*.
órins golls á Móri Þórþr Kolb. Hkr. 157,13*b*.
snóridǫrr um skóru Þjóþ. sk. Hkr. 538,6*b*.
Móra gramr í snóri Þjóþ. sk. Hkr. 541,18*b*.
sóknstórir mér fóri Þjóþ. sk. Hkr. 544,10*a*.
hlór áþr hingat fórir Þjóþ. sk. Hkr. 555,10*b*.

órr : órr.

stórra ǫþrum fórri Hallarst. Wis. 49; 26,8.

óst : óst.

óstar þjóþár fnóstu Eil. Guþr. Wis. 31; 5,8.

ót : ót.

móþum fóti sál at bóta Mark. Skeggj. Wis. 51; 12,6.
dógr mótask fóti Sighv. sk. Hkr. 274,32*b*.

---

[1]) Oder liegt hier ein Reim *ónskr : ónzkr* vor? resp. ist *nzk* = *ntsk* zu *nsk* geworden?

ótsk : ǿtsk (ǿzk : ǿzk).

fǿzk háleitri gǿzku Ein. Skúl. Wis. 55; 14,8.

ǿþ : ǿþ.

góþingr muni fǿþask Hallfr. v. Wis. 37; 28,6.
óþiveþrs á skelfþan grǿþi Arn. jarl. Wis. 45; 7,2.
hersa mǿþir sál at grǿþa Mark. Skeggj. Wis. 53; 28,4.
alls grǿþari frǿþask Ein. Skúl. Wis. 56; 21,4.
armglǿþr í brag rǿþu Ein. Skúl. Wis. 59; 45,4.
hjalmskǿþ Girkir flǿþu Ein. Skúl. Wis. 59; 52,8.
brǿþr sins ok rak flǿþa Guth. s. Hkr. 98,2*b*.
góþinga vin skǿþar Þjóþ. sk. Hkr. 540,8*b* (*greiþlendinga skeiþum Fms* VI, 81).
brǿþr sinum vel tǿþi Þjóþ. sk. Hkr. 546,10*a*.
brǿþr und sól hin ǿþri Ein. Skúl. Hkr. 738,11*b*.
góþinga liþ flǿþi Ein. Skúl. Hkr. 766,17*b*.

ǫdd : ǫdd.

rǫdd dynskotum kvǫddusk Þorbj. hornkl. Wis. 14; 4,8.

ǫf : ǫf.

hǫfuþ fremstr jǫfurr Sighv. sk. Wis. 40; 5,8 u. ö.
hǫfuþskald fira jǫfri Ein. Skúl. Wis. 55; 12,8.
jǫfurs bein þvegit hǫfþu Ein. Skúl. Wis. 56; 23,4.
gǫfug lét Hǫrn ór hǫfþi Ein. Skúl. Wis. 58; 37,1 (!).
hǫfuþ sitt frǫmum jǫfri Ein. Skúl. Hkr. 742,6*b*.
gǫfugr oddviti jǫfra Sturla Kgs. 325,7*b*.
gǫfugr Skánunga jǫfri Sturla Kgs. 443,4*a*.

ǫfg : ǫfg.

ǫfgast búendr gǫfgir Sighv. sk. Wis. 43; 14,4.

ǫfn : ǫfn.

laukjǫfn af þeim nǫfnum Sighv. sk. Wis. 41; 5,8.
hǫfn langskipa stǫfnum Anon. Hkr. 602,16*a*.
hǫfn af skipstǫfnum Sturla Kgs. 466,18*b*.

ǫfþ : ǫfþ.

líknarkrǫfþ ór hǫfþi Ein. Skúl. Wis. 60; 59,6.

ǫg : ǫg.

mǫgr Sigurþar Hǫgna Brage Wis. 2; 2,4.

ǫgl : ǫgl.

bryngǫgl í dyn Skǫglar Þorbj. hornkl. Wis. 14; 5,4.
dǫglingr viþ bersǫgli Sighv. sk. Wis. 42; 8,4.
tveim dǫglingum Skǫglar Hallarst. Wis. 48; 20,6.

ǫgn : ǫgn.

Rǫgnvalds í bǿ gǫgnum Sighv. sk. Hkr. 275,4*a.*

ǫgr : ǫgr.

mǫgr hafnýra fǫgru Ulfr Ugg. Wis. 29; 2,6.
Ulfs mǫgr ok hét fǫgru Þjóþ. sk. Hkr. 532,2*a.*
lǫgr gekk um skip fǫgru Bǫlv. Hkr. 570,14*a.*
lǫgr hin skaut fǫgru Sturla Kgs. 472,35*b.*

ǫgþ : ǫgþ.

hans brǫgþ í grǫf lǫgþu Ein. Skúl. Wis. 56; 22,8.
brǫgþ jarteignir sǫgþu Ein. Skúl. Wis. 59; 49,8.
herþibrǫgþ enn lǫgþis Jór. skaldm. Hkr. 77,23*a.*
flǫgþ baþk enn þau sǫgþu Sighv. sk. Hkr. 308,6*b.*

ǫk : ǫk.

sǫkrammir mjǫk Þór. loft. Hkr. 440,33*a* (*sǫkk- Fms* V, 6; *sac- Ohs* 59).

ǫkk : ǫkk.

varta hrǫkk enn niþr nam sǫkkva Arn. jarl. Wis. 44; 2,6 (*sic Fms* VI, 23).

ǫkt : ǫkt.

hold er klǫkt enn andinn snǫktir Eyst. Ásgr. Wis. 94; 54,6.

ǫl : ǫl.

ǫlvishaug frá bǫlvi Ein. Skúl. Wis. 55; 14,8 (*Aulfis : baulfi Flb* I, 2).
úfǫl búendr dvǫldu Þorl. f. Hkr. 574,21*b.*

ǫld : ǫld.

ǫldum kunnr meþ hvíta skjǫldu Arn. jarl. Wis. 44; 3,6.
hǫfuþskjǫldunga fimm at gjǫldum Mark. Skeggj. Wis. 51; 21,4.
gjǫld festu þá grimmir hǫldar Mark. Skeggj. Wis. 52; 23,3 (!).
meginfjǫldi reis hǫlda Ein. Skúl. Wis. 54; 4,6.
þat sá ǫld í jǫldu Anon. Hkr. 151,22*b* (!).
ǫld þá's tókt viþ gjǫldum Ótt. sv. Hkr. 227,17*a.*
ǫld vann ossa skjǫldu Sighv. sk. Hkr. 253,15*a* (!).
skjǫldungs viþ ey tjǫlduþ Sighv. sk. Hkr. 274,20*b.*
ǫld þars herr klauf skjǫldu Sighv. sk. Hkr. 499,8*b.*
ǫld blóþroþna skjǫldu Þjóþ. sk. Hkr. 539,26*a.*
hæra skjǫld at gjǫldum Þjóþ. sk. Hkr. 544,10*b.*
Finna gjǫld í skjǫldum Þjóþ. sk. Hkr. 595,17*b.*
ǫld á stórvǫldum Sturla Kgs. 467,8*b* (*stórveldum Fms* X, 125; *Kph* V, 361).
ǫld meþ herskjǫldum Sturla Kgs. 473,3*b.*

ǫll : ǫll.

valfǫllum hlóþ vǫllu Ein. Skúl. Wis. 29; 23,1.
hǫll ok fremstr at ǫllu Hallarst. Wis. 47; 11,8 u. ö.
jǫrþ ok fjǫll at í heimi ǫllum Eyst. Ásgr. Wis. 96; 70,6.
hǫll ok prýdd meþ dáþum ǫllum Eyst. Ásgr. Wis. 99; 90,6.
hǫll's dýr meþ ǫllum Sighv. sk. Hkr. 310,4*b*.
rymvǫll und gram snjǫllum Hallr Sn. Kgs. 71,10*b*.

ǫln : ǫln.

gjǫlnar gulli mǫlnu Sighv. sk. Hkr. 414,10*a (!)*.

ǫm : ǫm.

dauþum krǫmdum ærum lǫmdum Eyst. Ásgr. Wis. 93; 46,6.

ǫml : ǫml.

hǫmlu vígs ór porti gǫmlu Mark. Skeggj. Wis. 52; 21,2.

ǫn : ǫn.

Ǫnundr Dǫnum Sighv. sk. Wis. 40; 3,6.

ǫnd : ǫnd.

ǫndurgoþs í hǫndum Þjóþ. hv. Wis. 9; 7,4.
konungs ǫnd ofar lǫndum Hallfr. v. Wis. 37; 28,8.
úrga strǫnd ok svalri rǫndu Mark. Skeggj. Wis. 52; 24,4.
ǫnd lætr maþr á strǫndu Ein. Skúl. Wis. 60; 60,6.
leysir er ǫnd af holdsins bǫndum Eyst. Ásgr. Wis. 98; 83,8.
benvǫndr konungs hǫndum Eyv. sk. Hkr. 106,18*a*.
ǫndvert folk at lǫndum Þórþr Sjár. Hkr. 107,4*b* (*rendo Fris.* 120,25*b*).
lǫnd síns fǫþur rǫndum Þórþr Kolb. Hkr. 155,11*b*.
ættlǫnd und þér gǫndlar Ótt. sv. Hkr. 284,31*b*.
rǫnd meþ gumna hǫndum Sighv. sk. Hkr. 491,8*a*.
ǫndverþan brum lǫndum Sighv. sk. Hkr. 520,29*b*.
hǫnd enn vel mátt lǫndum Sighv. sk. Hkr. 522,18*a*.
Sunnlǫnd Haraldr rǫndu Jllugi Brynd. Hkr. 550,7*b*.
ǫndu nemr eþa lǫndum Þorl. f. Hkr. 572,2*b*.
Haralds ǫnd ofar lǫndum Stúfr sk. Hkr. 572,19*b*.
lǫnd herskipa brǫndum Þjóþ. sk. Hkr. 592,28*a*.
sín lǫnd es verr rǫndu Magn. berf. Hkr. 654,21*b*.
flesta rǫnd á skeiþa brǫndum Sturla Kgs. 439,18*b*.
skattlǫnd megingrǫnduþs Anon. Kgs. 476,21*a*.
rǫnd veþrboþi gǫndlar Anon. Kgs. 476,21*b*.

ǫng : ǫng.

strǫng Herdala gǫngu Sighv. sk. Wis. 38; 3,2.
krapta þrǫng né lostinn ǫngvan Eyst. Ásgr. Wis. 99; 90,3.

fǫng eru stór viþ gǫngur Sighv. sk. Hkr. 309,6*a*.
nær gǫngum vér stǫngum Þjóþ. sk. Hkr. 542,16*a*.

ǫnn : ǫnn.

sǫnn Einriþa mǫnnum Ein. Skál. Wis. 27; 8,2.
fjǫrrǫnn at því mǫnnum Hallfr. v. Wis. 36; 17,4.
ǫnnur enn hézt mǫnnum Sighv. sk. Wis. 42; 8,8.
rǫnn um þingamǫnnum Þórþr Kolb. Hkr. 232,25*b*.
sǫnn at fá mun ǫnnur Sighv. sk. Hkr. 516,27*b*.
hófsk ǫnn af því lendum mǫnnum Ól. hvít. Kgs. 339,17*b*.

ǫr : ǫr.

hjǫrs rakkliga fjǫrvi Ein. Skál. Wis. 26; 2,8.
hjǫrveþrs konung fjǫrvi Ein. Skál. Wis. 27; 6,4.
fǫr til Sogns of gǫrva Ein. Skál. Wis. 28; 13,4.
hjǫrdjarfr Gota fjǫrvi Hallfr. v. Wis. 34; 4,6.
liþu ǫrvar framm gǫrvar Hallfr. v. Wis. 35; 4,2.
ǫrva hríþir frǿkn of gǫrvar Arn. jarl. Wis. 46; 15,8.
hjǫrs berdraugar fjǫrvi Glúmr Geir. Hkr. 110,19*a*.
grams vǫr bláum hjǫrvi Þórþr Kolb. Hkr. 214,24*b*.
fǫr þín konungr gǫrva Ótt. sv. Hkr. 220,4*b*.
svǫrt skǫr viþ her gǫrva Sighv. sk. Hkr. 252,30*b*.
ǫrbeiþis fǫr Þór. loft. Hkr. 440,31*a* u. 441,4*a*.
skǫr baþ hann meþ hjǫrvi Sighv. sk. Hkr. 453,13*b*.
hjǫrgǫll vas þat fjǫrvi Tryggvafl. Hkr. 513,15*b*.
rógǫrs þvít veitk gǫrva Arn. jarl. Hkr. 515,8*a* (*rógaurs : gerva Fris.* 168,2*a*; *rögaurs : gjörfa Fms* VI, 21).
bǫrvar grjóts ok ǫrva Þjóþ. sk. Hkr. 538,8*a*.
fjǫrgriþ stǫfum hjǫrva Þjóþ. sk. Hkr. 538,31*b*.
fjǫr gnýstafir hjǫrva Þjóþ. sk. Hkr. 538,35*b*.
fjǫrvi grjót ok ǫrvar Hallarst. Herd. Hkr. 595,10*b*.
ófǫr konungs gǫrva Trollk. Hkr. 613,15*a*.
mǫrstrútr á þat gǫrva Þór. stuttf. Hkr. 686,21*b*.

ǫrg : ǫrg.

hǫrgbrjótr í staþ mǫrgum Hallfr. v. Wis. 34; 3,2.
mǫrg nefbjǫrgum Sighv. sk. Wis. 40; 4,4.
hermǫrg hála tjǫrguþ Hallarst. Wis. 46; 4,3 (!).
firna mǫrg ok hǫrga Hallarst. Wis. 47; 9,2.
gunnhǫrga slǫg mǫrgum Glúmr Geir. Hkr. 89,31*a*.

ǫrl : ǫrl.

hjǫrlautar kom Sǫrla Ein. Skál. Wis. 29; 22,4.
freguk gǫrla þat Sǫrla Hallfr. v. Wis. 33; 8,6.

ǫrlyndr fǫþur Sǫrla Haukr Vald. Wis. 79; 3,8.
ǫrleiks Dana jǫrlum Þjóþ. sk. Hkr. 596,22*a*.

ǫrn : ǫrn.

okbjǫrn faþir Mǫrna Þjóþ. sk. Wis. 9; 6,4.
fǫrnuþr rǫþull stjǫrnu Ein. Skúl. Wis. 54; 2,8.
Þorbjǫrn i gný fjǫrnis Haukr Vald. Wis. 80; 17,8.
hjǫrn ok eld sem merkistjǫrnur Eyst. Ásgr. Wis. 88; 10,6.
landvǫrn klóask ǫrnu Sighv. sk. Hkr. 445,6*a*.
fjǫrnis alfr und leiþarstjǫrnu Sturla Kgs. 459,6*a*.

ǫrr : ǫrr.

hjǫrr fær hildibǫrrum Korm. Ǫgm. Wis. 26; 2,3 (!).
þreksgǫrr ok vígǫrr Ótt. sv. Wis. 44; 2,2.
ǫrr fylkir gaf sverþ ok knǫrru Mark. Skeggj. Wis. 51; 7,2.
mærþar ǫrr sem knǫrru Þórþr Kolb. Hkr. 155,9*a*.
veþrǫrr tvá knǫrru Ótt. sv. Hkr. 234,13*a*.
ǫrr landreki dǫrrum Þjóþ. sk. Hkr. 541,20*b*.
ǫrr ok steinda knǫrru Steinn Herd. Hkr. 635,12*a*.

ǫrt : ǫrt.

bjǫrtum eldi stalldræp hjǫrtu Arn. jarl. Wis. 45; 12,8.
gǫrt fengum hræ svǫrtum Sighv. sk. Hkr. 253,28*b*.
bjǫrtum langt hin svǫrtu Sighv. sk. Hkr. 309,15*a*.
gǫrt víg saman hjǫrtu Sighv. sk. Hkr. 480,23*a*.

ǫrþ : ǫrþ.

geþvǫrþr und sik jǫrþu Þorbj. hornkl. Wis. 15; 6,4 (*goþvarþr Kringla, Jǫfrask.*, vgl. *Wis.* 124, daher *Thorkelss.* 42 f. *goþvarþr : jarþu*).
Hǫrþavinr ór Gǫrþum Hallfr. v. Wis. 33; 1,4.
hǫrþ ok austr í Gǫrþum Hallfr. v. Wis. 34; 2,4.
vǫrþr þá fóstr í Gǫrþum Hallarst. Wis. 46; 2,2.
snekkjubǫrþ ór Gǫrþum Hallarst. Wis. 46; 4,2.
foldar vǫrþu austr í Gǫrþum Mark. Skeggj. Wis. 50; 4,2.
hélug bǫrþ fyr Vinda gǫrþum Mark. Skeggj. Wis. 52; 16,4.
Hǫrþa gramr af jǫrþu Ein. Skúl. Wis. 55: 15,8.
allhǫrþ í gras bǫrþum Haukr Vald. Wis. 80; 12,8.
himin ok jǫrþ í fyrstu gǫrþi Eyst. Ásgr. Wis. 88; 6,2.
jǫrþ ok lopt þat er dróttinn gǫrþi Eyst. Ásgr. Wis. 88; 10,4.
landvǫrþr er brast Hǫrþa Eyv. sk. Hkr. 111,6*a*.
fjǫrþ ok galt viþ hjǫrþu Eyv. sk. Hkr. 123,32*a*.
svǫrþ víkinga hǫrþu Eyj. Daþ. Hkr. 199,15*b*.
ǫrþigt veþr á fjǫrþum Sighv. sk. Hkr. 274,20*a*.
malma vǫrþs í Gǫrþum Sighv. sk. Hkr. 310,16*a*.
er vǫrþr drepinn Hǫrþa Sighv. sk. Hkr. 446,9*a*.

svǫrþr þann's vóx í Gǫrþum Sighv. sk. Hkr. 508,30*b*.
Hǫrþa vinr ór Gǫrþum Arn. jarl. Hkr. 515,10*b*.
jǫrþ um fekk ór Gǫrþum Bjarni gullbr. Hkr. 519,18*b*.
erut um spǫrþ ór Gǫrþum Sighv. sk. Hkr. 522,10*a*.
skapvǫrþr himins jǫrþu Arn. jarl. Hkr. 535,12*b*.
hǫrþ þrifusk bǫrþ þar's bǫrþusk Þjóþ. sk. Hkr. 538,16*b* (!).
ǫrþiglyndr í Gǫrþum Bǫlv. sk. Hkr. 547,4*b*.
ǫrþigt vatn ór Gǫrþum Þjóþ. sk. Hkr. 559,23*a*.
vígskǫrþ ofan bǫrþut Þorbj. Skakk. Hkr. 740,14*b*.

ǫst : *ǫst*.

fǫstumóþs á ýmsum lǫstum Eyst. Ásgr. Wis. 93; 45,2.

ǫþ : *ǫþ*.

hǫþ glamma at mun stǫþva Brage Wis. 3; 10,4.
glǫþ djúprǫþuls ǫþla Brage Ger. 26; 24,2.
stǫþum valbastar rǫþli Ein. Skúl. Wis. 58; 43,3.
stǫþum kvaddi liþ bǫþvar Þorm. Kolbr. Hkr. 497,22*a*.

á : *á*.

á hendr at há Sighv. sk. Wis. 40; 3,7.
grá hjalmunlá Sighv. sk. Wis. 40; 4,6.
blá segl viþ rá Sighv. sk. Wis. 41; 7,2.
fár má konungr svá Ótt. sv. Wis. 141; 6,2.
frák hvar fleina sjávan Eyj. Daþ. Hkr. 200,1*a* (!) (vgl. S. 23).

ey : *ey*.

mey aftr Loki deyja Þjóþ. hv. Wis. 10; 11,8.
ey vegbrautar heyja Þorbj. hornkl. Wis. 14; 2,4.
valmey konungr heyja Ein. Skál. Wis. 27; 12,6.
geirþey á Skáneyju Hallfr. v. Wis. 34; 4,8.
eyverskan her deyja Hallfr. v. Wis. 34; 9,2.
vígþey Heþins meyja Hallfr. v. Wis. 36; 15,4.
eysýslu gekk heyja Sighv. sk. Wis. 38; 2,4.
haukey lifa ok deyja Sighv. sk. Wis. 43; 15,8.
Gǫndlar þeys ok Eyjar Hallarst. Wis. 47; 11,4.
veþrheyjandi Skreyju Eyv. sk. Hkr. 106,5*a*.
Eysýslu liþ þeyja Ótt. sv. Hkr. 222,7*b*.
ey né danskar meyjar Hárekr. Hkr. 428,31*a*.
meyjar faþms at deyja Sighv. sk. Hkr. 521,4*a*.
Sikileyju gekk heyja Þjóþ. sk. Hkr. 550,4*b*.
ey baugs Dana meyjar Anon. Hkr. 570,25*a*.
meyjar suþr í eyjum Bjǫrn krepph. Hkr. 646,35*b*.
fleyvangs til Ekreyja Sturla Kgs. 427,28*a*.
eyjar geirþeyjum Sturla Kgs. 472,2*b*.

ó : ó.

sló hvern ok þó Sighv. sk. Wis. 40; 1,2.
mjó fyr ofan sjó Ótt. sv. Wis. 44; 4,4.

ý : ý.

svangbýjaþi at frýja Ein. Skál. Wis. 26; 2,4.
hjǫrva gnýs ok skýjum Hallfr. v. Wis. 33; 1,6.
fáglýjaþra þýja Eyv. sk. Hkr. 111,22*b.*
sverþa gnýs at frýja Sighv. sk. Hkr. 252,20*a.*
skýlauss rǫþull hlýja Sighv. sk. Hkr. 491,33*a.*
bǫþský framar knýja Þjóþ. sk. Hkr. 538,17*b.*
bý leggr reyk til skýja Anon. Hkr. 640,4*b.*

æ : æ.

unz hrunsæva hræva Þjóþ. sk. Wis. 10; 11,1 (!).
hræ þess konungs ævi Sighv. sk. Wis. 41; 1,4.
fræ Hákonar ævi Eyv. sk. Hkr. 111,24*a.*
mæ viþ ǫrum sævar Eyv. sk. Hkr. 123,32*b.*
glæheims skriþu mævar Þórþr Kolb. Hkr. 157,13*a.*
læ Hákonar ævi Þórþr Kolb. Hkr. 170,28*a.*
slær þaut ulfr um hræri Þórþr Sjár. Hkr. 422,28*b* (*slæfr* : *hræfi Kph* II, 273; *slægr Flb* II, 281; sonst alle Lesarten *slær*).
læbaugs at því hlæja Hárekr Hkr. 428,29*a.*

ǿ : ǿ.

lóbrautar varþ fléja Þorbj. hornkl. Wis. 14; 8,8 (*sic Gísl. Njál.* II, 387; *F-Jónss.* 78 f.; *lýbrautar* : *flýja Wis.* a. a. O.; *læbrautar* : *fléja Hkr.* 64,24*b*; *lǫbrautar* : *flǫia Fris.* 50,26*b*).

Kurzer Vocal : langem Vocal.

Skáney Dana Sighv. sk. Wis. 40; 5,6.
fráneygr Dana Sighv. sk. Wis. 40; 6,4.
fæst rán Dana Sighv. sk. Wis. 41; 8,6.
Jórvík skorit Sighv. sk. Wis. 41; 11,4 (*Jorvík Gísl. Aarb.* 1866, 279).
Griklands himinríki Þór. loft. Hkr. 440,15*a* (*Gríklands Kph.*?).

II.

Endreime.

addi : addi.

rǫdd engilsins kvennmann kvaddi
kvadda af engli dróttinn gladdi } Eyst. Ásgr. Wis. 94; 55,1 f.

afa : afa.

fylki skal til frægþar hafa
fregna eignum langt til gafa } Mkv. Wis. 73; 6,1 f.

afni : afni.

gnúþi hrafni
á hǫfuþstafni } Eg. Skall. Wis. 21; 11,7 f.

ag : ag.

stefjum verþr at stæla brag
stuttligt hefk á kvæþi lag } Mkv. Wis. 74; 11,1 f.
dýrligra brag
þat's drápulag } Gunnl. ormst. Wis. 38; 3,7 f.

aga : aga.

heyrinkunn's frá hánum saga
hvat þarf ok of slíkt at jaga } Mkv. Wis. 74; 9,7 f.

agþr : agþr.

fasthaldr varþ á Fenri lagþr
fíkjum var mér ramligr sagþr } Mkv. Wis. 75; 21,7 f.

aka : aka.

lætr snót saka
sverþ-Frey vaka
enn skæs Haka
skíþgarþ braka } Eg. Skall. Wis. 22; 16,5 ff.

akar : akar.

jafnan verþr at árflóþ stakar
auþfengnar 'ru gelti sakar } Mkv. Wis. 76; 26,7 f.

al : al.

gagarres skaptr þvít geyja skal
gørva ætlak mér létt of tal — Mkv. Wis. 73; 4,3 f.

alda : alda.

tili skaut óst alda
uþr enn sviþ kalda — Þork. Gísl. Wis. 66; 2,7 f.

aldr : aldr.

Hermóþr vildi auka aldr
Eljuþnir vann sólginn Baldr — Mkv. Wis. 74; 9,3 f.

jók hilmir hjaldr
þar vas hjǫrva galdr — Ein. Skúl. Hkr. 742,23a f.

ali : ali.

eigi spillir hyggins hjali
hefkat spurt at bersa kali — Mkv. Wis. 75; 15,7 f.

almar : almar.

gnustu gráir malmar
gengu í sundr hjalmar — Þork. Gísl. Wis. 67; 7,5 f.

alt : alt.

kvæþit skal meþ kynjum alt
konungs morgunn er langr ávalt — Mkv. Wis. 74; 13,7 f.

yndit láta øngvir falt
allopt verþr í hreggi svalt — Mkv. Wis. 75; 21,1 f.

þrýtra þann er verr hefr valt
verþa kann á ýmsa halt — Mkv. Wis. 76; 26,1 f.

Víkverjum galt
varþ þannug halt — Ein. Skúl. Hkr. 741,18 f.

vann vísi alt
fyr vestan salt — Ein. Skúl. Hkr. 743,1b f.

am : am.

ór hlátra ham (od fæ+ri eg fram K. 456. 929. Rk)
hróþr bark fyr gram
svá fór þat fram (ur hlatra ham K. 456. 929. Rk.
at flestr of nam (man 128. 458) — Eg. Skall. Wis. 22; 20,5 f.

óx hjǫrva hlam (hlǫm Bj. 252; hlǫmm 145. 426;
glaum Ks 456. 929. Rk)
viþ hlífar þram (þǫm 145. Bj. 426; þ(r)aum Ks
456. 929. Rk)
guþr óx umb gram
gramr sótti fram — Eg. Skall. Wis. 21; 4,1 ff.

aman : aman.

føra ætlum forn orþ saman *flestir henda at nøkkvi gaman*	*Mkv. Wis.* 73; 1,5 f.
allítit er ungs manns gaman *einum þykkir daufligt saman*	*Mkv. Wis.* 73; 5,1 f.
etja vildi jǫfrum saman *ekki er mér at stúru gaman*	*Mkv. Wis.* 75; 22,3 f.

ami : ami.

bráþfengr þykkir brullaups frami *brigþalengi er hverr enn sami*	*Mkv. Wis.* 75; 18,7 f.

amm : amm.

auþsénna er annars vamm *engi kømsk of skapadógr framm*	*Mkv. Wis.* 76; 23,7 f.

amr : amr.

gǫrræþi gramr *gjǫfmildr ok framr*	*Ein. Skúl. Hkr.* 741,20*a* f.

anar : anar.

flugu hjaldrtranar (trana Kε 456. 929. *Rk; vaner W.* 128. 146. 158. 458. 459) *of hræs lanar (laner W.* 128. 158. 458. 459; *baner* 146) *vǫrut blóþs vanar (vaner* 128. 146) *benmás granar (graner* 128. 146)	*Eg. Skall. Wis.* 21; 11,1 ff.

anda : anda.

þrǫng at rym randa *til ræsis landa*	*Þork. Gísl. Wis.* 66; 3,3 f.
neytti herr handa *hriþ vas snǫrp branda* *fúst vas fár randa* *til fjǫrnis landa*	*Þork. Gísl. Wis.* 67; 6,1 ff.

andar : andar.

brustu brandar *viþ blár randar*	*Eg. Skall. Wis.* 21; 7,7.

anga : anga.

búa frák greitt ganga *gladdisk svanr hanga*	*Þork. Gísl. Wis.* 67; 8,1 f.
leiþ eigum vér langa *enn lendir menn ganga*	*Bjarni Kálfss. Kgs.* 73,18 f.

ann : ann.

lof at vísa vann *víst mærik þann* *hljóþs biþjum hann* *þvít hróþr of fann (nam K: 456. 929. Rk)*	*Eg. Skall. Wis.* 21; 2,5 ff.
ǫll grétu þau eptir hann *aukit var þeim hlátrar bann*	*Mkv. Wis.* 74; 9,5 f.
erfitt verþr þeim's illa kann *engan þarf at hjúfra mann*	*Mkv. Wis.* 76; 25,5 f.
veitkak víst hvat verþa kann *villa's dælst of heimskan mann*	*Mkv. Wis.* 76; 28,3 f.

anna : anna.

hǫfuþ ok hendr manna *hræ nam vargr kanna*	*Þork. Gisl. Wis.* 67; 5,3 f.

ar : ar.

munstrandar mar *svás mitt of far*	*Eg. Skall. Wis.* 20; 1,3 f.
þróask hér sem hvar *hugat mælik þar* *frétt's austr of mar* *Eiríks of far*	*Eg. Skall. Wis.* 22; 14,5 ff.
auþigr þykkir einn sér hvar *annars róþir margr of far*	*Mkv. Wis.* 75; 15,1 f.

ara : ara.

traþ Nipt nara *náttverþ ara*	*Eg. Skall. Wis.* 21; 10,7 f.
þess m(u)n grepp vara *gollhring spara*	*Gunnl. ormst. Wis.* 38; 3,3 f.
fýsa munk ens fyrra vara *flestr mun sik til nǫkkurs spara*	*Mkv. Wis.* 76; 27,7 f.

arald : arald.

ekki varþat forþum farald *Finnan gat þó órþan Harald*	*Mkv. Wis.* 74; 11,5 f. u. ö.

arar : arar.

lýtin þykkja skammæ skarar *skrautligt kǫllum nafnit farar* *trautt kallak þann valda's varar* *verþa menn þeirs uppi fjarar*	*Mkv. Wis.* 75; 19,1 ff.

arir : arir.

sagt er frá hvé neflauss narir *nú verþr sumt þaz manngi varir*	*Mkv. Wis.* 76; 25,5 f.

arit : arit.

ekki hefk meþ flimtun farit
fullvel ættak til þess varit } *Mkv. Wis.* 73; 2,1 f.

arla : arla.

barþisk sveit snarla
á snekkjum jarla } *Þork. Gísl. Wis.* 67; 9,7 f.

armr : armr.

fekksk fyrþum harmr
fyriskógar garmr } *Ein. Skúl. Hkr.* 742,25*b* f.

art : art.

Bjarki átti hugar korn hart
herliþ feldi Stǫrkuþr mart } *Mkv. Wis.* 74; 7,1 f.

arþa : arþa.

knúþi hvast harþa
hljópu marir barþa } *Þork. Gísl. Wis.* 66; 2,1 f.

asta : asta.

báru raukn rasta
rekka geþfasta } *Þork. Gísl. Wis.* 66; 3,1 f.

at : at.

hygg vísir at
vel sómir þat
hvé'k þylja fat
ek ef þǫgn of gat [*fet : get F. Jónss.*] (*fær W. fæte* ɛ) (*gæti* ɛ) } *Eg. Skall. Wis.* 21; 3,3 ff.

orþstír of gat (*gar* 146)
Eiríkr at þat (*þar W.* 146. 158. 458. 459) } *Eg. Skall. Wis.* 21; 6,3 f. u. 9,3 f.

þá v(a)s odda at
ok eggja gnat } *Eg. Skall. Wis.* 21; 9,1 f.

jǫfurr hyggi at
hvé'k yrkja fat
gótt þóttumk þat
es þǫgn of gat } *Eg. Skall. Wis.* 22; 19,1 ff.

eitt hǫfþusk at
Eilífr þar er sat } *Þjóþ. sk. Hkr.* 547,8*a* f.

ata : ata.

skapleik skata
skal mærþ hvata } *Eg. Skall. Wis.* 22; 16,3 f.

ati : ati.

hjǫrleiks hvati
hann's blóþskati } *Eg. Skall. Wis.* 22; 14,3 f.

auga : auga.

njótiþ bauga
sem Brúnn auga } *Eg. Skall.* (?) *Wis.* 22; 21,1 f.

aukar : aukar.

gullu hræs haukar } *Þork. Gísl. Wis.* 67; 7,1 f.
hvassir benlaukar

aupa : aupa.

hirþmenn skulu hlaupa } *Bjarni Kálfss. Kgs.* 73,16 f.
hér era gott til kaupa

auþ : auþ.

ǫld festi auþ } *Ein. Skúl. Hkr.* 741,24 f.
sem ǫþlingr bauþ

aþar : aþar.

vasa villr staþar } *Eg. Skall. Wis.* 21; 5,1 ff.
vefr davraþar
of grams glaþar (glǫþom } *F. Jónss.)*
geirvangs sapar rǫþom)

aþr : aþr.

grandvarr skyldi enn góþi maþr } *Mkv. Wis.* 75; 22,1 f.
Gizurr varþ at rógi saþr

á : á.

flestr maþr of frá } *Eg. Skall. Wis.* 21; 3,5 ff.
hvat fylkir vá
enn Viþrir sá
hvar valr of lá
þar heyrþisk þá } *Eg. Skall. Wis.* 21; 4,5 ff.
þaut mækis á
malmhríþar spá
sús mest of lá
gleþi minnar veit geipun sjá } *Mkv. Wis.* 73; 1,7 f.
griplur er sem hendi þá
annars barn's sem úlf at frjá } *Mkv. Wis.* 73; 5,3 f.
óþfúss mundi blindr at sjá
afli of deilir sízt viþ sjá } *Mkv. Wis.* 74; 13,1 ff.
Sǫrli sprakk af gildri þrá
stundum þýtr í logni lá
lítlu verr at ráþak fá
ástblindir 'ru seggir svá } *Mkv. Wis.* 75; 20,1 f.
sumir at þykkja mjǫk fás gá
ørit þykkir viþkvæm vá } *Mkv. Wis.* 75; 21,5 f.
vinfengin eru misjǫfn þá
allar girnisk ár í sjá } *Mkv. Wis.* 76; 27,5 f.
ekki er manni verra enn þrá

ála : ála.

þá réþ þess dála
þrymr vas hár stála } Þork. *Gísl. Wis.* 67; 12,5 f.

álfr : álfr.

Ásmundr tumþi Gnoþ viþ gjálfr
gulli mældi Þjazi sjálfr } *Mkv. Wis.* 74; 8,5 f.

ár : ár.

ýmsir bjóþa ǫþrum fár
ormar skríþa ór hamsi á vár } *Mkv. Wis.* 74; 6,5 f.
skips láta menn skammar rár
skatna þykkir hugrinn grár
tungan leikr viþ tanna sár
trauþla 's gengt á ís of vár } *Mkv. Wis.* 74; 12,1 ff.

ára : ára.

géþir gunnskára
gladdisk nagr sára
niþr kom bens bára
Búi nam sér hvára } Þork. *Gísl. Wis.* 67; 11,3 ff.

árin : árin.

Márja líttu klǫkk á tárin
. . . .
Márja ber þú smyrsl í sárin } *Eyst. Ásgr. Wis.* 99; 91,6 u. 8.

árri : ári.

Márja lífþu sæmd í hárri (ári AD. F-J.)
. . . .
Márja léttu syndafári } *Eyst. Ásgr. Wis.* 99; 91,2 u. 4.

áru : áru.

vagna váru (sára 145. 426; *vára Guelf)*
eþr viþi táru (vilie tára Codd.) } *Eg. Skall.* (?) *Wis.* 22; 21,3 f.

árum : árum.

blóþ þó bens árum
ór bragna sárum } Þork. *Gísl. Wis.* 67; 9,3 f.

áþ : áþ.

jafnan segir enn ríki ráþ
rǫskvir menn gefa ǫrnum bráþ } *Mkv. Wis.* 76; 23,1 f.

átr : átr.

Mardallar var glýsligr grátr
gleþr sá maþr er opt er kátr } *Mkv. Wis.* 74; 8,3 f.

efa : efa.

ró skyldu menn reiþi gefa } *Mkv. Wis.* 73; 4,1 f.
rannlítit kømsk opt á þrefa

efask : efask.

allmargr er til seinn at sefask } *Mkv. Wis.* 74; 14,3 f.
svá kǫllum vér ráþ sem gefask

efill : efill.

beit bengrefill } *Eg. Skall. Wis.* 21; 8,3 f.
þat v(a)s blóþrefill

efr : efr.

eik hefr þaz af ǫþrum skefr } *Mkv. Wis.* 76; 26,5 f.
ekki margt er sløgra enn refr
geta má þess er gengit hefr } *Mkv. Wis.* 76; 28,1 f.
gørir sá betr er annan svefr

egar : egar.

upp at eins er ungum vegar } *Mkv. Wis.* 76; 23,3 f.
engi maþr er roskinn þegar

eggi : eggi.

stýfþu liþs leggi } *Þork. Gísl. Wis.* 67; 7,3 f.
lamþi grjót seggi

eggja : eggja.

grimt kom él eggja } *Þork. Gísl. Wis.* 61; 4,3 f.
at gekk liþ seggja

egin : egin.

oddar gørva jarli megin } *Mkv. Wis.* 74; 6,3 f.
útsker verþa af bárum þvegin

eginn : eginn.

vas almr dreginn } *Eg. Skall. Wis.* 22; 13,3 f.
því v(a)s ulfr feginn

egir : egir.

. . . . *þegir* } *Mkv. Wis.* 73; 1,1 f.
dylja má þess's einnhverr segir

egja : egja.

fremr munk segja } *Eg. Skall. Wis.* 21; 7,1 f.
ef fírar þegja

egn : egn.

drap dǫglingr gegn } *Ein. Skúl. Hkr.* 742,30*a* f.
dreif strengjar regn

eiddi : eiddi.

klæddan meþ sér lǫngum leiddi } *Eyst. Ásgr. Wis.* 94; 55,5 f.
leiddr af móþur faþminn breiddi

eiki : eiki.

Óþins eiki } *Eg. Skall. Wis.* 21; 8,7 f.
í jarnleiki

eim : eim.

sitt mein þykkir sárast hveim } *Mkv. Wis.* 74; 10,1 f.
sáttar gørþ er ætluþ tveim

ein : ein.

engi knettir of annars mein } *Mkv. Wis.* 76; 24,1 f.
aldri lætk at munni sein

einn : einn.

mjǫk fár er sér ørinn einn } *Mkv. Wis.* 74; 12,5 f.
eyvit týr þótt skyndi seinn

eir : eir.

hǫfþingjar tveir } *Þjóþ. sk. Hkr.* 547,10 f.
hamalt fylktu þeir

eira : eira.

frágum fleira } *Eg. Skall. Wis.* 21; 7,3 f.
til frama þeira
vǫkþ vas gǫll geira } *Þork. Gísl. Wis.* 67; 8,3 f.
gegnum liþ þeira

eit : eit.

ǫrgranns erum vér lengst á leit } *Mkv. Wis.* 75; 15,3 f.
lund vær þykkir bezta sveit
hugin gladdi heit } *Ein. Skúl. Hkr.* 742,16*b* f.
hruþusk Engla beit

eiti : eiti.

hrafn enn hvassleiti } *Þork. Gísl. Wis.* 67; 12,3 f.
hrundi á borþ sveiti

eki : eki.

sleit und freki (sualg und dreka W 128. 146. 158. 458. 459) } *Eg. Skall. Wis.* 21; 11,5 f.
enn oddbreki

el : el.

bana þóttusk þeir bíþa vel } *Mkv. Wis.* 74; 8,1 f.
Brandingi svaf loks í hel

elja : elja.

sá'r óþinn skal vandan velja
velr svá mǫrg í kvæþi at selja
hulin fornyrþin at trautt má telja
tel ek þenna svá skilning dvelja } *Eyst. Ásgr. Wis.* 100; 98,1 ff.

ell : ell.

frétt hefk at fell
folk brustu svell } *Ein. Skúl. Hkr.* 742,11*a* f.

elli : elli.

frák at felli
fyr fetils svelli (sverþi W) } *Eg. Skall. Wis.* 21; 8,5 f.

engr : engr.

eigi at eins í fǫgru 's fengr
fundit mun þaz reynt er lengr } *Mkv. Wis.* 75; 17,3 f.

er : er.

vestr fórk of ver
enn ek Viþris ber } *Eg. Skall. Wis.* 20; 1,1 f.
varla sýnisk alt sem er
eigi gæfumaþr brýtr gler (ýtum þeim er bægir drer Codd.) } *Mkv. Wis.* 75; 17,1 f
undrum þykkir gagnsætt gler
glymjandi fellr hrǫnn of sker } *Mkv. Wis.* 76; 17,3 f.
viþ Skǫrpusker
skjaldkónan her } *Ein. Skúl. Hkr.* 742,30*b* f.

erki : erki.

herr bar hátt merki
á Hamþis serki } *Þork. Gísl. Wis.* 66; 4,1 f.

err : err.

yrkja kann ek vánu verr
vita þykkisk þat maþrinn hverr } *Mkv. Wis.* 73; 2,2 f.
gǫfgask mætti af gengi hverr
gǫrva þekkik sút hvé ferr } *Mkv. Wis.* 74; 12,7 f.

erþ : erþ.

rauþ siklingr sverþ
sleit gyldis ferþ } *Ein. Skúl. Hkr.* 743,1*a* f.

es : ess.

róa verþr fyrst á et næsta nes
nǫkkut ættak kyn til þess } *Mkv. Wis.* 73; 2,7 f.

est : *est.*

andaþs drjúpa minjar mest
magran skyldi kaupa hest[1]) } *Mkv. Wis.* 75; 21,3 f.

esti : *esti.*

steig fyr húf hesti
hrófs enn þrekmesti } *Þork. Gísl. Wis.* 67; 11,1 f.
fant sék hvern á hesti
hér er nú siþr hinn ve(r)sti } *Bjarni Kálfss. Kgs.* 73,16 f. (*vesti Fms.* VIII, 172).

eti : *eti.*

verþr broddfleti (flære W 128. 146. 158. 458; *fleire* 459)
meþ baugseti (baugz(s) eire (eyre) 128. 146. 158. 458. 459) } *Eg. Skall. Wis.* 22; 141 f.

eygi : *eygi.*

*stóþsk folk þeygi (hage K*ᴇ. 456. 929. *Rk.; þeyge Gísl. Njál.* II, 178; *eigi* 145. *Bj.* 426. 252)
fyr fjǫrleygi (fiaullvge K. 456. 929. *Rk. fiaul lagi* 252) } *Eg. Skall. Wis.* 22; 18,1 f.

eyri : *eyri.*

hagl vá hvert eyri
hraut á lǫg dreyri } *Þork. Gísl. Wis.* 67; 9,1 f.

eþit : *eþit.*

hugga skal þanns harm hefr beþit
helzti mjǫk's at flestu kveþit } *Mkv. Wis.* 76; 28,7 f.

é : *é.*

mǫrgum þykkir fullgott fé
frænuskammr's enn deigi lé } *Mkv. Wis.* 74; 13,5 f.
falls er ván at fornu tré
fleira þykkir gott enn sé } *Mkv. Wis.* 76; 23,5 f.

ér : *ér.*

segi hildingr mér
ef heyrþi sér } *Gunnl. ormst. Wis.* 38; 3,5 f.
margar kunni sløgþir sér
svá nǫkkut gafsk Rannveig mér } *Mkv. Wis.* 75; 18,3 f.
lengi hefr þat lýst fyr mér
lítinn kost á margr und sér } *Mkv. Wis.* 76; 25,3 f.

---

[1]) *mest* bei *Wis.* wol Druckfehler.

éttr : éttr.

vasa Læsum léttr
liþsmanna réttr } Þjóþ. sk. Hkr. 547,10b f.

ik : ik.

muna gramr viþ mik
venr gjǫfli sik } Gunnl. ormst. Wis. 38; 3,1 f.
nǫkkut varþ hón sýsla of sik
svinneyg drós hvé fór viþ mik } Mkv. Wis. 73; 3,7 f.
engi of dœmir sjálfan sik
slikt ætlak nú henda mik } Mkv. Wis. 74; 10,5 f.

il : il.

kannk máls of skil
hvern mæra vil } Gunnl. ormst. Wis. 38; 2,1 f.

ilja : ilja.

enn munk vilja
frá verum skilja } Eg. Skall. Wis. 22; 16,1 f.
vel þvít hér má skýr orþ skilja
skili þjóþir minn ljósan vilja
tal óbreytiligt veitt at vilja
vil ek at drápan heiti Lilja } Eyst. Ásgr. Wis. 100; 98,8.

ill : ill.

þeygi var sjá aflausn ill
eiga skal nú hverr er vill } Mkv. Wis. 76; 29,7 f.

irþa : irþa.

feldi Vagn virþa
Valdi nái stirþa } Þork. Gísl. Wis. 67; 12,1 f.

istu : istu.

ferþ hykk friþar mistu
frœkn í hǫnd kistu } Þork. Gísl. Wis. 67; 11,7 f.

it : it.

hné firþa fit
viþ fleina hnit } Eg. Skall. Wis. 21; 6,1 f.
misjafnir 'ru blinds manns bitar
bǫl kǫllum vér ilt til litar } Mkv. Wis. 76; 26,3 f.

ita : ita.

brýtr bógvita
bjóþr hrammþvita (slyta W. Kɛ. 128. 146. 158. 456. 458. 459. 929. Rk) } Eg. Skall. Wis. 22; 17,1 f.

itt : itt.

vel hefr hinn er sitr of sitt
svartflekkót er kvæþi mitt } Mkv. Wis. 76; 22,7 f.

itu : itu.

þjóþ spyrr alt þaz þrír menn vitu
þeir hafa verr er trygþum slitu } Mkv. Wis. 73; 3,1 f.

iþ : iþ.

jǫfurr eyddi friþ
Apardjónar liþ } Ein. Skúl. Hkr. 742,11*b* f.

iþi : iþi.

oddamaþr fæsk opt enn þriþi
jafntrúr skal sá hvárra liþi } Mkv. Wis. 74; 10,3 f.

í : í.

hermdar orþ munu hittask í
heimult ák at glaupsa of því } Mkv. Wis. 73; 3,6 f.

ífa : ífa.

gnýr vas hár hlífa
hregg ok loptdrífa } Þork. Gísl. Wis. 67; 10,7 f.

ík : ík.

prútt Porta lík
í Pílavík } Ein. Skúl. Hkr. 743,3*a* f.

íka : íka.

báru á vali víka
vel frák þeim líka } Þork. Gísl. Wis. 66; 1,1 f.

íkjum : íkjum.

gørþisk grimt fíkjum
at gumnum ríkjum } Þork. Gísl. Wis. 67; 10,5 f.

íkt : íkt.

rænir flýþu ríkt
ok reiddu slíkt } Ein. Skúl. Hkr. 741,22*b* f.

ín : ín.

óx vitnis vín
valbasta rín } Ein. Skúl. Hkr. 742,18*b* f.

íþa : íþa.

þar fell valr víþa
vé sá gyld ríþa } Þork. Gísl. Wis. 67; 9,5 f.
munkak mǫrgu kvíþa
enn matsveinar ríþa } Bjarni Kálfss. Kgs. 73,18 f.

íþr : íþr.

. . . . . . ta ek um at síþr
orþit ferr þás of munn líþr } Mkv. Wis. 75; 16,7 f.

oddar : oddar.

brustu broddar }
enn bitu oddar } *Eg. Skall. Wis.* 22; 13,5 f.

glumdu gráir oddar }
grjót ok skotbroddar } *Þork. Gísl. Wis.* 67; 4,7 f.

of : of.

bark þengils lof }
á þagnar rof } *Eg. Skall. Wis.* 22; 20,1 f.

ofa : ofa.

muna hodd-dofa (hoddafa W. 128. 146. 158. 458) }
hringbrjótr lofa } *Eg. Skall. Wis* 22; 17,3 f.

ofi : ofi.

heldr hornklofi }
hann's næstr lofi } *Eg. Skall. Wis.* 22; 18,7 f.

ogi : ogi.

gall ýbogi }
at eggtogi } *Eg. Skall. Wis.* 22; 18,3 f.

oginn : oginn.

beit fleinn floginn }
þá v(a)s friþr loginn } *Eg. Skall. Wis.* 22; 13,1 f.

okks : oks.

væri betr at þegþak þokks (þoks Möbius) }
þat hefr hverr er verþr er loks } *Mkv. Wis.* 76; 27,7 f.

okum : okum.

engi of sér viþ qllum rokum }
jafnan spyrja menn at lokum } *Mkv. Wis.* 75; 19,7 f.

oll : oll.

hirþ fylgþist holl }
viþ Hjartapoll } *Ein. Skúl. Hkr.* 742,18*a* f.

on : on.

konungmanna kon }
hann's Kvárans son } *Gunnl. ormst. Wis.* 38; 2,2 f.

opt : opt.

bráþgett láta bragnar opt }
bregþr at þeim er heldr á lopt } *Mkv. Wis.* 74; 14,1 f.

orn : orn.

Niþjungr skóf á haugi horn }
helzti eru nú minni forn } *Mkv. Wis.* 74; 8,7 f.

orþ : orþ.

dýrt láta menn dróttins orþ } Mkv. Wis. 73; 5,5 f.
drekarnir rísa opt á sporþ

ot : ot.

drók eik á flot } Eg. Skall. Wis. 20; 1,5 f.
viþ ísa brot
ól flagþs gota } Eg. Skall. Wis. 21; 10,5 f.
fárbjóþr Skota

otit : otit.

ekki er því til eins manns skotit } Mkv. Wis. 73; 3,3 f.
ýmsir hafa þau dømi hlotit

otna : otna.

meiddu fjǫr flotna } Þork. Gísl. Wis. 67; 4,5 f.
flest varþ hlíf brotna

oþa : oþa.

eyvit mun sjá atfrétt stoþa } Mkv. Wis. 76; 29,5 f.
allmjǫk er mér lund til hroþa

ók : ók.

austrvindum ók } Þjóþ. sk. Hkr. 547,8*b* f.
í ǫngvan krók
enn gísla tók } Ein. Skúl. Hkr. 741,24 f.
sás gjǫldin jók

ól : ól.

gullormr á sér brennheitt ból } Mkv. Wis. 76; 27,1 f.
bjartast skínn í heiþi sól

óru : óru.

Márja lýtin mǫrg þvít vóru
. . . . } Eyst. Ásgr. Wis. 99; 91,5 u. 7.
Márja græþ þú mein hin stóru

ót : ót.

engi þarf at hræþask hót } Mkv. Wis. 75; 16,1 f.
heldr kømr opt viþ sáran fót
ógipt verþr í umbúþ skjót } Mkv. Wis. 75; 19,5 f.
élin þykkja mǫrgum ljót
flagþ et forljóta } Þork. Gísl. Wis. 67; 10,3 f.
af fingrum skjóta

ótt : ótt.

fílinn gat hann í fylking sótt
fullstrǫng hefr sú mannraun þótt } *Mkv. Wis.* 74; 7,7 f.

vann siklingr sótt
viþ snarpa drótt } *Ein. Skúl. Hkr.* 741,18*b* f.

óþa : óþa.

eyþis unnglóþa
Eiríkr skip hrjóþa } *Þork. Gísl. Wis.* 67; 12,7 f.

óþi : óþi.

þars í blóþi
brimils af móþi } *Eg. Skall. Wis.* 21; 5,5 f.

ug : ug.

verit hafþi mér verra í hug
var þat nær sem kveisuflug } *Mkv. Wis.* 73; 4,5 f.

ókat þeim né einn á bug
Eljarnir var trúr at hug } *Mkv. Wis.* 74; 7,5 f.

ula : ula.

ella mun þat þykkja þula
þannig nær sem hendak mula } *Mkv. Wis.* 74; 11,3 f.

umþi : umþi.

vǫllr of þrumþi
und of glumþi } *Eg. Skall. Wis.* 21; 5,7 f.

und : und.

þannig hefr mér lagzk í lund
langviþrum skal eyþa grund } *Mkv. Wis.* 76; 24,7 f.

undir : undir.

øxtusk undir
viþ jǫfurs fundir } *Eg. Skall. Wis.* 21,5 f. (*funde* Codd.).

unn : unn.

orþa er leitat mér í munn
mælgin verþr oss heyrinkunn } *Mkv. Wis.* 76; 29,1 f.

unni : unni.

hrørþak munni
af munar grunni } *Eg. Skall. Wis.* 22; 19,5 f.

ut : ut.

hlóþk mærþar hlut
hugknarrar skut } *Eg. Skall. Wis.* 20; 1,7 f.

ú : ú.

jafnan fagnar kvikr maþr kú } *Mkv. Wis.* 73; 4,7 f.
kennir hins at gleþjumk nú
hánum þótti sólbjǫrt sú } *Mkv. Wis.* 74; 11,7 f. u. ö.
slíks dœmi verþr mǫrgum nú

úa : úa.

efnum þykkir bezt at búa } *Mkv. Wis.* 75; 18,1 f.
brǫgþótt reyndisk gemlu fúa
fláráþum má trautt of trúa } *Mkv. Wis.* 76; 28,5 f.
til sín skyldi enn betra snúa

úi : úi.

heimi heyrik sagt at snúi } *Mkv. Wis.* 76; 24,3 f.
sumir einir hykk at mér trúi

ún : ún.

brandr gall viþ brún } *Ein. Skúl. Hkr.* 743,3*b* f.
brent Langatún

yni : yni.

Friggjar þótti svipr at syni } *Mkv. Wis.* 74; 9,1 f.
sá var taldr ór miklu kyni
Yggjar bjór hverr eiga myni } *Mkv. Wis.* 76; 29,3 f.
ósýnt þykkir lýþa kyni

yrju : yrju.

varþ eigi vel viþ styrju } *Anon. Hkr.* 729,9 f.
vatnormr í Portyrju

yrst : yrst.

ýta liþ þótt alt fari byrst } *Mkv. Wis.* 74; 10,7 f.
engi læzk því valda fyrst

ý : ý.

jǫfurr sveigþi ý } *Eg. Skall. Wis.* 22; 15,15 f.
flugu unda bý
hjósk hildar ský } *Ein. Skúl. Hkr.* 742,25*a* f.
viþ Hvítabý

ýkr : ýkr.

illa hefr sás annan sýkr } *Mkv. Wis.* 75; 18,5 f.
eigi veit áþr hefndum lýkr

ýrum : ýrum.

blá þó hrǫnn hlýrum } *Þork. Gísl. Wis.* 66; 2,7.
hraut of brimdýrum

æ : *æ*.

kom gripar læ (*skiæ* : *læ* 145. *Bj.* 426. 252; *sæ W.* 128. 146. 158. 458. 459) *Eg. Skall. Wis.* 22; 12,1 ff.
á gjalpar skæ

bauþ ulfum hræ } *Eg. Skall. Wis.* 22; 12,3 f. u. 15,3 f.
Eiríkr of sæ

elr sváru skæ } *Gunnl. ormst. Wis.* 38; 1,1 f.
Sigtryggn viþ hræ

æddi : *æddi*.

gladdist mær þá'r frelsarann fæddi } *Eyst. Ásgr. Wis.* 94; 55,3 f.
fæddan sveininn reifum klæddi

breiddr á krossinn gumna græddi } *Eyst. Ásgr. Wis.* 94; 55,7 f.
græddi oss er helstríþ mæddi

ægi : *ægi*.

Óþins ægi } *Eg. Skall. Wis.* 22; 19,7 f.
á jǫru fægi

ælt : *ælt*.

þannig verþr of mansǫng mælt } *Mkv. Wis.* 75; 20,3 f.
marga hefr þat hyggna tælt

ær : *ær*.

leyfþ er lýþum bær } *Ein. Skúl. Hkr.* 741,20*b* f. (*kær Mork.* 225).
Leikbergi nær

ærust : *ærust*.

Márja ertu móþir skærust } *Eyst. Ásgr. Wis.* 99; 91,1 u. 3.
. . . .
Márja ertu af miskunn kærust

ætr : *ætr*.

vel hefr sás þat líþa lætr } *Mkv. Wis.* 74; 6,7 f.
langar eiga bersar nætr

ætt : *ætt*.

stolit væri mér ekki ór ætt } *Mkv. Wis.* 73; 2,5 f.
jafnan þótt ek kvæþa slætt

flest folk var hrætt } *Ein. Skúl. Hkr.* 741,22 f.
áþr fengi sætt

æþi : *æþi*.

seggjum snarræþi } *Þork. Gísl. Wis.* 66; 1,3 f. (*snerreiþi* Codd.).
sverþ ok herklæþi

hrutu fyr borþ bæþi } *Þork. Gísl. Wis.* 67; 5,1 f.
brustu herklæþi

ørin : ørin.

sjaldin hittisk feigs vǫk frørin } *Mkv. Wis.* 76; 25,1 *(frerin : kjörin*
fljóþin verþa at ǫldrum kørin } *Möb.).*

øgr : øgr.

ekki var hann í hvíldum høgr } *Mkv. Wis.* 74; 7,3 f.
Hrómundr þótti garpr ok sløgr }

ǫfnum : ǫfnum.

nýtt gafsk nest hrǫfnum } *Þork. Gísl. Wis.* 66; 3,7 f.
Nóregr skipstǫfnum }

ǫl : ǫl.

glaþar flotna fjǫl (fjǫlþ SnE.) }
viþ Fróþa mjǫl } *Eg. Skall. Wis.* 22;
mjǫk's hilmi fǫl } 17,5 ff.
haukstrandar mǫl (mjǫl W. 128. 458. 459. 929) }

ǫll : ǫll.

skammæ þykkja ofsin ǫll } *Mkv. Wis.* 75; 15,5 f.
ekki margt er verra enn trǫll[1]) }

ǫllum : ǫllum.

hregg á hefils vǫllum } *Þork. Gísl. Wis.* 66; 2,3 f. *(spjǫllum* Cod
á humra fjǫllum } *Am.* 61 fol.).
hauks vasat friþr fjǫllum } *Þork. Gísl. Wis.* 67; 7,7 f.
í fjǫrnis stǫllum }

ǫndum : ǫndum.

verþr æ brǫndum (*brande : lande K*ɛ. 456. 929. *Rk)*) } *Eg. Skall. Wis.*
enn jǫfurr lǫndum } 22; 18,5 f.

ǫnn : ǫnn.

ríkt lék viþ rǫnn } *Ein. Skúl. Hkr.* 742,23*b* f.
rauþsk ylgjar tǫnn }

ǫr : ǫr.

rauþ hilmir hjǫr }
þar v(a)s hrafna gjǫr } *Eg. Skall. Wis.* 21; 10,1 ff.
fleinn hitti fjǫr }
flugu dreyrug spjǫr }

---

[1]) Vgl. *F. Jónsson Aarb.* 1890, S. 260, Änderung der Aussprache *troll* in *trǫll,* welche, wenigstens dialectisch, schon ca. 1200 eingetreten ist. *Nor. aisl. Gr.*[2] § 144 sieht Ablaut in *trǫll : troll.*

ǫrgum : ǫrgum.

viþ nam víþr mǫrgum | Þork. Gísl. *Wis.* 66; 3,5 f.
vápn eru grimm tǫrgum |

ǫrpum : ǫrpum.

ǫrum réþ sér snǫrpum | Þork. Gísl. *Wis.* 67; 10,1 f.
slíkt es raun gǫrpum |

ǫrr : ǫrr.

beit buþlungs hjǫrr | *Ein. Skúl. Hkr.* 742,16*a* f.
blóþ fell á dǫrr |

ǫrum : ǫrum.

kunna vildak sjá viþ snǫrum | *Mkv. Wis.* 76; 22,5 f.
sjaldan hykk at gyggvi vǫrum |

ǫrvar : ǫrvar.

báru hǫrvar | *Eg. Skall. Wis.* 22; 13,7 f.
af bogum ǫrvar |
fellu flein bǫrvar | þork. Gísl. *Wis.* 67; 6,5 ff.
flugu af streng ǫrvar |
sungu hátt hjǫrvar |
viþ hlífar gǫrvar |

ǫskr : ǫskr.

ǫþlingr skyldi einkar rǫskr | *Mkv. Wis.* 73; 5,7 f.
ópa kann í mǫrum frǫskr |

ǫt : ǫt.

kannk mála mjǫt | *Eg. Skall. Wis.* 22; 20,3 f.
of manna sjǫt |

ǫþ : ǫþ.

buþumk hilmir lǫþ | *Eg. Skall. Wis.* 20; 2,1 ff. (*hlod* 145. *Bj.* 426. 252).
ák hróþrar kvǫþ |
berk Óþins mjǫþ |
á Engla bjǫþ |

ǫþull : ǫþul.

hlam heinsǫþull (Codd. *sódul, sauðul, sodul,* F. *Jónss. sǫðol)* | *Eg. Skall. Wis* 21; 8,1 f.
viþ hjalmrǫþul |

Druckerei der „Strassburger Neuesten Nachrichten“, vorm. H. L. Kayser.

Kolibri 360 GmbH
Ferdinand-Jühlke-Straße 7
99095 Erfurt, Deutschland
produktsicherheit@kolibri360.de